滄海橫流

黃埔五期 風雲錄

陳予歡 著

目次

導　語

蔣中正序

第五期同學在學校裡修業的時候，我因為北伐軍事緊急，要在前方督師，不能回到黃埔一次和同學們見面談話，這是我最覺缺憾的事。但是此心幾乎沒有一天能忘我本校親愛的同學，而同學們思想行動言論，和學業優秀的責任，我實不敢放棄一些。因為革命勝負主義成敗國家存亡民族興衰和民生的苦樂，全在於本校同學基本教育之是否強盛與端正。現在第五期同學已快要畢業了，我平常時刻縈繞在同學們左右的心靈，到此時越發緊張，我現在把心中要講的話，揀最重要的寫在同學錄前面，希望同學們能永久記住。

北伐雖然勝利，革命仍未成功，凡我對第一二三四各期同學講過的話，對第五期同學仍是用得著的。北方軍閥餘孽尚未徹劃除，帝國主義的淫威依然橫行無忌，我們做了黃埔學生，做了國民革命軍軍人，做了中國國民黨黨員，只有奮不顧身努力向前。非完全打倒軍閥打倒帝國主義決不停止我們的工作，我們不怕犧牲，不避艱險，不成功則成仁，絕對不與惡勢力妥協，我們自民間來仍須民間去，我們要隨時愛護士兵，與士兵同甘苦，我們要隨地愛護人民，為人民爭自由，我們要使武力與民眾相結合，我們要使武力進而為民眾的武力，我們要實現　總理所創造的三民主義，我們要完成　總理所致力的國民革命，我們的校訓是親愛精誠。凡是我們的同學都要一致團結在純粹國民黨的指導之下為革命努力。某期某期的名稱，本只是時間上的一種標識，並非劃定了什麼界限，第五期的同學與第一二三四各期的同學，當然都要相親相愛，尤其是要共同奮鬥，保持同學間已得的光榮，防止同學間易犯的錯誤。第一期的同學因歷次奮勇殺敵

的結果，到現在已死亡過半了，第二期以下各期傷亡的人數也不在少，就是第五期雖然現在剛要畢業，但有許多同學在入伍期間已到前線殺敵而犧牲。我們黃埔所有的光榮，都是這些已死同學的鮮血造成的。我們要怎樣才對得起已死的同學，要怎樣才保得住已有的光榮，只有用前赴後繼的精神殺盡敵人方能罷手。

　　死者不可以複生，生者偏易墜落革命進程中的危險，無過於此，現在同學間最不好的現象，就是不願做下層工作，只想升官發財。畢業出來沒有幾個月，就想提高階級，而自己驕傲到了不得。以前各期的同學，都有犯這種毛病的，我希望第五期同學不蹈覆轍。要知道革命工作越在下層越切實，尤其是在軍隊裡在黨裡，全是以下層為基礎的。我們同學在學校裡時間本來不多，全靠自己開始帶兵的時候切切實實的虛懷研究，刻苦耐勞用實地的經驗，來補助學問的不足。各同學在這畢業的時候，即須自己立定志願，從最下層的工作誠心誠意的做去，切勿稍有自驕自滿的意志，以致惹起他人疑忌嫌惡，同時並為自己墜落的根源。

　　第三期同學畢業時代，曾有一篇極長的序言，我那時已經看到同學間的思想不能統一，精神不能團結，一部分同學受了共產黨黨團作用的麻醉，不惜自行分裂，其結果必致自相殘殺，使我們黃埔學生同歸於盡，中國國民革命亦終於無成。所以我苦口勸告希望同學們在三民主義之下一致團結起來，由完成中國革命進而完成世界革命，但是孫文主義學會與青年軍人聯合會這兩個團體，雖然對峙著，經過去年三月二十日的事變，這兩個團體雖然一同取銷，但共產黨徒在同學裡挑撥離間的行為，反是變本加厲，我發起黃埔同學會想限制他們的活動，結果反被他們從中把持前方正與敵人苦戰，後方偏要自己搗亂。我種種苦衷，都不為他們原諒，幸而共產黨徒搗亂謀叛的陰謀完全暴露，各方面忠實同志一致起而護黨救國。雖然武漢共產黨殘殺我們很多的同志同學，而黨國根本並未動搖。我們同學自相殘殺的慘劇也不至於推演下去，這是黨國之幸也，也是我們同學之幸，也是我在今天回想當時情形不寒而慄。現在我們已畢業的同學將近一

萬人，如果思想仍舊不能統一，精神仍舊不能團結，分派別鬧意見驚虛名權利，那就共產黨完全撲來我們，我們同學也仍不免有自相殘殺的一日，何況共產黨餘孽尚未根本肅清，依然有死灰復燃之懼呢？所以我們同學必須有一致的信仰，堅固的團結，我們只有整個的黃埔，不當有什麼分化我們的組織，我們要實行親愛精誠的校訓，為三民主義而戰，打倒軍閥，打倒帝國主義，打倒一切反動勢力。我們回想以前每一期同學畢業，都能使國民革命的進程得到迅速的發展。我希望第五期同學畢業以後，不久即能完成北伐統一中國，實現中國的獨立自由和平等，責任如此重大，同學們應該要怎樣的努力。口號：黃埔學生要做革命軍人模範！黃埔學生要與士兵同甘苦！黃埔學生要和黨國共存亡！黃埔學生要精誠團結！黃埔學生要團結奮鬥！黃埔學生要注重組織！黃埔學生要嚴格訓練！黃埔學生要嚴守紀律！黃埔學生的武力是民眾的武力！黃埔學生要愛護人民！黃埔學生是要為革命犧牲的！黃埔同學是　總理惟一的遺產！黃埔同學要保持歷史的光榮。

李濟深序

本校校訓：「親愛精誠」為精神訓練也，本校編制步工炮政治經理各科為物質訓練也，第一二三四期畢業生，本此訓練。收東江、平楊劉、定瓊雷、參加北伐，厥功偉矣，世界之震驚，吾國民革命軍者，靡不重視本校，即重視各期畢業生，今者第五期諸君，又屆畢業，且將首都之行，以一千數百人加入前線，指揮士兵，領導民眾，諒皆能秉承。

總理遺志，各抒偉抱，努力進行物質上之訓練，如學習步科者擔任步科任務，學習工科者擔任工科任務，學習炮科政治經理各科者，各就所學，見之實行，經驗加深，無異自深訓練。惟親愛精誠之校訓，夙常見其莊嚴燦爛於廣廈者，此後能常見之乎？夙常聞諄諄誥誡於師長者，此後能常聞之乎。夫親者，有近有愛，有慈惠諸義，傳曰在親民，又曰親親

而仁民，即此義也。愛者仁之發，有親惠好樂諸義，實與親之義相倚，傳所謂汎愛眾，及愛人不親及其仁者，此也，精者，密也，專一也，純至也，如簡米之去其秕糠，煉金之取其純粹，皆精義也，誠者敬也，信也，真實也。傳所謂自明誠謂之性，自誠明謂之教者此也，此四端者，其為物也無形，其於人也不可離，卷之則為性分之功，放之則為事之準，自其分言之。可以平列，親則不離，愛則無午，精則不襍，誠則不貳，得其一不愧為人。自其合言之，實能一貫，能親即能致愛，愛之篤即是致誠，即是惟精，得其全可為人之表率。諸君從此在軍隊社會中，對於長官能常自省曰，吾之親愛精誠有至乎抑有未至乎！對於士兵民眾能常自省曰，吾之親愛精誠有至乎抑有未至乎！對於吾黨及吾黨之主義，能常自省曰，吾之親愛精誠有至乎抑有未至乎！自來立名之士，事功愈高，心性之檢點愈嚴，故其成就也愈大而可久。諸君其有意乎？彼軍閥帝國主義者之步工炮各學科器械，非後於吾軍，或有過之，而吾視之如無物，而為吾所摧拉者，以吾人親愛精誠，奉主義而與之周旋，故所向無前耳。現存革命進程，已由長江流域至黃河流域，自清黨運動，肅清反側，吾黨意志已歸統一，固可為吾國民革命慶。然共黨專橫，尚流毒迸於武漢，軍閥肆虐，猶思挣紮於幽燕，帝國主義者，猶思有以謀我。不平等條約猶未全然廢除也。事業前途，尚多未竟。諸君自為訓練，仍能如在校時之態度，精神貫徹，事業成就，自無限量，吾輩同在革命立場，處為校友，出為戰友，至若目前位置之高下權勢之如何，吾愛諸君甚。不欲於光榮永久之同學錄，留近利之言，博諸君一時之歡，而為有識者所笑。諸君行矣，尚其勉旃。

宋慶齡序

　　黃埔軍校第五期生，近有籌刊同學錄，屬序於餘。余維普通學校校生之刊行同學錄也，其趣旨大抵不出記載相互之名籍鄉裏。及未來之通信地址，留以為及門同硯等鴻雪因緣紀念之資耳。黃埔軍校為黨國幹城所寄之學府，

溯自創辦迄今，學子之畢業於其中，出而執戈殺賊，以大無畏精神，最名譽戰績，震起於一世。亦既有目共睹，有耳共聞。故凡肄業於軍校之校生，其最初來學之抱負，暨夫學成為黨國致用之信念，固未可與世之尋常校生等量齊觀。然則此第五期生同學錄之刊行，厥義又豈拘拘於鴻雪因緣之寄。其於黃埔軍事學府擴展武運之使命，軍校諸生實負之趨焉。是為序。

何應欽序

第五期卒業同學，籌辦同學錄，索序於予。予以同學錄之意義，不僅徒載姓名，作雪泥鴻爪而已。更應發揚親愛精誠之校訓，指明同學所居之地位與使命，努力國民革命之完成，三民主義之實現，適記者將予八月十五日在南京中央路本校對第五期卒業同學演說，整理完峻，校閱一過，能盡予所欲言，特檢之以代同學錄序。

諸位同志，我們中央軍事政治學校今天又舉行第五次卒業典禮了，在諸位同志平日潛心研究，當此學業暫告一段落期間，得了很好的收穫，自然是非常歡喜，在我們職教員，辛苦經營，為黨國培植人才，居然達到完滿目的，自然也很高興。而黨國方面，從此又增加了有主義有訓練有作為的幾百革命青年，革命的勢力，將因此而加緊推進，這一點更是今天到會的來賓和我們全國同胞所公認為快意的。

諸位同志，我們革命的哲學基點，是在乎仁愛，我們不忍自己沉淪，所以要革命，同時不忍見他人沉淪，所以要革命。為目的不擇手段，或張冠而李戴，雖然有時也僥倖完成革命。然而那種是背乎仁愛的，是我們不願意做的。我們中國，自從鴉片戰爭以後，八十餘年來帝國主義無日無時不是向我們進攻，最明顯的，莫過於他們的走狗軍閥土豪劣紳貪官汙吏等之。壓迫剝削我們不加振作，不僅我們國家永無自由平等的希望，且恐不久而致於滅亡。因此之故，中國國民革命，便應這種需要而發生。我們總理孫中山先生，更本乎革命的哲學基礎－仁愛，研究過去的一切經濟社

會各種歷史，考查現實一切經濟社會各種狀況，發明最偉大的最進步的最適合需要的三民主義。我們信仰了三民主義，群策群力，共同奮鬥，所以中國的國民革命，得到長足的進展。

諸位同志，我們既然認識中國革命之得到長足進展，系由於三民主義之功，那麼，我們就要篤信三民主義，一致為三民主義而努力。不過在現時革命過程中，卻有少數走到歧路上去。這是很痛心的！但無論如何，我們中央軍事政治學校學生，絕不應昧了方向走入歧路，因為我們學校，是

總理認定革命的需要，命蔣校長辛苦經營的，他的使命，就在造成革命的武力，努力國民革命，實現三民主義。什麼是革命的武力呢？即是　總理所說的，第一步使武力與民眾結合，第二步使武力為民眾的武力。自從第一期同學畢業後，兩次東征，討伐楊劉，確能將本校的使命擔負起來，於是本校的地位，遂為中外所重視，不料本校方有初基的時候，我們的總理竟別我們而逝了，我們每讀　總理「革命尚未成功，同志仍須努力」之遺訓，更感覺使命之重大。而本校在革命的立場上，幾乎可以說是　總理生命的繼承者，所以每個中央軍事政治學校學生，應該認識他在國民革命所居的地位，積極完成　總理遺志，實現三民主義，絕不宜徘徊瞻顧，更不宜誤入歧途。

諸位同志，我們革命的勢力，一天比一天擴張了，同時我們革命的環境，也一天比一天艱難。俄國有一篇著名的短篇小說，叫做《爭自由的波浪》，他形容波浪的怒潮雖然高漲，而堅固的岩石卻悍然不動，轉以其反動的力量，使若干波浪沉沒，後來波浪不斷與岩石激戰，經過許多的困難，始克完成其自由。我們的同志們，有許多太輕視敵人了，他們以為自從出師北伐以來，幾乎無堅不克，無敵不摧。於是總不欲十分努力，而即冀革命之完成，我認為這種見解，較爭自由的波浪還不如，應該加以痛改，否則，敵人不倒，自由終不可求得的。現在我們革命雖然進展了，然而各個帝國主義正恐其最終的工具張作霖消滅後，斷送了侵略中國的根據地，紛紛的加以援助。而張作霖亦以窮途末路，與各帝國主義者加以緊張

的勾結，這是我們北方的一大障礙，亟宜早日剷除。中國共產黨自從其反革命的行為暴露以後，經我們嚴厲的清黨，已使其銷聲匿跡，然而中國共產黨員，是為目的不擇手段的，他們什麼行為都可以做得出來，我們考查近來各地破獲共產機之多，就知其野心未死。我們應積極偵查，根本撲來才是。再則投機分子及貪官汙吏土豪劣紳等，每借清黨之名，混入革命隊伍中來，我們應嚴密防範，俾免腐化及惡化我們的黨，喪失或減弱革命的力量。我們由這些環境看來，試問我們在此革命功虧一簣中，可不可以自餒？我可以說，絕對不可以！我們應效法爭自由的波浪，不斷的勇猛的努力向敵人進攻！

諸位同志，在今天以前，你們所過的，還是學校的研究生活，在今天以後，你們就要分發到各部隊去過軍隊的實習生活了！軍隊中的生活，與學校當然又有不同，當此將入軍隊期間，我很願意將前四期同學到軍隊後的優劣點，說出來作你們的一個參考，更願將我的經驗及認為應該身體力行者，揭示數端，以供你們的注意。

黃埔前幾期學生，最值得稱讚的，就是富於革命精神。每次作戰，那種不畏難不惜死奮勇直前的行為，確實使人敬佩！並且他們不僅勇敢，還很沈著，所謂沈著，即曾國藩所說的：「打仗不慌不忙」的意思。因為只有勇敢而少沈著，有時竟會演成「一鼓作氣再而衰三而竭」的景象，這是應該特別注意的。其次，前數期的同學，雖經共產黨員之極力煽惑，然而除了少數以外，大多數均能切實認清革命的理論和事實，不為共產黨員所煽動，且積極糾正或申斥共產黨人言行之不當，一致為三民主義而犧牲，這也是值得稱許的，現在你們所處的情形，較前數期更好了。自從清黨以後，已無共產黨從中搗亂，思想意識，既已統一，則將來實現的革命力量，當更偉大了！至於前數期的同學個別動作，值得稱讚者亦甚多，然因缺乏普遍性，故不提出來說。

反過來說，前數期同學的缺點亦甚多，這些缺點，也是缺乏普遍性的。並非說前數期個個同學，都是如此，不過，我為使各位警惕起見，特

提出來說說，他們是什麼缺點呢？第一，驕傲，少數同學以為我是黃埔卒業生，大有學問能力俱臻絕境之概。什麼人都看不起，什麼事都不措意，甚至中少尉也不願做，這是不應該的！要知同事中學問能力比我好的很多，或者他們學問能力雖較我差，然而他們或者有很好的閱歷，或者有相當的功勳，為我所不及的，我們豈可動輒輕視人，動輒嫌位置低微呢？再則學問無窮，我們縱滿腹經綸，然而實際經驗毫無，「事非經過不知難」，我們為可什麼事不加措意呢？第二，奢侈，有些同學，誤認做事為做官，一切起居住，日加講求，朋友應酬，力趨繁華，於是養成奢侈之習慣，久而久之，革命性減弱了！並且為滿足奢侈之願望，不惜長支預借，浮報舞弊了！不惜鑽營請求，企圖晉薪升級了！這是應該極力戒除的。第三，荒廢學術。這項缺點可以說，具有普遍性了！試將前幾期卒業生同學集合起來問，有幾個能將典範令帶在身邊的？至於帶四大教程的，更屬很少了！誠然，在作戰期間，因時間和能力的限制，難於兼顧到學術上去。然而我們每日無論如何忙，若果有心研究學術，終可以分出時間來做的。各同學今後到軍中服務，我很希望避去此種缺點，以學術參證事實，學問才更有進步。第四，抱升官發財的思想。革命黨人不應抱升官發財思想，這是各位所知道的，並且也是學校常常告誡的。可是前數期學生中，有的天天只想升級，甚至公開的來信，請我升級，這不是笑話嗎？你若果有能力或功勳，就是我一時因事繁未曾注意，各部隊長官，也曾保薦上來的；你要沒有能力和功勳，即使當面求我，又有何用？至於有的想去做縣長，或公安局長，警備隊長，那種思想行為之不當，更不必說了！第五，自相傾軋。以前各部隊中，常有黃埔非黃埔之分，自蔣校長嚴加訓誡後，風氣漸好，但仍未能免去。我前次過大埔，更有無意識之少數同學，分什麼本校分校，經我加以申斥，始各退去。後來又有因期數不同，而強劃界限的，因所隸的營連不同，而互相攻訐的，這種無意識幼稚行動，實堪發笑！當然我很怪這些同學，為什麼會如此？後來一經調查，才知是共產黨人對我們的分化政策。可憐我們的同學，竟自上當了！我很希望各位注意，要知革

命不分界域的，　總理遺囑，教我們喚醒民眾及聯合世界上以平等待我之民族，共同奮鬥，若果我們黃埔同學尚自相傾軋，安能做喚醒及聯合的功夫呢？

以上所述，前數期同學的優劣點，系偶然思及的。或者所說的劣點，似乎太過，而他們所有的優點，沒有充分表彰出來，這容許也是有的。但我並不是嚴格的在此替他們評斷功過，系說出來作諸君一個參考罷了。同時，我對於諸君，也有幾點希望，請各位注意。

一、篤信主義。我們　總理的三民主義，系世界上最革命最進步最合乎需要的主義，一切不新不殼不對的共產主義，狹隘而有流弊的國家主義，都不能望其項背！我們應該堅決的信仰他，並努力教導士兵，宣傳民眾，使他們都三民主義化，大家一致的向三民主義途中努力，不僅中國自由平等，可以求得，並可以由此進入世界大同啊！

二、愛護人民。我們為什麼要革命？就在解除人民的痛苦。所以愛護人民，實是我們應盡的職責，否則自身變為一種壓迫的階級，與革命的目的，顯然背離了！我們北伐成功之速，出乎意料，究其原因，雖由於我們的武力比較健全，然而最大原因，還在愛護人民。因為我們愛護人民，所以處處得到他們的幫助，處處受到他們的歡迎。我希望各同志到各部隊去，對於愛護人民，務須切實注意，萬萬不可疏忽，要知這是成敗的關鍵啊！

三、盡忠職責。我們是來革命的，不是來享福的，也不是來敷衍什麼人的。所以對於盡忠職務，實是分內責任，無容推諉。我們要是怠懶職務，就是不革命，不革命的人，是我們革命軍所不容的！近來有許多軍官，不惟不盡忠職務，且去狂嫖濫賭，更屬不對，應該認為這是我們共同的恥辱，大家互相監督，互相取締才好！

四、刻苦耐勞。革命軍的信條，是不要錢，不怕凍，不怕餓，不怕死。綜言之，就是要刻苦耐勞，雖犧牲性命，亦所不惜。其實，

不僅革命事業要刻苦耐勞，即任何一事，不刻苦耐勞，絕難希望成功，天下很少不勞而獲的事體，即有，亦是一種不光明的報酬，我們革命黨人是不願受的。所以刻苦耐勞，實為我們應保存的美德，不可一時忘卻。

五、愛護士卒。諸位到軍隊中去，應與士兵同甘共苦，善為愛護，不可任意虐待。須知各士兵與我們共同起居住，其情有如兄弟，共同禦敵殺賊，其情更甚於兄弟。我們應具親愛精誠的精神，方收指揮之效。

六、研究學術。人壽有限，學問無窮，諸位在學校中時間，不過半年，所學所知，實在有數得很，今後入各部隊去，應該將典範令及各教程，詳加溫習，古人說：「溫故而知新」，我們若果勤學，就是舊書也可新的發見，何況現在各國出版的新式軍事書籍，可供我們研討者很多呢！而且以理論參照事實，有許多無上的樂趣。

今天的話說得太多了，總括起來，就是要認識我們革命的理論和事實，及本校在革命上所佔的地位，與我們對革命所負的使命，大家親愛精誠，奮勇做去，所有以前各同學的優點，應該則効他，劣點，應該戒除他。追跡前數期同學的事業，發揚本校的光輝，只要照此做去，革命成功，一定可以最短期實現的！

諸位同志暫別了，再在軍隊中見罷！

方鼎英序

今五期同學將畢業矣，因有同學錄之刊，問序於鼎英，鼎英奉　校長命，謬長校務，與同學相處一年有餘，際茲分袂豈能無感於中乎？夫精於藝者，艱巨不能窮其用，誠於志者，險阻不能變其操。諸同學固以承繼總理之志為志，而志切乎，完成國民革命實現三民主義者也。由入伍而升

學而畢業，朝乾夕惕，切磋琢磨，孜孜然研求革命之技藝，以求遂其志者，亦幾於業矣。而又以同志進而為同學，連床共席，相處一堂，於其別也，拳拳然藉同學錄，以系其情，諸君之相親相愛，當更無間然矣，是同學錄也，其本校親愛精誠校訓之結晶也歟！本校自　校長秉承　總理命創辦以來，　校長以大無畏精神，引導各期同學重奠東江，削平南路，進而統一兩粵，克復湘鄂而贛而皖而閩而蘇，以次底定大江南北，悉隸黨旗黃埔之。遂駸駸然震驚全世，雖然革命之事業，乃人群自然之演進，無時而或息，吾　總理之三民主義，鎔冶種種之革命性質及諸家之學說於一爐，網羅萬有，包舉靡遺，以適應於時代與民族進化之需要，吾人之從事革命者，益當以精益求精，至誠不息之精神。與之推進，未容以一得而自矜劃地而自止也，易著勞謙，學戒驕泰，吾知諸君必有以自策矣。抑吾聞之，分則勢弱，合則力強，昔吐穀渾之酋長，猶能以折箭之喻曉其子，況集中於三民主義之同志乎！夷考本黨歷史，實具有深遠寬大之性質，以國民革命謀全民利益為目的，乃中國之共產黨，反藉為挑撥中傷，以盜竊本黨之陰謀，演其階級鬥爭之慘劇，賴　校長奉　中央執監委員會之命，一舉而廓清之，從此本校及本黨之同志純粹之國民黨員，吾知諸君必更能發皇親愛之義，成己成物，欲達達人，引見聯翩北上，策馬幽燕，內登中國於平等自由，外拯世界之弱小民族，完成革命，促進大同，以實現三民主義之簇新，世界可拭目俟之也，今因諸君之請，聊弁數言，以作紀念，且以相勉雲耳。

吳思豫序

　　豫軍人也，拙於辭故不善為文，五期同學畢業，同學錄付梓，亟索文於豫無以應，探喉得希望語述以獻之。夫希望者，乃社會進化之要素，人類生存之條件，正之而希聖希賢，功在百世，不正而為賊為盜，禍貽國家，此希望之為用，亦我人所應引為注意者也。

總理奚為而欲革命，希民眾之解除痛苦也。奚為而有本黨，希革命之有所組織也，有組織而無訓育，猶建設之未有工具與基礎也。烏足以言破壞，談改造，於是有　總理本校之設立，校長之經營，作幹部之製造，希為主義之信徒，民眾之先鋒，犧牲之領導，主義為壁，碧血為壘燦燦焉。開國民革命之花，錚錚然立世界革命之礎。嗚呼，黃埔　總理之希望焉，如是，校長慘澹經營苦期焉，如是，精神未死，腔血猶存，不望生而希正，既希已而望人，豫雖不學，願與同學共勉之。

鄧文儀序

第五期同學，和已畢業的一二三四期同學，一樣是國民革命的武裝戰士，是解放中華民族，尤其是解放大多數的農民工人的先鋒，現在要從鋼鐵的製造廠－黃埔中央軍事政治學校裡面畢業出去奮鬥犧牲，跑往鐵血的疆場，去殺反革命的人們了。在各位同志，團結一致，集中一塊表徵的同學錄中，受著革命情緒鼓動，滿腔熱血沸騰，賦著無限希望，我實在欲不言而又不能已於言。這是我要作同學錄序時第一個動機。黨國不幸，革命發展到年來的情勢，中國共產黨在我們革命隊伍中搗亂反動起來，弄得莊嚴燦爛的黃埔，也因為他們的影響，生出許多汙點和裂痕。在清黨運動舉行以後，因為戰線上面人才缺乏，同志中年富力強能幹的政治工作指導者，多數應著革命需要，服務前線去了，無才少識，力薄能鮮的我，奉著黨校的命令，勉強地擔負各位同學政治的指導者。五期同學畢業前的三個月中，個人因為經驗缺乏，工作忙迫的原故，始終未曾與諸同學說及同學本身的話，加之政治部，因為工作諸同志能力責任心的不一致，影響到各位同學政治訓練的不能周到，並且缺陷多多，這些都是我三月來誠惶誠恐，一刻不能安於方寸，欲向全體畢業同學告訴與未告訴的苦衷。而今趕著和各位同學快要暫時分別，各上戰線，在大家留名的同學錄的前面，藉著序言的篇幅，說說我要說的話。這是第二個動機。因為這兩個動機，所以要作同學錄序言。

　　黃埔是中國革命的策源地，同時也是世界革命的策源地，黃埔軍校製造出來的武裝戰士，要由完成國民革命，進而完成世界革命。黃埔的光榮歷史，已畢業未畢業同學的革命犧牲精神，事實上，已死同學的鮮血，的確證明瞭黃埔同學，能夠擔負他的使命。這種偉大的使命，是歷史進化，人類生存賦於的，在全世界被壓迫民族被壓迫階級，沒有完全解放以前，這種使命是不能一天忽略的。當著敵人反革命－國際資本主義，封建殘餘，和一切投機，自私自利的各種黨派，反動人們－兇焰方張，進攻猛烈之際，黃埔同學應該本著大無畏的犧牲精神，站在革命戰線的前面，作民族之前鋒。我們遙念前途之荊棘叢生，自己擔負的使命之偉大，反憶過去錯誤之層出，自行分裂，自相殘殺，在不知不覺間，脫離了革命戰線，張望目前所處的環境險惡萬分的周圍，外面進攻猛烈，內部未能團結的事實，每一個忠實的黨員，革命的黃埔同學，應該如何戰戰兢兢，努力工作，去救黨國，使革命渡過危機。灰心，悲觀，消極，不是革命者應有的態度。環境愈險惡，反動勢力愈高漲，我們的熱血更要沸騰，革命空氣更要緊張。在一致信仰，意志堅固，精神團結的場合，我們是可以制馭一切，並獲得最後勝利的！

　　五期同學畢業了，在畢業以前，因為中國共產黨的反動，在國民黨裡面大施其挑撥離間，鼓動煽惑的政策，使半萬五期同學，在初即有武漢分校之分化，繼之乃有黃埔清黨之分化，肄業期中，大部分教育之有政治性者，又屬 CP 操縱把持，在各種暗示之中，思想方面受其影響者，當然不少，而對於國民黨的理論，三民主義的精華，又沒有多大機會去研究，因為這些原故，整個革命的黃埔，迨至五期學生時代，或者說清黨運動以前，已經成功一個四分五裂，半生不死的局面，很多忠實同學，純粹國民黨員，亦僅敢怒不敢言。這種現象，雖然是歷史發展，革命過程中，必不可避免的事實，但我們至少要把這些事實，當作我們的奇恥大辱，革命史上汙點，並且自矢矢人，永遠使整個的黃埔在國民黨基礎之上，保持著他的光榮。這即是說。我們同學，尤其是五期畢業同學，對於清黨運動，

要嚴厲執行。在目前要在黨的立場上，要求徹底肅清中國共產黨，貪官汙吏，土豪劣紳，腐化，惡化，投機分子。在將來，若有其他什麼派別，不管是無政府黨，國家主義派，想來篡奪國民黨，破壞國民革命，分裂整個的黃埔，那末，我們當然為黨與革命及整個的黃埔之安全計，一樣要嚴厲對付之。校長北上時，給我們的訓條－「禁絕小團體」的一句話，就是我們保持整個的黃埔，整個的國民黨的一件鋒利武器。同學們，過去的事實－自相攻訐，自相殘殺，腐化的腐化，惡化的有加無已－擺在我們目前，我們不欲生存，為民眾幸福而犧牲則已，否則，無論如何，是不能跑上這條自殺滅亡的道路啊！內部的反動，不怕他倔強，只要真實革命力量，能夠有組織有計劃的應付，是不成問題的。黃埔是世界革命的基礎，是中國真實革命力量的寄託所，黃埔不能嚴密組織，一致信仰，則要有組織有計劃應付革命內部的反側，又從那裡說起呢？親愛的同學們，不要猶豫，不要徘徊，我們站在親愛精誠，青天白日旗幟之下，大家團結起來，我們只有整個的黃埔，不許任何人來破壞分裂。要保持黃埔的光榮歷史，只有繼續先烈的事業，本著他們的犧牲精神，永遠一致團結，以整個的黃埔，唯一的國民黨，去應付一切啊！

我們有了武裝，武裝已經接近民眾，我們有本黨長期爭鬥的經驗，經驗產生出了空前絕後的革命理論－孫文主義。我們均以黨的意志為意志，一切行動完全在黨的統一指揮之下，依照邏輯的分析，我們獲得最後之勝利，以至革命完全成功，本來是不成為問題的，不過革命的現狀，是否到了上面所述的程度，革命力量的團結，是否能抵禦反動勢力的一切，黨的革命的危機，可否安然很快的渡過，這些問題，從目前實際環境裡面去分析，隨時隨地，都覺得不是容易解答的。外面的敵人－帝國主義軍閥及一切反革命，正在那裡張牙舞爪，兇焰方熾地組成了大聯合的反革命戰線，有計劃地向我們積極反攻，內部的反動分子－中國共產黨，貪官汙吏，土豪劣紳，腐化，惡化，投機分子，尚未肅清。他們的勢力，反是暗長潛滋。這樣一個環境，還不是嚴重與危機四伏的局面嗎？這種乃決定我們目

前爭鬥，跑上戰場去殺我們的敵人的方針。我們要不妥協，全無姑息，去和他們拼個死活。對敵人仁愛，就是對民眾殘忍，這是我們工作時應注意的第一點。

其次，我們已以身心許諸黨國，那麼，在確信三民主權意志之下，我們應該把人生觀弄清，終身以革命為職業，不屈不撓，再接再厲，作一般同志之模範，鞏固國民黨的黨基，把數萬同學的血肉，集中起來，國民黨的前途，及其渡過危機的生機，就賴此一舉。我們為黨與革命而犧牲，是很光榮的。這也是我們每個同學應有的決心，與應具有的革命精神。校長說「死者不可以復活，生者偏易墮落」，是何等痛心警惕的話！受敵人軟化，自己內部腐化，都是自討滅亡，革命的罪人，同學裡面的害群之馬，我們對於此種現象傾向，應該如何驚懼萬分，無時或忘的嚴緊防其變化呢？現在同學中，如有犯這種錯誤者，我們應該忠告，忠告不聽，繼之以警告，警告無效，則只有請求黨校之紀律加以制裁。此等人，實人人皆得而誅之之徒，他比反革命還要厲害呢！防止內部之惡化腐化，也就是堅固團結嚴密組織之起始。第三，在工作方針及大的趨向明確以後，我們更應把自己的工作興奮振作起來，不強要升官，不隨便要錢，不務虛偽名，不存驕傲氣，不自由行動，盡忠自己職務，努力革命工作，特別是注意下層實際工作，推己及人，大家如是，則革命前途庶幾有一線曙光。第四，我們工作的時候，要從大處著想，不好因為輿論一時之毀譽，而轉移我們的工作。在革命高漲時候的謠言蜚語，吹毛求疵的攻訐批評，我們可以毫不顧及，只要自己工作努力，合乎黨與革命的要求，那就一切的一切，都可以置諸不問。批評之真實有理者，我們應該虛心接受，事無大細，誠謹出之，就是不二法門。這些是個人從工作中經驗得來，供諸同學之參考者。五期同學的任務，是在完成國民革命，統一中國，過渡危迫萬分的時期，何等重大成敗利鈍，在各同學好自為之。我最後敬禮：黃埔歷史永遠光榮！五期同學始終革命！中華民族自由平等！世界人類共樂大同。民國十六年七月二十三日於滬上。

熊 雄：告第五期諸同學

「我們的中央軍事政治學校，……漫漫長夜裡的一個明星，一線曙光下的革命營寨。但是，這個革命營寨裡的分子，是要知道自己和人們的命運是如何困厄，責任是如何繁重，使命是如何遠大－國民革命和世界革命。同學們！革命的同志們！我們為著要解除這個厄運，擔負這個責任，完成這個使命，就不能不有正確的思想和徹底的行動。因此，在你們開學的第一天，我以革命同志的關係，希望大家平心靜氣，犧牲一切，以大無畏的精神，互相勉勵，共同奮鬥，以造成真正革命者之人格。現在把我希望的幾點，寫在下面：A、在思想上須貫通理論與實際。……一個真正的革命者，必須有正確的理論，然後才能有很對的實際行動。換言之，必須理論與實際打成一片，方可免掉限於空想或盲動。你們從今天起，開始要受本校正式的教育了，很希望能以戰場上果敢殺敵的精神，拿來作思想上的爭鬥，決然把從前一切幼稚的錯誤的思想，個人的非革命的行動，趕快糾正過來，然後才配做個孫文主義的信徒－世界革命的信徒！B、在行動上須遵守革命的紀律。……革命軍唯一的特色，就是黨紀相範，軍紀相繩，能使每個分子，對於紀律，卻能自覺的遵守，自動的服從，如此即所謂革命的紀律，鐵的紀律。……保持黃埔的精神，發揚黃埔的精神，不要為（做）黃埔的敗家子。C、一個革命者必須有確定的革命人生觀。總理說：革命者要以革命為職業，革命以外無他事。……思想與革命使之一致，然後方可做個好黨員，才算是有革命人生觀的真正革命者。最後，……做武裝黨員的時候，使八個月的（學習）光陰，同學們！革命的同志們！起來！起來！努力！努力！」。[1]

---

[1] 廣東革命歷史博物館編纂：廣東出版社 1982 年 2 月《黃埔軍校史料》323 頁。原載
1926 年 11 月 17 日《黃埔日刊》。

第五期生學習受訓期間，經歷了國民革命及國共兩黨關係的重大轉折，從 1926 年 7 月國民革命軍誓師北伐，到 1927 年「四・一二」、「七・一五」，無不反映了那個時代的革命狂飆與風雲變幻。在以上軍校當權者擬就的八篇同學錄序中，斑斑史跡可見端倪。正所謂：大浪淘沙，誰主沉浮 ?!

第一章

黃埔軍校第五期學員的基本概貌

　　黃埔軍校之現代軍事教育，經歷近兩年的風雨磨礪，成為當時革命的、新型的軍事教育之典範。從第三期生始設入伍生訓練至第五期，黃埔軍校逐漸形成了軍事訓練與政治教育並重相輔學風[1]，為現代軍隊初級軍官訓練與成長，奠定了軍事素養與基礎。中國國民黨與中國共產黨的黨組織及其學員，在軍校內外競相逐鹿鋒芒，終成兩大營壘而分庭抗禮，從合作走向分裂，從黃埔軍校開始的國共兩大政黨之軍事角逐，引發兩黨此後連綿十年內戰。

　　延續已出版的《雄關漫道－黃埔軍校第四期生研究》，進行第五期生的系統梳理和整理，成為勢所必然。第五期生經歷了國共兩黨在軍校的分裂，是黃埔軍校演變為中國國民黨一黨專制軍校的轉折，大浪淘沙，隨波逐流，涇渭分明，這是 1927 年 4 月後黃埔軍校政治趨向真實寫照，國共兩黨公開分裂和武漢、南京兩地（國民）政府的對峙，雙方鬥爭此起彼落，[2] 同時也拉開了國共兩黨軍事將領在其後二十餘年逐鹿沙場戰火紛呈的歷史畫卷。

---

[1]　中國第二歷史檔案館影印：檔案出版社《黃埔軍校史稿》第二冊。

[2]　陳以沛、鄒志紅、趙麗屏合編：廣東人民出版社 1994 年 3 月《黃埔軍校史料》續編 358 頁。

第一節　入伍生教育計畫與訓練情況

1926 年 3 月，黃埔軍校將第四期未升學的三分之一學員，編為第五期入伍生，[3]1926 年 3 月 14 日成立入伍生第一團。

入伍生招考程式，向由各省市及各特別黨部保送於中央黨部，[4]再由中央黨部介紹於本校。

本期入伍生，除第四期考取入伍生留編為第一團外，[5]1926 年 3 月至 7 月陸續考取入伍生 1000 餘名，編為第二團。[6]1926 年 7 月 9 日，國民革命軍在廣州東較場舉行北伐誓師大會，第五期學生全部參加。

此時，第五期生與第六期生有不少時日同在一起上課和操練，無法辯明期別。1926 年 8 月 31 日校部規定：凡本年 8 月 1 日以前入伍者，為第五期入伍生，[7]8 月 1 日以後入伍者為第六期入伍生。

其間本校入伍生部召開七次教育會議，[8]重要議決事項如下：

一、各項軍事書籍，每連發給一份；
二、步兵操典未頒佈前，仍用 1922 年編本；

---

[3]　中國第二歷史檔案館供稿影印，檔案出版社 1989 年 7 月《黃埔軍校史稿》第二冊第 227 頁。

[4]　中國第二歷史檔案館供稿影印，檔案出版社 1989 年 7 月《黃埔軍校史稿》第二冊第 227 頁。

[5]　中國第二歷史檔案館供稿影印，檔案出版社 1989 年 7 月《黃埔軍校史稿》第二冊第 227 頁。

[6]　中國第二歷史檔案館供稿影印，檔案出版社 1989 年 7 月《黃埔軍校史稿》第二冊第 227 頁。

[7]　同前書第 227 頁；臺灣《傳記文學》第二十七卷第六期，李甲孚：蔣介石與黃埔陸軍軍官學校。

[8]　中國第二歷史檔案館供稿影印，檔案出版社 1989 年 7 月《黃埔軍校史稿》第二冊第 228 頁。

三、普通學考試日期由普通學教務委員會決定，考試科目分數理化三科；

四、入伍生上課時，須派官長監視以維紀律；

五、各課堂須備「入伍生點名冊」，及「座位表」，以便教官查考；

六、普通學教官缺課或遲到者，由各營連記明姓名及次數，提交教育會議以便整飭更正；

七、北伐在即，入伍生教育均提前辦理，步兵科第一、二團第三期（階段）教育，提前於第二期（階段）內施行，第二期（階段）應授之政治、普通學於第三期（階段）內補授，工兵科教育計畫分別（為）速成、長期兩種，速成三星期完成，惟炮兵科只要兩星期，長期仍照六個月；

八、步兵科第二期（階段）教育計畫變動，最需注重在養成上等兵及軍士之能力為主；

九、野外演習每週三次。

本期入伍生教育學、術兩科，與第四期大致相同。入伍後即開始訓練，初授以士兵及下級幹部之軍事教育，此外則授以普通學科。[9]

入伍訓練定為六個月，分為三期（階段），第一期在完成新兵及候補上等兵教育，藉以領悟連以下團結精神之要素；第二期在完成上等兵及候補軍士教育，藉以領悟營以下團結精神之要素；第三期在求完成軍士及（見習）排長之教育，藉以鞏固團以下團結精神之要素。[10]

---

[9] 中國第二歷史檔案館供稿影印，檔案出版社 1989 年 7 月《黃埔軍校史稿》第二冊第 229 頁。

[10] 中國第二歷史檔案館供稿影印，檔案出版社 1989 年 7 月《黃埔軍校史稿》第二冊第 229 頁。

第二節　升學分科教育及同期學員兩地畢業情況

　　1926 年 9 月 31 日起，入伍生舉行升學考試，試場設於廣東大學，入伍生第一、二團陸續由防地開赴廣州應試。[11] 自 1926 年 11 月 1 日起，本期學生陸續入校，編隊分為：步兵、炮兵、工兵、政治、經理五科，共六個大隊，第一學生隊為第一步兵大隊，駐防燕塘；第二學生隊為第二步兵大隊，駐校本部；第三學生隊為炮兵大隊，駐防曾家祠；第四學生隊為工兵大隊，亦駐曾家祠；第五學生隊為政治大隊，駐防蝴蝶崗；第六學生隊為經理大隊，亦駐蝴蝶崗。[12]

　　步兵大隊分為四個中隊，每中隊再分為四個區隊；炮兵及工兵大隊各分兩個中隊，每個中隊再分為兩個區隊；政治大隊分為三個中隊，每個中隊再分為三個區隊；經理大隊分為兩個中隊，每個中隊再分為兩個區隊，總共為十七個中隊五十三個區隊學生 2620 人。[13]

　　第五期生教育要旨：軍官學生教育之要旨，在於養成完全初級軍官，以為他日研究高等軍事學之基礎，在前十個月中務須修得初級軍官必要之知識及技能，其後期八個月，則就前期之學術繼續研究而充足之至，學、術兩科所授各科目與第四期大約相同。[14]

　　1926 年 11 月末，第五期炮兵、工兵、政治科學員由黃埔軍校先行開赴湖北武昌。[15]

---

[11] 中國第二歷史檔案館供稿影印，檔案出版社 1989 年 7 月《黃埔軍校史稿》第二冊第 230 頁。

[12] 中國第二歷史檔案館供稿影印，檔案出版社 1989 年 7 月《黃埔軍校史稿》第二冊第 230 頁。

[13] 中國第二歷史檔案館供稿影印，檔案出版社 1989 年 7 月《黃埔軍校史稿》第二冊第 231 頁。

[14] 中國第二歷史檔案館供稿影印，檔案出版社 1989 年 7 月《黃埔軍校史稿》第二冊第 232 頁。

[15] 陳以沛、鄒志紅、趙麗屏合編：廣東人民出版社 1994 年 3 月《黃埔軍校史料》續

　　根據南京國民政府軍事委員會指令，1927 年 7 月 9 日，駐黃埔第五期畢業生考試完畢，奉命開赴南京舉行畢業典禮。[16]1927 年 7 月 20 日，本期畢業生到達南京。1927 年 8 月 15 日上午十二時 [17] 本期學生在南京舉行畢業典禮，會場在小營中央軍事政治學校大操場。是日因蔣（介石）校長已經離京赴滬，由代理校長何應欽主持典禮，[18] 並代表蔣介石頒發畢業證書，[19]國民政府及中央黨部代表李烈鈞，以及各界代表是余人參加典禮。本期畢業學生共分步兵、炮兵、工兵、政治、經理五科計六個大隊，共計 2400 餘人。[20] 但第三、四、五等三個學生隊均在武漢，不能來南京。此次參加典禮者僅為第一、二、六等三個學生隊，共計 1480 人。[21]

　　由於 1927 年在國民革命陣營形成了武漢（國民）政府和南京（國民）政府分裂對峙的局面。使本期學生畢業典禮也分別在武昌和南京兩地舉行。在武昌兩湖書院畢業者，由惲代英主持畢業典禮；在南京畢業者，由何應欽主持畢業典禮，參加南京典禮的畢業生是奉命自廣州黃埔本校而來。至此，黃埔軍校以惲代英、何應欽在武漢、南京分別主持第五期生畢業典禮為界，標誌了國共合作的黃埔軍校基本結束。

　　《第五期同學錄》印行之際，仍由校長蔣介石「在前方軍中於十六年七月遙頌序文」。[22] 前任教育長何應欽也為《第五期同學錄》作序，教育長

編第 136 頁、537 頁。

[16] 陳以沛、鄒志紅、趙麗屏合編：廣東人民出版社 1994 年 3 月《黃埔軍校史料》續編 604 頁。

[17] 湖南省檔案館校編湖南人民出版社《黃埔軍校同學錄》記載畢業時間為 1927 年 8 月 15 日。

[18] 中國第二歷史檔案館供稿影印，檔案出版社 1989 年 7 月《黃埔軍校史稿》第二冊第 234 頁。

[19] 臺灣傳記文學出版社《民國人物小傳》第十三冊第 63 頁。

[20] 中國第二歷史檔案館供稿影印，檔案出版社 1989 年 7 月《黃埔軍校史稿》第二冊第 235 頁。

[21] 中國第二歷史檔案館供稿影印，檔案出版社 1989 年 7 月《黃埔軍校史稿》第二冊第 235 頁。

[22] 中國第二歷史檔案館供稿影印，檔案出版社 1989 年 7 月《黃埔軍校史稿》第二冊

方鼎英亦為《第五期同學錄》作序文，第一期生鄧文儀以黃埔軍校校本部政治訓練處主任也為《第五期同學錄》作序。[23]

第三節　第五期生學籍辨認情況和數量考證的說明

除湖南省檔案館校編湖南人民出版社《黃埔軍校同學錄》第五期列名學員外，本期仍有需要說明與確認的部分學員情況（按姓氏筆劃分敘）：

葉　島：1926年5月到廣州，考入黃埔軍校入伍生第二團第十二連受訓，1926年11月入伍期滿入工兵科學習，不久隨校遷移武漢。[24]

葉會西：廣州黃埔中央軍事政治學校第五期炮兵科肄業。[25]

劉眉生：1926年3月入黃埔軍校入伍生隊受訓，1926年11月入廣州黃埔中央軍事政治學校第五期步兵科學習。[26]

劉鎮湘：1926年3月入黃埔軍校入伍生隊受訓，1926年11月入廣州黃埔中央軍事政治學校第五期步兵科學習。[27]

許光達：南下赴廣州，先編入黃埔軍校第五期新生第二團，後編入入伍生第二團炮兵科第十一大隊學習。[28]

第237頁。

[23]　《中央軍事政治學校第五期同學錄》（省級檔案館館藏檔案）。

[24]　一是上海市黃埔軍校同學會編纂：1990年8月印行《上海市黃埔軍校同學會會員通訊錄》記載；二是《葉島自傳》（筆者收藏）。

[25]　臺灣國史館2006年3月印行《國史館現藏民國人物傳記史料彙編》第二十九輯第576頁傳記載。

[26]　楊牧、袁偉良主編：河南人民出版社2005年5月《黃埔軍校名人傳》第1602頁傳記。

[27]　胡博編著：臺北知兵堂2007年印行《國民革命軍軍史》（一）第335頁；陳予歡編著：廣州出版社1998年9月《黃埔軍校將帥錄》第320頁。

[28]　田越英編著：四川出版集團／四川人民出版社2009年4月《許光達大將畫傳》第3頁；中共中央黨史研究室第一研究部：中共黨史出版社2004年10月《中國共產黨第七次全國代表大會代表名錄》第303頁。

宋時輪：1926 年春南下廣東，考入廣州黃埔中央軍事政治學校第五期學習。[29]

張宗遜：乘船赴廣州，於 1926 年 2 月上旬到黃埔軍校報到，編入第五期入伍生第二團第二營第五連學習。[30]

李　鴻：1926 年 3 月入黃埔軍校入伍生隊受訓，1926 年 11 月入廣州黃埔中央軍事政治學校第五期步兵科學習。[31]

李　濂：1926 年考入黃埔軍校第五期，編入政治科第一大隊第二中隊學習。[32]

楊至成：1926 年春隨聯軍南下廣州，後考入廣州黃埔中央軍事政治學校第五期學習。[33]

楊實人：1926 年 6 月入廣州黃埔軍校入伍生團炮兵隊受訓，1927 年 8 月武漢中央軍事政治學校第五期炮兵科畢業。[34]

陳希孔：1926 年 12 月進入廣州黃埔中央軍事政治學校第五期入伍生隊。[35]

---

[29] 中共中央黨史研究室第一研究部：中共黨史出版社 2004 年 10 月《中國共產黨第七次全國代表大會代表名錄》第 473 頁；中國人民解放軍軍事科學院軍事百科部編：山西人民出版社 2005 年 4 月《開國將帥》第 89 頁。

[30] 解放軍出版社 1990 年 10 月《張宗遜回憶錄》第 12 頁；中共中央黨史研究室第一研究部：中共黨史出版社 2004 年 10 月《中國共產黨第七次全國代表大會代表名錄》第 193 頁記載考入政治科；中國人民解放軍軍事科學院軍事百科部編：山西人民出版社 2005 年 4 月《開國將帥》第 90 頁。

[31] 臺灣國史館印行《國史館現藏民國人物傳記史料彙編》第三十一輯第 131 頁載第五期工兵科；臺灣傳記文學出版社《民國人物小傳》第十五輯第 96 頁，河北人民出版社《民國人物大辭典》第 443 頁均指定其系第五期生。

[32] 穆西彥主編：陝西人民出版社 1991 年 6 月《陝西黃埔名人》第 178 頁。

[33] 中國人民解放軍軍事科學院軍事百科部編：山西人民出版社 2005 年 4 月《開國將帥》第 85 頁。

[34] 一是楊實人本人於 1996 年 8 月 12 日親筆填寫中共中央組織部印製《幹部履歷表》；二是中共中央統戰部　黃埔軍校同學會編纂：華藝出版社 1994 年 6 月《黃埔軍校》第 581 頁記載。

[35] 湖南省黃埔軍校同學會編：1990 年 11 月印行《湖南省黃埔軍校同學會會員通訊

陳治中：1926 年 3 月入黃埔軍校入伍生隊受訓，1926 年 11 月入廣州黃埔中央軍事政治學校第五期步兵科學習。[36]

陳治平：1926 年 6 月再赴廣州黃埔軍校第五期步兵科學習，後任入伍生第二團文書。[37]

陳恭澍：入廣州黃埔中央軍事政治學校第五期肄業。[38]

鄭全山：考入廣州黃埔中央軍事政治學校第五期步兵科學習。[39]

范龍驤：考入廣州黃埔中央軍事政治學校第四期，入學不久即患傷寒，住院治療半年後康復，後入第五期政治科學習。[40]

趙一雪：1926 年 4 月編入入伍生部第二團第三營第九連，1926 年 10 月返回黃埔軍校本部升學，正式成為第五期第一學生隊學員。[41]

唐有章：考取廣州黃埔中央軍事政治學校第五期，被編為入伍生團第一團第一營第一連，在學期間曾在《黃埔日刊》1926 年 12 月 11 日發表《北伐勝利的條件和目前的工作》。[42]

錄》第 33 頁；文史資料出版社 1984 年 5 月《第一次國共合作時期的黃埔軍校》第 374 頁。

[36] 劉國銘主編：中華工商聯合出版社 1993 年 10 月《中國國民黨九千將領》第 439 頁。

[37] 中共中央黨史研究室第一研究部編著：上海人民出版社 2007 年 10 月《中國共產黨第一至六次全國代表大會代表名錄》第 39 頁傳記；1994 年 7 月 8 日《作家文摘》刊載陳治平傳記。

[38] 陳恭澍著：中國友誼出版公司 2010 年 11 月《軍統第一殺手回憶錄》第一、二集，華文出版社 2012 年 5 月《親歷軍統－軍統第一殺手回憶錄》第三、四集記載。

[39] 劉國銘主編：中華工商聯合出版社 1993 年 10 月《中國國民黨九千將領》第 464 頁。

[40] 四川閬中縣地方誌編纂委員會辦公室編纂印行《閬中縣誌－人物志》稿，閬中縣後人撰文《范龍驤行狀》。

[41] 中國人民政治協商會議廣東省委員會文史資料研究委員會、廣東革命歷史博物館合編：廣東人民出版社 1982 年 11 月《廣東文史資料》第三十七輯《黃埔軍校回憶錄專輯》第 192、196 頁。

[42] 《唐有章自傳》稿（筆者收藏）；陳予歡編著：廣州出版社 1998 年 9 月《黃埔軍校將帥錄》第 1294 頁。

袁鏡銘：1925 年 12 月被選派到廣州黃埔軍校受訓，編入入伍生第二團第三營第十一連。[43]

郭汝瑰：1926 年 10 月考入廣州黃埔中央軍事政治學校第五期政治大隊第十四隊學習，校舍駐廣州蝴蝶崗。[44]

陶　鑄：1926 年 4 月間入廣州黃埔中央軍事政治學校入伍生第二團第二營第五連司書，1926 年 6 月間入第五期入伍生班，並改名鑄。[45]

譚希林：1926 年 4 月考入廣州黃埔中央軍事政治學校第五期工兵營。[46]

戴仲玉：1926 年 3 月考入廣州黃埔中央軍事政治學校第五期步兵科。[47]

綜上所述，第五期生升學分科後，總共為十七中隊五十三區隊學生 2620 名；[48]按照湖南省檔案館藏《黃埔同學總名冊》（第一集）記載第五期學生統計為 2418 名；[49]現據湖南省檔案館校編湖南人民出版社《黃埔軍校同學錄》列名在冊學員為 2394 人，加上述確認學員 24 名，總計第五期生按 2418 名核定數量敘述。

---

[43] 郭汝瑰著：四川人民出版社 1997 年 9 月第二版《郭汝瑰回憶錄》第 26 頁；中華人民共和國民政部編纂：黑龍江人民出版社 1993 年 10 月《中華英烈大辭典》第 2002 頁；中國革命歷史博物館、廣東革命歷史博物館編：廣東人民出版社《黃埔軍校史圖冊》第 153 頁輯錄其第五期畢業證書。

[44] 中共黨史出版社 2009 年 5 月《郭汝瑰回憶錄》第 10 － 13 頁記載其在黃埔軍校的學習活動情況。

[45] 鄭笑楓、舒玲著：中共黨史出版社 2008 年 1 月《陶鑄傳》第 39 頁；1927 年 2 月 2 日其在《黃埔日刊》發表題為《革命軍人的學說與人格》。

[46] 中國人民解放軍軍事科學院軍事百科部編：山西人民出版社 2005 年 4 月《開國將帥》第 237 頁。

[47] 劉紹唐主編：傳記文學出版社 1989 年 11 月印行《民國人物小傳》第十一輯第 361 頁）；《中華民國當代名人錄》編輯委員會編纂：臺灣中華書局 1985 年 10 月《中華民國當代名人錄》傳記。

[48] 中國第二歷史檔案館供稿影印，檔案出版社 1989 年 7 月《黃埔軍校史稿》第二冊第 231 頁。

[49] 中國第二歷史檔案館供稿影印，檔案出版社 1989 年 7 月《黃埔軍校史稿》第二冊第 237 頁；廣東革命歷史博物館編：廣東人民出版社 1982 年 2 月《黃埔軍校史料》第 93 頁。

第二章

部分第五期生受教育與社會經歷

　　招考和選拔青年進入黃埔軍校，其中入學者的背景、素養和閱歷諸方面，是招生當局考察之重要環節。筆者依據手頭掌握的一些資料，整理出一部分第五期生入學之前的文化修養及社會閱歷，望有助於讀者瞭解部分學員的基本情況。

第一節　部分第五期生入學前經歷情況

　　從學員的學習經歷和從業情況看，有不少第五期生在入學之前，已經受各類教育，社會經歷和閱歷是多元化的，具備一定的文化修養，為日後發展成才奠下了基礎。

　　首先，中國國民黨及中共各地基層組織，繼續為軍校招生起到推薦、選拔作用。從國民革命的潮流和氛圍，「到廣州去，投考黃埔軍校，當革命軍」，是當時青年的追求所向。

　　其次，入學前的第五期生，多數人具有高等小學或初級中學文化程度。他們在當地經革命黨有聯繫的宗族兄弟、親戚朋友，或者直接受到他們的舉薦報考。因此，絕大多數第五期生在入學之際，具有相當文化程度和較高政治覺悟。

　　再次，根據史載情況，第五期政治科招錄學員 315 人，入學介紹人許多是活躍於各地鼎鼎有名的社會活動家、軍界耆宿和將校、地方辛亥革命

先賢等，他們形同第五期生投身革命的啟蒙者或引路人。

表1　部分第五期生入學前學歷及社會經歷一覽表

序	姓名	入學前學習情況及社會經歷
1	鄧宏義	本鄉高等小學堂就讀，繼考入衡陽成章中學，1926 年畢業。隨即南下廣州。[1]
2	葉　島	1925 年初進吳淞同濟大學附屬工廠藝徒班，1925 年 7 月加入中國社會主義青年團。1926 年 5 月到廣州，考入黃埔軍校入伍生第二團第十二連受訓，1926 年 11 月入伍期滿入工兵科學習，不久隨校遷移武漢。[2]
3	葉會西	1914 年入本縣盤穀小學堂讀書，繼入浙江省立第十師範學校附屬小學學習，後入浙江省立第十中學就讀，1925 年畢業。[3]
4	任培生	嶽陽縣立中學、湖南公立法政專門學校政治經濟科畢業。[4]
5	劉眉生	早年入南白鄉高等小學堂就讀，後考入遵義縣立中學學習，畢業後考入遵義模範高等學堂讀書，1923 年畢業，繼考入設貴州赤水縣的貴州陸軍崇武學校學習，畢業後從軍。隨滇軍後南下廣東。[5]
6	劉鎮湘	先後就讀東興鄉高等小學、防城縣立中學。[6]
7	向　陽	1914 年入鄉間私塾讀書，繼入本鄉高等小學續學，1925 年於保靖湘西十縣聯合中學畢業。[7]
8	朱明允	幼年受教於本鄉私塾，拜讀名師朱月卿、杜昌邦等，後於裡耶鎮龍山第二高等小學堂就讀，再考入保靖縣城湘西十縣聯合中學，1925 年畢業後南下廣州。[8]
9	許光達	幼年入本村許家園小學堂就讀，1919 年考入長沙縣梨鎮第一小部高小部學習，1921 年秋畢業。繼考入長沙師範學校讀書，開始閱讀《嚮導》、《中國青年》等刊物。1925 年 5 月由毛東湖（後入黃埔軍校第四期炮兵科）、陳公陶介紹加入中國共產主義青年團，同年 9 月再由毛東湖、曹典奇介紹轉為中共黨員。1926 年 3 月被中共湖南省委選送報考廣州黃埔中央軍事政治學校。[9]

---

[1] 湖南省永興縣政協文史資料徵集研究委員會編纂：湖南《永興文史資料》第四輯記載。

[2] 《葉島自傳》（筆者收藏）

[3] 徐友春主編：河北人民出版社 2007 年 1 月《民國人物大辭典》（增訂版）第 1944 頁傳記。

[4] 陳予歡編著：廣州出版社 2009 年 12 月《陸軍大學將帥錄》第 167 頁。

[5] 楊牧　袁偉良主編：河南人民出版社 2005 年 11 月《黃埔軍校名人傳》第 1602 頁傳記。

[6] 陳予歡編著：廣州出版社 1993 年《民國廣東將領志》第 82 頁。

[7] 湖南龍山縣地方誌編纂委員會編纂：《龍山縣誌》記載。

[8] 湖南龍山縣地方誌編纂委員會編纂：《龍山縣誌》記載。

[9] 田越英編著：四川出版集團／四川人民出版社 2009 年 4 月《許光達大將畫傳》第 3 頁。

10	何際元	鄉間私塾啓蒙，少時入本鄉高等小學堂就讀，後考入寧鄉甲種師範學校學習，畢業後南下廣東投考黃埔軍校。[10]
11	何德用	六歲始入本村私塾就讀，後入本鄉高等小學堂插班學習，繼入初級師範學校就讀，畢業後任高等小學堂教員。其間屢得族兄何祁自廣州寄回《黃埔潮》等刊物，深受啓發逐南下廣東。[11]
12	宋時輪	1922 年在醴陵縣立中學讀書時，參加社會主義研究所。1923 年冬在長沙入軍閥吳佩孚的軍官教導團學習。[12]
13	張介臣	幼時入本鄉私塾啓蒙，繼考入本鄉高等小學堂就讀，後考入陝西成德中學學習。畢業後入陝西省模範軍官團學習並從軍，入陝軍胡景翼部任排長、連長，1924 年胡景翼部駐防河南時，任獨立營營長。後胡景翼部國民軍遭吳佩孚部進攻，所部潰敗，逐南下投考廣州黃埔中央軍事政治學校。[13]
14	張宗遜	7 歲起讀私塾，12 歲上小學。1922 年就讀於渭南赤水職業學校，參加學生運動。1924 年加入中國社會主義青年團。[14]
15	張維鵬	1914 年入個舊縣立高等小學學習，1919 年入昆明中學讀書，1923 年畢業，在昆明市供職。1926 年 5 月由雲南街口輾轉越南海防，再由水路抵達萬州。[15]
16	李　鴻	早年在鄉間接受五年私塾教育，1918 年因家庭貧困輟學務農。1925 年南下廣州考入警官學校學習。[16]
17	李　濂	幼年入本村初級小學堂就讀，後升入高等小學續讀，繼入中學學習。1924 年 1 月中學還沒畢業，考入國民軍第二軍軍士教導隊學員隊，畢業後於 1925 年 1 月任國民軍第三第三師司令部參謀。1925 年秋南下廣東，隨部參加第二次東征作戰。[17]
18	李薑萱	早年入鄉間私塾啓蒙，後入鄉立高等小學堂就讀，繼考入郴縣第七聯合中學學習，1924 年畢業。後往長沙考入湖南雅禮英算專修科就讀，不久入湖南武裝警官學校續讀，1926 年畢業，曾任長沙東區員警署署長。後辭職南下廣東。[18]

---

[10] 陳永芳編著：湖南廣播電視大學印刷廠 1995 年《湖南軍事將領》（稿）第 115 頁。

[11] 臺北《黃埔建國文集》編纂委員會編纂：臺北實踐出版社 1985 年 6 月《黃埔軍魂》第 493 頁。

[12] 中國人民解放軍軍事科學院軍事百科部編：山西人民出版社 2005 年 4 月《開國將帥》第 89 頁。

[13] 劉國銘主編：團結出版社 2005 年 12 月《中國國民黨百年人物全書》第 1171 頁。

[14] 張宗遜著：解放軍出版社 1990 年 10 月《張宗遜回憶錄》第 12　13 頁。

[15] 張維鵬之女張萍提供《張維鵬傳記資料》。

[16] 湖南省岳陽市政協文史資料委員會編纂：《岳陽籍原國民黨軍政人物錄》第 404 頁。

[17] 穆西彥主編：陝西省黃埔軍校同學會主編：陝西人民出版社 1991 年 6 月《陝西黃埔名人》第 178 頁。

[18] 湖南省地方誌編纂委員會編纂：湖南出版社 1995 年《湖南省志－人物志》下冊第 791 頁。

19	楊至成	1921 年貴州省立農業中學畢業，1923 年在重慶入川滇黔聯軍，任軍需官，1926 年春隨聯軍南下廣州。[19]
20	楊實人	本村私塾啓蒙，繼入本村初級小學就讀，1920 年至 1922 年 6 月在高安縣立第一高等小學校讀書，1922 年 8 月至 1926 年 6 月在南昌第二中學學習，1926 年 3 月在南昌第二中學讀書時經聶思坤介紹加入中國社會主義青年團。後南下廣東，1926 年 6 月入廣州黃埔軍校入伍生團炮兵隊受訓。[20]
21	陳文杞	少年私塾啓蒙，後入鄉立高等小學堂就讀，繼入莆田中學學習，1926 年南下廣東。[21]
22	陳治平	幼讀私塾，先後入淮安縣立第三高等小學、南京國文專修館、南京蠶桑學校就讀，畢業後到淮安縣立乙種農業學校（校址在橫溝寺）任教。1924 年夏加入中國國民黨，同年冬到廣州，入黃埔軍校當上伍生，數月後因病返回淮安。繼續在淮安縣立乙種農業學校教書。[22]
23	陳鞠旅	幼年入本鄉私塾，1925 年於惠州第八中學畢業。[23]
24	杲春湧	幼年入私塾讀書，十歲能作文，江蘇徐東中學畢業。[24]
25	武　緯	1916 年就讀本村私塾，後入渭陽中學、富平中學讀書。1925 年在河南經劉守仲介紹加入中國國民黨，同年保送廣州黃埔軍校第四期入伍，因入學考試落選，遂被編入廣州黃埔中央軍事政治學校第五期政治科學習。[25]
26	范龍驤	幼入私塾啓蒙，繼入高等小學堂，後考入縣立高級中學（新式學校）就讀，1924 年畢業，奉母命與湯氏結婚。1925 年與陳善周、董大俊等同學赴武漢，適逢「五卅慘案」，參加武漢工人示威聲援活動，被捕入獄，1925 年 12 月獲釋，後南下廣州。[26]

[19] 中國人民解放軍軍事科學院軍事百科部編：山西人民出版社 2005 年 4 月《開國將帥》第 85 頁。

[20] 楊實人本人 1996 年 8 月 12 日親筆填寫中共中央組織部印製《幹部履歷表》。

[21] 劉晨主編：團結出版社 2007 年 6 月《中國抗日將領犧牲錄（1931－1945）》第 263 頁；范寶俊、朱建華主編：中華人民共和國民政部組織編纂，黑龍江人民出版社 1993 年 10 月《中華英烈大辭典》第 1460 頁。

[22] 中共中央黨史研究室第一研究部編著：上海人民出版社 2007 年 10 月《中國共產黨第一至六次全國代表大會代表名錄》第 39 頁。

[23] 臺灣國史館 2006 年 3 月印行《國史館現藏民國人物傳記史料彙編》第二十九輯第 482 頁。

[24] 臺灣國史館 2006 年 3 月印行《國史館現藏民國人物傳記史料彙編》第二十九輯第 137 頁。

[25] 穆西彥主編：陝西省黃埔軍校同學會主編：陝西人民出版社 1991 年 6 月《陝西黃埔名人》第 181 頁。

[26] 四川省閬中縣地方誌編纂委員會辦公室編纂：《閬中縣誌－人物志》稿，閬中縣後人撰文《范龍驤行狀》。

27	鄭全山	7 歲即開始念誦佛經，入邑中私塾發蒙，後入縣立高等小學、縣立中學讀書，熟讀四書五經及諸子百家著述，從其父接受佛教教義。1922 年中學畢業後，南下廣州考入廣東大學哲學系，在學期間加入中國國民黨。1925 年畢業，因品學兼優留校任教。[27]
28	鄭拔群	本鄉高等小學畢業，考入文昌縣立中學學習，1921 年畢業。隨族人南下新加坡謀生，入華人夜校補習英文。1926 年初回國。[28]
29	鄭庭笈	幼年在鄉間私塾啓蒙，繼入本鄉三育初等小學堂就讀，再入經正高等小學校續讀，畢業後考入文昌縣立中學學習，後轉入海口海南公學就讀，後因父親早逝被迫輟學。[29]
30	金　雯	本鄉高等小學堂就讀，後考入浙江省立第十中學。[30]
31	柏　良	縣立中學、四川成都國學院、湖北法政大學畢業。[31]
32	柳樹人	高等小學堂、貴陽省立第二中學。[32]
33	胡振甲	幼年入縣立第一高等小學，畢業後考入縣立中學。1924 年秋赴北京求學，1926 年春經丁惟汾介紹南下投考黃埔軍校。[33]
34	趙一雪	私塾啓蒙，考入沔陽縣立第一高等小學校就讀，1923 年考入沔陽縣立第一中學，1926 年畢業，後入武漢隨營軍官學校學習並從軍。1926 年春由其叔父趙鐵公（時任國民革命軍第四十六軍直屬炮兵團團長）舉薦，南下廣州投考黃埔軍校。[34]
35	駱朝宗	金華省立工業專科學校畢業，任義烏縣學聯會理事長，國民黨義烏縣黨部籌備員，1925 年奉派到廣州投考廣州黃埔中央軍事政治學校。[35]
36	唐守治	早年入本村私塾啓蒙，後入本鄉高等小學堂就學，繼入零陵縣立中學學習，畢業後南下投考黃埔軍校。[36]
37	唐憲堯	早年畢業於北京電氣工業學校，畢業後任北京西山電廠、重慶電燈公司工程師，梁山縣實業所所長。[37]

[27] 陳予歡編著：廣州出版社 1998 年 9 月《黃埔軍校將帥錄》第 1039 頁。

[28] 陳予歡編著：廣州出版社 2009 年 12 月《陸軍大學將帥錄》第 654 頁。

[29] 歐大雄編著：南海出版公司 1995 年 12 月《鄭庭笈將軍傳》第 3 － 5 頁；範運晰編著：南海出版公司 1993 年 11 月《瓊籍民國將軍錄》第 236 頁。

[30] 陳予歡編著：廣州出版社 1998 年 9 月《黃埔軍校將帥錄》第 975 頁。

[31] 陳予歡編著：廣州出版社 1998 年 9 月《黃埔軍校將帥錄》第 1204 頁。

[32] 范寶俊、朱建華主編：中華人民共和國民政部組織編纂，黑龍江人民出版社 1993 年 10 月《中華英烈大辭典》第 1886 頁。

[33] 劉紹唐主編：臺北傳記文學出版社 1996 年 1 月 31 日印行《民國人物小傳》第十六輯第 149 頁。

[34] 趙一雪本人 1963 年 5 月撰文《留學日本士官學校的回憶》，載于中國文史出版社《文史資料存稿選編－軍事機構》下冊。

[35] 陳予歡編著：廣州出版社 1998 年 9 月《黃埔軍校將帥錄》第 1151 頁。

[36] 臺北《黃埔建國文集》編纂委員會編纂：臺北實踐出版社 1985 年 6 月《黃埔軍魂》第 484 頁。

[37] 陳予歡編著：廣州出版社 2009 年 12 月《陸軍大學將帥錄》第 746 頁。

38	徐中齊	幼年私塾啓蒙，繼入敘永縣立初級中學、四川省立第一中學學習，續考入四川省立法政專門學堂就讀，1924 年任四川警備軍司令（楊莘野）部書記，隨部轉戰川、湘、黔、桂、粵，寄讀廣州國立中山大學。1925 年投考黃埔軍校，以第十名成績編入第四期入伍生第二團第三營第七連受訓，駐防惠州城。1926 年 7 月國民革命軍誓師北伐時，應徵調入國民革命軍總司令部工兵營，隨部轉戰武昌、南昌諸役。後奉命參加南湖武漢分校學生隊，當選為軍校中國國民黨特別黨部常務委員，畢業於廣州黃埔中央軍事政治學校第五期工兵科。[38]
39	徐志晶	1921 年畢業於永嘉縣立第八高等小學，即考入浙江永嘉省立第十中學就讀，1925 年秋畢業，遂南下赴廣東。[39]
40	聶松溪	聊城縣立中學畢業後，考入山東礦業專門學校學習，肄業兩年。因抵制媒妁之言的舊式婚姻，南下廣州投考廣州黃埔中央軍事政治學校。[40]
41	袁鏡銘	鄉立高等小學、銅梁縣立初級中學、川軍第五師隨營學校第一期畢業。幼年喪父，在其母王氏撫養成長，在族人資助下從私塾讀至縣立中學。1920 年輟學回家，後考入川軍郭汝棟第五師隨營學校第一期學習，六個月期滿結業。被分配到所部涪陵駐軍任排長，歷經川軍幾次軍閥戰事，升任上尉營附。1925 年 12 月被選派到廣州黃埔軍校受訓。[41]
42	郭汝瑰	鄉立初級小學堂、成都高等師範學校附屬小學畢業，銅梁中學肄業一年，成都聯合中學肄業。[42]
43	陶　鑄	1916 年春入文昌閣小學堂就讀，1918 年夏輟學。因家境貧困，十歲始在鄉間做幫工。1919 年春經父親生前老友申暄接濟，入清水塘申氏小學堂讀書，1921 年剛滿十三歲到安徽蕪湖「瑞森祥木排行」當學徒謀生、店員，1924 年春因木行倒閉失業。繼到武漢白沙洲做工謀生，1925 年入漢陽竹木厘金局當開票員。1926 春由同鄉蔣伏生（黃埔軍校第一期生）介紹到廣州投考黃埔軍校，因錯過考試時間，繼介紹入國民革命軍第一軍，任第一師教導第二團第二營司書，其間填表加入中國國民黨，後隨軍參加第二次東征作戰。1926 年春由入伍生第二營保送第五期入伍生班。[43]

[38] 《中華民國當代名人錄》編輯委員會編纂：臺灣中華書局 1985 年 10 月《中華民國當代名人錄》第 338 頁；陳予歡編著：廣州出版社 1998 年 9 月《黃埔軍校將帥錄》1232 頁。

[39] 劉紹唐主編：臺北傳記文學出版社 1996 年 1 月 31 日印行《民國人物小傳》第十六輯第 236 頁。

[40] 陳予歡編著：廣州出版社 2009 年 12 月《陸軍大學將帥錄》第 781 頁。

[41] 郭汝瑰著：四川人民出版社 1997 年 9 月《郭汝瑰回憶錄》第 26 頁；范寶俊　朱建華主編：中華人民共和國民政部組織編纂，黑龍江人民出版社 1993 年 10 月《中華英烈大辭典》第 2002 頁。

[42] 郭汝瑰著：中共黨史出版社 2009 年 5 月第二版《郭汝瑰回憶錄》第 10 － 13 頁。

[43] 鄭笑楓、舒玲著：中共黨史出版社 2008 年 1 月《陶鑄傳》第 38 － 40 頁。

44	梁棟新	幼年從伯父讀經書達五年，後入廈門集美舊制中學就讀，被推選為學生會會長，參加當地學界發起的抵制日貨活動，1925 年畢業，曾與同學在縣城創建平民夜校兩所。[44]
45	梁潤榮	少時入本村私塾啓蒙，後入縣立第一小學就讀，畢業後考入廣東省立第三中學學習，畢業即考入黃埔軍校入伍生隊受訓。[45]
46	戚永年	諸暨縣立中學畢業。[46]
47	黃永淮	幼年在本鄉讀小學，1922 年考入安嶽縣舊制中學第十二班學習，中學畢業後，隻身南下廣州投考廣州黃埔中央軍事政治學校。[47]
48	喻耀離	幼年入本村啓蒙館就讀四年，繼入讀經館學習三年，再入本縣區立龍州高等小學堂就讀，後考入萬載縣立龍河中學堂學習。[48]
49	彭孟緝	初讀於漢陽文德書院，畢業後南下廣州，入讀中山大學中國文學系。1926 年 3 月考入黃埔軍校入伍生總隊。[49]
50	曾幹庭	沔陽縣立初級小學、縣立中學畢業，武昌中華大學預科肄業。[50]
51	韓文源	安順縣立中學、貴州省立師範學校畢業。[51]
52	廖　肯	早年入長沙中學學習，畢業後考入國立東南大學，畢業後南下廣州，投考廣州黃埔中央軍事政治學校。[52]
53	廖運周	河南中州大學肄業。[53]
54	蔡仁傑	鄉立高等小學堂、常德縣立移芝中學畢業。[54]

---

[44] 劉紹唐主編：臺北傳記文學出版社 1999 年 1 月 1 日印行《民國人物小傳》第十九輯第 290 頁；臺灣國史館 2006 年 3 月印行《國史館現藏民國人物傳記史料彙編》第二十九輯第 402 頁。

[45] 張朝梽主編：臺北國立中央圖書館編纂：臺北中國名人傳記中心 1983 年 12 月印行《中華民國現代名人錄》第 964 頁。

[46] 汪木倫　王苗夫主編：團結出版社 2006 年 5 月《中國國民黨諸暨籍百卅將領錄》第 242 頁。

[47] 范寶俊　朱建華主編：中華人民共和國民政部組織編纂，黑龍江人民出版社 1993 年 10 月《中華英烈大辭典》第 2226 頁簡介。

[48] 臺北《黃埔建國文集》編纂委員會編纂：臺北實踐出版社 1985 年 6 月《黃埔軍魂》第 486 頁。

[49] 胡健國主編：臺北國史館編纂 2002 年 10 月印行《中華民國褒揚令集》續編第七輯第 224 頁傳記。

[50] 陳予歡編著：廣州出版社 1998 年 9 月《黃埔軍校將帥錄》第 1489 頁。

[51] 徐友春主編：河北人民出版社 2007 年 1 月《民國人物大辭典》增訂版第 2652 頁。

[52] 江西省上饒市政協文史資料研究委員會編：1986 年印行《國民黨第三戰區司令長官部紀實》上冊第 29 頁。

[53] 中國人民解放軍軍事科學院軍事百科部編：山西人民出版社 2005 年 4 月《開國將帥》第 846 頁。

[54] 陳予歡編著：廣州出版社 1998 年 9 月《黃埔軍校將帥錄》第 1591 頁。

55	譚　心	威遠縣立中學、成都高等師範學校預科畢業。[55]
56	譚希林	六歲起入長沙縣立第四小學讀書，畢業後相繼考入湖南省立甲種工業學校附屬乙種工業學校、甲種工業學校機械科學習。1922 年十四歲時因家貧輟學，入湖南紗廠做工，1925 年加入中國共產主義青年團，同年六月因在五卅反帝運動中參與紗廠罷工鬥爭，被廠方開除。後經湖南省總工會介紹到安源路礦參加礦工俱樂部工作。1926 年 1 月受礦區中共黨組織派遣到廣州入農民運動講習所學習，並轉入中共。[56]
57	戴仲玉	鄉立私塾啓蒙，鄉立高等小學堂、福建省立第七中學畢業。[57]

從上表反映出的基本情況，我們至少可以看出一些規律性和傾向性的端倪。

第二節　部分第五期生的背景情況分析

第五期生比較前四期，表現出更為明顯的政治傾向。分析部分學員的背景情況，主要有以下幾方面：

一是政治傾向方面。中國國民黨繼續發揮較為廣泛的社會影響，第五期生的絕大部分是由中國國民黨各地組織徵召的。中共雖有部分入學，在數量上明顯占少數。

二是地域鄉情方面。近代中國凡涉及人文社會方面的事情，都與此發生關聯。第五期生有不少是通過本地宗族親友、師生鄉誼介紹入學，一部分是通過部屬延攬途徑進入黃埔軍校學習。

根據上表反映情況，可作出如下分析與考量：

一、多數學員家庭情況較好，有一定經濟基礎，能支持路費南下投考軍校。例如：生於富裕家庭的廖肯、戴仲玉等；有軍政界家庭

---

[55] 陳予歡編著：廣州出版社 2009 年 12 月《陸軍大學將帥錄》第 1010 頁。

[56] 中國人民解放軍軍事科學院軍事百科部編：山西人民出版社 2005 年 4 月《開國將帥》第 237 頁。

[57] 劉紹唐主編：臺灣傳記文學出版社 1989 年 11 月 1 日印行《民國人物小傳》第十一輯第 361 頁；《中華民國當代名人錄》編輯委員會編纂：臺灣中華書局 1985 年 10 月《中華民國當代名人錄》第 197 頁。

背景的有郭汝瑰、袁鏡銘、趙一雪、胡振甲等；出身於辛亥革命元老家庭的彭孟緝等；有革命先驅者指引入學的陶鑄、何德用等。

二、**學員家庭以從事農業生產居多，靠農產品獲取經濟來源**。例如：聶松溪、等，家中擁有相當的田產，亦農亦商，得以維持必要生活資料。早年從軍為官的張介臣、李　濂和當過員警署長的李藎萱，也應召投入黃埔軍校。

三、**居住於城鎮生活環境的學員，其經濟狀況比較農村學員良好和穩定**。例如：生長於城鎮富裕家族的唐憲堯等，是唯一以工程師身份入學的專業技術人員；自幼年從其父接受佛教教義的鄭全山，最終走上歸皈佛教正途。

四、**有部分學員家境貧困，生活艱難**。例如：生長於農村貧困家庭的鄭庭笈等，生於城鎮貧民家庭的梁潤燊等。

第三節　第五期生綜合情況及特點

綜合分析第五期生情況，主要有以下幾方面特點：

一、涉及地域廣闊。學員登記籍貫涉及全國二十三個省（區），還有部分歸國華僑，如新加坡歸來的鄭拔群等，另有朝鮮、韓國籍六人，越南學生兩人。

二、年齡較懸殊。入學時年齡最大的李放六，當時已三十四歲，其次年齡較大的王卓凡入學也三十二歲；入學時已二十八、九歲的有陳修和、卜懋民、陳治平；入學時年齡超過二十六歲的還有李范章、王夢古、唐憲堯、鄧宏義、周志誠、鍾瑛、嚴映皋、張紹勳、陳春霖、朱耀章等。入學時年齡較小的有：張　濤、張第東、武緯等，年僅十六、七歲。絕大多數第五期生系 1906 至 1908 年間出生。

三、文化程度各不相同。經受教育層面各異，從小學、中學、大學均有。有部分缺載學歷者，入學時明顯可視作小學畢（肄）業。另有彭孟緝、徐中齊、柏良、鄭全山、廖肯、廖運周等經受過高等教育。絕大多數學員學歷為中學文化程度。

四、家庭出身背景較為廣泛。有商販、書香、鄉紳、市民和耕讀農戶等，學員經歷呈多元化，社會閱歷較豐富者為數不少，曾經從事教育、文化、職員等事務較多。

五、鑒於國民革命思潮向北蔓延，第五期征招的北方學員仍保持一定數量。

第四節　第五期生畢業證書簡介

據載，目前尚存有許光達、袁鏡銘的兩份畢業證書。

1927年7月23日中央軍事政治學校委員會給第五期炮兵科許光達（德華）頒發的畢業證書。（本拍攝件源自：中國人民革命軍事博物館編著：上海人民出版社 2006 年 7 月《中國革命軍事文物鑒賞》17 頁）

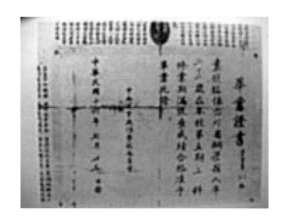

　　1927 年 7 月 23 日中央軍事政治學校委員會給第五期工兵科袁鏡銘頒發的畢業證書。袁鏡銘畢業證書源自中國革命博物館編：廣東人民出版社1993 年 12 月《黃埔軍校史圖冊》153 頁。

　　據查湖南省檔案館校編、湖南人民出版社《黃埔軍校同學錄》第五期生，許光達、袁鏡銘均無載。

　　兩張畢業證書屬同版印製，與第四期畢業證書有所不同。首先證書版面有較大調整，「總理遺像」放置於「總理遺囑」中間位置；其次是證書右則為「總理訓詞」，左則為「本校誓詞」；再次是署名為中央軍事政治學校委員會，蓋有軍校印章和關防，許光達的證書編號為「中字第 779號」，袁鏡銘的證書編號為「軍字第 113 號」。據分析，這兩份證書同一版本，有可能是「武漢中央軍事政治學校」印發的畢業證書。

第三章

中共第五期生的軍事與黨務活動

第一節　黃埔軍校四‧一七「清黨」情況

　　第五期時的校內中共黨組織，在校內是不公開，除個別領導幹部（如黃埔軍校政治部主任熊雄等）公開身份外，絕大多數中共黨員身份是秘密的。現據不完全統計，第五期生畢業前後有中共黨員 19 名。

　　1927 年 4 月 15 日，廣州軍事當局為迎合南京國民政府，於 4 月 17 日晚在黃埔軍校開始「清黨」行動，將機槍與步槍機頭、刺刀、子彈被統一收去。4 月 18 日早晨，一聲集合令後全體學員在新俱樂部內列隊，教育長方鼎英主持大會，訓練部主任吳思豫宣佈：「現在把國共兩黨分開佇列，共產黨員向前三步走，國民黨員原地不動」。[1] 駐蝴蝶崗的黃埔軍校第五期第二學生隊，也在同一時間採取同樣的行動。根據第一學生隊現場情況，走出來向前三步的人數不多。教育長方鼎英對此事先作了安排，有資遣送走的，有準許離職他往的。[2]

---

[1]　中國人民政治協商會議廣東省委員會文史資料研究委員會　廣東革命歷史博物館合編：廣東人民出版社 1982 年 11 月《黃埔軍校回憶錄專輯》第 204 頁。

[2]　中國人民政治協商會議廣東省委員會文史資料研究委員會　廣東革命歷史博物館合編：廣東人民出版社 1982 年 11 月《黃埔軍校回憶錄專輯》第 204 頁。

第二節　參加葉挺獨立團及早期工農武裝起義情況

據史載，仍有部分第五期生參與中共領導的早期軍事活動。

一、參加葉挺獨立團及後續部隊活動

北伐期間的葉挺獨立團，經受戰火考驗成長壯大。據現存史料，仍有個別第五期生參與其中。

第五期生參加葉挺獨立團及後續部隊人員：

譚希林：畢業後被分配到國民革命軍葉挺獨立團任排長。[3]

陶　鑄：任葉挺部隊第七十一團第二營特務連連長。[4]

二、參加南昌起義

1927 年 8 月 1 日南昌起義，揭開了中共獨立領導武裝鬥爭的序幕。從史料中發現一部分第五期生也參與其中，發揮了重要作用和影響。參加人員如下：

陶　鑄：原名劍寒，參加南昌起義後隨軍南下，到江西撫州時任第二十四師第七十一團第六連連長。[5]

楊至成：參加南昌起義後任第二十軍第三師第六團第六連連長，後隨軍南下。[6]

許光達：原名德華，南昌起義部隊南下到甯都時趕上起義部隊，編入第二十五師第七十五團任排長、代理連長，參加了會昌戰鬥，後在三河壩

---

[3]　中國人民解放軍軍事科學院軍事百科部編：山西人民出版社 2005 年 4 月《開國將帥》第 237 頁。

[4]　廖蓋隆主編：中共中央黨校出版社 2001 年 6 月《中國共產黨歷史大辭典－總論‧人物卷》（增訂本）第 435 頁。

[5]　姚仁雋編：長征出版社 1987 年 7 月《南昌　秋收　廣州起義人名錄》第 25 頁。

[6]　姚仁雋編：長征出版社 1987 年 7 月《南昌　秋收　廣州起義人名錄》第 41 頁。

戰鬥中負傷。[7]

三、參加廣州起義

廣州起義發生於 1927 年 12 月 11 日，是中共領導工農武裝奪取政權的一次偉大嘗試。第五期生參加人員有：

曾幹庭：參加廣州起義的準備工作，時任中共廣東省委軍委幹部。起義後負責向俘虜做宣傳工作。[8]

四、參加湘贛邊界秋收起義

1927 年 8 月為貫徹中共中央八七會議決議，決定在湘鄂贛粵四省舉行秋收起義。從湘贛邊界秋收起義參加者名單中，幾經搜尋才發現有第五期生參與其中。

張宗遜：原任國民革命軍第二方面軍總指揮部警衛團排長，後任工農革命軍第一軍第一師第一團第十連連長參加湘贛邊界秋收起義。

譚希林：原任國民革命軍第二方面軍總指揮部警衛團副連長，1927年參加湘贛邊界秋收起義。

李　濂：任國民革命軍第二方面軍總指揮部警衛團排長，隨部參加湘贛邊界秋收起義。

第三節　參加中共早期黨代會活動情況

第五期生有部分早期創建紅軍及根據地參加者，被推選參加中共第六、七次全國代表大會。比較前四期生有所減少。

---

[7] 姚仁雋編：長征出版社 1987 年 7 月《南昌　秋收　廣州起義人名錄》第 67 頁。

[8] 姚仁雋編：長征出版社 1987 年 7 月《南昌　秋收　廣州起義人名錄》第 137 頁。

表 2　第五期生參加中共軍政機構情況一覽表

序	姓名	屆別	當選年月
1	許光達	作為晉綏代表團成員出席中共第七次全國代表大會代表	1945.5
2	張宗遜	作為陝甘寧邊區代表團成員出席中共第七次全國代表大會，當選中共第七屆候補中央委員	1945.5
3	宋時輪	作為晉察冀代表團成員參加中共第七次全國代表大會。	1945.4
4	陳治平	作為江蘇省委代表奉派赴蘇聯莫斯科參加中共第六次全國代表大會	1928.5
5	陶　鑄	作為華中代表團成員出席中共第七次全國代表大會	1945.4

第四節　參與組建延安黃埔同學會情況簡述

　　中共為促進團結抗戰，1941 年 10 月 4 日在延安成立了黃埔同學會分會。成立大會時，在延安的第五期生有許光達、宋時輪等與黃埔師生百餘人出席會議。大會主席團主席徐向前在開幕式中指出：「黃埔有革命的光榮歷史與優良傳統，為發揚黃埔傳統精神，而更加推動革命工作，成立同學會極為必要。」延安黃埔同學會分會在致蔣介石校長電文中稱：「學生等為了團結抗戰……一致通過加強黃埔同學的團結，促進全國抗戰，努力研究軍事學術。」大會選舉四人為主席團，其中第五期生有陳宏謨、宋時輪；還產生了十五名理事，其中第五期生陳宏謨、陶鑄、許光達、宋時輪等四人當選為延安黃埔同學會分會理事。[9]

---

[9]　中國革命博物館編：廣東人民出版社 1993 年 12 月《黃埔軍校史圖冊》第 349 頁。

第四章

中國國民黨第五期生的軍校活動情況

據史料記載，第五期生緊隨前四期生步伐，逐漸參加了軍校、軍事、政治等各方面活動，尤其在國民黨黨務和軍隊政治工作中頗具作用和影響力。

第一節　在黃埔軍校主要活動情況

一、第五期生任職黃埔軍校國民黨特別黨部宣傳委員會情況

1926 年 12 月 24 日，中國國民黨中央軍事政治學校特別黨部召開宣傳委員會第一次執行委員會議，徵求宣傳委員四十人，其中第五期生有：廖弼、謝庸盦、萬羽、龔友民、聶松溪、李仰文等六人。[1]

第二節　出任校本部及各分校教官情況綜述

第五期生畢業後，有相當一部分留校工作，擔當教職教務事宜。

---

[1] 廣東革命歷史博物館編：廣東人民出版社 1985 年 5 月《黃埔軍校史料》第 113 頁。

表 3　第五期生在黃埔軍校校本部任職任教情況一覽表

序	姓名	任職任教期別	任職年月
1	干國勳	南京中央陸軍軍官學校第九期第一總隊主任訓育員	1931.5
2	文霸鉬	廣州黃埔中央陸軍軍官學校第六期第二總隊步兵第三中隊第二區隊中隊區隊附	1928.4
3	王　績	成都中央陸軍軍官學校第十六期第二總隊第一大隊第一隊署任少校隊附	1938 年
4	王　鼇	南京中央陸軍軍官學校第八期第二總隊第二大隊部少校訓育員	1930.5
5	王克仁	南京中央陸軍軍官學校第六期步兵第一大隊第一中隊中尉區隊附	1928.4
6	鄧克敏	南京中央陸軍軍官學校第六期步兵第三大隊第九中隊中尉區隊附	1928.4
7	馮　熊	南京中央陸軍軍官學校第六期步兵第二大隊第七中隊中尉區隊附	1928.4
8	盧耀峻	南京中央陸軍軍官學校第六期訓練部官佐	1928.4
9	劉　廣	南京中央陸軍軍官學校第六期炮兵大隊第一隊上尉區隊附	1928.4
10	劉　榮	廣州黃埔中央陸軍軍官學校第六期第二總隊步兵第三中隊第四區隊中尉區隊附	1928.4
11	劉　高	南京中央陸軍軍官學校第十四期第六總隊第三大隊第七隊少校隊長，成都中央陸軍軍官學校第十六期中校大隊附	1937.9 起
12	劉衆武	廣州黃埔中央陸軍軍官學校第七期第二總隊訓練部官佐	1928.12
13	劉啓明	南京中央陸軍軍官學校第八期第二總隊第二大隊部上尉區隊長	1930.5
14	劉育仁	南京中央陸軍軍官學校第六期步兵第三大隊第十二中隊中尉區隊附、廣州黃埔中央陸軍軍官學校第七期第二總隊訓練部官佐	1928.4
15	劉孟廉	中央陸軍軍官學校第七分校（王曲分校）戰術教官	1937 年
16	劉覺吾	南京中央陸軍軍官學校第十四期第六總隊第一大隊第二隊隊長	1937.9
17	匡泉美	中央陸軍軍官學校第七分校學員總隊上校大隊長	1937 年
18	呂旃蒙	成都中央陸軍軍官學校第十六期第二總隊上校總隊附	1939.1
19	朱耀章	南京中央陸軍軍官學校第六期訓練部教官	1928.4
20	江　聲	成都中央陸軍軍官學校第十七期軍校第一總隊輸送學教官	1940.4
21	許世欽	南京中央陸軍軍官學校第十期第一總隊戰車教官	1933.7
22	嚴映皋	中央陸軍軍官學校第七分校（西安分校）學員總隊大隊長	1937 年
23	何仲胥	廣州黃埔中央陸軍軍官學校第六期第二總隊工科中隊部中尉助教	1928.4
24	何德用	南京中央陸軍軍官學校政治訓練研究班訓育幹事	1929 年
25	余萬里	成都中央陸軍軍官學校第十八期第一總隊少將總隊長，第十九至二十二期教育處、總務處處長、高級教官	1941.4 起
26	宋正蒼	南京中央陸軍軍官學校第六期步兵第三大隊第九中隊中尉區隊附	1928.4
27	宋特夫	南京中央陸軍軍官學校政治訓練班學員大隊區隊長	1929 年
28	張　櫨	成都中央陸軍軍官學校第二十三期教育處步兵科上校戰術教官	1948 年
29	張建極	南京中央陸軍軍官學校第七期第一總隊步兵大隊炮兵中隊中校中隊附	1928.12
30	張紹勳	中央陸軍軍官學校第七分校（西安分校）學員總隊總隊長	1938 年

31	張緒泄	南京中央陸軍軍官學校第八期入伍生團騎輜隊區隊長	1930.5
32	李白澄	成都中央陸軍軍官學校第二十二至二十三期教育處步兵科上校戰術教官	1947.12
33	李向榮	廣州黃埔中央陸軍軍官學校第六期第二總隊經理科中隊部中尉助教	1928.4
34	李芳新	廣州黃埔中央陸軍軍官學校第六期第二總隊步兵第二中隊第三區隊中尉區隊附	1928.4
35	李宗舜	南京中央陸軍軍官學校第六期步兵第一大隊第四中隊中尉區隊附	1928.4
36	李鈺熙	成都中央陸軍軍官學校第二十期炮兵科上校兵器教官	1944.3
37	李維潘	南京中央陸軍軍官學校第六期步兵第三大隊部上尉副官	1928.4
38	楊　群	中央陸軍軍官學校第四分校（廣州分校）政治部訓育科上校科長	1937 年
39	楊也可	南京中央陸軍軍官學校第十期工兵連排長	1933.7
40	楊正道	中央陸軍軍官學校第二十一期西安督訓處上校戰術教官	1946.1
41	邱希賀	南京中央陸軍軍官學校第九期通信兵科通信隊區隊長	1931.5
42	汪岑梅	中央陸軍軍官學校洛陽分校特別黨部辦公室副主任	1936 年
43	邵　斌	南京中央陸軍軍官學校第十四期第二總隊總隊附、第十七期總隊長	1937.10
44	陳　略	廣州黃埔中央陸軍軍官學校第七期第二總隊訓練部官佐	1928.12
45	陳　善	成都中央陸軍軍官學校第二十一期輜重第三大隊政訓室上校主任	1945.1
46	陳有章	南京中央陸軍軍官學校第六期步兵第二大隊部中尉副官	1928.4
47	陳勵正	廣州黃埔中央陸軍軍官學校第七期第二總隊訓練部官佐	1928.12
48	陳振仙	中央陸軍軍官學校第九分校學生總隊少將大隊長	1945 年
49	陳襄謨	南京中央陸軍軍官學校第十一期第一總隊步兵大隊第三隊隊附	1934.9
50	周克剛	廣州黃埔中央陸軍軍官學校第六期第二總隊步科第一中隊第四區隊中尉區隊附	1928.4
51	周源秀	中央陸軍軍官學校第四分校（廣州分校）中校戰車學教官	1936.10
52	林　建	南京中央陸軍軍官學校第六期訓練部官佐	1928.4
53	歐陽雄	廣州黃埔中央陸軍軍官學校第六期第二總隊步兵第二中隊第二區隊中隊區隊附	1928.4
54	羅　良	南京中央陸軍軍官學校第十四期第二總隊政訓室副主任	1937.10
55	範悟民	南京中央陸軍軍官學校第八期第二總隊第二大隊少校區隊長	1930.5
56	范基周	南京中央陸軍軍官學校第十三期步兵第二隊少校隊長	1936.9
57	茅志剛	南京中央陸軍軍官學校第七期第一總隊步兵大隊騎兵中隊助教	1928.12
58	胡　一	南京中央陸軍軍官學校第六期管理處官佐	1928.4
59	胡子儀	南京中央陸軍軍官學校第六期管理處官佐	1928.4
60	胡友為	廣州黃埔中央陸軍軍官學校第六期第二總隊步兵第二中隊第四區隊中尉區隊附	1928.4
61	胡秉彝	南京中央陸軍軍官學校第六期步兵第一大隊第一中隊中尉區隊附	1928.4
62	鍾乃彤	成都中央陸軍軍官學校第二十一期教育處高級教官	1945.1
63	鍾學棟	中央陸軍軍官學校南昌分校少將高級教官	1938 年
64	鍾煥臻	南京中央陸軍軍官學校第七期政治訓練處訓育股少校股長	1928.12

65	鍾醒民	廣州黃埔中央陸軍軍官學校第六期第二總隊步兵第三中隊第三區隊中尉區隊附	1928.4
66	唐守治	成都中央陸軍軍官學校第二十一期臺灣軍官訓練班少將副主任	1945.10
67	唐隸華	成都中央陸軍軍官學校第十五期少校重兵器教官	1938.1
68	唐雨岩	成都中央陸軍軍官學校第十八期炮兵科科長	1941.12
69	唐憲堯	中央陸軍軍官學校成都分校上校戰術教官	1938 年
70	唐喚文	南京中央陸軍軍官學校第六期步兵第二大隊第七中隊中尉區隊附	1928.4
71	夏日長	南京中央陸軍軍官學校第十四期第二總隊步兵第一大隊前大隊長	1937.10
72	徐　駿	南京中央陸軍軍官學校第六期步兵第一大隊第三中隊中尉區隊附	1928.4
73	徐中齊	中央陸軍軍官學校武漢分校中校學生隊長	1929 年
74	徐幼常	成都中央陸軍軍官學校第二十一期預備班主任	1945.1
75	徐志勛	南京中央陸軍軍官學校第十三期教官	1936.3
76	秦士銓	南京中央陸軍軍官學校第六期步兵第一大隊第四中隊中尉區隊附	1928.4
77	袁　慎	廣州黃埔中央陸軍軍官學校第七期第二總隊訓練部官佐	1928.12
78	郭幹武	南京中央陸軍軍官學校第八期入伍生總隊步兵大隊步兵第二區隊隊長	1930.5
79	梁潤燊	成都中央陸軍軍官學校第十九期技術訓練班上校主任	1942.12
80	符樹蓬	中央陸軍軍官學校第七分校（西安分校）第十七學員總隊副總隊長	1938 年
81	蕭沖漢	武漢中央軍事政治學校學員總隊分隊長	1929 年
82	蕭步鵬	南京中央陸軍軍官學校第十四期第一總隊第六隊隊長	1937.10
83	黃　潮	中央陸軍軍官學校洛陽分校第一總隊第二大隊第二中隊中校指導員	1935 年
84	黃則明	南京中央陸軍軍官學校第八期第二總隊部上尉副官	1930.5
85	黃至盛	南京中央陸軍軍官學校第十二期炮兵大隊大隊附	1935.9
86	黃劍夫	南京中央陸軍軍官學校第二教導總隊總隊長	1938.1
87	黃炳陽	南京中央陸軍軍官學校第六期政訓處《黨軍日報》社事務員	1928.4
88	黃福階	成都中央陸軍軍官學校第十六期第三大隊第八隊中校隊長	1938 年
89	傅　淵	成都中央陸軍軍官學校第十六期炮兵大隊部少校指導員	1938 年
90	喻耀離	廣州黃埔中央陸軍軍官學校第六期學員總隊區隊附	1928.4
91	曾守約	南京中央陸軍軍官學校第六期管理處官佐	1928.4
92	植久安	成都中央陸軍軍官學校第二十一期炮兵科上校兵器教官	1945.1
93	溫　燕	廣州黃埔中央陸軍軍官學校第七期第二總隊訓練部官佐	1928.12
94	蔣　嶽	南京中央陸軍軍官學校第十四期第一總隊第三隊隊長	1937.10
95	蔣政明	南京中央陸軍軍官學校第十期第一總隊部訓育員	1933.7
96	謝崇琫	南京中央陸軍軍官學校第八期第二總隊第二大隊部上尉副官	1930.5
97	韓家讓	南京中央陸軍軍官學校第八期第二總隊部少校副官	1930.5
98	廖以義	南京中央陸軍軍官學校第十四期第二總隊總隊附	1937.10
99	廖繼愷	南京中央陸軍軍官學校第八期入伍生團工兵隊隊附	1930.5
100	廖鐵錚	中央陸軍軍官學校第四分校（廣州分校）特別班第六中隊區隊長	1937.1

101	黎頌祺	廣州黃埔中央陸軍軍官學校第六期第二總隊步兵第三中隊第一區隊中尉區隊附	1928.4
102	戴　展	南京中央陸軍軍官學校第八期入伍生團騎兵輜重兵隊助教	1930.5

　　第五期生曾多次在中央陸軍軍官學校任職任教，上表擇其首次任職或主要任職列出，主要是在廣州、南京、成都中央陸軍軍官學校校本部。從上表所列的 102 人名單看，僅占第五期生一小部分。

第三節　參與黃埔同學會調查處情況綜述

　　黃埔軍校遷移南京續辦後，在中央陸軍軍官學校內設立了「畢業生調查科」，對外亦稱黃埔同學會調查處，負責承辦中央各軍事學校畢業（肄業、輟學）生之登記、調查、舉薦、任用等事宜，對當時軍官薦任起到過重要作用和影響。

表 4　第五期生參與黃埔同學會調查處情況一覽表

序	姓名	任職情況與名稱	任職年月
1	王夢古	黃埔同學會南京調查處登記科少校副官	1929 年
2	李放六 [亦民]	黃埔同學會調查處駐四川辦事處主任	1928 － 1929
3	范龍驤	隨侍袁守謙（黃埔一期生）參與黃埔同學會活動	1929 － 1931
4	柏　良	黃埔同學會組織股股員 第五、六期學員辦事處主任兼審查委員	1927.8 1928 年

第五章

軍事素養與成長

　　第五期軍校教育延續軍事與政治教育的原則，更加注重軍事素養的形成和提升，即各級軍官的軍事閱歷之培養和深化，關乎軍隊的生存、成長和壯大。黃埔軍校以後的軍事教育，相繼開辦了高、中、初級軍兵種學校，特別重視軍官的軍事素養與成長。

第一節　進入高等軍事學校學習情況綜述

　　民國時期的陸軍大學，雖泛指陸軍單一兵種而言，但實際上是綜合性高等軍事學府，目的是培養各軍兵種都能指揮的軍事人才。按照最早有黃埔生的陸軍大學第九期入學時間衡量，第五期生聶松溪、韓文源，即與前四期生同時進入陸軍大學學習，並不比第二至四期生弱勢。

　　陸軍大學為現代軍事教育注入了先進的軍事學術思想和軍事技術知識。它的歷屆學員，其中許多人擔任了高級作戰指揮主官，特別是軍、師級司令部參謀長皆由陸軍大學畢業生擔當。從陸軍大學發展史上考察，經受陸軍大學訓練的第五期生，受到了高層軍方的重用。

表5　第五期生入學陸軍大學情況一覽表（59名）

序	姓名	班／期別	在學年月
1	方滌瑕	陸軍大學將官班乙級第四期	1947.11 － 1948.11
2	王卓凡	陸軍大學正則班第十一期	1932.12 － 1935.12
3	王祚炎	陸軍大學將官班乙級第一期	1938.12 － 1940.2
4	田湘藩	陸軍大學將官班乙級第一期	1938.12 － 1940.2
5	任培生	陸軍大學正則班第十一期	1932.12 － 1935.12
6	向軍次	陸軍大學正則班第十一期	1932.12 － 1935.12
7	劉衡平	陸軍大學將官班乙級第三期	1947.2 － 1948.4
8	嚴映皋	陸軍大學西南參謀班第三期	1939.5 － 1939.8
9	勞冠英	陸軍大學將官班甲級第二期	1945.3 － 1945.6
10	吳師偉	陸軍大學將官班甲級第二期	1945.3 － 1945.6
11	吳俊人	陸軍大學將官班乙級第三期	1947.2 － 1948.4
12	張應民	陸軍大學特別班第六期	1941.12 － 1943.12
13	張益熙	陸軍大學特別班第六期	1941.12 － 1943.12
14	李放六	陸軍大學特別班第二期	1934.9 － 1937.8
15	李則芬	陸軍大學特別班第五期	1940.7 － 1942.7
16	李志鵬	陸軍大學將官班甲級第二期	1945.3 － 1945.6
17	李前榮	陸軍大學特別班第六期	1941.12 － 1943.12
18	李毓南	陸軍大學將官班乙級第四期	1947.11 － 1948.11
19	楊也可	陸軍大學正則班第十四期	1935.12 － 1938.7
20	楊熙宇	陸軍大學將官班乙級第三期	1947.2 － 1948.4
21	谷炳奎	陸軍大學特別班第五期	1940.7 － 1942.7
22	邱希賀	陸軍大學正則班第十三期	1935.4 － 1937.12
23	陳　華	陸軍大學將官班乙級第二期	1946 春 － 1947.4
24	陳慶尚	陸軍大學將官班乙級第四期	1947.11 － 1948.11
25	陳克非	陸軍大學將官訓練班第二期	1946 春 － 1947.4
26	陳春霖	陸軍大學特別班第四期	1938.3 － 1940.4
27	陳德謀	陸軍大學特別班第六期	1941.12 － 1943.12
28	陳襄謨	陸軍大學特別班第七期	1943.10 － 1946.3
29	單　棟	陸軍大學將官班乙級第四期	1947.11 － 1948.11
30	周伯道	陸軍大學將官班乙級第三期	1947.2 － 1948.4
31	杲春湧	陸軍大學將官班乙級第四期	1947.11 － 1948.11
32	范誦堯	陸軍大學正則班第十期	1932.4 － 1935.4
33	鄭全山	陸軍大學特別班第六期	1941.12 － 1943.12
34	鄭拔群	陸軍大學將官班甲級第二期	1945.3 － 1945.6
35	鄭庭笈	陸軍大學將官班乙級第二期	1946 春 － 1947.4

36	俞天受	陸軍大學正則班第十期	1932.4－1935.4
37	胡　一	陸軍大學正則班第十一期	1932.12－1935.12
38	胡　璉	陸軍大學將官班乙級第四期	1947.11－1948.11
39	鍾乃彤	陸軍大學將官班乙級第三期	1947.2－1948.4
40	唐憲堯	陸軍大學正則班第十一期	1932.12－1935.12
41	夏日長	陸軍大學特別班第二期	1934.9－1937.8
42	徐幼常	陸軍大學特別班第五期	1940.7－1942.7
43	徐志勗	陸軍大學正則班第十期	1932.4－1935.4
44	徐惠中	陸軍大學將官班乙級第四期	1947.11－1948.11
45	聶松溪	陸軍大學正則班第九期	1928.12－1931.10
46	袁滋榮	陸軍大學正則班第十一期	1932.12－1935.12
47	郭文燦	陸軍大學將官班乙級第二期	1946 春－1947.4
48	郭汝瑰	陸軍大學正則班第十期	1932.4－1935.4
49	梁棟新	陸軍大學正則班第十期	1932.4－1935.4
50	盛家興	陸軍大學正則班第十期	1932.4－1935.4
51	蕭炳寅	陸軍大學正則班第十一期	1932.12－1935.12
52	黃恢亞	陸軍大學將官班乙級第三期	1947.2－1948.4
53	黃劍夫	陸軍大學參謀班第二期	1936.6－1937.8
54	程有秋	陸軍大學正則班第十六期	1938.5－1940.9
55	謝開國	陸軍大學正則班第十一期	1932.12－1935.12
56	韓文源	陸軍大學正則班第九期	1928.12－1931.10
57	廖　肯	陸軍大學正則班第十一期	1932.12－1935.12
58	廖以義	陸軍大學正則班第十期	1932.4－1935.4
59	譚　心	陸軍大學特別班第四期	1938.3－1940.4
60	潘華國	陸軍大學正則班第十期	1932.4－1935.4
61	顏　健	陸軍大學參謀班西南班第十期	1943.10－1944.10
62	薛仲述	陸軍大學正則班第十六期	1938.5－1940.9

　　從 1928 年底起，陸軍大學正則班第九期開始有了第五期生。筆者從名單中，收集到第五期生有 62 名。經受陸軍大學教育當時被視作升遷快捷之途，但第五期生升遷較早的黃棠、張介臣、彭孟緝等，均沒入過陸軍大學。

第二節　留學外國高等（軍事）學校情況綜述

據史料反映，部分第五期生先後進入各式各樣外國軍（學）校，接受軍政教育。

一、留學前蘇聯東方勞動者共產主義大學、莫斯科中山大學情況簡述

二十世紀二、三十年代，在中國形成了赴前蘇聯留學熱潮。受史料限制，第五期生僅搜索到許光達曾留學前蘇聯東方勞動者共產主義大學。

表6　第五期生留學前蘇聯東方勞動者共產主義大學、莫斯科中山大學情況一覽表

姓名	學校名稱	學習年月
許光達	前蘇聯莫斯科國際列寧學院學習	1932.5－1935.5
	前蘇聯莫斯科東方勞動者共產主義大學軍事訓練班	1936.10－1937.10
唐有章	前蘇聯莫斯科中山大學	1929－1931

二、留學其他外國軍事學校情況簡述

近代中國軍事留學熱潮，可以追溯到二十世紀初期。到了二十世紀二十至四十年代，軍事留學外國高等軍事院校仍熱度未減。在此集中了第三期生有關情況。

表7　第五期生留學日本陸軍士官學校情況一覽表

序	姓名	留學日本陸軍士官學校	年月
1	郭汝瑰	日本陸軍士官學校第二十四期工兵科	1930－1931
2	唐雨岩	日本陸軍士官學校第二十一期野戰炮兵科	1927.12－1929.12
3	趙一雪	日本陸軍士官學校第二十八期野戰炮兵科	1936.5－1937.8

留學其他外國軍校，對於黃埔生而言，也是難得的留洋學習機會。

表 8 第五期生留學其他外國軍事學校情況一覽表

序	姓名	外國軍事學校名稱	年月
1	干國勳	日本戶山陸軍步兵學校	1928－1929
2	丘士深	日本戶山陸軍步兵學校、日本陸軍炮工學校工兵科	1928－1931
3	余萬里	日本陸軍步兵學校	1932－1933
4	張介臣	日本陸軍騎兵學校	1929－1930
5	楊至成	蘇聯伏龍芝軍事學院	1939－1941
6	陳修和	法國高等兵工學校	1932－1936
7	尚 望	美國陸軍諜報學校	1930 年
8	黃 裳	德國陸軍兵工學校	1928－1930
9	徐自強	日本陸軍炮兵學校	1931－1933
10	黃 棠	德國陸軍兵工學校	1930－1932
11	彭孟緝	日本陸軍野戰炮兵學校	1927.10－1931.10

三、留學其他國家高等學校簡述

第五期生除留學高等軍事院校外，還被選派日本其他高等院校深造。下面所列的三人主要是學習政治經濟和法律專業。

表 9 第三期生留學其他國家高等學校一覽表

序	姓名	就學學校名稱	在學時間
1	干國勳	日本東京明治大學政治經濟系	1929－1930
2	張第東	日本明治大學特設專門部政經科	1929.10－1932.12
3	陳介生	德國柏林大學經濟科	1929－1932

第三節　進入中央軍官訓練團及中央陸軍軍官學校高等教育班受訓情況綜述

部分第五期生進入中央軍官訓練團、中央陸軍軍官學校高等教育班受訓情況，通過表格化處理後，可以看出第五期生在某段歷史時期之任職情況與相關資訊。

一、進入中央軍官訓練團受訓情況

中央軍官訓練團的組建起源於 1933 年，從江西廬山設立的軍官訓練團，到遷移四川峨眉山的幹部訓練團，均為規模龐大的黨政軍教育訓練機構。軍官訓練團本身並未編成期別，為便於區分和歸納將其略加分期，一併載於下表。

表 10　進入中央訓練團、軍官訓練團、軍事委員會戰時將校研究班任職及受訓情況一覽表

序	姓名	受訓時班期隊別及任職	受訓年月	受訓前任職
1	丁培鑫	中央訓練團將官班學員	1946.6－8	軍令部處長
2	文　禮	軍官訓練團第三期第二中隊學員	1947.4－6	整編第七十九旅旅長
3	王卓凡	中央訓練團將官班學員	1946.6－8	高級參謀
4	王夢古	中央軍官訓練團兵役研究班	1940 年	處長
5	王醒民	中央訓練團將官班學員	1946.6－8	指揮所主任
6	鄧吉蘭	軍官訓練團第一期第三大隊第九中隊學員	1938.5－7	第十四師第七九○團團附
7	盧剛夫	軍官訓練團第三期第一中隊學員	1947.4－6	第一三一旅新聞室主任
8	田湘藩	中央訓練團將官班學員	1946.6－8	副軍長
9	農瑞耆	軍官訓練團第一期第一大隊第四中隊學員	1938.5－7	第二預備師第五團團附
10	劉仲雄	中央訓練團將官班學員	1946.6－8	高級參謀
11	劉治寰	軍官訓練團第一期第一大隊第三中隊學員	1938.5－7	第九十六師第五七三團團附
12	匡全美	軍官訓練團第一期第二大隊第七中隊學員	1938.5－7	第三十六師第二一一團團附
13	吳師偉	軍官訓練團第三期第三中隊學員	1947.4－6	輜重汽車兵第十團團長
14	吳峻人	中央訓練團將官班學員	1946.6	副師長
15	宋仁楚	中央訓練團將官班學員	1946.6	高級參謀
16	應遠溥	軍官訓練團第三期第二中隊學員	1947.4－6	輜重兵輓馬第一團團長
17	張　濤	軍官訓練團第三期第二中隊學員	1947.4－6	重慶行轅警衛團團長
18	張在平	中央訓練團將官班學員	1946.6	學員總隊總隊附
19	張遠猷	軍官訓練團第一期第一大隊第二中隊學員	1938.5－7	陸軍第一八七師第一○九七團第一營少校營長
20	張清塵	軍官訓練團第一期第三大隊第九中隊學員	1938.5－7	第十預備師第三十七團少校營長
21	張第東	軍官訓練團第三期第三中隊學員	1947.4－6	暫編第二十一師副師長
22	張鴻鵠	軍官訓練團第一期第一大隊第二中隊學員	1938.5－7	第九師第五十團少校團附
23	張群力	中央訓練團將官班學員	1946.6	參議
24	李光榮	中央訓練團將官班學員	1946.6	高級參謀

25	李志鵬	軍官訓練團第一期將官研究班學員	1938.7	第三十六師第一〇六旅旅長
26	李范章	中央訓練團將官班學員	1946.6	副師長
27	李藎萱	軍官訓練團第二期第一中隊學員	1946.5 － 7	陸軍第一六六師副師長
28	楊　達	中央訓練團將官班學員	1946.6	參軍
29	楊　毅	軍官訓練團第二期第四中隊學員	1946.5 － 7	新編第三十師代副師長
30	楊自立	軍官訓練團第三期第四中隊學員	1947.4 － 6	整編第一五〇旅副旅長
31	蘇治綱	中央訓練團將官班學員	1946.6	高級參謀
32	谷允懷	軍官訓練團第二期第一中隊學員	1946.5 － 7	整編第二十三旅副旅長
33	谷巨石	軍官訓練團第一期第一大隊第一中隊學員	1938.5 － 7	第一六七師第四九九旅第九九七團團附
34	邱行湘	軍官訓練團第二期第二中隊分隊長	1946.5 － 7	陸軍第五師師長
35	陳　鼇	軍官訓練團第一期第二大隊第八中隊學員	1938.5 － 7	第三十六師第一〇六旅第二一一團營長
36	陳先覺	軍官訓練團第一期第三大隊第十一中隊學員	1938.5 － 7	第一九七師第六七〇旅第一一三九團團長
37	陳德謀	軍官訓練團第三期第四中隊學員	1947.4 － 6	陸軍第五軍司令部參謀長
38	陳鶴泉	中央訓練團將官班學員	1946.6	高級參謀
39	陳襄謨	軍官訓練團第三期第三中隊學員	1947.4 － 6	鄂東師管區司令部司令官
40	單心輿	中央訓練團將官班學員	1946.6	行政督察專員
41	周　翰	軍官訓練團第一期第一大隊第二中隊學員	1938.5 － 7	第十一師第六十二團團附
42	周志誠	中央訓練團將官班學員	1946.6	新編第二十六師司令部參謀長
43	尚　望	軍官訓練團第一期第一大隊第二中隊學員	1938.5 － 7	第七十九師第四七〇團團長
44	林映東	軍官訓練團第一期第一大隊第二中隊學員	1938.5 － 7	第十一師第三十三旅第六十六團團附
45	羅　傑	中央訓練團將官班學員	1946.6	高級參謀
46	羅平白	軍官訓練團第一期第三大隊第十中隊學員	1938.5 － 7	第八十師第四七九團第二營少校營長
47	范　廉	中央訓練團將官班學員	1946.6	師管區司令部司令官
48	鄭　正	中央訓練團將官班學員	1946.6	參議
49	鄭庭笈	中央軍官訓練團第一期第一大隊第四中隊學員	1938.5 － 7	陸軍第九十二師榮譽步兵團團附
50	姜弼武	軍官訓練團第三期第二中隊學員	1947.4 － 6	第六十軍司令部新聞處處長
51	柏　良	中央訓練團將官班學員	1946.6	重慶行營總務處代處長
52	鍾煥臻	軍官訓練團第二期訓育組第 4 中隊指導員	1946.5 － 7	國防部新聞局督察專員
53	唐雨岩	軍官訓練團第二期第二中隊分隊長	1946.5 － 7	整編第七十二師副師長
54	唐憲堯	中央訓練團將官班學員	1946.6	陸軍新編第三十三師司令部參謀長
55	唐楚望	中央訓練團將官班學員	1946.6	訓練處副主任

56	夏日長	軍官訓練團第二期第二中隊學員	1946.5－7	聯合後方勤務總司令部新疆供應局局長
57	徐步瀾	中央訓練團將官班學員	1946.6	高級參謀
58	徐惠中	中央訓練團將官班學員	1946.6	中國駐德國公使館陸軍武官
59	聶松溪	軍官訓練團第三期第一中隊學員	1947.4－6	魯北師管區司令部中將司令官
60	袁滋榮	中央訓練團將官班學員	1946.6	副師長
61	梁棟新	中央訓練團將官班學員	1946.6	山東挺進軍總司令部參謀長
62	盛家興	軍官訓練團第二期第四中隊分隊長	1946.5－7	陸軍第九十三軍副軍長
63	蕭炳寅	軍官訓練團第一期第一大隊第四中隊學員	1938.5－7	第十四師第八十團團附
64	黃　正	軍官訓練團第一期第二大隊第六中隊學員	1938.5－7	陸軍第九十九師第二九七旅第五九三團團附
65	黃　潮[恢亞]	中央訓練團將官班學員	1946.6	第二十八集團軍總司令部高級參謀
66	黃　璨	軍官訓練團第一期第二大隊第五中隊學員	1938.5－7	第一〇九師第五十三團第一營營長
67	黃志聖	軍官訓練團第三期第二中隊學員	1947.4－6	第八軍司令部炮兵指揮官
68	彭問津	中央訓練團將官班學員	1946.6	第十軍第三師副師長
69	曾震寰	中央訓練團將官班學員	1946.6	副師長
70	蔣德釗	軍官訓練團第三期第四中隊學員	1947.4－6	整編第六十九師第九十二旅第二七四團團長
71	謝開國	中央訓練團將官班學員	1946.6	參謀長
72	韓前光	中央訓練團將官班學員	1946.6	參謀長
73	廖以義	軍官訓練團第二期第一中隊學員	1946.5－7	陸軍第六十六軍司令部參謀長
74	蔡　沂	中央訓練團將官班學員	1946.6	參謀長
75	蔡才佐	軍官訓練團第二期第三中隊學員	1946.5－7	臺灣基隆要塞司令部第三總炮臺總台長
76	蔡仁傑	軍官訓練團第二期第二中隊學員	1946.5－7	陸軍第五十八師師長
77	譚　心	中央訓練團將官班學員	1946.6	參謀長
78	潘華國	中央軍官訓練團第一期第二大隊大隊附	1938.5－7	陸軍大學兵學教官
79	潘厚章	軍官訓練團第一期第二大隊第五中隊學員	1938.5－7	陸軍第九十九師第五十八團第三營營長
80	顏　健	中央訓練團將官班學員	1946.6	高級參謀
81	薛仲述	軍官訓練團第二期第一中隊學員	1946.5－7	整編第四師第九十旅副旅長
82	薛崗梧	軍官訓練團第二期第三中隊學員	1946.5－7	整編五十二師整編第八十二旅副旅長
83	薛知行	軍官訓練團第三期第一中隊學員	1947.4－6	青年軍第二〇八師第二旅司令部參謀長

　　上表記載的 83 名第五期生，是從該時期入團受訓人員名單中所輯錄。抗日戰爭爆發後設置的中央軍官訓練團負責人有不少是帶職受訓。

二、進入中央陸軍軍官學校高等教育班受訓情況簡述

　　1932 年秋起，南京中央陸軍軍官學校本部始設立高等教育班。受訓學員多是部隊中級軍官，因此該班在軍校中有特殊地位。為此該班配備有資深軍官擔當班主任和教官。第五期生主要集中前四期受訓，16 名第五期生受訓之前均是校級軍官。

表 11　進入中央陸軍軍官學校高等教育班受訓情況一覽表

序	姓名	期別	年月
1	卜戀民	南京中央陸軍軍官學校高等教育班第五期	1935－1936
2	王應尊	南京中央陸軍軍官學校高等教育班第八期	抗戰爆發後
3	吳峻人	南京中央陸軍軍官學校高等教育班第一期	1931－1932
4	張　濤	南京中央陸軍軍官學校高等教育班第二期	1932－1933
5	張應安	南京中央陸軍軍官學校高等教育班第二期	1932－1933
6	張紹勳	南京中央陸軍軍官學校高等教育班第二期	1932－1933
7	李則芬	南京中央陸軍軍官學校高等教育班第二期	1932－1933
8	楊家驌	南京中央陸軍軍官學校高等教育班第四期	1934－1935
9	陳治中	南京中央陸軍軍官學校高等教育班第一期	1931－1932
10	陳襄謨	南京中央陸軍軍官學校高等教育班第二期	1932－1933
11	武　緯	中央陸軍軍官學校第七分校高等教育班第六期	抗戰爆發後
12	鄭庭笈	南京中央陸軍軍官學校高等教育班第二期	1932－1933
13	鍾乃彤	南京中央陸軍軍官學校高等教育班第三期	1933－1934
14	夏日長	南京中央陸軍軍官學校高等教育班第二期	1932－1933
15	梁潤燊	南京中央陸軍軍官學校高等教育班第五期	1935－1936
16	曾震寰	南京中央陸軍軍官學校高等教育班第一期	1931－1932

第四節　參加「一・二八」、「八・一三」 淞滬抗日戰役簡況

　　第五期生參加了抗日戰爭歷史上較有紀念意義的戰役，現將第五期生參與「一・二八」、「八・一三」淞滬戰役簡要綜述。國民革命軍陸軍第五軍，在當時是黃埔學生較為集中的中央嫡系部隊。在 1932 年「一・二八」淞滬抗日戰役中，與粵軍第十九路軍組成了堅強的抗日部隊，給予日軍沉重打擊。部分第五期生主要擔任營級軍官。

表 12　部分第五期生參加「一・二八」淞滬抗戰一覽表

序	姓名	當時任職
1	馬驄	陸軍第五軍第八十八師第二六二旅第五二四團第三營第十三連連長
2	朱耀章	陸軍第五軍第八十七師第二五九旅第五一七團第一營營長
3	嚴翊	陸軍第五軍第八十七師第二五九旅司令部警衛連連長
4	張紹勳	陸軍第五軍第八十七師第二六一旅第五二二團第二營營長
5	李志鵬	陸軍第五軍第八十七師第二五九旅第五一八團第二營營長
6	胡家驥	陸軍第五軍第八十七師第二六一旅第五二二團第三營營長
7	駱朝宗	陸軍第五軍第八十八師第五二八團第一營第二連連長
8	唐德	陸軍第五軍第八十七師第二六一旅第五二一團第一營營長
9	黃永淮	陸軍第五軍第八十八師第五二四團第三營第一連連長
10	蔣公敏	陸軍第五軍第八十七師第二五九旅第五一七團第二營營長
11	謝家珣	陸軍第五軍第八十七師第二五九旅第五一八團第一營營長
12	顏健	陸軍第五軍第八十七師第二五九旅第五一七團第三營營長

　　抗日戰爭爆發後，部分「黃埔嫡系」中央軍部隊開赴抗戰淞滬第一線，有部分第五期生參與這些著名戰事，他們當中有部分為營、團級軍官。

表13　部分第五期生參加「八・一三」淞滬會戰一覽表

序	姓名	參戰時任職
1	卜戀民	陸軍第八軍第六十一師步兵第四十八團中校副團長
2	王應尊	陸軍第一軍第一師（師長李鐵軍）第一旅（旅長劉超寰）第一團團長
3	王載揚	陸軍第八十七師步兵第七〇一團團長
4	鄧竹修	陸軍第七十四軍第五十一師第一五一旅步兵第一七四團團長
5	鄧宏義	陸軍第一軍第一師第一旅第二團團長
6	葉會西	南京中央陸軍軍官學校中央教導總隊部少校參謀
7	龍　騰	陸軍第七十四軍第五十八師第一七四旅第三四七團第一營營長
8	劉振武	陸軍第七十四軍第五十一師第一五三旅第三〇六團第一營營長
9	匡泉美	陸軍第三十六師（師長宋希濂）步兵第二一一團團附
10	嚴映皋	陸軍第一軍第七十八師第四六七團第二營營長
11	何齊政	陸軍第七十八師補充團第一營營長
12	勞冠英	陸軍第六十一師步兵第三六三團團長
13	吳峻人	陸軍第八十五師第二五五旅步兵第五一〇團團長
14	張在平	稅警總團第四團（團長孫立人）第一營營長
15	張應安	陸軍第二師補充旅（旅長鍾松）第一團第一營營長
16	張紹勳	陸軍第七十八軍第三十六師第一〇八旅第二一六團團長
17	張益熙	軍政部獨立炮兵團團附
18	張彝謨	陸軍第七十四軍第五十八師第一七四旅司令部輜重兵營營長
19	李　鴻	財政部稅警總團第四團（團長孫立人）第一營機關槍第一連連長
20	李日基	陸軍第一軍第七十八師第二三二旅第四六七團第三營營長
21	李志鵬	陸軍第三十六師步兵第一〇六旅旅長
22	李毓南	陸軍第二十三師第六十七團團長
23	楊　毅	財政部稅警總團第四團（團長孫立人）第三營副營長
24	楊家騮	陸軍第六十師第三〇八旅步兵第三六〇團中校團附
25	邱行湘	軍政部補充第一團團長
26	陳　鼇	陸軍第三十六師第一〇六旅步兵第二一一團第一營營長
27	陳傳鈞	陸軍第七十四軍第五十一師第一五三旅第三〇五團第三營副營長
28	陳崗陵	陸軍第七十八師第二三二旅第四六八團第二營營長
29	陳鞠旅	陸軍第一軍第一師第二旅第三團團長、代理旅長
30	周　翰	陸軍第十八軍第十一師第三十一旅第六十二團中校團附
31	林映東	陸軍第十八軍第十一師第三十二旅第六十六團中校團附
32	羅賢達	陸軍第十八軍第十一師第三十一旅第六十二團副團長
33	范誦堯	陸軍第一軍司令部參謀兼教導營營長
34	金　雯	空軍第二大隊副大隊長
35	柳樹人	軍事委員會直屬交通兵第一團第一營營長

36	段　雲	陸軍第一師第一旅第一團團長
37	胡家驥	陸軍第三十六師步兵第二一六團團長
38	鍾學棟	陸軍八十八師步兵第五二三團副團長
39	唐守治	陸軍第一〇二師步兵第六〇九團團長
40	唐明德	陸軍第七十八師第二三二旅第四六八團第三營營長
41	郭文燦	南京中央陸軍軍官學校教導總隊第二旅憲兵營營長
42	郭汝瑰	陸軍第十八軍第十四師司令部參謀長
43	高維華	陸軍第一軍第七十八師步兵第四六七團第二營營長
44	戚永年	陸軍第五十八師第一一四旅第三四三團團長
45	蕭炳寅	陸軍第十四師（師長霍揆彰）步兵第八十團中校團附
46	黃　紅	陸軍第九十五師步兵第二八四團團長
47	黃永淮	陸軍第八十八師抗日幹部訓練班教務處處長
48	黃保德	陸軍第六十師第一七八旅第三五五團副團長
49	黃劍夫	陸軍第一軍第一師司令部參謀主任
50	喻耀離	淞滬警備總司令部巡警大隊大隊長
51	彭孟緝	軍政部直轄機械化重炮團（即炮兵第十團）團長
52	程　智	陸軍第七十四軍第五十一師第一五一旅步兵第三〇二團團長
53	蔣公敏	陸軍第八十七師第二五九旅第五一七團團長
54	蔡仁傑	陸軍第七十四軍第五十八師步兵團團長
55	戴介枒	陸軍第七十八師第二三二旅第四六八團第一營營長

第五節　任職國民革命軍各師級指揮機關黨務情況綜述

從 1929 年國民革命軍編遣以後，中國國民黨就在陸軍步兵師以上指揮機關設立了特別黨部。以下名單刊載於 1929 年版《中國國民黨年鑒》，現擇第五期生錄之。

表 14　部分第五期生 1929 年任職中國國民黨陸軍各師特別黨部情況一覽表

序	姓名	黨務任職部隊名稱及番號	年月
1	王卓凡	被委派為中國國民黨陸軍第十三師特別黨部籌備委員	1928.10.13
		被委派為中國國民黨陸軍大學特別黨部籌備委員	1929.8.1
2	且司典	被委派為中國國民黨陸軍第二十四軍特別黨部籌備委員	1928.7.16
3	李藎萱	中國國民黨陸軍第五十三師（師長李韞珩）特別黨部訓練員	1929.1
4	汪岑梅	中國國民黨中央陸軍軍官學校洛陽分校特別黨部辦公室副主任	1933 年
5	陳春霖	中國國民黨陸軍大學特別黨部書記長	1933 年
6	陳鴻濂	被推選為中國國民黨陸軍第一師特別黨部監察委員	1929.2.3
7	唐世範	被推選為中國國民黨陸軍第二師特別黨部執行委員	1929.2.17
8	徐中齊	中國國民黨武漢中央軍事政治學校特別黨部常務委員	1928 年

　　從第五期生任職陸軍各師特別黨部情況看，由黃埔「嫡系」控制的部隊，此時只占少數。

第六章

獲任國民革命軍將官、 上校及授勳情況的綜合分析

現代中國軍隊任官制度設立是從二十世紀三十年代中期開始，南京國民政府軍事委員會頒令將軍隊各級軍官的任官與任職，統籌由中央軍事機關進行考核、銓敘與任免。此後軍隊的將校級軍官皆納入統籌與規範，是軍事制度和軍隊現代化的開端。第五期生是較早納入管理程式的黃埔將校。

第一節　《國民政府公報》頒令敘任上校、將官人員情況綜述

第五期生敘任將校軍官佔有比例較少。從 1935 年 4 月起，南京國民政府軍事委員會以最高軍事機關名義，將國民革命軍各級軍官軍銜任免權統歸中央。各級軍官敘任命令均在《國民政府公報》頒佈，具有國家認可的權威性。現將《國民政府公報》刊載的第五期生敘任情況輯錄如下：

表 15　第五期生敘任上校、將官及各時期最高任職一覽表（按姓氏筆劃為序）

序號	姓名	任上校年月	任少將年月	任中將年月	各時期最高軍政任職		
					1926－1936	1937－1945	1946－1949
1	干國勳	1946.5			力行社組織處處長	第八軍政治部副主任	國民大會憲政實施促進委員會常務委員
2	文　禮	1945.1			陸軍步兵團團隊	陸軍第七十九師師長	陸軍整編第四十九師第七十九旅旅長
3	方濟寬	1945.4				輜重兵團副團長	輜重兵團團長
4	方漦瑕	1938.8	1948.9		憲兵團副團長	憲兵第八團團長，憲兵司令部警務處處長	中央憲兵司令部參謀長，西南區憲兵司令部司令官
5	王　凱	1946.5				獨立工兵團團長	工兵指揮部副指揮官
6	王　績	1947.6				第十六期第二總隊第一大隊第一隊隊附	學員總隊副總隊長
7	王士翹	1945.4			炮兵營營長	獨立炮兵團團長	整編第六十六師整編第一九九旅旅長
8	王應尊	1940.7			第一師第三團中校團附	第九十軍第二十八師師長	整編第二十九軍整編第二十七師師長
9	王卓凡	1936.9			軍事委員會重慶行營教導總隊副總隊長	陸軍第五十七軍副軍長	重建後第五十七軍副軍長、代理軍長
10	王祚焱	1946.5				川南師管區司令部副司令官	
11	王楚古	1946.11			贛州師管區司令部副司令官	福建省第四區行政督察專員兼保安司令官	國民政府行政院兵役部參事
12	王超民	1945.7				陸軍步兵團團長、副旅長	
13	鄧宏義	1943.2	1948.9		陸軍第一師第一旅司令部參謀長	陸軍第九十七軍第一九六師師長	陸軍第三軍司令部參謀長兼第十七師師長
14	鄧朝彥	1940.7				陸軍第九師司令部參謀長	

15	且司典	1945.1	1948.9		陸軍第二十四軍政治部副主任		國民政府重慶行營政治部副主任
16	丘士深	1936.3			獨立工兵團團長	軍事委員會桂林行營工兵指揮部指揮官	聯合後方勤務總司令部工程署副署長
17	馮 超	1936.3			陸軍步兵旅副旅長		
18	古田才	1945.7			陸軍步兵營營長	守備區指揮部副指揮官	
19	史正榮	1940.12				陸軍步兵旅副旅長	
20	葉會西	1946.2			陸軍第八十八師司令部參謀		
21	田湘藩	1945.7	1946.7		四川第十四區行政督察專員兼保安司令官	軍事委員會高級參謀	
22	任培生	1940.7	1948.9		陸軍第十師司令部參謀處作戰科科長	陸軍第十四軍步兵旅副旅長	陸軍總司令部第五署第一處處長
23	劉 良	1947.3				陸軍步兵團團長	團管區司令部司令官
24	劉 勉	1947.5			炮兵營副營長		「清剿」區指揮所副主任
25	劉 峥	1948.3				補充兵訓練分處練習團團長	師管區司令部副司令官
26	劉之澤	1943.2				陸軍步兵團團長	
27	劉孟廉	1945.4	1948.9		陝西省保安第二團團長	第九十六軍第一七七師副師長	陸軍第二十七軍軍長
28	劉松堅	1947.3				輜重兵團營長	兵站支部長
29	劉樹梓	1946.2					國民政府總統府侍衛室侍衛長
30	劉振球	1945.1				陸軍步兵團團長、副指揮官	
31	劉鎮湘	1946.5	1948.9		第一集團軍第三軍第九師第二十六團團長	第六十四軍第一五六師師長	整編第六十四師師長，第六十四軍軍長
32	匡泉美	1945.4	1948.9		陸軍步兵營營長	第六十五軍第一六七師副師長	整編第一師整編第一六七旅旅長、副師長

33	危治平	1948.1				保安團團長	湖南某行政區保安司令部副司令官
34	向　陽	1947.3				中央各軍事學校畢業生調查處湖南通訊處副主任	湖南第三區司令部保安副司令官	川湘鄂邊區綏靖主任公署新編第十三師師長
35	向軍次	1942.7	1948.9			陸軍第八十八師補充團團長	陸軍第五十五師副師長	國民政府國防部機械司司長
36	呂旃蒙	1943.11	1945.4追晉			陸軍步兵師政治部副主任	預備第二師司令部參謀長，第三十一軍司令部參謀長	
37	朱學孔	1943.7	1948.9				陸軍步兵旅副旅長	陸軍步兵師師長
38	朱振邦	1947.8					陸軍步兵團團長	團管區司令部司令官
39	鄔子勻	1943.7					陸軍步兵旅副旅長	
40	嚴　翊	1945.4				第八十七師第二五九旅獨立團副團長	預備第二師副師長、師長	重建後的第四十一軍軍長
41	嚴映皋	1945.4	1948.9			西北戰時幹部訓練團教育處副處長	新編第二十三師師長	第十六軍第一〇九師師長
42	何　哲	1948.1						指揮部副指揮官
43	何恃氣	1945.1	1947.11			駐滇幹部訓練團炮兵總隊總隊長	保安總隊總隊長
44	何懋周	1946.5					陸軍步兵團團長	
45	余萬里		1948.9			南京中央陸軍軍官學校教官、科長	中央陸軍軍官學校教育處、總務處處長	中央陸軍軍官學校第二十二、二十三期教育處少將高級教官
46	勞冠英	1939.12				陸軍第五十八師第一七四旅副旅長	第三戰區陸軍暫編第三十五師師長	重建後的陸軍第七十四軍軍長
47	吳峻人	1937.5				第八十五師第二五三旅第五〇六團團附	第一戰區遊擊挺進總指揮部第二縱隊司令部司令官	陸軍第一二四軍代理軍長
48	宋醒元	1948.9						學員總隊副總隊長

49	應遠溥	1945.1				軍政部直屬交通輜重兵第一團團長	聯合後方勤務總部交通輜重兵總隊總隊長
50	張　傑	1948.3			陸軍第十三師步兵營營長	陸軍第七十五軍司令部參謀處處長	整編第六十六師整編第一九九旅旅長
51	張　濤		1948.9			陸軍第一四○師副師長	重建後的第八十九軍副軍長、代理軍長
52	張介臣		1935.4		騎兵第一旅副旅長、旅長	西北抗日義勇軍特別（騎兵）縱隊副司令官	
53	張鳳翼	1945.6				陸軍步兵團團長	陸軍步兵旅副旅長
54	張應民	1946.5			陸軍第二師補充旅第一團第一營營長	第二方面軍司令長官部高級參謀	廣東省保安司令部保安處處長
55	張紹勳	1942.7	1948.9		第五軍第八十七師第二六一旅第五二二團第二營營長	陸軍第七十一軍第八十七師師長	陸軍第一二二軍軍長
56	張益熙	1946.2			獨立炮兵團副營長	獨立炮兵第二團團長	第十六兵團司令部參謀長
57	張寄春	1937.8	1947.11			軍政部直屬獨立炮兵團團長	指揮部副指揮官
58	張絹熙	1946.2				陸軍炮兵團副團長	整編第九十師整編第六十一旅司令部參謀長
59	張群力	1945.1	1947.6			軍械修理廠廠長	高級參議
60	張慕陶	1945.4				陸軍獨立工兵團副團長	
61	李　實	1945.7				陸軍步兵團團長	
62	李　培	1945.1				師管區司令部副司令官	
63	李　穭	1945.6				第一四九師第四四七旅第八九三團團長	第七兵團第四十四軍第一六二師副師長
64	李　鴻	1945.7	1948.9		財政部稅警總團第四團第一營機關槍第一連連長	新編第三十八師師長	新編第七軍軍長兼長春警備司令

65	李日基	1943.7	1948.9		第九十五師第二團團長	第五十七軍第四十六師師長	陸軍第七十六軍軍長
66	李放六	1945.4			四川省保安旅旅長	四川省第八區（酉陽）行政督察專員兼保安司令官	川東遊擊總指揮部總指揮
67	李亦煒	1945.1				陸軍步兵團團長	師管區司令部副司令官
68	李光榮	1947.6				陸軍獨立炮兵團副團長	高級參謀
69	李則芬	1939.7	1945.4		陸軍大學助教	陸軍第九十七軍第五師副師長	陸軍第五師師長
70	李佑民	1945.10				陸軍步兵旅副旅長	
71	李志鵬		1948.9		第五軍第八十七師第二五九旅步兵第五一八團團長	陸軍第三十六師副師長	整編第五十四師師長，第二十三軍軍長
72	李宙松	1947.3				陸軍步兵團團長	
73	李念勳	1947.3					交通警察總隊副總隊長
74	李范章	1946.5	1947.11		步兵團團長	師管區司令部副司令官	陸軍步兵師副師長
75	李前榮	1946.5				陸軍第二十一軍司令部參謀長	陸軍第二十一軍第一四六師師長
76	李薀萱	1945.7	1948.9		陸軍第一〇三師政治訓練處中校秘書	第八軍第八十二師少將副師長	陸軍第九軍軍長
77	李維勳	1945.4				陸軍步兵團團長	陸軍第一〇八軍副軍長
78	李道泰	1947.5					陸軍步兵團團長
79	李毓南	1946.11				陸軍第五軍第二〇八師副師長	青年軍第二〇八師師長
80	楊　群	1945.4			中央陸軍軍官學校第四分校（廣州分校）政治部訓練科科長	軍事委員銓敘廳第四處科長	第二十一兵團司令部高級參謀
81	楊　毅	1945.1				新編第三十師政治部主任	新編第一軍新編第三十師代理副師長

82	楊自立	1943.1	1948.9			陸軍第一五〇師副師長	第四十四軍第一六二師師長
83	楊顯涵	1945.4			憲兵第五團第一營營長	憲兵第十一團團長	中央憲兵司令部警備處副處長
84	楊家書	1945.7				陸軍步兵團團長	
85	楊家騮		1938.12追贈		第六十師第三五七團中校團附	陸軍第六十師第三六〇團上校團長	
86	楊熙宇	1945.7			第八十七師第二五九旅獨立團團附	第一〇〇軍第八十師司令部參謀長	重建後的陸軍第四十七軍軍長
87	谷宗仁	1939.10				陸軍獨立炮兵團團長	
88	谷炳奎	1945.4	1948.9			陸軍第十四軍第十師師長	第十二兵團第十四軍副軍長
89	邱 嶽	1948.2					陸軍步兵團團長
90	邱行湘	1945.7			陸軍第九十九師司令部參謀主任	陸軍第五師政治部主任、副師長	青年軍第二〇六師師長兼洛陽警備司令官
91	邱希賀	1945.4	1948.9			第三十七集團軍總司令部副參謀長	重建後的第二〇六師師長
92	邵 斌	1945.7				中央陸軍軍官學校學員總隊副總隊長	軍政部第十三新兵補訓處副處長
93	陳 華	1945.1				第九十七軍第六十一師司令部參謀長	陸軍第九十軍副軍長兼第六十一師師長
94	陳 昂	1948.1					陸軍步兵團團長
95	陳 傑	1946.5				陸軍步兵團團長	
96	陳 俊	1945.4				第八戰區第一二八師第三八二團團長	整編第四十二師整編第一二八旅旅長
97	陳 宣	1945.1				陸軍步兵團團長	
98	陳 略	1945.4			廣州黃埔軍校第七期第二總隊少校區隊長	陸軍步兵團團長	
99	陳 鼇	1947.3			第三十六師第一〇六旅第二一一團第二營營長	陸軍步兵團團長	「清剿」區指揮部副指揮官

100	陳鳳鳴		1946.7				陸軍步兵師師長
101	陳天池		1947.3				師管區司令部司令官
102	陳東生		1945.2		陸軍步兵師軍需處處長	軍政部兵工署軍械司司長	福建省政府委員兼財政廳長
103	陳漢平	1945.6					陸軍步兵團團長	高級參謀
104	陳申傳	1942.7					守備區司令部副司令官	
105	陳立權	1945.4					獨立輜重兵團團長	
106	陳傳鈞	1945.4				第七十四軍第五十一師第一五三旅第三〇五團第三營副營長	第七十四軍第五十一師第一五三旅第三〇五團團長	整編第七十四師整編第五十一旅旅長
107	陳先覺	1938.10					第一九七師第六七〇旅第一一三九團團長	
108	陳達民	1947.6					陸軍步兵團團長	高級參謀
109	陳克非	1945.4	1948.9		陸軍第九師第二十六旅司令部參謀主任	陸軍第二軍第九師副師長，中國遠征軍第九師師長	陸軍第二軍軍長，第二十兵團司令部司令官
110	陳宏謨	1945.4				四川第二區保安司令部主任參謀兼保安第三團代團長	軍事委員會派駐第十八集團軍總司令部高級參謀	第十五兵團獨立第三六六師師長
111	陳澤敷	1947.7					陸軍步兵團團長	
112	陳修和	1946.5				南京金陵兵工廠副廠長	軍政部兵工署專門委員	瀋陽第九十兵工廠總廠長
113	陳勳猷	1947.3					陸軍步兵團團長	
114	陳春霖	1943.11	1948.9		陸軍第四十軍政治訓練處處長	陸軍第四十軍第一四九師師長	陸軍第四十四軍軍長
115	陳德謀	1946.11					第五戰區鄂豫皖邊區濟南指揮部國民軍事訓練處處長	第二兵團第七十軍副軍長
116	陳德林	1943.2				成都中央陸軍軍官學校特訓班經理組組長	聯勤總部第四十四補給分區司令部副司令官

117	陳襄謨	1945.4	19489			湖北省鄂東師管區司令部副司令官	陸軍總司令部第三編練司令部參謀長
118	陳鞠旅	1940.7	1948.9		第一軍第一師第二旅第三團團長	陸軍第十六軍副軍長	整編第一軍軍長，第十八兵團司令部副司令官
119	周　勉	1946.5				陸軍步兵團團長	
120	周　流	1946.5				陸軍步兵師長	第七兵團司令部副司令官
121	周名勳	1946.2				陸軍步兵團團長	
122	周伯道	1946.5			陸軍步兵團團長	陸軍第八十九軍司令部參謀長	浙江省第五區「清剿」司令部副司令官
123	周志誠	1943.7	1947.11		陸軍第八十師司令部中校參謀	新編第二十六師司令部參謀長、副師長	聯勤總司令部少將軍需監
124	周茂僧	1945.7	1946.7		第二十二師第三十八旅附員	預備第二師副師長	第十四集團軍總司令部高級參謀
125	周源秀	1945.7				陸軍步兵團團長	
126	周德光	1945.1				陸軍步兵團團長	
127	尚　望	1945.4			第七十九師第四十七團團長	忠義救國軍總指揮部參謀長	國防部保密局資料室主任
128	易舜欽	1946.5	1947.11			第二十九軍新編第十六師副師長	第二十九軍新編第十六師副師長兼政治部主任
129	易德民	1945.1			派駐美國公使館陸軍武官	中國遠征軍司令長官部副官長	
130	杲春湧	1942.7			第八十七師第二六四旅補充團團長	第三十四集團軍第一軍第一師第一旅副旅長	第一軍第一師副師長
131	林映東	1946.11				第十一師第三十三旅第六十六團中校團附	
132	林錫鈞	1945.4			憲兵第七團第一營營長	憲兵第七團副團長、團長	南京區憲兵司令部司令官
133	歐熙和	1945.4				陸軍步兵團團長	
134	羅　傑	1947.8				高級參謀	第四十一軍第一二二師司令部參謀長

135	羅賢達	1942.7	1948.9		第十八軍第十一師第三十一旅第六十二團團附	陸軍第六十六軍第十三師師長	陸軍第六十六軍軍長
136	羅保芬	1947.3					陸軍步兵團團長
137	羅祖良	1945.7				陸軍步兵團團長	第六兵團司令部第四處處長
138	范　廉	1945.1				高級參謀	師管區司令部副司令官
139	范龍驤	1945.4	1946.7		陸軍第六十七軍政治訓練處中校機要秘書	陸軍新編第十三師政治部主任、副師長	川黔湘鄂邊區綏靖主任公署政治部主任
140	范誦堯		1948.9		陸軍第一師第一旅教導營營長	陸軍第四十八師司令部參謀長	福建綏靖主任公署參謀長
141	鄭　正	1945.4				國民政府軍政部附員	高級參議
142	鄭佩生	1945.4				陸軍步兵團團長	
143	鄭拔群	1943.2	1948.9		陸軍第五十九師司令部政治訓練處處長	陸軍第二十二師副師長	國防部第二廳第一司辦公室主任
144	鄭庭笈	1943.7	1948.9		陸軍第十師第三十旅第五十八團團附	陸軍第四十八師師長	陸軍第四十九軍軍長
145	金　雯	1942夏追贈空軍上校			杭州筧橋中央航空學校教官	空軍第六大隊大隊長	
146	姚仲禮	1948.1					陸軍步兵團團長
147	姜　藩	1947.3				陸軍步兵團團長	
148	柏　良	1947.11			軍事委員會別動總隊駐南京辦事處主任	陸軍第一四六師副師長	陸軍第一四六師代理師長
149	柳樹人		1942秋追贈少將		軍事委員會直屬交通兵團第三營營長	第五軍第二〇〇師步兵第五九九團團長	
150	段　澐	1943.7	1948.9		第五十二師第一五四旅旅長	第九十五師副師長、代理師長	第八十七軍軍長，代理第十七兵團副司令官
151	胡一	1942.1	1948.9		第十八軍司令部參謀處作戰科副科長	第十八軍第十一師副師長	陸軍第七十九軍副軍長
152	胡　鯤	1947.2				陸軍步兵團團長	

153	胡友為		1947.11			陸軍步兵團團長	軍司令部總務處處長
154	胡玉陔	1947.3				陸軍步兵團團長	
155	胡鎮陛	1945.4	1948.9				第十四軍第八十五師師長
156	鍾煥臻	1946.11	1948.9			陸軍第一二一師副師長	國防部新聞局少將督察專員
157	唐　德	1939.12			第五軍第八十七師第二十一團團長	第一〇八師第三二二旅旅長	第五十軍第二〇七師師長
158	唐守治	1945.4	1948.9		財政部稅警總團第四團團長	中國遠征軍新編第一軍新編第三十師師長	青年軍第二〇六師師長，陸軍第八十軍軍長
159	唐明德	1945.7				陸軍第七十六軍第一三五師副師長	陸軍第六十九軍第一三五師師長
160	唐雨岩	1943.2	1948.9		江陰要塞司令部炮兵指揮官	第二軍團司令部炮兵指揮部指揮官	整編第七十二師副師長
161	唐憲堯	1946.5			川康綏靖主任公署第一處作戰科科長	第四戰區新編第三十三師參謀長	川鄂邊區挺進軍總指揮部參謀長
162	夏日長	1936.3	1948.9		陸軍第一軍司令部參謀處處長	陸軍第六軍新編第三十九師代師長	陸軍第十四軍第六十二師師長
163	徐　敏	1939.8				陸軍步兵團團長	
164	徐幼常	1945.4			陸軍第五十二軍司令部參謀	陸軍第三十八軍第五十五師副師長	中央陸軍軍官學校第二十二期第一總隊學員總隊總隊長
165	徐志勗	1939.9	1948.9		陸軍第十八軍第十四師司令部參謀主任	陸軍第一〇〇軍第六十三師師長	重建後的第九軍軍長，第二十二兵團副司令官
166	聶松溪		1948.9		陸軍第二師司令部參謀處主任	陸軍第五十七軍軍長	整編第二師師長，山東省保安司令部副司令官
167	袁峙山	1946.11				湖南省保安總隊副總隊長	陸軍第三師第四十九旅旅長
168	袁滋榮	1945.7				陸軍炮兵團團長	陸軍步兵師副師長

169	諸葛彬	1945.7				第三戰區政治部少將銜督察官	
170	郭　斌	1946.11			陸軍第一師第二旅第五團第一營營長	國民政府財政部貨運管理局總務處處長	國防部保密局設計委員會少將委員
171	郭幹武	1945.4			南京中央軍校第八期步兵大隊區隊長	陸軍步兵團團長	
172	郭文燦	1943.7			南京中央陸軍軍官學校教導總隊第二旅憲兵營營長	陸軍暫編第九軍副軍長	重建後的陸軍第九十七軍副軍長
173	郭汝瑰		1948.9		陸軍第十八軍第十四師司令部參謀長	軍政部軍務署副署長	重建的第七十二軍軍長，第二十二兵團司令官
174	高維民	1945.4				陸軍步兵團團長	
175	商世昌	1946.4				陸軍步兵團團長	
176	常　德	1945.4				南京憲兵司令部補充團團長	憲兵司令部教導團團長
177	戚永年	1942.1	1947.11		第五十八師第三四三團團長	暫編第二十三師副師長	浙江省保安司令部高級參謀
178	曹維漢	1945.4				陸軍第五十五師副師長	陸軍第三十八軍副軍長
179	梁棟新	1937.5			陸軍第九師司令部參謀長	第三十四集團軍總司令部參謀長	第六兵團司令部副司令官
180	梅學孚	1945.4				陸軍步兵團團長	
181	盛家興	1940.7	1948.9		陸軍大學上校戰術教官	陸軍第七十一軍司令部參謀長	陸軍第九十三軍軍長
182	蕭炳寅	1945.1	1948.9		陸軍第十四師補充團團附	陸軍第五十五師副師長	陸軍第七十九軍副軍長
183	蕭樹瑤	1945.7				陸軍步兵團團長	
184	蕭鉅錚	1945.4				陸軍步兵團團長	
185	諶　湛	1945.4	1948.9			陸軍第三十軍第八十三旅旅長	整編第三十師整編第八十三旅旅長，第八十三師師長
186	閻毓棟	1947.3				陸軍步兵團團長	
187	隋　金	1945.9				陸軍步兵團團長	

188	黃　紅		1942.5 追贈少將		陸軍步兵團副團長	陸軍第九十五師第二八四團團長	
189	黃　裳		1936.2	1937.5	南京國民政府軍政部兵工署處長	軍政部兵工署副署長	國民政府軍政部兵工署副監
190	黃　潮 [恢亞]	1945.1			陸軍步兵團營長、團附	陸軍第二十一師師長	陸軍第十五軍副軍長
191	黃正中	1947.3				陸軍步兵團團長	
192	黃永淮	1942.7	1944.10 追贈少將		第八十八師第二六二旅第五二四團團長	新編第二十九師副師長	
193	黃安益	1946.4				陸軍步兵團團長	
194	黃志聖 [至盛]	1945.6			南京中央陸軍軍官學校第十二期炮兵大隊大隊附		第六十四軍第一五九師師長
195	黃明欽	1945.7				陸軍步兵團團長	
196	黃保德	1942.7			第六十師第三五七團中校團附	第六十師步兵指揮官、副師長兼政治部主任	陸軍暫編第五軍軍長
197	黃劍夫	1948.9			陸軍第一軍第一師司令部參謀主任	陸軍第十六軍第一〇九師副師長	重建後的陸軍第七十六軍副軍長
198	黃悟聖	1945.6				陸軍獨立炮兵團團長	
199	彭問津	1943.7	1947.3			陸軍第十軍第三師副師長	重建後的第十軍第三師副師長
200	彭孟緝		1938.4	1948.9	軍政部機械化重炮團（第十團）團長	軍政部直屬炮兵第一旅旅長	臺灣警備總司令部副總司令
201	曾遠明	1945.4				陸軍步兵團團長	
202	曾震寰		1947.11			陸軍步兵師副師長	省保安司令部參謀長
203	游靖湘	1945.7					整編第四十六師整編第一七五旅副旅長
204	游靜波	1947.6				陸軍步兵團團長	
205	程有秋	1943.4	1948.9		步兵軍司令部參謀	陸軍第一〇〇軍第六十三師副師長	陸軍整編第八十三師整編第十九旅旅長
207	蔣　聲	1948.2					陸軍步兵團團長

208	蔣公敏	1939.11			第五軍第八十七師第二五九旅第五一七團第二營營長		
209	謝開國	1943.7				獨立炮兵團團附、團長	炮兵指揮部參謀長
210	韓文源	1936.10	1948.9		浙江金華師管區司令部司令官	軍政部第三十二補充訓練處處長	川鄂邊綏靖主任公署副主任
211	魯醒群	1945.1	1948.1			陸軍步兵團團長	陸軍步兵師師長
212	甄紹武	1945.4				陸軍步兵團團長	
213	雷 攻	1948.1					第五軍第四十九師副師長
214	廖 肯	1943.2	1948.9		陸軍第十軍預備第十師司令部參謀處作戰科科長	陸軍預備第十師副師長	陸軍第十六軍司令部參謀長
215	廖以義	1945.1	1948.9		中央陸軍軍官學校第十四期學員總隊總隊附	第十集團軍總司令部參謀處代理處長	湖南湘北師管區司令部副司令官
216	廖運周	1940.7	1948.9		獨立第四十六旅七三八團團長	陸軍第一一〇師副師長	陸軍第一一〇師師長
217	蔡仁傑	1942.7	1945.2	1947.7追贈		陸軍第五十八師師長	陸軍第七十四軍副軍長
218	譚 心	1939.8	19489		工兵團營長	陸軍第一四〇師司令部參謀長	陸軍第一一六軍軍長
219	譚 魁	1945.4				陸軍步兵團團長	
220	譚伯英	1947.9				陸軍步兵團團長	
221	樊巨川	1940.7				陸軍步兵團團長	
222	潘漢達	1947.6	1948.2			第六戰區司令長官部直屬洞庭遊擊支隊司令	第一〇三軍第三四七師師長
223	潘華國	1942.7	1948.9		陸軍大學兵學研究院教官、研究員	第四戰區陸軍暫編第十六師師長	陸軍第七編練司令部副司令官
224	顏 健		1947.1		第五軍第八十七師第二五九旅第五一七團第三營營長	陸軍第八十七師司令部參謀長	高級參謀
225	薛仲述	1943.2			廣東第八路軍總指揮部航空隊飛行員、飛行教官	陸軍第四軍第九十師副師長	重建後的陸軍第四軍第九十師師長、副軍長

226	薛志剛	1945.4				陸軍步兵團團長	
227	戴介坍	1945.4			第七十八師第二三二旅第四六八團第一營營長	陸軍步兵團團長	
228	戴仲玉		1947.11			福建省軍管區司令部徵募處處長	軍事委員會少將參議

說明：上表敘任上校以上軍官時間根據《[國民政府公報 1935.4 － 1949.9] 頒令敘任將官上校及授勳高級軍官一覽表》名單。

　　以上是 228 名 1935 年 4 月至 1949 年 9 月期間敘任上校以上軍官的名單。因資料掌握所限，上表仍有一部分人的任職空缺。

　　從上表反映的 225 名第五期生敘任將校軍官情況，具體分析和分類歸納如下：

　　敘任中將有 2 名，追贈中將 1 名。其中：最早敘任中將的是黃棠（1937.5），彭孟緝系 1948 年 9 月 22 日敘任，蔡仁傑是陣亡後追贈（1947.7）。從掌握的資料與情況分析，在第五期生中，黃棠是最先晉升中將的高級軍官。

　　敘任少將有 73 名，追贈（晉）少將有 5 名。其中最早敘任少將：張介臣（1935.4），其次為黃棠（1936.2）等。抗日戰爭爆發前敘任少將僅有兩名，抗日戰爭時期敘任少將有：彭孟緝（1938.2）、蔡仁傑（1945.2）、陳東生（1945.2）、李則芬（1945.4）；抗日戰爭時期追贈（晉）少將有：楊家驄（1938.12）、柳樹人（1942 年秋）、黃永淮（1944.10）、黃紅（1945.2）、呂旃蒙（1945.4）。其餘 67 名均系抗日戰爭勝利後敘任。

　　敘任上校有 149 名。其中：抗日戰爭爆發前敘任 7 名，丘士深（1936.3）、馮超（1936.3）、夏日長（1936.3）、王卓凡（1936.9）、韓文源（1936.10）、吳峻人（1937.5）、梁棟新（1937.5）。抗日戰爭期間敘任 134 名。其餘皆抗日戰爭勝利後敘任。

　　分析起來主要有如下幾點：一是第五期生比較前四期生，在各段歷史時期敘任官階層都落後許多，例如郭汝瑰，抗日戰爭勝利前已任軍政部

（部長陳誠）軍務署（署長方天）副署長，抗日戰爭勝利後任國防部第五廳、第三廳廳長、徐州陸軍總司令（顧祝同）部參謀長等職，但其敘任少將是 1948 年 9 月 22 日，說明在任官頒令與實際任職存在著時間（程式）上的明顯滯後情況。二是第五期生在軍隊任政工職務者，敘任將校等級普遍要比作戰部隊軍事主官低許多。

第二節　抗日戰爭犧牲將校軍官情況簡述

第五期生在戰場犧牲或陣亡的將校級軍官追贈、追晉情況，是以《國民政府公報》頒令為準，以各類圖書資料記載為輔。第五期生在戰場作戰或殉職後，以國民政府軍事委員會名義頒令褒揚或追贈（追晉）上一級軍銜，有個別甚至越兩級軍銜。

表 16　部分第五期生抗日戰爭殉國將校軍官情況一覽表

序	姓名	生前最後任職	犧牲或追贈將校年月
1	卜戀民	第八軍第四十八團中校副團長、代理團長，	1937 年 10 月 9 日於衝鋒時中彈犧牲
2	馬　驪	第五軍第八十八師第二六二旅五二四團第三營第十三連連長。	1932 年 2 月 22 日在淞滬廟行抗擊日軍作戰中陣亡。
3	田文朵	第十三師三十七旅七十三團團長。	1938 年 6 月在武漢會戰週邊戰與日軍作戰時陣亡
4	龍　騰	任陸軍第七十四軍（軍長俞濟時）第五十八師（師長馮聖法）第一七四旅（旅長吳祖光）第三四七團（團長朱奇）第一營營長，隨部參加淞滬會戰。	1937 年 9 月 3 日在王家樓與日軍激戰中，雙腿被炮彈炸斷後犧牲。
5	劉眉生	陸軍第十四軍（軍長衛立煌）第八十五師第二五三旅第五一〇團團長，隨部參加忻口會戰。	1937 年 10 月 28 日在洪山防守戰鬥中陣亡，國民政府追贈陸軍少將
6	劉振武	任陸軍第七十四軍（軍長俞濟時）第五十一師（師長王耀武）第一五三旅（旅長李天霞）第三〇六團（團長邱維達）第一營營長，隨部參加淞滬會戰。	1937 年 9 月 20 日在羅店與日軍作戰犧牲
7	呂旃蒙	第十六集團軍陸軍第三十一軍（軍長韋雲淞）司令部參謀長，1944 年 9 月率部參加桂柳會戰。	1944 年 11 月 10 日在桂林城防戰中犧牲。1945 年 4 月 7 日追晉陸軍少將銜

8	朱耀章	第五軍第八十七師第五一七團團長。	1932 年 3 月 3 日在淞滬抗戰嘉定之役中陣亡
9	張彝謨	陸軍第七十四軍（軍長俞濟時）第五十八師（師長馮聖法）第一七四旅（旅長吳祖光）司令部直屬輜重兵營營長，隨部參加淞滬會戰。	1937 年 9 月 18 日在蘇村與日軍激戰中，頭部中彈後犧牲。
10	楊家騮	陸軍第六十師第三〇八旅第三六〇團團長。	1938 年 9 月 25 日在江西麒山與日軍作戰中殉國。國民政府追贈陸軍少將
11	陳文杞	第八十軍新編第二十七師司令部參謀長。	1941 年 5 月 9 日在中條山戰役中殉國
12	金 雯	空軍第二大隊中校大隊長，率第二大隊參加第三次長沙會戰。	1942 年 1 月 16 日自桂林返南寧經貴州黎平時撞山遇難。1942 年春國民政府追贈空軍上校。
13	柳樹人	第五軍第二〇〇師步兵第五九九團團長1942 年 5 月 18 日在緬北臘戍與日軍作戰時犧牲。	1942 年秋被軍事委員會追贈陸軍少將。
14	駱朝宗	第五軍第八十八師第五二八團第一營第二連連長。	1932 年「一·二八」淞滬抗戰廟行之役殉國
15	高維華	陸軍第一軍（軍長胡宗南兼）第七十八師（師長李文）步兵第四六七團（團長許良玉）第二營營長，隨部參加淞滬會戰。	1937 年 8 月 30 日在蘊藻濱一線抗擊日軍時被炮彈擊中陣亡。
16	黃 紅	任陸軍第九十五師第二八四團團長1941 年 9 月在湖南新開與日軍作戰中殉國。	1942 年 5 月追贈陸軍少將。
17	黃永淮	1943 年冬在許昌會戰中，與新編第二十九師師長呂公亮率部與日軍血戰，負重傷後飲彈自戕殉國。	1944 年 10 月被國民政府追贈陸軍少將
18	程 智	陸軍第七十四軍第五十一師第一五一旅步兵第三〇二團團長，1937 年 12 月率部參加南京保衛戰。	1937 年 12 月 12 日在莫愁湖畔殉國。

　　上表顯示的情況說明，早期犧牲陣亡的第五期生，能夠獲得追贈將官的為數不多。其中有些人因資料所限沒能查到，只好暫付闕如。

第三節　獲頒青天白日勳章情況簡述

　　青天白日勳章，是國民政府設立並授予軍人的最高榮譽勳章。據載，第五期生獲得青天白日勳章僅有一位。

表 17　第五期生獲頒青天白日勳章情況一覽表

姓名	獲頒時間與事由	授勳文號	獲頒時任職
彭孟緝	1965 年 7 月 1 日臺灣建軍考績授予	缺載	臺灣參謀總長，一級陸軍上將

第七章

參與黨政活動與任職特務機構情況綜述

　　根據資料顯示，有相當一部分第五期生在中國國民黨黨務以及政務方面，頗具活動能量。首先是由於前四期生在軍政界顯要位置捷足先登，其次是因為第五期政治大隊學員比重較多，部分第五期生從出道起偏重於軍隊黨務、政工工作。進而佔據了這方面的一些重要位置，顯示了第五期生在此方面優勢。

第一節　參加中國國民黨黨代會及任職中央機構情況綜述

　　第五期生在抗日戰爭勝利前後這段時期，顯示出他們開始參與國家政務、立法等方面政治活動。

表 18　第五期生當選中國國民黨歷屆中央執行委員會、中央監察委員會成員一覽表

序	姓名	當選屆次	年月
1	王卓凡	被推選為軍隊出席中國國民黨第四次全國代表大會代表	1931.11
2	王夢古	被推選為軍隊出席中國國民黨第四次全國代表大會代表	1931.11
		被推選為軍隊出席中國國民黨第五次全國代表大會代表	1935.11
3	陳介生	被推選為重慶市出席中國國民黨第六次全國代表大會代表	1945.1
		被推選為黨團合併後的中國國民黨第六屆中央執行委員	1947.7
4	陳治平 [惕廬]	被推選為中國國民黨第六次全國代表大會特準列席代表	1945.4

5	徐中齊	被推選為軍隊出席中國國民黨第三次全國代表大會代表	1929.1
		被推選為四川省出席中國國民黨第四次全國代表大會代表	1931.11
		被推選為四川省出席中國國民黨第五次全國代表大會代表	1935.11
		當選為中國國民黨第六次全國代表大會特準列席代表	1945.1
6	戴仲玉	被推選為黨團合一後的中國國民黨第六屆中央執行委員	1947.7

第二節　參加國民大會及立法院情況綜述

1946 年 11 月召開「制憲國民大會」，制定了《中華民國憲法》並通過憲法實施之準備程式，成立了國民大會代表選舉事務所，開展選舉國民大會代表的籌備工作。1948 年 3 月 29 日國民大會召開，5 月 1 日結束。第五期生代表共有 7 名。

表 19　第五期生當選制憲與行憲國民大會代表一覽表

序	姓名	當選屆別	年月
1	干國勳	湖北省選出制憲國民大會代表	1946.11.15
2	王夢古	被推選為江西省出席（制憲）國民大會代表	1946.11.15
3	李放六	被推選為四川省出席（行憲）國民大會代表	1948.3.29
4	陳介生	被推選為僑民出席（制憲）國民大會代表	1946.11.15
5	聶松溪	被推選為山東省出席（制憲）國民大會代表	1946.11.15
		被推選為山東省出席（行憲）第一屆國民大會代表	1948.3.29
6	謝靜生	被推選為廣東省出席（制憲）國民大會代表	1946.11.15
7	戴仲玉	被推選為福建省出席（制憲）國民大會代表	1946.11.15

在 2050 名代表名單中，第五期生代表所占比重很少，但預示了第五期生邁向國家政治活動。

1948 年 5 月 8 日「行憲」首屆立法院集會，「行憲」後之立法院為國家最高立法機關。第一屆立法院區域立法委員共計 531 名，其中第五期生有兩名當選國民政府立法院立法委員。

表20　當選國民政府立法院立法委員一覽表

序	姓名	當選屆次	當選年月
1	徐中齊	當選為行憲國民政府立法院立法委員	1948.5.4
2	陳介生	被推選為行憲第一屆立法院立法委員	1948.5.4

第三節　參加「中華民族復興社」及「密查組」、「軍統」、「中統」情況綜述

（一）、參加「中華民族復興社」情況

　　1932 年 3 月，由部分第一期生領銜組建了「中華民族復興社」，該組織在中國國民黨統治下的黨、政、軍、警、憲、特等各級機構，發展有數萬成員，是中國國民黨內重要政治組織之一。第五期生中，有相當一部分參與其中，部分還是該組織的骨幹成員。

表21　加入「中華民族復興社」一覽表

序	姓名	任職情況	加入年月
1	干國勳	中華民族復興社候補幹事	1932.3.29
2	方滌瑕	中華民族復興社創建初期的骨幹成員之一	1932.3
3	朱仿予	中華民族復興社中央幹事會調查員暨南京分社調查員	1932.4
4	何際元	參加「中華民族復興社」特務處工作	1934 年
5	李放六 [亦民]	中華民族復興社總務處負責人、處長	1933 年
6	楊　群	中華民族復興社成員	1932.3.29
7	陳介生 [傑]	參與中華民族復興社創建初期活動，為該社重要骨幹成員，為中華復興社四川分社負責人	1932.3.29
8	陳慶尚	中華民族復興社成員	1932.3
9	陳修和	中華民族復興社	1934 年
10	陳春霖	中華民族復興社成員	1932.3.29
11	陳春霖	中華民族復興社成員	1932 年
12	陳德霖	中華民族復興社	1932.3

13	陳德霖	中華民族復興社成員	1932.3
14	易德民	中華民族復興社中央幹事會總務處處長	1935 年
15	柏　良	中華民族復興社特務處副處長康澤的中校秘書	1933 年
16	趙範生	參與發起籌備中華民族復興社，被推選為中華民族復興社候補幹事	1932.3.29
17	趙範生	中華民族復興社中央幹事會候補幹事	1932.3
18	袁其凝	參與籌備中華民族復興社，先後兩次任中華民族復興社中央幹事會書記處助理書記，系中華民族復興社骨幹成員之一	1932.3.9
19	黃炳陽	留日時推選為中華民族復興社東京支社幹事會書記	1934 年
20	彭孟緝	中華民族復興社中央幹事會候補幹事	1932.3
21	謝崇琫	中華民族復興社江西辦事處總務組組長	1933 年
22	戴仲玉	中華民族復興社成員	1932.11

（二）任職國民革命軍總司令部密查組、軍事委員會調查統計局及中國 國民黨中央調查統計局情況

　　成立於 1927 年 8 月間的國民革命軍總司令部密查組，是蔣中正授意第五期生張介臣、蕭烈等組成的執行特殊任務的內部秘密組織，該機構後被視作最早的特務組織。[1] 另有相當一部分第五期生在「軍統」、「中統」擔當重要職責，以下所列僅為其中小部分。

表 22　任職國民革命軍總司令部密查組、軍事委員會調查統計局
及中國國民黨中央執行委員會調查統計局一覽表

序	姓名	任職情況	任職年月
1	且司典	國民革命軍總司令部密查組偵緝股股長	1927.8
2	盧耀峻	國民革命軍總司令部密查組偵緝股成員	1927.8
3	許子斌	國民革命軍總司令部密查組審訊股成員	1927.8
4	許忠五	國民革命軍總司令部密查組成員 軍事委員會調查統計局科長、站長	1927.8 1937.8
5	何際元	軍事統計局益陽特種技術訓練班學員總隊總隊長	1942.6
6	張介臣	國民革命軍總司令部密查組偵緝股股長、副組長	1927.8
7	張晴舫	國民革命軍總司令部密查組審訊股股長	1927.8
8	陳介生	中國國民黨中央執行委員會調查統計局特種經濟調查處處長	1938.8
9	陳慶尚	軍事委員會調查統計局江西站站長	1944 年

---

[1]　中國文史出版社《文史資料存稿選編－軍事機構》上冊第 68 頁。

10	陳治平 ［惕廬］	中國國民黨中央組織部調查科南京實驗區副區長	1936 年
		中央執行委員會調查統計局南京區區長	1937 年
		中央執行委員會調查統計局臨泉辦事處處長	1945 年
11	尚　望	軍事委員會調查統計局本部機要室主任秘書	1942 年
12	徐自強	國民革命軍總司令部密查組總務股股長	1927.8
13	蕭　烈	國民革命軍總司令部密查組副組長、組長	1927.8
14	黃安祿	國民革命軍總司令部密查組總務股成員	1927.8
15	喻耀離	軍事委員會調查統計局上海水陸交通總站站長	1937.1
16	董達夫	國民革命軍總司令部密查組偵緝股成員	1927.8

　　國民革命軍總司令部密查組被史載為最早的特務機構，由第五期生牽頭組成，並有十名第五期生參與，後來成為「軍統局」局長的戴笠，此時僅是該機構的情報傳遞聯絡員。[2]

2　中國文史出版社《文史資料存稿選編－軍事機構》上冊第 71 頁。

人文地理分佈與綜述

　　地緣政治及人文地理之多維層面，突出反映在人文文化領域，長存於中華民族文明演進史。在民國時期形成的各派軍閥勢力集團，各種利益關係和隸屬沿革交織一體，在軍事領域表現得淋漓盡致。民國社會處於動盪與戰爭狀態，更加助長與加劇了現代中國軍隊的人文地域傾向。中國國民黨取得軍事主導權後，以「黃埔師系」、「黃埔生系」為強勁推力，促使軍事機器與武裝力量朝著執政黨的政治規劃而發展擴充，第五期生在此過程中，繼續充當推力與重要角色。

　　本章力圖圍繞第五期生與人文地理相關因素，依據政治、軍事、社會、人文、地域諸方面情況，從人文地理入手梳理與歸納，著力軍事人文地理的考量與分析。

第一節　人文地理分佈與考量

　　名人與人文地理息息相關，第五期生涉及當時二十三個省份（區域），比較前四期生有過之而無不及。在畢業或肄業學員當中，絕大部分為漢族，第五期生其他民族有：向陽（土家族）、朱明允（土家族）、雲繼先（蒙古族）等。

　　各省份根據第五期生數量多少依次為：湖南、廣東、四川、湖北、浙江、江西等省，人數均在 159 名以上，6 個省份第五期生占總人數

81.3%。湖南籍生最多，占總人數 35%；其次為廣東籍生，占總人數
13%；臺灣、熱河、內蒙古、察哈爾籍學員最少，各 1 名；還有新加坡華
僑 1 名。另有朝鮮、韓國籍學員 6 名，越南籍學員兩名。

表 23　第五期生分省籍貫一覽表

序	籍貫	人數	%	序	籍貫	人數	%	序	籍貫	人數	%
1	湖南	839	34.71	2	廣東	318	13.16	3	四川	250	10.34
4	湖北	232	9.6	5	浙江	165	6.83	6	江西	158	6.58
7	貴州	83	3.43	8	福建	58	2.4	9	江蘇	55	2.23
10	廣西	42	1.74	11	安徽	40	1.66	12	河南	32	1.33
13	陝西	30	1.24	14	雲南	26	1.08	15	山東	20	0.83
16	直隸	15	0.58	17	山西	7	0.29	18	韓國、朝鮮	6	0.25
19	綏遠	4	0.16	20	奉天	2	0.08	21	越南	2	0.08
22	臺灣	1	0.04	23	熱河	1	0.04	24	內蒙古	1	0.04
25	察哈爾	1	0.04	26	新加坡華僑	1	0.04	27	原缺籍貫	29	1.2
28	總計	2418	100								

說明：原表引自《中央陸軍軍官學校史稿》〔第二冊〕（1934 年編纂），該表系「根據
　　　本校畢業生調查科刊制之黃埔同學總名冊之統計表」。現表按分省籍列名學員
　　　及數量，據現有資料補充並排序。

第二節　分省籍情況綜述

　　對第五期生進行分省歸納簡述，是人文地理考量與分析的基礎工作。
經過前面各章的資料、比較和情況鋪墊，以下將第五期生置於人文地理之
考量與分析。

一、湖南籍第五期生情況簡述

　　湖南歷來人傑地靈、人才輩出，近現代湖南更是將帥名人雲集。第五
期生中湖南籍學員眾多，創下了前五期生入黃埔軍校之最，多達 839 名，
位居各省首位，占該期學員總數三分之一強。其中學員較多的縣：醴陵
59 名，長沙 48 名，祁陽 36 名，寶慶 33 名，零陵 30 名。

表 24　湖南籍學員歷任各級軍職數量比較一覽表

職級	中國國民黨	中國共產黨	人數	%
肄業或尚未見從軍任官記載	於　一、王任傑、王育位、左希純、鄺文漢、劉浚泉、許　瑩、張　嵩、張滌塵、蘇　民、鄒　浩、陳　熙、陳亦鵬、陳郁文、陳夢弼、周國器、歐陽豈群、武乃文、趙希曾、唐　啓、唐　傑、唐樹藩、郭　堅、黃裕福、黃福盛、彭司驫、覃振球、熊社曦、鄭大鵬、王夢覺、鄒滌罘、帥建勳、甘唯奇、皮公純、劉粵藩、朱任重、朱聲沛、湯滌吾、吳　湘、吳尚彬、吳健吾、張耀庚、李錦榮、楊開智、楊景屏、陳怡群、周仲純、周濟人、周緝熙、周德藩、尚夢芝、易中堅、羅念前、郭紹儀、陶紹勳、盛健夫、章文仲、符建鵬、蕭韻清、黃思厚、彭忠傳、粟亢鱗、譚啓沃、潘君儒、文建新、馮漢雄、何　耀、何樹藩、李　傑、駱中驥、唐一戎、賓希明、蔣炳陶、雷　驚、方　仁、伍蔚雲、何正仁、張　也、沈迪祥、周澤生、姜谷成、夏小歐、徐德亮、黃向榮、黃國華、張　本、鄧鍾衡、劉仲雄、張遠之、李邦鋐、李國讓、李秉升、鄒樹三、歐　倫、歐　堯、歐陽烈、歐聲振、鄭　鼎、鄭景聲、薑　濟、黃淩雲、方　猷、吳克西、吳潤麟、張　平、李　湘、李　璞、李昌年、李家傑、李繼光、鄒聲洪、曹宗漢、龔加倫、熊無闇、劉國志、吳揚言、張　時、張　楚、侯澤鈞、廖鳳翔、熊　俠、譚奪魁、戴漢鼎、鄧承禹、馮瑞廷、胡秉熒、徐少剛、徐秉文、章　甫、黃　蘇、楊毓芝、周翰宣、符　策、曾樹藩、李正濃、夏農時、彭滌非、黎為章、鄧忠春、鄧滌國、向魯琴、何尚武、李德芬、汪寀吾、陳龍彪、陳啓梅、唐天文、覃振球、謝　鼇、譚　誠、嚴治華、廖志超、羅革非、談定亞、庹正權、張震歐、龍躍湘、吳　放、張　威、李　昂、李樂平、李伯鈞、范培宇、鍾信甫、陶濟軒、梁　棟、熊　愷、顏擇民、朱　焜、曹慶達、李欽明、吳五定、王　儉、王振甲、龍之淼、龍超凡、劉　蔭、湯華園、張維庸、李　增、鄒香山、陳　鑑、陳載恩、周　傑、周天成、周振美、羅　興、羅晉陽、羅敬之、柏羽笙、		600	71.52

柏樹勳、唐　堃、郭　秀、黃　尊、彭秉鈞、 雷振群、管　燮、譚在舒、譚矗鑫、伍　瑛、 伍尚誠、劉鐘鼎、劉德馨、張　鞏、李紹青、 李濟寰、李翔雲、穀毓藩、周錦文、歐陽翔、 羅　雄、羅星華、徐步潮、資崑如、陶南薰、 曾海帆、譚振原、尹崇僎、文　宗、皮　康、 夏光燎、吳錫賽、羅樹人、宋品元、王應潮、 全楚珩、張　起、鍾雲從、符詧華、陳方前、 文有慶、李禎祥、李楚材、黃　熹、王選青、 寧　溁、田培舜、艾子幹、伍　慶、江應龍、 湯抵倫、何錫平、餘　碻、張夢鐸、李牧良、 李鹿鳴、楊　癡、楊金秋、陳　留、陳卓勳、 周南生、羅籟秋、鄭　重、胡永相、賀　驤、 趙樹猷、唐君亞、扆楚英、曾雄北、遊之源、 魏學武、龍步雲、李漢孫、湯　鳴、李舟萬、 陳宗睦、姜果蒙、謝價卿、任璵生、鄧百煉、 劉也愚、劉鎮國、呂振簧、孫　莊、李　菀、 林鍾豪、段時斡、卿光亞、唐嗣偉、殷興華、 袁　舞、袁一之、曹　惠、蕭夢醒、黃紹興、 傅作梅、曾攻錯、蔣　敏、蔣心惕、蔣國傑、 霍岳嵩、鄺書霈、陳士虎、鍾賢成、唐人驤、 唐少鵬、徐　昌、黃　璟、黃剛強、李樹藩、 周拯元、李樹亞、廖承乾、謝靖瀾、王必求、 史文宇、史紀明、史範宇、吳　震、李白夫、 李祖治、賈　燦、張　琴、孟宗瀚、黃鳴鵠、 王　琪、王畏閑、石　堅、李亞雄、陳壯民、 陳步雲、羅瓊階、傅常謙、彭玉欽、魯忠耿、 李協民、周雄飛、林屏翰、羅　駿、楊坤毓、 言長謇、陳兆良、唐　直、扶　炎、郭　魏、 尹職夫、陳　暄、歐陽鍾、吳　越、陳　武、 胡宿嘉、康龍英、黃子翼、王維歆、張放民、 文冠軍、王璞玉、劉傳璠、劉韻泉、孫　略、 何帥群、張開鑄、李柱中、夏　驛、夏育民、 徐步青、莫志群、曹達窮、曾拒強、曾尊銘、 謝義民、謝善元、薛守渥、劉喚民、楊紹堅、 唐長源、劉啓瑞、劉茂修、何　鑫、吳揚松、 李永洪、李永澍、陳世傑、陳詩評、胡孟堦、 唐澤五、殷邦達、曹作藩、曹詩伯、黃　漢、 黃源義、謝劉權、樊兆麟、黎光天、李龍山、 首聯波、黃介如、張　熾、李光德、李遠佳、 陳景松、羅血琳、方　遇、左昭勳、陳國傑、				

	夏劍霆、詹中藩、甯啓閣、丁　偉、任超群、 劉世俊、劉鎮藩、湯子桓、張種德、李正芳、 李光輝、楊　澄、楊中極、歐陽鵬、胡　夷、 鍾時堅、唐則堯、郭儒松、康丕正、黃震華、 彭鴻猷、蔣應民、賴佛霆、熊　訓、熊楚彬、 皮菊生、劉　策、劉震鏞、向德超、成　果、 吳聲洋、張正輪、李一介、李仲荃、李佐民、 李湘泉、楊熙政、周華京、易國猷、賀少華、 聶　強、喻中銳、彭　崐、彭名蘇、謝勵之、 熊希純、盧家棟、韓紹胎、潘才門、李志軍、 萬國欽、馬　光、文兆燕、王　章、劉伯儀、 沈　清、陳國棟、周克斌、周契虞、林東屏、 林伯琴、賀　捷、袁振鵬、彭士達、彭立誠、 曾昭善、謝嗣傍、謝懿寰、蔡湘藩、譚　文、 向紹嵐、舒中源、王名弘、何　畏、何積猷、 羅元直、廖　傑、卓韶笙、廖曉雲、汪　稠、 周堯卿、周希元、侯定國、袁　鶴、謝軼峰、 謝楚藩、譚海威、周　鼎、周匡民、唐　翊、 蔣　和、蔣宗博、曹希彬、唐　彬、黃　哲、 黃良兆、彭俊傑、詹鐵生、王振武、鄧正權、 鄧紹禹、鄧康民、馮永綸、馮博林、龍漢濤、 伍世驤、李光熙、李濟民、周　朗、屈崇武、 歐陽鵬、胡松林、唐芝柏、唐步陶、徐紹斌、 秦士銓、黃　沛、蔣濟普、唐象坤、馬祚廉、 王　為、吳子明、李如春、李昌禎、蕭　毅、 丁雲峰、龍子尹、嚴哲群、張佐漢、范方鵠、 夏用九、蕭兆鵬、彭愚夫、廖超群、譚友哲、 李國霖、杜燦雲、陳　銕、羅明松、陶慕淵、 戴志歐、寧則愚、倪晶植、王　槐、馮　建、 劉志超、劉紹基、許明揚、吳劍平、李授丘、 周邦奠、周赤光、周鳴球、易賓成、歐亞欽、 唐　政、夏姚邨、蕭　森、彭國屏、譚一之、 馮美朴、曹　彬、周伯良、周效斌、唐　林、 霍仲如、文　振、文蘭濱、文庭修、王　鏡、 劉宏深、劉寄盈、湯其美、張　珂、張雨若、 張是瑞、張鴻生、李　球、李降寅、楊大生、 楊光俊、陸成今、陳文初、陳和衷、林顯強、 賀自良、鍾紹華、淩家斐、唐際昌、唐際棟、 唐錫藩、徐劍霞、晏　彪、耿　離、郭俊謀、 蕭傳郵、蕭躍鯤、黃代興、黃振權、傅祥麐、 程邦鈺、謝幹寰、謝善平、瞿本元		

排連營級	龍　波、吳雲祥、黃　正、黃翁雍、唐世范、王　超、張嚴翼、周歧嶷、史文彬、許化龍、鄭古琴、鄭志超、唐生亮、劉　翼、高　志、吳鍾選、郭　衡、彭　彬、胡任世、陶制平、李蔚升、陳珍磯、唐喚文、桂　植、蔣朵青、李會春、謝壽階、夏繼禹、陳良弼、王耀坤、石　湘、蘇天真、蕭　欽、劉　彬、萬　羽、邱覺世、唐績熙、楊　衡、辛　修、鄒新民、范基周、戴　展、向　化、王英潛、吳煥湘、羅維美、張緒泄、唐俊明、張建極、文霸鉏、劉國鼎、曾守約、何泗楊、黃種強、李向榮、黃　馗、龔芳含、成維藩、杜丙炎、邱組民、易守毅、彭明沃、馬　驄、龍　騰、林益範、胡子儀、唐身修、翁　覺、張先材、黃樂基、杜爾戒、汪鐵中、鄒松林、羅平曰、袁惌德、蔣慕文、鄧國葹、雷震宇、伍　傑、鍾　哲、蔣聯興、熊　飛、黎　民、龔仲漢、王崇義、馮　熊、段彥暉、賀永祥、廖繼愷、王心敏、王　鼇、劉　廣、劉有球、劉宏大、劉耕佘、宋海清、李人達、李覺漁、楊德彰、黃兆貴、張道政	文紹珍	102	12.16
團旅級	王　剛、朱振邦、楊宗文（宗鼎）、陳申傳、常　德、宋醒元、單心輿、何德用、劉　勉、陳勳猷、郭幹武、侯隆黎、陳　鼇、譚　魁、谷巨石、蔡才佐、蘇治綱、李　培、李　實、黃　紅、曾遠明、黃悟聖、胡　鯤、張亮基、姜　藩、游靜波、戴介枬、徐惠中、危治平、陳澤敷、周名勳、羅保芬、羅祖良、薛知行、李　鴻、唐隸華、黃　璨、李宙松、邵廣生、謝開國、王　績、宋仁楚、李維勳、陳鶴泉、羅　傑、譚伯英、許忠五、何　哲、蔣　岳、李佑民、鄧　駿、鄧朝彥、黃正中、黃炳陽、陳　善、唐楚望、蕭鉅錚、周　翰、陳嵩耀、黃安益、黃明欽、黃隆三、劉　良、劉少潤、歐熙和、劉松堅、劉振球、陳增梯、程　智。		69	8.22
師級	何恃氣、周茂僧（攻惡），唐　德、雷　攻、何際元、鄧宏義、何齊政、李　穆、唐明德、薛崗梧、向　陽、朱明允、李純白、邱希賀、陳崗陵、谷允懷、黃志聖、游靖湘、張寄春、鍾　瑛、彭問津、殷　華、顏健、李毓南、蕭步鵬、曾鎮寰、鄧竹修、陳鳳鳴、袁峙山、楊也可、胡晉生、胡鎮隨、陳振仙、廖以義、呂旃蒙、張群力、胡　璉、潘漢逵、文　禮、田湘藩、宋特夫、易舜欽、劉衡平、尹先甲。	劉立青	44	5.24

軍級以上	羅賢達、廖　肯、李薀萱、曹維漢、唐守治、向軍次、陳襄謨、李日基、谷炳奎、任培生、郭文燦、潘國興、夏日長、蔡仁傑、王卓凡、胡家驥、李　鴻、段　雲、匡泉美、	許光達、譚希林、陶　鑄、唐有章、宋時輪	24	2.86
合計	832	7	839	100

注：達到中級以上軍官的「硬體」界定標準：團旅級：履任團旅長級實職或敘任上校者；師級：履任師長級（含副師長）實職或敘任少將者；軍級以上：履任軍長級（含副軍長）以上實職或敘任中將以上者。履任團旅長以上各級軍官按各時期各種軍隊沿革序列表冊或公開發行書報刊物回憶錄為主要依據，敘任上校以上將校軍官名單根據《國民政府公報》。以下各省《數量比較一覽表》同此。

部分知名學員簡介：（217 名）

　　丁偉（1904 － 1927）別字靖球，湖南常德人。廣州黃埔中央軍事政治學校第五期步兵科畢業。1926 年 3 月考入廣州黃埔中央軍事政治學校第五期步兵科學習，1927 年 8 月畢業。任國民革命軍第九軍第三師第八團第三營排長，1927 年 12 月在徐州作戰陣亡。[1]

丁偉

　　萬羽（1904 － 1932）別字翼年，湖南武岡人。廣州黃埔中央軍事政治學校第五期步兵科畢業。父早年赴廣州經商。1926 年 3 月考入廣州黃埔中央軍事政治學校第五期步兵科學習，在學期間參與中國國民黨黨務活動，1926 年 12 月被推選為中國國民黨黃埔中央軍事政治學校宣傳委員會委員，1927 年 8 月畢業。任國民革命軍先遣遊擊隊班長，陸軍第九軍第三師第六團第七連副排長，北伐戰爭時 1927 年 12 月在鳳陽作戰負傷。[2]

萬羽

[1] ①龔樂群編纂：南京中央陸軍軍官學校 1934 年印行《中央陸軍軍官學校追悼北伐陣亡將士特刊－黃埔血史》記載；②中國第二歷史檔案館供稿，華東工學院編輯出版部影印，檔案出版社 1989 年 7 月《黃埔軍校史稿》第八冊（本校先烈）第 274 頁第五期烈士芳名表記載 1930 年 6 月 6 日在河南蘭封陣亡；中國第二歷史檔案館供稿，華東工學院編輯出版部影印，檔案出版社 1989 年 7 月《黃埔軍校史稿》第六冊《各期陣亡學生姓名表》第 272 － 275 頁第五期名單。

[2] 龔樂群編纂：南京中央陸軍軍官學校 1934 年印行《中央陸軍軍官學校追悼北伐陣

瘁癒後，任國民政府警衛團排長，國民政府警衛第二師步兵連副連長，陸軍第五軍第八十八師第五二八團步兵連連長，1932 年 1 月隨軍參加「一・二八」淞滬抗日戰事，1932 年 2 月 24 日率敢死隊夜襲上海廟行車站，在楊澳橋頭刀劈日軍少佐、曹長各一人，後中彈身亡。[3]

馬驄（1906 － 1932）別號安石，湖南湘潭人。湘潭縣立朱亭鄉高等小學堂、湘潭縣立第一中學、廣州黃埔中央軍事政治學校第五期步兵科畢業，南京國民革命軍總司令部軍官團結業。早年入鄉間高等小學堂就讀，畢業後繼入湘潭縣立第一中學學習，畢業後毅然投筆從戎。1926 年 3

馬驄

月入黃埔軍校入伍生隊受訓，1926 年 11 月入廣州黃埔中央軍事政治學校第五期步兵科學習，1927 年 8 月畢業。隨部參加北伐戰爭，歷任首都衛戍團排長，繼入國民革命軍總司令部軍官團受訓，結業後任國民政府警衛軍第二師第四團步兵連連長。1930 年 10 月與譚麗雲（湘潭縣朱亭鄉人，湘潭初級中學畢業）在南京結婚。後任第五軍第八十八師第二六二旅五二四團第三營第十三連連長，隨部駐防浙江寧波，其間已經師長俞濟時保送步兵專門學校深造，聞知日軍進犯消息，斷然推遲入學時間，1932 年 1 月隨部參加「一・二八」淞滬抗日戰役。1932 年 2 月 22 日在淞滬廟行車站抗擊日軍作戰中陣亡。[4]

亡將士特刊－黃埔血史》記載。

[3] ①中國第二歷史檔案館供稿，華東工學院編輯出版部影印，檔案出版社 1989 年 7 月《黃埔軍校史稿》第八冊（本校先烈）第 97 頁有萬羽傳略；②中國第二歷史檔案館供稿，華東工學院編輯出版部影印，檔案出版社 1989 年 7 月《黃埔軍校史稿》第八冊（本校先烈）第 279 頁第五期烈士芳名表記載 1932 年 2 月 24 日在江蘇上海陣亡。

[4] 中國第二歷史檔案館供稿，華東工學院編輯出版部影印，檔案出版社 1989 年 7 月《黃埔軍校史稿》第八冊（本校先烈）第 105 頁有烈士傳略及墓碑誌表；中國第二歷史檔案館供稿，華東工學院編輯出版部影印，檔案出版社 1989 年 7 月《黃埔軍校史稿》第八冊（本校先烈）第 276 頁第五期烈士芳名表記載 1932 年 2 月 22 日在上海廟行陣亡。

文禮（1906 － 1947）別字國華，湖南醴陵人。廣州黃
埔中央軍事政治學校第五期步兵科畢業。1926 年 3 月入黃
埔軍校入伍生隊受訓，1926 年 11 月入廣州黃埔中央軍事
政治學校第五期炮兵科學習，1927 年 8 月畢業。隨部參加

文禮

東征和北伐戰爭，抗日戰爭爆發後，歷任第三戰區第四十
九軍（軍長王鐵漢）七十九師司令部參謀長、副師長，1944 年 12 月任陸
軍第七十九師師長。1945 年 1 月被國民政府軍事委員會銓敘廳敘任陸軍
步兵上校。抗日戰爭勝利後，1945 年 10 月獲頒忠勤勳章。1946 年 5 月獲
頒勝利勳章。1946 年 7 月接段霖茂任陸軍整編第四十九師（師長王鐵漢）
整編第七十九旅旅長。1947 年 4 月奉派入軍官訓練團第三期第二中隊學員
隊受訓，1947 年 6 月結業。返回原部隊，再恢復任陸軍第四十九軍第七
十九師師長，率部在華東、東北與人民解放軍作戰。1947 年 2 月 5 日以「違
抗軍令」罪名在瀋陽被槍決。

文蘭濱（1905 － ？）又名瀾濱，別字喚東，湖南醴陵
人。廣州黃埔中央軍事政治學校第五期步兵科畢業。1926
年 3 月入黃埔軍校入伍生隊受訓，1926 年 11 月入廣州黃
埔中央軍事政治學校第五期步兵科學習，1927 年 8 月畢業。

文蘭濱

隨部參加北伐戰爭，任國民革命軍陸軍步兵營排長、連
長、營長。1935 年 7 月 12 日敘任陸軍步兵少校。1936 年
6 月 18 日任豫皖綏靖主任公署副官。

文紹珍（1907 － 1931）又名丁丹慈，湖南石門縣沿市人。廣州黃埔
中央軍事政治學校第五期政治科畢業。1925 年到廣州，1926 年 3 月入
黃埔軍校入伍生隊受訓，1926 年加入中共，1926 年 11 月入廣州黃埔國
民革命軍軍官學校第五期步兵科學習，1927 年 8 月畢業。隨部參加北
伐戰爭，歷任國民革命軍排長、副連長。1929 年任中共南京市委軍委
負責人，後奉派入中央陸軍炮兵學校供職，曾任炮兵學校中共支部書

記。[5]1930 年在北平從事地下工作，同年秋被捕入獄，1931 年 8 月在南京雨花臺遇害。

文霸鉏（1904－？）別字伯蘇，別號壩鉏，湖南益陽人。廣州黃埔中央軍事政治學校第五期步兵科畢業。1926年 3 月考入廣州黃埔中央軍事政治學校第五期步兵科學習，1927 年 8 月畢業。任廣州黃埔國民革命軍軍官學校第六期第二總隊步兵第三中隊第二區隊中隊區隊附、區隊長。後任南京中央陸軍軍官學校步兵科教官等職。

文霸鉏

尹先甲（1906－？）湖南沅陵人。廣州黃埔中央軍事政治學校第五期步兵科畢業。1926 年 3 月考入廣州黃埔中央軍事政治學校第五期步兵科學習，1927 年 8 月畢業。畢業後分發任國民革命軍第九軍第三師司令部見習、文書，

尹先甲

1927 年 11 月在安徽鳳陽作戰負傷。[6]後任陸軍步兵團排長、連長、營長。1935 年 6 月 17 日敘任陸軍步兵少校。抗日戰爭爆發後，任陸軍步兵團團長，陸軍步兵旅副旅長，陸軍步兵師司令部上校師附。抗日戰爭勝利後，1945 年 10 月獲頒忠勤勳章。1946 年 1 月奉派入中央訓練團受訓。1946 年 5 月獲頒勝利勳章。任陸軍整編第五十二師司令部高級參謀。1948 年 7 月接平爾鳴任陸軍第五十二軍（軍長劉玉章）第二師師長，率部在東北與人民解放軍作戰。1948 年 11 月免職。

王剛（1904－？）別號純正，湖南長沙人。廣州黃埔中央軍事政治學校第五期炮兵科畢業。1926 年 3 月入黃埔軍校入伍生隊受訓，1926 年 11 月入廣州黃埔中央軍事政治學校第五期炮兵科學習，1927 年 8 月畢業。隨部參加北伐和抗日戰爭，歷任國民革命軍排長、連長，參謀。抗日戰爭

5　中共中央統戰部　黃埔軍校同學會編纂：華藝出版社 1994 年 6 月《黃埔軍校》第 372 頁。

6　龔樂群編纂：南京中央陸軍軍官學校 1934 年印行《中央陸軍軍官學校追悼北伐陣亡將士特刊－黃埔血史》記載。

爆發後，任蘇魯豫皖邊遊擊總指揮部特務團營長、團長，台兒莊煤礦護礦指揮官。1948 年春任南京衛戍總司令部第四處處長等職。

王績（1904 － ？）別字培安，湖南常寧人。廣州黃埔中央軍事政治學校第五期步兵科畢業。1926 年 3 月考入廣州黃埔中央軍事政治學校第五期步兵科學習，1927 年 8 月畢業。歷任國民革命軍陸軍步兵團排長、連長、副營長。抗日戰爭爆發後，任成都中央陸軍軍官學校第十六期第二總隊第一大隊第一隊署任少校隊附。後任歷任國民革命軍陸軍步兵團營長、團長等職。抗日戰爭勝利後，1945 年 10 月獲頒忠勤勳章。1946 年 5 月獲頒勝利勳章。任沅陵警備司令部參謀長。1947 年 6 月被國民政府軍事委員會銓敘廳頒令敘任陸軍步兵上校。

王超（1904 － ？）別字少勃，湖南寧遠人。廣州黃埔中央軍事政治學校第五期步兵科畢業。1926 年 3 月考入廣州黃埔中央軍事政治學校第五期步兵科學習，1927 年 8 月畢業。任國民革命軍第一軍第二十一師第六十三團第三營少尉排長，參加北伐戰爭在臨淮作戰時負傷，[7] 痊癒後，任國民革命軍陸軍步兵連連長，1930 年 6 月 30 日在湖南衡陽作戰。[8]

王超

王龕（1905 － ？）別字夢琴，湖南醴陵人。廣州黃埔中央軍事政治學校第五期步兵科畢業。1926 年 3 月考入廣州黃埔中央軍事政治學校第五期步兵科學習，1927 年 8 月畢業。歷任國民革命軍陸軍步兵團排長、連長。後任南京中央陸軍軍官學校第八期第二總隊第二大隊部少校訓育員（有照片），第九期炮兵科炮兵隊訓育員，第十一期第一總隊少校訓育

[7] 龔樂群編纂：南京中央陸軍軍官學校 1934 年印行《中央陸軍軍官學校追悼北伐陣亡將士特刊－黃埔血史》記載。

[8] 中國第二歷史檔案館供稿，華東工學院編輯出版部影印，檔案出版社 1989 年 7 月《黃埔軍校史稿》第八冊（本校先烈）第 281 頁第五期烈士芳名表記載 1930 年 6 月 30 日在湖南衡陽陣亡。

員。1937 年 7 月 8 日敘任陸軍步兵少校。抗日戰爭爆發後，隨軍校遷移西南地區，續任成都中央陸軍軍官學校教育處教官等職。

王心敏（1906 － 1930）別字智泉，湖南黔陽人。廣州黃埔中央軍事政治學校第五期步兵科畢業。1926 年 3 月考入廣州黃埔中央軍事政治學校第五期步兵科學習，1927 年 8 月畢業。歷任國民革命軍第一軍第二十一師步兵連見習、排長，隨軍參加龍潭戰役。1930 年春隨部北上參加中原大戰，任陸軍第五十二師第一團第三營第九連連長，1930 年 9 月 18 日在河南睢縣西三裏莊作戰陣亡。[9]

王英潛（1899 － 1931）別字筱農，湖南瀏陽人。廣州黃埔中央軍事政治學校第五期經理科畢業。1926 年 3 月考入廣州黃埔中央軍事政治學校第五期經理科學習，1927 年 8 月畢業。歷任國民革命軍陸軍輜重兵隊見習、副排長，1931 年 8 月 15 日在湖北黃陂作戰陣亡。[10]

王英潛

王卓凡（1894 －？）湖南湘鄉縣永豐上二十九都湄水磺人。北京講武堂、廣州黃埔中央軍事政治學校第五期炮兵科、陸軍大學正則班第十一期畢業，中央訓練團將官班結業。早年入北京講武堂。1926 年 3 月入黃埔軍校入伍生隊受訓，1926 年 11 月入廣州黃埔中央軍事政治學校第五期炮兵科學習，1927 年 8 月畢業。隨部參加北伐戰爭，1928 年 10 月 13 日委派為中國國民黨陸軍第十三師特別黨部籌備委員。1929 年 8 月 1 日委派為中國國民黨陸軍大學特別黨部籌備委員。1931 年 11 月被推選為軍

王卓凡

---

[9] 中國第二歷史檔案館供稿，華東工學院編輯出版部影印，檔案出版社 1989 年 7 月《黃埔軍校史稿》第八冊（本校先烈）第 98 頁有王心敏傳略；中國第二歷史檔案館供稿，華東工學院編輯出版部影印，檔案出版社 1989 年 7 月《黃埔軍校史稿》第八冊（本校先烈）第 270 頁第五期烈士芳名表記載 1930 年 9 月 18 日在河南睢縣陣亡。

[10] 中國第二歷史檔案館供稿，華東工學院編輯出版部影印，檔案出版社 1989 年 7 月《黃埔軍校史稿》第八冊（本校先烈）第 276 頁第五期烈士芳名表記載 1931 年 8 月 15 日在湖北黃陂陣亡記載為王英潛。

隊出席中國國民黨第四次全國代表大會代表。1932 年 12 月考入陸軍大學正則班學習，1935 年 12 月畢業。1936 年 9 月 24 日被國民政府軍事委員會銓敘廳敘任陸軍炮兵上校。任軍事委員會重慶行營教導總隊副總隊長，西安綏靖主任（蔣鼎文）公署軍官總隊總隊長，新編步兵師副師長等職。抗日戰爭爆發後，率部參加抗日戰事。1940 年 12 月 16 日任第二十九集團軍（總司令王纘緒）陸軍第六十七軍（軍長許紹宗、佘念慈）代理副軍長，率部參加棗宜會戰。1943 年 2 月 24 日調任第八戰區第三十八集團軍（總司令范漢傑）陸軍第五十七軍（軍長丁德隆兼）副軍長。後任四川南（充）順（甯）師管區司令部司令官，湖南湘甯師管區司令部司令官等職。抗日戰爭勝利後，1945 年 10 月獲頒忠勤勳章。1946 年 5 月獲頒勝利勳章。1946 年 6 月入中央訓練團將官班受訓，1946 年 8 月結業。任聯合後方勤務總司令部高級參謀，軍官總隊總隊長。1949 年任重建後的陸軍第五十七軍（軍長徐汝誠）副軍長、代理軍長，隸屬西安綏靖主任公署統轄，所部於 1949 年底在西南戰役中被人民解放軍全殲。

王崇義

　　王崇義（1904 － 1930）別字亦季，湖南衡陽人。廣州黃埔中央軍事政治學校第五期步兵科畢業。1926 年 3 月考入廣州黃埔中央軍事政治學校第五期步兵科學習，1927 年 8 月畢業。任國民革命軍陸軍步兵連見習、排長，1929 年 9 月 22 日在湖北宣城作戰陣亡。[11]

　　鄧駿（1907 －？）湖南新寧人。廣州黃埔中央軍事政治學校第五期工兵科畢業。1907 年 8 月 2 日生於新寧縣一個耕讀家庭。1926 年 3 月考入廣州黃埔中央軍事政治學校第五期工兵科學習，1927 年 8 月畢業。歷任國民革命軍陸軍工兵團排長、連長、營長、團長等職。中華人民共和國

11　中國第二歷史檔案館供稿，華東工學院編輯出版部影印，檔案出版社 1989 年 7 月《黃埔軍校史稿》第八冊（本校先烈）第 278 頁第五期烈士芳名表記載 1929 年 9 月 22 日在湖北宣城陣亡。

成立後，寓居湖南省新寧縣水頭鄉水頭村住所。[12] 二十世紀八十年代參與湖南省黃埔軍校同學會活動。

鄧竹修（1905 － 1990）又名樂吾，別字美之，湖南常寧人。廣州黃埔中央軍事政治學校第五期步兵科畢業。生於 1905 年 4 月 10 日。1926年 3 月入黃埔軍校入伍生隊受訓，1926 年 11 月入廣州黃埔中央軍事政治學校第五期步兵科學習，1927 年 8 月畢業。隨部參加北伐戰爭，1935 年6 月 21 日敘任陸軍步兵少校。抗日戰爭爆發後，任陸軍第七十四軍（軍長俞濟時）第五十一師（師長王耀武）第一五一旅（旅長李天霞）步兵第一七四團團長，隨部參加淞滬會戰、南京保衛戰、武漢會戰、第二次長沙會戰、德安戰役、上高戰役諸役。1940 年任陸軍第七十四軍第五十八師第一七四團團長，1942 年任第九戰區司令長官部軍官訓練團第一軍官大隊中隊長。1944 年任湖南祁東自衛總指揮部第二支隊司令部司令官，後任衡陽團管區司令部副司令官等職。抗日戰爭勝利後，1946 年任陸軍第一〇〇軍（軍長李天霞）第八十八師（師長胡家驥）副師長，率部在東北與人民解放軍作戰。1948 年任國防部戰地視察組視察官，奉派赴徐州「剿匪」總司令部所屬戰場督戰，1948 年 12 月在淮海戰役中於安徽宿縣雙堆集被人民解放軍俘虜。1949 年 6 月獲釋後返回家鄉，任祁東縣自衛總隊總隊附，不久參與組織革命武裝。1949 年 10 月任中國人民解放軍湘南遊擊隊第一縱隊第一支隊司令員。中華人民共和國成立後，於 1952 年轉業地方工作，任衡陽地區農業局副局長等職。二十世紀八十年代任衡陽市政協副主席等職。1990 年 4 月 3 日因病在衡陽逝世。

鄧宏義（1900 － ？）又名宏儀，別號浩然，湖南永興縣金龜鎮洲塘豬婆塘村人。廣州黃埔中央軍事政治學校第五期炮兵科畢業。本鄉高等小學堂就讀，繼考入衡陽成章中學，1926 年畢業。隨即南下廣州，考入廣州黃埔中央軍事政治學校第五期炮兵科學習。畢業後分配國民革命軍第一

---

[12] 《湖南省黃埔軍校同學會會員通訊錄》記載。

軍第一師第一團，歷任該團排長、連長、營長、副團長。1935 年 6 月 24
日敘任陸軍炮兵少校。1935 年任陸軍第一師第一旅司令部參謀長，1936
年任陸軍第一師第一旅第二團團長等職。抗日戰爭爆發後，任陸軍第一軍
第一師司令部參謀長，率部參加中原抗日戰事。1939 年任陸軍第七十六
軍（軍長李鐵軍）第二十四師（師長楊光鈺）副師長，率部駐防河南黃河
流域。1943 年 2 月被國民政府軍事委員會銓敘廳敘任陸軍炮兵上校。
1943 年 7 月接劉超寰任陸軍第九十七軍（軍長李明灝）第一九六師師長，
率部參加桂柳會戰。抗日戰爭勝利後，率部在西北與人民解放軍作戰。
1945 年 10 月獲頒忠勤勳章。1946 年 5 月獲頒勝利勳章。1947 年春任陸
軍整編第九十師（師長嚴明）整編第五十三旅旅長，率部在陝甘寧地區與
人民解放軍作戰，參與延安戰役、陝北戰役，1948 年 2 月所部被人民解
放軍殲滅。1948 年 9 月 22 日被國民政府軍事委員會銓敘廳敘任陸軍少將。
後任陸軍第三軍司令部參謀長，兼任陸軍第十七師師長。1949 年在四川
邛崍被人民解放軍俘虜，另說獲釋後於 1949 年 6 月攜眷由重慶赴臺灣。[13]

　　鄧國薌（1904 － ？）別字汰之，湖南藍山人。廣州黃
埔中央軍事政治學校第五期步兵科畢業。1926 年 3 月考入
廣州黃埔中央軍事政治學校第五期步兵科學習，1927 年 8
月畢業。任國民革命軍第一軍第二十二師第六十八團第一
營第二連見習、排長，1927 年 8 月在龍潭戰役作戰負傷。[14]
痊癒後，歷任陸軍步兵團連長、營長等職。

鄧國薌

　　鄧滌罘（1905 － ？）別字茂伸，湖南長沙人。廣州黃
埔中央軍事政治學校第五期步兵科畢業。1926 年 3 月考入
廣州黃埔中央軍事政治學校第五期步兵科學習，1927 年 8
月畢業。歷任國民革命軍陸軍步兵營排長、連長、營長。

鄧滌罘

13　湖南永興縣政協文史資料徵集研究委員會編纂：湖南《永興文史資料》第四輯記載。
14　龔樂群編纂：南京中央陸軍軍官學校 1934 年印行《中央陸軍軍官學校追悼北伐陣
　　亡將士特刊－黃埔血史》記載。

1935 年 6 月 17 日敘任陸軍步兵少校。

鄧朝彥（1902 －？）別號雋廷，湖南新田人。廣州黃
埔中央軍事政治學校第五期步科畢業。1926 年 3 月入黃埔
軍校入伍生隊受訓，1926 年 11 月入廣州黃埔中央軍事政
治學校第五期步兵科學習，1927 年 8 月畢業。隨部參加北

鄧朝彥

伐戰爭，歷任國民革命軍陸軍步兵團排長、連長、營長、
團長等職。抗日戰爭爆發後，任陸軍第九師司令部參謀長，率部參加淞滬
會戰、武漢會戰諸役。1940 年 7 月被國民政府軍事委員會銓敘廳頒令敘
任陸軍步兵上校。

史文彬（1903 － 1929）別字紹唐，湖南漢壽人。廣州黃埔中央軍事
政治學校第五期工兵科畢業。1926 年 3 月考入廣州黃埔中央軍事政治學
校第五期工兵科學習，1927 年 8 月畢業。任國民革命軍陸軍工兵連見習、
排長，1929 年 11 月 18 日在河南汝南作戰陣亡。[15]

田湘藩（1904 －？）別號自農，湖南醴陵人。廣州黃埔中央軍事政
治學校第五期炮兵科、陸軍大學將官班乙級第一期畢業。美國駐印度蘭姆
伽戰術軍官學校、中央訓練團將官班結業。1926 年 3 月入黃埔軍校入伍
生隊受訓，1926 年 11 月入第五期炮兵科學習，1927 年 8 月畢業。隨部參
加北伐戰爭，歷任國民革命軍陸軍炮兵營排長、連長、營長、團長等職。
1935 年 5 月 27 日敘任陸軍步兵中校。1936 年 6 月 13 日派任四川省第十
四區行政督察專員，兼任第十四區保安司令部司令官，1937 年 9 月 2 日
免職。後任陸軍步兵師代理師長，1938 年 12 月入陸軍大學乙級將官班學
習，1940 年 2 月畢業。曾發表為陸軍步兵軍副軍長，後任軍事委員會高
級參謀，國民政府軍政部部附等職。1945 年 7 月被國民政府軍事委員會
銓敘廳敘任陸軍上校。抗日戰爭勝利後，1945 年 10 月獲頒忠勤勳章。

---

15 中國第二歷史檔案館供稿，華東工學院編輯出版部影印，檔案出版社 1989 年 7 月
《黃埔軍校史稿》第八冊（本校先烈）第 270 頁第五期烈士芳名表記載 1929 年 11
月 18 日在河南汝州陣亡。

1946 年 5 月獲頒勝利勳章。1946 年 6 月入中央訓練團將官班受訓，1946 年 8 月結業。1946 年 7 月 31 日被國民政府軍事委員會銓敘廳敘任陸軍少將，同時辦理退役。

石湘（1904 － 1927）又名濱，別字五雲，湖南寶慶人。廣州黃埔中央軍事政治學校第五期步兵科畢業。1926 年 3 月考入廣州黃埔中央軍事政治學校第五期步兵科學習，1927 年 8 月畢業。任國民革命軍第九軍第三師第七團第二營排長，1927 年 12 月江蘇徐州作戰陣亡。[16]

石湘

龍騰（1906 － 1937）別字弼虞，湖南湘潭人。廣州黃埔中央軍事政治學校第五期步兵科畢業。1926 年 3 月入黃埔軍校入伍生隊受訓，1926 年 11 月入廣州黃埔中央軍事政治學校第五期步兵科學習，1927 年 8 月畢業。隨部參加北伐戰爭中原大戰。1935 年 6 月 22 日敘任陸軍步兵少校。抗日戰爭爆發後，任陸軍第七十四軍（軍長俞濟時）第五十八師（師長馮聖法）第一七四旅（旅長吳祖光）第三四七團（團長朱奇）第一營營長，隨部參加淞滬會戰，率部防守川沙縣防禦陣地，1937 年 9 月 3 日在王家樓與日軍激戰中，雙腿被炮彈炸斷後犧牲。[17]

龍騰

龍漢濤（1906 －？）別字襄波，湖南零陵人。廣州黃埔中央軍事政治學校第五期步兵科畢業。1926 年 3 月考入

龍漢濤

---

[16] ①龔樂群編纂：南京中央陸軍軍官學校 1934 年印行《中央陸軍軍官學校追悼北伐陣亡將士特刊－黃埔血史》記載為石濱；②中國第二歷史檔案館供稿，華東工學院編輯出版部影印，檔案出版社 1989 年 7 月《黃埔軍校史稿》第六冊《各期陣亡學生姓名表》第 272 － 275 頁第五期名單記載；③中國第二歷史檔案館供稿，華東工學院編輯出版部影印，檔案出版社 1989 年 7 月《黃埔軍校史稿》第八冊（本校先烈）第 280 頁第五期烈士芳名表記載 1927 年 12 月在江蘇徐州陣亡，記載為石濱。

[17] 上海市政協文史資料委員會編：上海古籍出版社《上海文史資料存稿彙編－抗戰史料》第 70 頁。

廣州黃埔中央軍事政治學校第五期步兵科學習，1927 年 8 月畢業。歷任
國民革命軍陸軍步兵營排長、排長、連長、營長。1936 年 3 月 30 日敘任
陸軍步兵少校。

伍傑（1904 － 1933）別字建雄，湖南零陵人。廣州黃
埔中央軍事政治學校第五期步兵科畢業。1926 年 3 月考入
廣州黃埔中央軍事政治學校第五期步兵科學習，1927 年 8
月畢業。歷任國民革命軍陸軍步兵營見習、排長、連長、
副營長，1933 年 8 月 2 日在河南作戰陣亡。[18]

伍傑

向化（1900 － 1927）又名旭，別字源美，湖南洪江
人。廣州黃埔中央軍事政治學校第五期步兵科畢業。1926
年 3 月考入廣州黃埔中央軍事政治學校第五期步兵科學
習，1927 年 8 月畢業。任國民革命軍第一軍步兵團第一營
第四連入伍生，在攻克武昌洪山時負傷，1927 年 3 月 20
日在漢口天主堂醫院傷重不治逝世。[19]

向化

向陽（1906 － 1950）別號早春，幼名天松，湖南龍
山縣猛西鄉澤果洞村人。土家族。廣州黃埔中央軍事政治
學校第五期步兵科畢業。1914 年入鄉間私塾讀書，繼入本
鄉高等小學續學，1925 年於保靖湘西十縣聯合中學畢業。
1926 年南下廣州，考入廣州黃埔中央軍事政治學校第五期
步科第一學生隊，畢業後參加北伐戰爭，任國民革命軍步

向陽

---

[18] 中國第二歷史檔案館供稿，華東工學院編輯出版部影印，檔案出版社 1989 年 7 月
《黃埔軍校史稿》第八冊（本校先烈）第 276 頁第五期烈士芳名表記載 1933 年 8
月 2 日在河南陣亡。

[19] ①龔樂群編纂：南京中央陸軍軍官學校 1934 年印行《中央陸軍軍官學校追悼北伐陣
亡將士特刊－黃埔血史》記載為向旭；②中國第二歷史檔案館供稿，華東工學院編
輯出版部影印，檔案出版社 1989 年 7 月《黃埔軍校史稿》第六冊《各期陣亡學生姓
名表》第 272 － 275 頁第五期名單記載為向旭；③中國第二歷史檔案館供稿，華東
工學院編輯出版部影印，檔案出版社 1989 年 7 月《黃埔軍校史稿》第八冊（本校先
烈）第 275 頁第五期烈士芳名表記載 1927 年 3 月 20 日在湖北漢口陣亡，記載為向旭。

兵連排長，1927 年 8 月參加龍潭戰役身負重傷。1929 年因傷病在武漢休養。1930 年任湖北省當陽縣公安局局長。1931 年任南京中央各軍事學校畢業生調查處科員。其時因南京國民政府、湖南省政府主席何鍵、「湘西王」陳渠珍三方有矛盾，國民政府為拉攏陳渠珍，擬派代表到湘西接洽。中央各軍事學校畢業生調查處處長劉泳堯、黃埔撫恤委員會主任田載龍等聯名舉薦其為赴湘西代表，1932 年 1 月赴鳳凰縣與陳洽商輸誠，陳表示願服從國民政府。返回南京後，調任江甯自治試驗縣政治訓練班大隊長。後返回湖南供職，1935 年任設於長沙的中央各軍事學校畢業生調查處湖南通訊處副主任。1936 年被何鍵列為湖南省政府參議，被推選為龍山縣國民大會代表候選人。抗日戰爭爆發後，於 1937 年秋任湖南省第四區保安司令部副司令官，曾率何金鵬團進剿龍雲飛部，迫使龍接受招安，龍雲飛任湖南省新編第一旅旅長，從而恢復湘川公路交通。1938 年春任湖南第三區保安司令部副司令官。1939 年任重慶後方殘廢軍人生產事務所秘書。1940 年返回家鄉閒居，1942 年出任湖南省水上員警第七分局局長，率部駐防沅陵地區。抗日戰爭勝利後，任湖南省軍官集訓隊副大隊長。1947 年 2 月任湖南省第十區保安司令部副司令官。1947 年 3 月被國民政府軍事委員會銓敘廳敘任陸軍步兵上校。因龍山縣境土匪群起，無適宜的人任縣長，經王育瑛（時任湖南省軍管區司令部司令官）舉薦，其獲派任龍山縣縣長。1949 年春得宋希濂延攬，任湖南省暫編第一軍暫編第一師副師長，代理師長職權。1949 年秋所部與人民解放軍作戰，該師有一個團起義，其餘潰散瓦解。其換著便衣，單身一人步行潛往沅陵暫編第十師瞿波平部辦事處。後參與瞿波平組織的「湘鄂川邊區反共自衛軍」，任司令部督導處處長。1949 年冬沅陵縣解放時，隨部乘車至永綏，派人將妻兒送回家鄉，其投奔湖北恩施宋希濂部。宋希濂要他速回龍山收集部隊，其再度返回家鄉，被宋希濂委為川湘鄂邊區綏靖主任（宋希濂）公署新編第十三師師長，率部與人民解放軍作戰。1949 年 12 月所部被迫繳械投降，1950 年其在「鎮反運動」中被處決。1980 年當地人民政府為其平反，按起義投誠人員對待。

向軍次（1906－？）別字華次，湖南石門縣子良鄉人。廣州黃埔中央軍事政治學校第五期工兵科、陸軍大學正則班第十一期畢業。1926 年 3 月入黃埔軍校入伍生隊受訓，1926 年 11 月入第五期工兵科學習，1927 年 8 月畢業。

向軍次

隨部參加北伐戰爭，歷任國民革命軍排、連、營長，1932 年 12 月考入陸軍大學正則班學習，1935 年 12 月畢業。任陸軍第八十八師補充團團長，步兵旅司令部參謀主任等職。1935 年 6 月 25 日敘任陸軍工兵少校。抗日戰爭爆發後，任陸軍第八十八師司令部參謀長、副師長，陸軍第九十軍司令部參謀長等職。1942 年 7 月被國民政府軍事委員會銓敘廳敘任陸軍工兵上校。後任陸軍第一八五師副師長，陸軍第五十五師副師長等職。1943 年 12 月任中央陸軍機械化裝甲學校研究委員，機械化學校駐印軍戰車訓練班副主任，中國遠征軍駐印軍司令長官部戰車訓練處處長等職。抗日戰爭勝利後，任國民政府軍政部（部長陳誠）軍務署（署長方天）交通輜重兵司司長。1945 年 10 月獲頒忠勤勳章。1946 年 5 月獲頒勝利勳章。1946 年任國防部機械化兵司司長，聯合後方勤務總司令部運輸署副署長等職。1947 年 12 月任南京國民政府國防部（部長白崇禧）機械司司長等職。1948 年 9 月 22 日被國民政府軍事委員會銓敘廳敘任陸軍少將。任聯合後方勤務總司令部第五署運輸署副署長。

任培生（1905－1959）別號佩紳，湖南嶽陽縣篁口梅溪橋人。嶽陽縣立中學、湖南公立法政專門學校政治經濟科、廣州黃埔中央軍事政治學校第五期炮兵科、陸軍大學正則班第十一期畢業。1924 年於湖南公立法政專門學校學習時，加入中國國民黨。1926 年 3 月入黃埔軍校入伍生

任培生

隊受訓，1926 年 11 月入第五期炮兵科學習，1927 年 8 月畢業。隨部參加北伐戰爭，歷任國民革命軍陸軍炮兵營排長、連長、副營長等職。1932 年 12 月考入陸軍大學正則班學習，1935 年 12 月畢業。1936 年任陸軍第十師（師長李默庵）司令部（參謀長田西園）參謀處（處長盛文）作戰

科科長，隨部駐防陝西潼關地區，1936 年 12 月西安事變期間參與李默庵師內部軍事主和活動。1935 年 6 月 25 日敘任陸軍炮兵少校。1937 年 5 月 15 日敘任陸軍炮兵中校。抗日戰爭爆發後，任軍事委員會第一部參謀，隨部參加南京保衛戰。後任陸軍第十四軍步兵旅副旅長，1940 年 7 月被國民政府軍事委員會銓敘廳敘任陸軍炮兵上校。率部參加南京保衛戰、考城戰役、蘭封戰役諸役。抗日戰爭勝利後，1945 年 10 月獲頒忠勤勳章。1946 年 5 月獲頒勝利勳章。任陸軍總司令部第五署第一處處長。1948 年 9 月 22 日被國民政府軍事委員會銓敘廳敘任陸軍少將。後參與第一編練司令部組建新編軍事宜，1949 年 1 月任重建後的陸軍第二十五軍（軍長陳士章）第一〇八師師長，率部在福建等地與人民解放軍作戰。任陸軍第二十五軍（軍長沈向奎）副軍長，1949 年 8 月 17 日在福州被人民解放軍俘虜，獲釋後返鄉定居。[20]

劉良（1904 － ？）別字覲輝，湖南衡陽人。廣州黃埔中央軍事政治學校第五期步兵科畢業。1926 年 3 月考入廣州黃埔中央軍事政治學校第五期步兵科學習，1927 年 8 月畢業。歷任國民革命軍陸軍步兵團排長、連長、營長、團長等職。抗日戰爭勝利後，任陸軍步兵旅副旅長。1945 年 10 月獲頒忠勤勳章。1946 年 5 月獲頒勝利勳章。1947 年 3 月被國民政府軍事委員會銓敘廳頒令敘任陸軍步兵上校。

劉良

劉勉（1904 － ？）別字瑤亭，湖南漢壽人。廣州黃埔中央軍事政治學校第五期炮兵科畢業。1926 年 3 月考入廣州黃埔中央軍事政治學校第五期炮兵科學習，1927 年 8 月畢業。歷任國民革命軍陸軍步兵團排長、連長、營長、團長等職。抗日戰爭勝利後，1945 年 10 月獲頒忠勤勳章。1946 年 5 月獲頒勝利勳章。任師管區司令部參謀長。1947 年 5 月被國民政府軍事委員會銓敘廳頒令敘任陸軍炮兵上校。

---

[20] 湖南省岳陽市政協文史資料委員會編：湖南《岳陽文史》第十輯《嶽陽籍國民黨軍政人物錄》第 306 頁。

劉彬（1904 － 1931）別字普仁，湖南嶽陽人。廣州 黃埔中央軍事政治學校第五期步兵科畢業。1926 年 3 月考 入廣州黃埔中央軍事政治學校第五期步兵科學習，1927 年 8 月畢業。歷任國民革命軍陸軍步兵連見習、排長、副連 長，1931 年 8 月 23 日在河北大名作戰陣亡。[21]

劉彬

劉翼（1904 － 1932）湖南華容人。廣州黃埔中央軍事 政治學校第五期步兵科畢業。1926 年 3 月考入廣州黃埔中 央軍事政治學校第五期步兵科學習，1927 年 8 月畢業。歷 任國民革命軍陸軍步兵連見習、排長、連長，1932 年 12 月 30 日在河南作戰陣亡。[22]

劉翼

劉立青（1906 －？）又名靖，湖南寧鄉人。廣州黃埔中央軍事政治 學校第五期政治科畢業。1926 年 3 月入黃埔軍校入伍生隊受訓，1926 年 11 月入廣州黃埔中央軍事政治學校第五期政治科學習，1927 年 8 月畢業。 隨部參加北伐戰爭。中華人民共和國成立後，任國務院鐵道部副局長、顧 問等職。1978 年 2 月當選為第五屆全國政協委員。晚年寓居北京市西城 區復興門外鐵道部第四住宅區 37 棟三號住所。[23]

劉有球（1904 － 1933）湖南醴陵人。廣州黃埔中央軍 事政治學校第五期步兵科畢業。1926 年 3 月考入廣州黃埔 中央軍事政治學校第五期步兵科學習，1927 年 8 月畢業。 歷任國民革命軍第一軍第二十一師步兵連見習，陸軍第五 十二師步兵連排長、連長、營長，1933 年 3 月 1 日在江西

劉有球

[21] 中國第二歷史檔案館供稿，華東工學院編輯出版部影印，檔案出版社 1989 年 7 月 《黃埔軍校史稿》第八冊（本校先烈）第 277 頁第五期烈士芳名表記載 1931 年 8 月 23 日在河北大名陣亡。

[22] 中國第二歷史檔案館供稿，華東工學院編輯出版部影印，檔案出版社 1989 年 7 月 《黃埔軍校史稿》第八冊（本校先烈）第 276 頁第五期烈士芳名表記載 1932 年 12 月 30 日在河南陣亡。

[23] 1990 年 2 月印行《黃埔軍校北京市同學會會員通訊錄》記載。

宜黃作戰陣亡。[24]

劉宏大（1903 － 1933）湖南醴陵人。廣州黃埔中央軍事政治學校第五期政治科畢業。與胞弟劉宏深一同南下廣東投考，1926 年 3 月考入廣州黃埔中央軍事政治學校第五期政治科學習，其胞弟劉宏深考入該期經理科就讀，1927 年 8 月畢業。歷任國民革命軍第一軍第二師黨代表辦公室服務員，宣傳大隊宣傳員，政治部宣傳科科員，1933 年 10 月 13 日在江蘇上海近郊作戰陣亡。[25]

劉啟瑞（1905 －？）別字石立，湖南資興人。廣州黃埔中央軍事政治學校第五期步兵科畢業。1926 年 3 月入黃埔軍校入伍生隊受訓，1926 年 11 月入廣州黃埔中央軍事政治學校第五期步兵科學習，1927 年 8 月畢業。隨部參加北伐戰爭，歷任國民革命軍陸軍步兵團排長、連長、營長、團長。1935 年 5 月 20 日敘任陸軍步兵中校。抗日戰爭爆發後，率部參加抗日戰事。

劉啓瑞

劉國鼎（1902 － 1930）別字英，湖南益陽人。廣州黃埔中央軍事政治學校第五期步兵科畢業。1926 年 3 月考入廣州黃埔中央軍事政治學校第五期步兵科學習，1927 年 8 月畢業。歷任國民革命軍陸軍步兵連見習、排長、副連長，1930 年 6 月 12 日在河南蘭封作戰陣亡。[26]

劉國鼎

[24] 中國第二歷史檔案館供稿，華東工學院編輯出版部影印，檔案出版社 1989 年 7 月《黃埔軍校史稿》第八冊（本校先烈）第 281 頁第五期烈士芳名表記載 1933 年 3 月 1 日在江西宜黃陣亡。

[25] 中國第二歷史檔案館供稿，華東工學院編輯出版部影印，檔案出版社 1989 年 7 月《黃埔軍校史稿》第八冊（本校先烈）第 276 頁第五期烈士芳名表記載 1933 年 10 月 13 日在江蘇上海陣亡。

[26] 中國第二歷史檔案館供稿，華東工學院編輯出版部影印，檔案出版社 1989 年 7 月《黃埔軍校史稿》第八冊（本校先烈）第 271 頁第五期烈士芳名表記載 1930 年 6 月 12 日在河南蘭封陣亡。

劉松堅（1904－？）別字正一，湖南醴陵人。廣州黃
埔中央軍事政治學校第五期經理科畢業。1926年3月考入
廣州黃埔中央軍事政治學校第五期經理科學習，1927年
8月畢業。歷任國民革命軍陸軍輜重兵團排長、連長、營
長、團長等職。抗日戰爭勝利後，任集團軍總司令部兵站
劉松堅

主任。1945年10月獲頒忠勤勳章。1946年5月獲頒勝利
勳章。1947年3月被國民政府軍事委員會銓敘廳頒令敘任
陸軍輜重兵上校。

劉振球（1905－？）湖南醴陵人。廣州黃埔中央軍事
政治學校第五期炮兵科畢業。1926年3月考入廣州黃埔中
央軍事政治學校第五期炮兵科學習，1927年8月畢業。歷
任國民革命軍陸軍炮兵團排長、連長、營長、團長等職。
劉振球

1945年1月被國民政府軍事委員會銓敘廳頒令敘任陸軍炮
兵上校。

劉耕佘（1903－1927）別字北屏，湖南醴陵縣北二區人。黃埔一期
生劉詠堯胞兄，廣州黃埔中央軍事政治學校第五期政治科肄業。1903年
9月14日生於醴陵縣北二區一個富裕家族。幼年私塾啟蒙，少時考入醴
陵縣北區聯合高等小學堂就讀，畢業後考入長沙湖南省立第一中學學習，
1925年畢業。與親友結伴南下廣東，投考黃埔陸軍軍官學校入伍生隊受
訓。1926年3月考入廣州黃埔中央軍事政治學校第五期政治科學習，隨
北伐軍北上武漢，入中央軍事政治學校武漢分校政治科續學，1927年4
月提前分發，任國民革命軍第八軍第二師步兵連政治指導員。1927年5
月23日在湖南永州作戰陣亡。[27] 去世時，胞弟劉詠堯正在莫斯科中山大

---

[27] ①中國第二歷史檔案館供稿，華東工學院編輯出版部影印，檔案出版社1989年7
月《黃埔軍校史稿》第六冊《各期陣亡學生姓名表》第272－275頁第五期名單記
載；②中國第二歷史檔案館供稿，華東工學院編輯出版部影印，檔案出版社1989
年7月《黃埔軍校史稿》第八冊（本校先烈）第112頁有王心敏傳略；③中國第二

學學習，聞信後大慟悲哀。

劉衡平（1906－？）別字蘅平，湖南衡山人。廣州黃
埔中央軍事政治學校第五期炮兵科、中央陸軍步兵學校高
級班、陸軍大學將官班乙級第三期畢業。1926 年 3 月考
入廣州黃埔中央軍事政治學校第五期炮兵科炮兵隊學習，
劉衡平
1927 年 8 月畢業。隨部北伐戰爭及中原大戰，歷任國民革
命軍總司令部炮兵營排長，獨立炮兵營連長、副營長。抗日戰爭爆發後，
任炮兵團營長、團附，陸軍第二師副師長等職。抗日戰爭勝利後，1945
年 10 月獲頒忠勤勳章。1946 年 5 月獲頒勝利勳章。1947 年 2 月入陸軍大
學乙級將官班學習，1948 年 4 月畢業。任武漢警備總司令部副參謀長等職。

呂旃蒙（1904－1944）原名大乙，別字伯民，別號伯明，湖南零陵
人。廣州黃埔中央軍事政治學校第五期經理科、陸軍大學正則班第十三期
畢業。零陵縣屬崇文國民小學、永州頻州中學畢業。1926 年 3 月入黃埔
軍校入伍生隊受訓，1926 年 11 月入第五期經理科學習，1927 年 8 月畢
業。隨部參加北伐戰爭，歷任國民革命軍排、連、營長、團長、政治部主
任等職。1935 年 4 月考入陸軍大學正則班學習，1937 年 12 月畢業。抗日
戰爭爆發後，1939 年 1 月任成都中央陸軍軍官學校第十六期第二總隊上校
總隊附。1939 年 10 月任陸軍預備第二師（師長陳明仁）司令部參謀長，
1941 年任第四戰區司令長官部高級參謀，1942 年任第十六集團軍第三十一
軍（軍長韋雲淞）司令部參謀長，率部駐防靖西、龍州地
區，率部參加昆侖關戰役。1943 年 11 月敘任陸軍步兵上校。
1944 年 9 月率部參加桂柳會戰，1944 年 11 月 10 日率部於
桂林城防戰中，因寡不敵眾，久戰無援，身中數彈，在德
智中學附近犧牲。1945 年 4 月 7 日追晉陸軍少將銜。抗日
呂旃蒙

歷史檔案館供稿，華東工學院編輯出版部影印，檔案出版社 1989 年 7 月《黃埔軍
校史稿》第八冊（本校先烈）第 274 頁第五期烈士芳名表記載 1927 年 5 月 23 日在
湖南永州陣亡。

戰爭勝利後，國民政府將其遺骸移葬於桂林七星岩普陀山壩王坪。「文化大革命」中該陵園墓地遭毀壞，1980年重新修復。1984年5月安徽省人民政府追認其為革命烈士，並向定居蚌埠的烈士遺屬頒發革命烈士證書。[28]另載1985年被湖南省人民政府追認為革命烈士。[29]

許化龍

許化龍（1902－1928）別字壽升，湖南漢壽人。廣州黃埔中央軍事政治學校第五期工兵科畢業。1926年3月考入廣州黃埔中央軍事政治學校第五期工兵科學習，1927年8月畢業。國民革命軍陸軍工兵連見習、排長，1928年8月6日在山東作戰陣亡。[30]

許光達

許光達（1908－1969）原名德華，又名泛舟、洛華，湖南長沙人。許家園小學堂、長沙縣㮾梨鎮第一小學高小部肄業，長沙師範學校畢業，廣州黃埔中央軍事政治學校第五期炮兵科肄業，[31]蘇聯列寧學院和東方大學畢業。1908年11月19日生於湖南省長沙縣東鄉蘿蔔沖一個農戶家庭。幼年入本村許家園小學堂就讀，1919年考入長沙縣㮾梨鎮第一小學高小部學習，1921年秋畢業。繼考入長沙師範學校讀書，開始閱讀《嚮導》、《中國青年》等刊物。1925年5月由毛東湖（後入黃埔軍校第四期炮兵科）、陳公陶介紹加入中國共產主義青年團，同年9月再由毛東湖、曹典奇介紹轉為中國共產黨黨員。[32]1926年3月被中共湖南省委選送報考黃埔軍

---

[28] 楊牧　袁偉良主編：河南人民出版社2005年5月《黃埔軍校名人傳》第1599頁。

[29] 范寶俊　朱建華主編：中華人民共和國民政部編纂：黑龍江人民出版社1993年10月《中華英烈大辭典》第460頁。

[30] 中國第二歷史檔案館供稿，華東工學院編輯出版部影印，檔案出版社1989年7月《黃埔軍校史稿》第八冊（本校先烈）第279頁第五期烈士芳名表記載1928年8月6日在山東陣亡。

[31] 湖南省檔案館校編、湖南人民出版社《黃埔軍校同學錄》無載。現據：本人留存《中央軍事政治學校第五期畢業證書》；田越英編著：四川出版集團／四川人民出版社2009年4月《許光達大將畫傳》第40頁記載。

[32] 田越英編著：四川出版集團／四川人民出版社2009年4月《許光達大將畫傳》第3頁。

校。[33]繼南下赴廣州，先編入黃埔軍校第五期新生第二團，後編入入伍生第二團炮兵科第十一大隊學習。[34]1926 年 11 月末隨黃埔軍校第五期炮兵大隊（另有政治與工兵大隊）遷移武漢，炮兵大隊駐防武漢平湖門兵營。[35]任武漢中央軍事政治學校炮兵科中共支部宣傳委員，[36]1927 年 5 月隨武漢中央軍事政治學校學員組成的中央獨立師參加對夏鬥寅（時任獨立第十四師師長）部的平叛戰事。1927 年 7 月分發駐防江西九江的國民革命軍第二方面軍第四軍直屬炮兵營，任見習排長。1927 年 8 月在江西寧都參加南昌起義部隊，[37]被編入第十一軍第二十五師第七十五團第三營第十一連任排長，參加會昌戰鬥後任第十一連代理連長。在參加三河壩戰鬥中負重傷，安排在大埔縣以北二十裏茂之前村農民家中養傷。與廖浩然（安徽壽縣人，第十一連中共黨代表）醫治痊癒後，於 1927 年 11 月同赴上海尋找黨組織。後經廖浩然同鄉廖運周（黃埔五期生，三河壩戰鬥負傷回鄉治療）介紹入第三十三軍學兵團（團長孫一中，黃埔一期生），任教育副官及中共特別支部組織委員，兼任中共壽縣縣委委員並負責軍事工作。[38]1928 年奉黨組織指示離開壽縣返回家鄉，1928 年 8 月在長沙與鄒經澤（許家園小學教員鄒希魯之女）結婚。後因遭受追捕離開家鄉，投奔時任河北清河縣縣長的岳父鄒希魯處隱藏，經岳父推薦一度出任縣警察局局長，後因身份暴露潛赴北平。後經廖運周（黃埔五期同學）介紹投靠其堂兄廖運澤（黃埔一期生），1929 年 4 月任陸軍獨立第四十旅警衛團（團長廖運澤）獨立營第一連第三排排長，其間接上中共黨組織關係。1929 年 7 月受黨組織赴

[33] 田越英編著：四川出版集團／四川人民出版社2009年4月《許光達大將畫傳》第3頁。
[34] 田越英編著：四川出版集團／四川人民出版社2009年4月《許光達大將畫傳》第3頁。
[35] 田越英編著：四川出版集團／四川人民出版社2009年4月《許光達大將畫傳》第7頁。
[36] 中共中央黨史研究室第一研究部：中共黨史出版社 2004 年 10 月《中國共產黨第七次全國代表大會代表名錄》第 303 頁。
[37] 中共中央黨史研究室第一研究部：中共黨史出版社 2004 年 10 月《中國共產黨第七次全國代表大會代表名錄》第 303 頁。
[38] 田越英編著：四川出版集團／四川人民出版社 2009 年 4 月《許光達大將畫傳》第 40 頁。

上海，在中共中央軍委舉辦的軍事訓練班學習。1929 年 10 月派赴湘鄂西開闢洪湖革命根據地，1930 年 2 月任紅軍第六軍第二縱隊政委，1930 年 2 月至 7 月任中共紅軍第六軍前敵委員會候補委員。1930 年 4 月至 10 月任紅軍第六軍參謀長，1930 年 9 月至 1931 年 3 月任紅軍第二軍團第六軍第十七師師長。1931 年 3 月紅軍第二軍團縮編為紅三軍，任紅軍第三軍第八師第二十二團團長。1931 年 8 月至 11 月任紅三軍第八師師長，1931 年 10 月至 12 月改任紅軍第三軍獨立團團長，1931 年 12 月至 1932 年 3 月任紅軍第三軍第九師第二十五團團長。1932 年春因作戰負重傷，被送往上海治療。1932 年 5 月赴蘇聯醫治槍傷和學習，入莫斯科國際列寧學院學習，1935 年 2 月至 1936 年 1 月被蘇軍邊防司令部選派為蘇聯代表赴新疆工作。1936 年秋轉入莫斯科東方勞動者共產主義大學軍事訓練班，專學火炮和車輛駕駛技術，並任訓練班副主任。抗日戰爭爆發後，1937 年 11 月奉命回國，1938 年 1 月到達延安，1938 年 4 月任中國人民抗日軍政大學訓練部部長，1938 年 4 月至 1939 年 6 月任延安抗日軍政大學教育長。1938 年 12 月任中共中央學校管理委員會委員，從事軍事教育工作，先後發表《抗大最近的動向》、《抗大在國防教育上的貢獻》、《戰術發展的基本因素》等文章。1939 年 6 月抗大總校遷移晉東南，在延安籌建抗日軍政大學第三分校，1939 年 7 月至 1941 年 2 月任第三分校校長。1941 年 1 月至 9 月任中共中央軍委總參謀部參謀部部長兼延安交通司令員、防空司令員和衛戍司令員。1941 年秋任中共中央情報部第一室主任，1941 年 10 月延安成立黃埔同學分會，被推選為理事。1942 年 5 月至 1945 年 7 月任國民革命軍第八路軍第一二〇師獨立第二旅旅長，兼任晉西北軍區第二軍分區司令員，參與領導開展抗日遊擊戰爭和擴大根據地。1945 年 4 月至 6 月作為晉綏代表團成員出席中共第七次全國代表大會。抗日戰爭勝利後，1945 年 8 月任八路軍晉綏野戰軍獨立第二旅旅長，1945 年 9 月任中共雁門區委委員及雁門軍區副司令員。1946 年月任軍事調處執行部派駐太原小組中共方面代表，1946 年 6 月至 11 月任晉綏野戰軍司令部代理參謀長，1946 年 11 月至

1947 年 7 月任晉綏軍區第三縱隊司令員。1947 年 7 月至 8 月兼任西北野戰軍第三縱隊第二旅旅長，1947 年 8 月至 1949 年 1 月任西北野戰軍第三縱隊司令員、中共第三縱隊黨委書記。1948 年 9 月至 1949 年 2 月任中共西北野戰軍前線委員會委員，1949 年 2 月任中國人民解放軍第一野戰軍第三軍軍長及中共第三軍黨委書記，中共第一野戰軍前線委員會委員。1949 年 6 月至 9 月任中國人民解放軍第一野戰軍第二兵團司令員、中共第二兵團黨委書記及中共第一野戰軍前線委員會常委，率部參加扶眉戰役和蘭州戰役諸役。中華人民共和國成立後，1949 年 10 月至 1951 年 2 月任中國人民解放軍第二兵團司令員、黨委書記、西北軍區黨委常委。1949 年 10 月至 1950 年 8 月任甘肅軍區司令員，1949 年 12 月至 1952 年 12 月任中共甘肅省委常委，甘肅省人民政府委員會委員，西北軍政委員會委員，1950 年 2 月至 1952 年 10 月任中共中央西北局委員。1950 年 5 月奉命赴北京籌建中國人民解放軍裝甲兵部隊，1950 年 6 月至 1969 年 6 月任中國人民解放軍裝甲兵司令員，1950 年 10 月任裝甲兵黨委書記。1955 年 9 月 27 日被授予中國人民解放軍大將軍銜。1960 年 2 月任裝甲兵黨委第一書記。1957 年 9 月至 1961 年 4 月任中國人民解放軍裝甲兵學院院長，參與組織研製和定型生產中國人民解放軍第一代坦克。1959 年 9 月至 1967 年 8 月任中華人民共和國國防部副部長，1956 年 11 月至 1967 年 8 月任中共中央軍事委員會委員。中華人民共和國第一至三屆國防委員會委員，中共第八屆中央委員。還曾兼任中國人民解放軍坦克兵學校校長。「文化大革命」中受到衝擊與迫害，於 1969 年 6 月 3 日被迫害致死，1977 年 6 月 3 日中共中央軍委為其平反昭雪。著有《許光達論裝甲兵建設》等。1988 年被中華人民共和國中央軍事委員會確定為中國人民解放軍軍事家。並譽為無產階級革命家、軍事家，中國人民解放軍裝甲兵創建人之一。

　　許忠五（1903－？）又名開，湖南道縣人。廣州黃埔中央軍事政治學校第五期政治科畢業。1926 年 3 月入黃埔軍校入伍生隊受訓，1926 年 11 月入廣州黃埔中央軍事政治學校第五期政治科學習，1927 年 8 月畢

業。隨部參加北伐戰爭。1928 年 1 月加入國民革命軍總司令部密查組（該組是最早的準特務組織），歷任中尉副官、上尉聯絡參官、情報組少校組長。抗日戰爭爆發後，任軍事委員會調查統計局科長、站長，重慶市警察局偵緝大隊大隊長、督察長。1944 年任內政部警政司主任秘書等職。抗日戰爭勝利後，曾任綏靖區司令部調查室主任，重慶市警察局刑警處處長等職。

危治平

危治平（1905－？）別字家修，湖南桑植人。廣州黃埔中央軍事政治學校第五期步兵科畢業。1926 年 3 月考入廣州黃埔中央軍事政治學校第五期步兵科學習，1927 年 8 月畢業。歷任國民革命軍陸軍步兵團排長、連長、營長、團長等職。抗日戰爭勝利後，1945 年 10 月獲頒忠勤勳章。1946 年 5 月獲頒勝利勳章。任第十兵團司令部高級參謀。1948 年 1 月被國民政府軍事委員會銓敘廳頒令敘任陸軍步兵上校。

成維藩

成維藩（1902－1931）別字錫光，湖南湘鄉人。廣州黃埔中央軍事政治學校第五期步兵科畢業。1926 年 3 月考入廣州黃埔中央軍事政治學校第五期步兵科學習，1927 年 8 月畢業。歷任國民革命軍陸軍步兵連見習、排長、副連長，1931 年 8 月 2 日在河北束鹿作戰陣亡。[39]

朱明允（1906－1951）湖南龍山縣苗兒灘鎮朱家寨村人。土家族。廣州黃埔中央軍事政治學校第五期步兵科畢業。幼年本鄉私塾啟蒙，受教於名師朱月卿、杜昌邦等，後於裏耶鎮龍山第二高等小學堂就讀，再考入保靖縣城湘西十縣聯合中學，1925 年畢業。南下廣州，1926 年 3 月入黃埔軍校入伍生隊受訓，1926 年 11 月入廣州黃埔中央軍事政治學校第五期

---

[39] 中國第二歷史檔案館供稿，華東工學院編輯出版部影印，檔案出版社 1989 年 7 月《黃埔軍校史稿》第八冊（本校先烈）第 276 頁第五期烈士芳名表記載 1931 年 8 月 2 日在河北束鹿陣亡。

步兵科學習，1927年8月畢業。隨部參加北伐戰爭，任國民革命軍第二軍第四師湯恩伯團見習排長、連長、營長等職。參加河南西峽口作戰後。1935年作戰中身負重傷，送南京治療，病癒後返回家鄉療養數月。抗日戰爭爆發後，返回原部隊供職。1938年8月任陸軍第五十五師第一六五旅第三二九團團長。1939年3月調任第三十一集團軍總司令（湯恩伯）部特務團團長，1942年5月任蘇魯豫皖邊區總指揮部遊擊挺進第十七縱隊司令部參謀長等職。1944年6月，湯恩伯部於博縣改編，其所部第五十五師改為暫編第十五軍暫編第二十七師，任該師副師長，率部在蘇魯豫皖邊區堅持對日軍作戰。抗日戰爭勝利後，因所部整編其被編餘復員。1945年10月任江蘇無錫中央訓練團軍官訓練班中隊長，結束訓練後調任江蘇省宿遷縣團管區司令部司令官。1949年6月其與家眷回到老家隱居。1950年10月自覺到龍山縣人民政府登記，1951年2月在「鎮反運動」中服毒自殺。

　　朱振邦（1904－？）別字炳炎，湖南長沙人。廣州黃埔中央軍事政治學校第五期步兵科畢業。1926年3月考入廣州黃埔中央軍事政治學校第五期步兵科學習，1927年8月畢業。歷任國民革命軍陸軍步兵團排長、連長、營長、團長等職。抗日戰爭勝利後，1945年10月獲頒忠勤勳章。1946年5月獲頒勝利勳章。任陸軍新編師副師長。1947年8月被國民政府軍事委員會銓敘廳頒令敘任陸軍步兵上校。

朱振邦

　　匡泉美（1907－？）原名全美，[40]別字玉輝，後改名泉美，湖南醴陵人。廣州黃埔中央軍事政治學校第五期步科畢業。中央軍官訓練團第一期結業。1926年3月入黃埔軍校入伍生隊受訓，1926年11月入廣州黃埔中央軍事政治學校第五期步兵科學習，1927年8月畢業。隨部參加北伐

匡泉美

---

[40] 湖南省檔案館校編、湖南人民出版社《黃埔軍校同學錄》記載。

戰爭，歷任國民革命軍陸軍步兵營排長、連長、營長等職。1935 年 6 月
20 日敘任陸軍步兵少校。抗日戰爭爆發後，任陸軍第三十六師（師長宋
希濂）步兵第二一一團團附，1938 年 5 月奉派入中央軍官訓練團第一期
第二大隊第七中隊學員隊受訓，1938 年 7 月結訓。任第五戰區第一軍（軍
長陶峙嶽）第一六七師（師長趙錫光）步兵第五〇〇團團長，率部參加武
漢會戰。後任陸軍第一軍第一六七師（師長周士冕）副師長，率部參加西
北抗日諸役。1945 年 4 月被國民政府軍事委員會銓敘廳敘任陸軍步兵上
校。抗日戰爭勝利後，1945 年 10 月獲頒忠勤勳章。1946 年 5 月獲頒勝利
勳章。1946 年 6 月任陸軍整編第一師整編第一六七旅（旅長李昆崗）副旅
長，率部在陝北與人民解放軍作戰。1947 年 5 月所部大部在陝北蟠龍地區
被人民解放軍殲滅，其間到後方接收新兵而倖免。1947 年 6 月接任重建後
的陸軍整編第一六七旅旅長，率部繼續在西北與人民解放軍作戰。1948 年
春該部恢復為軍編制，任陸軍第一軍（軍長羅列、陳鞠旅）副軍長，兼任
該軍第一六七師師長。1948 年 9 月 22 日被國民政府軍事委員會銓敘廳敘
任陸軍少將。所部後在川西地區被人民解放軍全殲。

何畏（1906 －？）湖南道縣人。廣州黃埔中央軍事政
治學校第五期步兵科畢業。1926 年 3 月入黃埔軍校入伍生
隊受訓，1926 年 11 月入廣州黃埔中央軍事政治學校第五
期步兵科學習，1927 年 8 月畢業。隨部參加北伐戰爭，任
國民革命軍陸軍步兵連排長、連長。1932 年 5 月 13 日奉
派入南京中央陸軍軍官學校軍官教育總隊受訓，1932 年 7
月 10 日結訓。1936 年 5 月 1 日敘任陸軍步兵少校。

何畏

何哲（1904 －？）別字又明，湖南道縣人。廣州黃埔
中央軍事政治學校第五期步兵科畢業。1926 年 3 月考入
廣州黃埔中央軍事政治學校第五期步兵科學習，1927 年 8
月畢業。歷任國民革命軍陸軍步兵團排長、連長、營長。
1935 年 6 月 21 日敘任陸軍步兵少校。抗日戰爭勝利後，

何哲

1945 年 10 月獲頒忠勤勳章。1946 年 5 月獲頒勝利勳章。任湖南省第六區保安司令部參謀長。1948 年 1 月被國民政府軍事委員會銓敘廳頒令敘任陸軍步兵上校。

何齊政（1905 － 1956）原名德維，別字德為，湖南永興縣金龜鎮洲塘看著牛頭下村人。廣州黃埔中央軍事政治學校第五期炮兵科畢業。1926 年 3 月入黃埔軍校入伍生隊受訓，1926 年 11 月入廣州黃埔中央軍事政治學校第五期炮兵科學習，1927 年 8 月畢業。隨部參加北伐戰爭，歷任國民革命軍炮兵團排長、連長等職。抗日戰爭爆發後，任陸軍第七十八師補充團第一營營長，1937 年 11 月 16 日晉任陸軍炮兵少校。後任第七十八師步兵第五十二團副團長、團長。1942 年率部參加宜昌戰役，所部因作戰失利其被撤職，返回家鄉居住。1943 年獲重新起用，先任獨立旅副旅長，後任步兵師司令部參謀長等職，抗日戰爭勝利後，任某軍司令部軍械處主任。1948 年 10 月任青年軍第三十一軍（軍長廖慷）第二○五師（師長鄧文禧）副師長，1949 年 2 月隨軍赴臺灣。1949 年 5 月派返湖南郴州、衡陽等地招募青年入伍。1949 年 7 月攜眷到臺灣，1952 年以陸軍少將退役。1956 年 6 月 11 日因病逝世。[41]

何際元（1908 － 1950）別字印三，別號鴻鈞，湖南寧鄉縣同文鎮人。本鄉高等小學、寧鄉甲種師範學校、廣州黃埔中央軍事政治學校第五期步兵科畢業。1908 年 2 月 18 日生於寧鄉縣流沙河同文鎮九都草沖一個農戶家庭。鄉間私塾啟蒙，少時入本鄉高等小學堂就讀，後考入寧鄉甲種師範學校學習，畢業後南下廣東投考黃埔軍校。1926 年 3 月入黃埔軍校入伍生隊受訓，1926 年 11 月入廣州黃埔中央軍事政治學校第五期步兵科學習，1927 年 8 月畢業。隨部參加北伐戰爭，歷任國民革命軍陸軍步兵營排長、連長、副營長等職。1934 年參加「中華民族復興社」特務處工作。抗日戰爭爆發後，任第十集團軍總司令部參謀處參謀，第三戰區司

---

[41] 劉國銘主編：春秋出版社 1989 年 3 月《中華民國國民政府軍政職官人物志》第 878 頁「臺灣知名要人死亡名單」記載。

令長官部調查室科長。1939 年任軍事委員會西南遊擊幹部訓練班教官，1940 年 10 月任忠義救國軍總指揮部參謀長，1941 年 7 月任湘鄂贛邊區遊擊挺進軍司令部調查室主任。1942 年 6 月任軍事統計局益陽特種技術訓練班學員總隊總隊長，第六戰區司令長官部調查室主任，1942 年 10 月任軍事統計局別動軍第四縱隊指揮官，率部在湖南參加抗日戰事。抗日戰爭勝利後，1945 年 10 月獲頒忠勤勳章。1946 年 5 月獲頒勝利勳章。1946 年 8 月任國防部第二廳附員，1946 年 9 月任交通警察第十三總隊總隊長，兼任冀熱遼邊區司令（李漢萍）部副司令官，1947 年 6 月該機構被裁撤。1947 年 6 月任陸軍新編第六軍（軍長廖耀湘）第一六九師（張羽仙）副師長，兼第一旅旅長，率部在東北與人民解放軍作戰。1948 年 2 月任陸軍第四十九軍（軍長鄭庭笈）第七十九師師長，1948 年 8 月辭職，1948 年 10 月任交通警察總局蘇州情報人員訓練班班主任。後辭職返回湖南寓居，1949 年 5 月率部在湖南寧鄉起義，任自組部隊中國人民自救軍湘中縱隊司令官。中華人民共和國成立後，曾任中國人民解放軍第二十一兵團司令部高級參謀。1950 年 9 月 25 日因病逝世。[42]

何泗楊（1905 － 1930）別字達邦，湖南資興人。廣州黃埔中央軍事政治學校第五期經理科畢業。1926 年 3 月考入廣州黃埔中央軍事政治學校第五期經理科學習，1927 年 8 月畢業。歷任國民革命軍陸軍輜重兵隊見習、排長，1930 年 5 月 21 日在山東曹縣作戰陣亡。[43]

何泗楊

何恃氣（1902 －？）湖南長沙人。廣州黃埔中央軍事政治學校第五期炮科畢業。1926 年 3 月入黃埔軍校入伍生隊受訓，1926 年 11 月入廣州黃埔中央軍事政治學校第五期炮兵科學習，1927 年 8 月畢業。隨部參加北伐

[42] 陳永芳編著：湖南廣播電視大學印刷廠 1995 年《湖南軍事將領》（稿）第 115 頁。
[43] 中國第二歷史檔案館供稿，華東工學院編輯出版部影印，檔案出版社 1989 年 7 月《黃埔軍校史稿》第八冊（本校先烈）第 270 頁第五期烈士芳名表記載 1930 年 5 月 21 日在山東曹縣陣亡。

戰爭及中原大戰，歷任國民革命軍陸軍炮兵營排長、連長、營長。1935 年
6 月 25 日敘任陸軍炮兵少校。抗日戰爭爆發後，任陸軍第二十五師步兵第
一一一〇團團長，軍事委員會駐滇幹部訓練團炮兵總隊總隊長。1945 年 1
月被國民政府軍事委員會銓敘廳敘任陸軍炮兵上校。抗日戰爭勝利後，1945
年 10 月獲頒忠勤勳章。1946 年 5 月獲頒勝利勳章。1947 年 11 月 21 日被
國民政府軍事委員會銓敘廳敘任陸軍少將，同年退役。

何德用

　　何德用（1902 －？）湖南永興縣金龜鎮洲塘看著牛
頭下村人。何祁（黃埔一期生）、何昆（黃埔四期生，中
共紅軍第十四軍軍長）族弟。廣州黃埔中央軍事政治學校
第五期步兵科、中央政治學校大學部畢業。1902 年 11 月
生於永興縣金安鄉牛頭下何家村。[44] 六歲始入本村私塾就
讀，後入本鄉高等小學堂插班學習，繼入初級師範學校就讀，畢業後任高
等小學堂教員。其間屢得族兄何祁自廣州寄回《黃埔潮》等刊物，深受
啟發遂南下廣東。1926 年 3 月入黃埔軍校入伍生隊受訓，其間與族兄何
昆聯繫密切，1926 年 11 月入廣州黃埔國民革命軍軍官學校第五期步兵科
學習，1927 年 8 月畢業。隨部參加北伐戰爭，任國民革命軍第一軍第二
師步兵營排長，隨軍轉戰山東、江蘇等地。1928 年奉派入南京中央陸軍
軍官學校附設軍官團受訓，1932 年 10 月任南京中央陸軍軍官學校政治訓
練研究班訓育幹事，陸軍步兵師政治部副主任，中央行政人員訓練班教務
處副處長等職。抗日戰爭爆發後，任第三戰區司令長官部政治部人事科科
長。1938 年任江西南撫師管區司令部副司令官，兼任臨川縣徵兵監察主
任，1939 年兼任南撫師管區司令部第四後方補充團團長。1940 年任第三
戰區第二遊擊挺進總指揮部參謀處作戰課課長，江蘇省第一保安縱隊司令
部參謀長，軍事委員會政治部派駐第三戰區戰地黨政指導委員會少將指導
員等職。抗日戰爭勝利後，任湖南某團管區司令部司令官，兼任徵兵監察

---

[44] 臺北《黃埔建國文集》編纂委員會編纂：臺北實踐出版社 1985 年 6 月《黃埔軍魂》
　　第 493 頁。

主任。1945 年 10 月獲頒忠勤勳章。1946 年 5 月獲頒勝利勳章。1946 年 7 月任國防部新聞局第一處上校專員，政工局第一處幹部科科長，1948 年 7 月任國防部政工局第一處副處長等職。1949 年 3 月派任國防部赴湘桂督導官，駐長沙綏靖主任公署督導官，1949 年 6 月回鄉探親一段時間，同年夏返回部隊。後隨部到臺灣，1954 年任臺灣陸軍第二軍團政治部副主任、主任，1956 年 12 月任馬祖防衛司令部政治部主任，兼任行政督察專員及連江縣縣長，1959 年退役。後任臺灣「交通部」顧問，郵政總局顧問。曾兼任臺灣私立醫療專科學校教員，1985 年底仍健在。

吳尚彬（1905 － ?）別字學潤，湖南長沙人。廣州黃埔中央軍事政治學校第五期炮科畢業。1926 年 3 月入黃埔軍校入伍生隊受訓，1926 年 11 月入廣州黃埔中央軍事政治學校第五期炮兵科學習，1927 年 8 月畢業。隨部參加北伐戰爭，歷任國民革命軍陸軍步兵團排長、連長、營長、團附。1935 年 6 月 22 日敘任陸軍步兵少校。

吳尚彬

吳鍾選（1906 － 1931）別字靈川，湖南安鄉人。廣州黃埔中央軍事政治學校第五期步兵科畢業。1926 年 3 月考入廣州黃埔中央軍事政治學校第五期步兵科學習，1927 年 8 月畢業。歷任國民革命軍陸軍步兵連見習、排長副連長，1931 年 6 月 31 日在江西南豐作戰陣亡。[45]

吳鍾選

吳煥湘（1905 － ?）別字曙初，湖南瀏陽人。廣州黃埔中央軍事政治學校第五期步兵科畢業。1926 年 3 月考入廣州黃埔中央軍事政治學校第五期步兵科學習，1927 年 8 月畢業。分發國民革命軍第一軍第三師第七連見習，1927

吳煥湘

[45] 中國第二歷史檔案館供稿，華東工學院編輯出版部影印，檔案出版社 1989 年 7 月《黃埔軍校史稿》第八冊（本校先烈）第 278 頁第五期烈士芳名表記載 1931 年 6 月 31 日在江西南豐陣亡。

年 12 月在徐州戰役作戰負傷。[46] 痊癒後，任陸軍步兵團排長、連長、營長、團長等職。1945 年 7 月被國民政府軍事委員會銓敍廳敍任陸軍步兵上校。

張嚴翼

張嚴翼（1904 － 1930）湖南平江人。廣州黃埔中央軍事政治學校第五期步兵科畢業。1926 年 3 月考入廣州黃埔中央軍事政治學校第五期步兵科學習，1927 年 8 月畢業。任國民革命軍陸軍步兵連見習、排長，1930 年 6 月 6 日在河南蘭封大毛姑砦作戰陣亡。[47]

張楚

張楚（1905 － ？）別字楊華，湖南永興人。廣州黃埔中央軍事政治學校第五期步兵科畢業。1926 年 3 月考入廣州黃埔中央軍事政治學校第五期步科學習，1927 年 8 月畢業。歷任國民革命軍陸軍步兵連見習、排長、連長、營長。1935 年 6 月 17 日敍任陸軍步兵少校。

張亮基

張亮基（1902 － 1927）別字伯鈞，湖南武岡人。廣州黃埔中央軍事政治學校第五期步兵科畢業。1926 年 3 月考入廣州黃埔中央軍事政治學校第五期步兵科學習，1927 年 8 月畢業。任國民革命軍第九軍第三師第八團第十二連見習官，1927 年 12 月在江蘇徐州作戰陣亡。[48]

---

[46] 龔樂群編纂：南京中央陸軍軍官學校 1934 年印行《中央陸軍軍官學校追悼北伐陣亡將士特刊－黃埔血史》記載。

[47] 中國第二歷史檔案館供稿，華東工學院編輯出版部影印，檔案出版社 1989 年 7 月《黃埔軍校史稿》第八冊（本校先烈）第 103 頁有烈士傳略；中國第二歷史檔案館供稿，華東工學院編輯出版部影印，檔案出版社 1989 年 7 月《黃埔軍校史稿》第八冊（本校先烈）第 274 頁第五期烈士芳名表記載 1930 年 6 月 6 日在河南蘭封陣亡。

[48] ①龔樂群編纂：南京中央陸軍軍官學校 1934 年印行《中央陸軍軍官學校追悼北伐陣亡將士特刊－黃埔血史》記載為張毅基；②中國第二歷史檔案館供稿，華東工學院編輯出版部影印，檔案出版社 1989 年 7 月《黃埔軍校史稿》第六冊《各期陣亡學生姓名表》第 272 － 275 頁第五期名單記載；③中國第二歷史檔案館供稿，華東工學院編輯出版部影印，檔案出版社 1989 年 7 月《黃埔軍校史稿》第八冊（本校先烈）第 278 頁第五期烈士芳名表記載 1927 年 12 月在江蘇徐州陣亡。

張道政（1906 － 1930）別字翼，湖南醴陵人。廣州
黃埔中央軍事政治學校第五期步兵科畢業。1926 年 3 月考
入廣州黃埔中央軍事政治學校第五期步兵科學習，1927 年
8 月畢業。任國民革命軍陸軍步兵連見習、排長，1930 年 張道政
8 月在湖北孝感作戰陣亡。[49]

張群力（1907 －？）別號超傑，湖南澧縣人。廣州黃埔中央軍事政
治學校第五期步兵科畢業。1926 年 3 月入黃埔軍校入伍生隊受訓，1926
年 11 月入廣州黃埔中央軍事政治學校第五期步兵科學習，1927 年 8 月畢
業。隨部參加北伐戰爭，歷任國民革命軍陸軍步兵團排長、連長、營長。
抗日戰爭爆發後，任國民兵訓練委員會委員，補充兵訓練處訓練組組長，
軍械修理廠廠長等職。1945 年 1 月被國民政府軍事委員會銓敍廳敍任陸
軍步兵上校。抗日戰爭勝利後，任參議等職。1945 年 10 月獲頒忠勤勳章。
1946 年 5 月獲頒勝利勳章。1946 年 6 月奉派入中央訓練團將官班受訓，
登記為少將學員，1946 年 8 月結業。1947 年 6 月 13 日被國民政府軍事委
員會銓敍廳頒令晉任陸軍少將，同時辦理退役。

李實（1903 －？）別字成仁，湖南寶慶人。廣州黃埔
中央軍事政治學校第五期步兵科畢業。1926 年 3 月考入廣
州黃埔中央軍事政治學校第五期步兵科學習，1927 年 8 月
畢業。歷任國民革命軍陸軍步兵團排長、連長、營長、團 李實
長等職。1945 年 7 月被國民政府軍事委員會銓敍廳頒令敍
任陸軍步兵上校。

李培（1904 －？）湖南宜章人。廣州黃埔中央軍事政
治學校第五期步兵科畢業。1926 年 3 月考入廣州黃埔中央
軍事政治學校第五期步兵科學習，1927 年 8 月畢業。歷任 李培

[49] 中國第二歷史檔案館供稿，華東工學院編輯出版部影印，檔案出版社 1989 年 7 月
《黃埔軍校史稿》第八冊（本校先烈）第 277 頁第五期烈士芳名表記載 1930 年 8
月在湖北孝感陣亡。

國民革命軍陸軍步兵團排長、連長、營長。抗日戰爭爆發後，任陸軍步兵團團長，陸軍步兵旅副旅長等職。1945 年 1 月被國民政府軍事委員會銓敘廳頒令敘任陸軍步兵上校。

　　李穆（1902 － ？）別號碧遠，湖南漢壽人。廣州黃埔中央軍事政治學校第五期工兵科、廬山暑期軍官訓練團校尉班畢業。1926 年 3 月入黃埔軍校入伍生隊受訓，1926 年 11 月入廣州黃埔中央軍事政治學校第五期工兵科學習，1927 年 8 月畢業。隨部參加北伐戰爭，歷任國民革命軍陸軍工兵營排長、連長、副營長等職。1936 年 5 月 1 日敘任陸軍步兵少校。抗日戰爭爆發後，任第五戰區第二十九集團軍第四十四軍第一四九師（師長王澤濬）第四四七旅（旅長孫黻）第八九三團第二營營長，隨部參加武漢會戰。1938 年 10 月任第四十四軍第一四九師（師長王澤濬兼）第四四七旅（旅長孫黻兼）第八九三團團長，率部參加襄河冬季攻勢及棗宜會戰。軍政部獨立工兵團副團長、團長等職。1945 年 6 月被國民政府軍事委員會銓敘廳頒令敘任陸軍工兵上校。抗日戰爭勝利後，1945 年 10 月獲頒忠勤勳章。1946 年 5 月獲頒勝利勳章。1949 年任第七兵團第四十四軍（軍長王澤濬）第一六二師（師長趙璧光）副師長。1949 年 1 月在淮海戰役中被人民解放軍俘虜。1975 年 3 月 19 日獲特赦獲釋。[50] 著有《四川軍閥混戰紀要》（載於中國文史出版社《文史資料存稿選編－十年內戰》）、《九狼山戰鬥》（載於中國文史資料出版社《原國民黨將領抗日戰爭親歷記－武漢會戰》）、《襄河冬季攻勢和棗宜會戰》（載於中國文史資料出版社《原國民黨將領抗日戰爭親歷記－武漢會戰》）、《民國時期兵役制度在四川西充》（載於 1983 年四川《西充文史資料選輯》第一輯）、《大洪山兩次戰鬥和濱湖戰役》、《第二十九集團軍出川抗日史料》、《第四十四軍被殲紀實》（載於中國文史出版社《原國民黨將領回憶記－淮海戰役親歷記》）等。

---

[50] 任海生著：華文出版社 1995 年 12 月《共和國特赦戰犯始末》記載。

李鴻

　　李鴻（1903－？）別字葉青，湖南資興人。廣州黃埔中央軍事政治學校第五期工兵科畢業。1926 年 3 月考入廣州黃埔中央軍事政治學校第五期工兵科學習，1927 年 8 月畢業。歷任國民革命軍陸軍工兵團排長、連長、營長、團長等職。抗日戰爭勝利後，任軍事委員會軍事訓練部工兵監部監員。1945 年 10 月獲頒忠勤勳章。1946 年 5 月獲頒勝利勳章。1948 年 1 月被國民政府軍事委員會銓敘廳頒令敘任陸軍工兵上校。

李鴻

　　李鴻（1903－1988）別字健飛，湖南湘陰縣鴿廬塘人。廣州黃埔中央軍事政治學校第五期工兵科、美國駐印度蘭姆伽戰術軍官學校畢業。1903 年 11 月 17 日（另載 1904 年 1 月 4 日生）生於湘陰縣鴿廬塘（玉華鄉）李家大屋（來龍村）一個農戶家庭。早年在鄉間接受五年私塾教育，1918 年因家庭貧困輟學務農。1925 年南下廣州考入警官學校學習。1926 年 3 月入黃埔軍校入伍生隊受訓，1926 年 11 月入廣州黃埔中央軍事政治學校第五期步兵科學習，1927 年 8 月畢業。隨部參加北伐戰爭，歷經龍潭戰役諸役。歷任國民革命軍陸軍工兵營排長、副連長，後入中央軍事教導隊（後改為南京中央陸軍教導師）學兵營受訓，任第二排（排長孫立人中校）中尉班長，1932 年 1 月隨稅警總團參加「一・二八」淞滬抗日戰事。1937 年 1 月任財政部稅警總團（總團長黃傑）第四團（團長孫立人）第一營機關槍第一連連長。抗日戰爭爆發後，隨部參加淞滬會戰，作戰中腿部負傷。痊癒後任財政部鹽務總局緝私總隊（總隊長孫立人）第三團（團長葛南彬）中校團附，後任副大隊長。1938 年任設於貴州獨山的行政公署幹部教練所教育長，後任設於都勻的稅警總團幹部教練所教育長兼學兵團團長。稅警總團改編為陸軍第四十師（師長黃傑）後，任該師步兵第二四〇團（團長張在平）第一營營長。1941 年 10 月所部改編為陸軍新編第三十八師（師長孫立人），任該師第一一四團團長，率部駐防滇緬邊

境。1942 年春所部編入中國遠征軍第一路軍，任陸軍第六十六軍（軍長張軫）新編第三十八師（師長孫立人）第一一四團團長，率部參加遠征印緬抗日戰事。1942 年 5 月率部馳援新編第三十八師第一一二團（團長陳鳴人），擊敗日軍冲出重圍，撤退至印度英法爾地區整訓。1942 年 7 月在印度比哈爾邦省藍姆伽接受美軍戰術軍官訓練，所部更換美式軍械。1943 年春所部整編入新編第一軍（軍長鄭洞國），仍任新編第三十八師（師長孫立人兼）第一一四團團長，率部為先遣隊由印度雷多沿中印公路向「野人山」前進，其間在原始森林生態環境中經歷了慘絕人寰之生存與戰爭考驗，掩護中美工兵部隊修築完成中印國防公路。1943 年 10 月率部參加反攻緬北戰役，攻佔緬北重鎮孟拱，其間獲頒四等雲麾勳章和四等寶勳章。1944 年 8 月任陸軍新編第三十師師長，[51]1944 年 12 月接唐守治任新編第一軍（軍長孫立人）新編第三十八師師長。率部參加攻克緬北八莫市，激戰一個月擊斃日軍大佐原好三太郎以下官兵 2400 多人。1945 年 1 月率部攻克南坎，3 月率部再克臘戍，結束遠征緬甸抗日戰事，獲頒英軍「銀星勳章」、美軍「懋功勳章」、「金十字勳章」等。所率新編第三十八師因緬北抗日戰功卓著獲頒最高軍事當局「「榮譽旗」，其率部轉戰印緬抗戰三年多，行程二萬三千里，浴血奮戰斬關奪寨歷盡艱辛戰功卓著，被英美盟軍稱譽「常勝將軍」、「東方蒙哥馬利」。英國政府及緬北盟軍當局為紀念中國軍隊在印緬戰區所立豐功偉績，特將莫馬克至八莫市之一段公路命名為「孫立人路」，將八莫市區中心馬路命名為「李鴻路」[52]抗日戰爭勝利後，赴廣州參加受降接收事宜，1945 年 10 月獲頒忠勤勳章。其間獲頒三等雲麾勳章和三等寶鼎勳章。1946 年春率部赴東北吉林駐防。1946 年 5 月獲頒勝利勳章。1947 年秋東北部隊整編，任東北保安司令長官部新編第

[51] 戚厚傑　劉順發　王楠編著：河北人民出版社 2001 年 1 月《國民革命軍沿革實錄》第 603 頁。

[52] 湘陰縣政協文史資料委員會編纂：1990 年 11 月印行，湖南《湘陰文史資料》第四輯其子李定一撰文《李鴻將軍傳略》。

七軍軍長，統轄新編第三十八師（師長史說、陳鳴人）、暫編第五十六師（師長劉德溥、張炳言）、暫編第六十一師（師長鄧士富），兼任長春警備司令部司令官，陸軍第六十軍（軍長曾澤生）進駐長春後，所部駐防長春西半部。1948 年 9 月 22 日被國民政府軍事委員會銓敘廳敘任陸軍少將。1948 年 10 月 10 日起傷寒病重高燒不退不能視事，軍務遂由副軍長史說代理。[53]1948 年 10 月 19 日隨部在長春向人民解放軍投誠，[54]繼入設於哈爾濱的東北野戰軍政治部解放軍官教導團學習，經自願申請後獲資遣，返回湖南長沙私宅「健廬」寓居。1950 年 1 月應孫立人之邀，偕夫人馬貞一及舊屬十九人，輾轉南下經香港赴臺灣，受到蔣介石接見並允予安置。[55]不久與隨行十九人被臺灣情治當局逮捕，先以「奉中共命來台策反孫立人」為罪名關押臺北「臥龍山莊」二十五年，1968 年再以「棄守長春罪」起訴，被判無期徒刑。1975 年 7 月 14 日因大赦減刑出獄。1987 年 8 月中風，1988 年 8 月 15 日因病在屏東市臺灣省立醫院逝世。其治喪委員會由孫立人任主任委員，因健康原因乃派其子孫安平赴屏東致祭，賦挽聯：「六十年親似兄弟，善訓善戰，本望長才大展，精練雄師，奈豎子預定陰謀，削我股肱，構陷詔獄；常勝將軍縱橫南北，能守能攻，那期上將平庸，犧牲勁旅，願總統未遭蒙蔽，還君清白，洗盡沉冤」。[56]另有臺灣「國家安全會議」主席蔣緯國、國防部部長鄭為元、參謀總長郝伯村、退除役軍官輔導委員會主任委員許曆農、陸軍總司令黃幸強、中國國民黨中央委員會秘書長李煥等均致贈挽聯。1988 年 10 月其子李定一、李定國赴香港，恭迎其

[53] 中國人民解放軍歷史資料叢書編審委員會：中國人民解放軍歷史資料叢書，解放軍出版社 1996 年 2 月《解放戰爭時期國民黨軍起義投誠－遼吉黑熱地區》第 486 頁鄭洞國撰文《困守長春始末》。

[54] 中國人民解放軍歷史資料叢書編審委員會：中國人民解放軍歷史資料叢書，解放軍出版社 1996 年 2 月《解放戰爭時期國民黨軍起義投誠－遼吉黑熱地區》第 678 頁。

[55] 臺灣傳記文學叢刊第三十三，傳記文學出版社 1994 年 4 月《民國人物小傳》第十五輯第 102 頁。

[56] 臺灣傳記文學叢刊第三十三，傳記文學出版社 1994 年 4 月《民國人物小傳》第十五輯第 102 頁。

靈骨返回湖南，安葬於長沙市郊。

李增

　　李增（1906－？）別字甦生，湖南祁陽人。廣州黃埔中央軍事政治學校第五期步兵科畢業。1926年3月入黃埔軍校入伍生隊受訓，1926年11月入廣州黃埔中央軍事政治學校第五期步兵科學習，1927年8月畢業。隨部參加北伐戰爭，任國民革命軍陸軍步兵營排長、連長、營長。1935年6月20日敘任陸軍步兵少校。

李人達

　　李人達（1902－1928）別字肇榮，湖南醴陵人。廣州黃埔中央軍事政治學校第五期步兵科畢業。1926年3月考入廣州黃埔中央軍事政治學校第五期步兵科學習，1927年8月畢業。任國民革命軍陸軍步兵連見習、排長，1928年9月28日在江蘇徐州作戰陣亡。[57]

李日基

　　李日基（1906－1982）別字普如，湖南安仁人。廣州黃埔中央軍事政治學校第五期步科畢業。1926年3月入黃埔軍校入伍生隊受訓，1926年11月入廣州黃埔中央軍事政治學校第五期步兵科學習，1927年8月畢業。隨部參加北伐戰爭，歷任國民革命軍第一軍第一師第一團步兵連排、連長，隨部參加龍潭戰役。1929年任編遣後的陸軍第一師補充旅第二團第三營營長，隨部參加中原大戰。1936年春任陸軍第九十五師（師長李鐵軍）第二團代理團長，率部參加對東征紅軍的「圍剿」作戰。抗日戰爭爆發後，任陸軍第一軍（軍長胡宗南兼）第七十八師（師長李文）第二三二旅第四六七團（團長徐保）第三營營長，隨部參加淞滬會戰，在蘊藻濱一線與日軍激戰月餘。1937年8月19日敘任陸軍步兵少校。1937年9月任陸軍第七十八師第四六七團（團長許良玉）副團長，率部參加武漢

[57] 中國第二歷史檔案館供稿，華東工學院編輯出版部影印，檔案出版社1989年7月《黃埔軍校史稿》第八冊（本校先烈）第280頁第五期烈士芳名表記載1928年9月28日在江蘇徐州陣亡。

會戰。1938 年 6 月任第七十八師第二三四旅第四六八團團長，率部在開封一線阻擊日軍。後任陸軍第七十八師（師長劉安祺、許良玉）司令部參謀長，1942 年任第一戰區陸軍第九十七軍（軍長朱懷冰）新編第二十四師（師長張東凱）副師長。1943 年 7 月被國民政府軍事委員會銓敘廳敘任陸軍步兵上校。1943 年 12 月接劉裕經任陸軍第二十七軍（軍長範漢傑）第四十六師師長，第一戰區司令長官部高級參謀，1945 年 2 月接胡長青任第五十七軍（軍長劉安祺、聶松溪）第四十五師師長，率部先後參加淞滬會戰、豫東會戰、湖南會戰諸役。1945 年 8 月任陸軍第一六五師師長。抗日戰爭勝利後，1945 年 10 月獲頒忠勤勳章。其間奉派入中央訓練團受訓。1946 年 5 月獲頒勝利勳章。1946 年 6 月接何蕃任整編第三十六師（師長鍾松）整編第一六五旅旅長，率部在陝北與人民解放軍作戰。1947 年 10 月任陸軍第一六五師師長，率部駐防洛川地區，其間受胡宗南意旨起草「中正鐵血團」綱領。1948 年 3 月 1 日任整編第三十六師師長，1948 年 5 月整編第七十六師師長徐保在與人民解放軍作戰中陣亡，其於同年 6 月接任師長，主持第二次重建該師。1948 年 9 月 1 日該師恢復原軍編制，續任陸軍第七十六軍軍長，統轄陸軍第二十四師（師長於厚之）、新編第一師（師長馬璋）等部，率部在陝西與人民解放軍作戰。1948 年 9 月 22 日被國民政府軍事委員會銓敘廳敘任陸軍少將。所部後遭受第三次殲滅，1948 年 11 月 28 日在陝西蒲城縣永豐鎮被人民解放軍俘虜。[58] 曾任中國人民解放軍第十八兵團司令部高級參謀，成都起義將領訓練班班長。中華人民共和國成立後，轉業地方工作，1958 年起任河南省人民政府參事室參事，河南省政協委員等職。1982 年 7 月因病在鄭州逝世。著有《胡宗南軍事集團的發展和衰敗》（1963 年 5 月 17 日撰文，載於中國文史出版社《文史資料存稿選編－軍事派系》下冊）、《胡宗南部封鎖、進攻和退出陝甘寧邊區的回憶》（1962 年撰文，載於中國文史出版社《文史資料存稿選編－軍

---

58 中國人民解放軍第一野戰軍戰史編纂委員會編纂：解放軍出版社 1995 年 5 月《中國人民解放軍第一野戰軍戰史》第 525 頁。

事派系》下冊）、《胡宗南部在毛兒蓋被殲記》（載於中國文史出版社《文史資料選輯》第六十二輯）、《羅王戰鬥》（載於中國文史出版社《原國民黨將領抗日戰爭親歷記－中原抗戰》）、《中原抗戰的片斷回憶》（載於《河南文史資料選輯》）、《第七十六軍永豐戰役被殲經過》（載於《陝西文史資料選輯》）、《第七十八師血戰蘊藻浜》（載於中國文史出版社《原國民黨將領抗日戰爭親歷記－八一三淞滬抗戰》）、《第七十六軍第三次被殲記》（載於中國文史出版社《原國民黨將領的回憶－解放戰爭中的西北戰場》）、《回憶中正鐵血團》（載於中國文史出版社《文史資料選輯》第一四五輯）等。

李會春（1906 － 1932）別字軼如，湖南耒陽人。廣州黃埔中央軍事政治學校第五期炮兵科畢業。1926 年 3 月考入廣州黃埔中央軍事政治學校第五期炮兵科學習，1927 年 8 月畢業。任國民革命軍陸軍炮兵連見習、排長、副連長，1932 年 6 月在湖北作戰陣亡。[59]

李純白（1903 －？）別號明心，湖南安化人。廣州黃埔中央軍事政治學校第五期步兵科畢業。1926 年 3 月入黃埔軍校入伍生隊受訓，1926 年 11 月入廣州黃埔中央軍事政治學校第五期步兵科學習，1927 年 8 月畢業。隨部參加北伐戰爭，歷任國民革命軍陸軍步兵團排長、連長、營長

李純白

等職。抗日戰爭爆發後，任陸軍步兵團團長等職。抗日戰爭勝利後，1945 年 10 月獲頒忠勤勳章。1946 年 5 月獲頒勝利勳章。1946 年 6 月任陸軍整編第十七師整編第十二旅司令部參謀長等職。

李宙松（1905 －？）別字鶴卿，湖南資興人。廣州黃埔中央軍事政治學校第五期炮兵科畢業。1926 年 3 月考入廣州黃埔中央軍事政治學校第五期炮兵科學習，1927 年 8 月畢業。歷任國民革命軍陸軍炮兵團排長、連長、營長、團長等職。抗日戰爭勝利後，1945 年 10 月獲頒忠勤勳章。

59　中國第二歷史檔案館供稿，華東工學院編輯出版部影印，檔案出版社 1989 年 7 月《黃埔軍校史稿》第八冊（本校先烈）第 281 頁第五期烈士芳名表記載 1932 年 6 月在湖北陣亡。

1946 年 5 月獲頒勝利勳章。任陸軍總司令部炮兵訓練處高級參謀。1947 年 3 月被國民政府軍事委員會銓敍廳頒令敍任陸軍炮兵上校。

李牧良（1905－？）別字長綸，湖南寶慶人。廣州黃埔中央軍事政治學校第五期步兵科畢業。1926 年 3 月考入廣州黃埔中央軍事政治學校第五期步兵科學習，1927 年 8 月畢業。任國民革命軍第三師第六團第二營排長、連長、營長。1935 年 6 月 20 日敍任陸軍步兵少校。

李牧良

李國讓（1907－1930）別字允恭，湖南寧遠人。廣州黃埔中央軍事政治學校第五期步兵科畢業。1926 年 3 月考入廣州黃埔中央軍事政治學校第五期步兵科學習，1927 年 8 月畢業。任國民革命軍陸軍步兵連見習、排長，1930 年 6 月在河南賀村作戰陣亡。[60]

李國讓

李秉升（1904－1928）又名秉陞，湖南寧遠人。廣州黃埔中央軍事政治學校第五期步兵科畢業。1926 年 3 月考入廣州黃埔中央軍事政治學校第五期步兵科學習，1927 年 8 月畢業。任國民革命軍陸軍步兵連見習、副排長，1928 年 9 月 27 日在江蘇作戰陣亡。[61]

李秉升

李濟民（1906－？）別字成章，湖南零陵人。廣州黃埔中央軍事政治學校第五期步兵科畢業。1926 年 3 月入黃埔軍校入伍生隊受訓，1926 年 11 月入廣州黃埔中央軍事政治學校第五期步兵科學習，1927 年 8 月畢業。隨部參加北伐戰爭，歷任國民革命軍陸軍步兵營排長、連長、營

李濟民

---

[60] 中國第二歷史檔案館供稿，華東工學院編輯出版部影印，檔案出版社 1989 年 7 月《黃埔軍校史稿》第八冊（本校先烈）第 276 頁第五期烈士芳名表記載 1930 年 6 月在河南賀村陣亡。

[61] 中國第二歷史檔案館供稿，華東工學院編輯出版部影印，檔案出版社 1989 年 7 月《黃埔軍校史稿》第八冊（本校先烈）第 274 頁第五期烈士芳名表記載 1928 年 9 月 27 日在江蘇陣亡。

長。1935 年 7 月 8 日敘任陸軍步兵少校。

李覺漁
　　李覺漁（1902 － 1927）別字人傅，湖南醴陵人。廣州黃埔中央軍事政治學校第五期步兵科畢業。1926 年 3 月考入廣州黃埔中央軍事政治學校第五期步兵科學習，1927 年 8 月畢業。任國民革命軍陸軍步兵連見習、副排長，1927 年 9 月 29 日在浙江寧波作戰陣亡。[62]

　　李維勳（1905 － ？）湖南湘鄉人。廣州黃埔中央軍事政治學校第五期步兵科畢業。1926 年 3 月入黃埔軍校入伍生隊受訓，1926 年 11 月入廣州黃埔國民革命軍軍官學校第五期步兵科學習，1927 年 8 月畢業。隨部參加北伐戰爭，歷任軍職。抗日戰爭爆發後，歷任陸軍步兵旅團長、副旅長等職，率部參加抗日戰事。1945 年 4 月被國民政府軍事委員會銓敘廳敘任陸軍步兵上校。抗日戰爭勝利後，1945 年 10 月獲頒忠勤勳章。1946 年 5 月獲頒勝利勳章。後任西南軍政長官公署統轄第十五兵團司令（羅廣文）部高級參謀，陸軍總司令部第七編練司令（羅廣文）部副參謀長。1949 年春任國民革命軍第一〇八軍（軍長羅廣文兼）副軍長，1949 年 12 月 24 日率部在四川郫縣起義。中華人民共和國成立後，任中國人民解放軍華東軍區第三炮兵學校軍事教員。1952 年轉業南京市定居，任江蘇省政協委員等。

李湘泉
　　李湘泉（1905 － ？）別字再明，湖南湘鄉人。廣州黃埔中央軍事政治學校第五期步兵科畢業。1926 年 3 月考入廣州黃埔中央軍事政治學校第五期步兵科學習，1927 年 8 月畢業。歷任國民革命軍陸軍步兵連見習、排長、連長、營長。1936 年 6 月 1 日敘任陸軍步兵少校。

---

[62] 中國第二歷史檔案館供稿，華東工學院編輯出版部影印，檔案出版社 1989 年 7 月《黃埔軍校史稿》第八冊（本校先烈）第 279 頁第五期烈士芳名表記載 1927 年 9 月 29 日在浙江寧波陣亡。

李藎萱（1903 － 1983）又名盡萱，別字青松，湖南
資興人。廣州黃埔中央軍事政治學校第五期步兵科、南京
中央陸軍軍官學校高等教育班第五期畢業，陸軍大學特別
班第七期肄業，中央軍官訓練團第二期結業。早年入鄉間
私塾啟蒙，後入鄉立高等小學堂就讀，繼考入郴縣第七聯

李藎萱

合中學學習，1924 年畢業。後往長沙考入湖南雅禮英算專修科就讀，不
久入湖南武裝警官學校續讀，1926 年畢業，曾任長沙東區員警署署長。
後辭職南下廣東。1926 年 3 月入黃埔軍校入伍生隊受訓，1926 年 11 月入
第五期步兵科學習，1927 年 8 月畢業。隨部參加北伐戰爭，歷任國民革
命軍第二軍步兵營見習、排長，隨部參加北伐戰爭。後入第二軍政治部供
職，1929 年部隊編遣後，任縮編後的中國國民黨陸軍第五十三師（師長
李韞珩）特別黨部訓練員，隨部參加中原大戰諸役。1931 年任陸軍第五
十三師（師長李韞珩）宣傳分處（處長李青）第一分隊中校分隊長，派駐
該師第一五七旅（旅長張敬兮）步兵第三一四團（團長歐陽律卿）政訓主
任，隨部參加對江西紅軍及革命根據地的第一、二、三次「圍剿」戰事。
1935 年初奉派入南京中央陸軍軍官學校高等教育班學習，1936 年初畢業。
後任陸軍步兵營營長，陸軍第一〇三師政治訓練處中校秘書等職。1937
年 1 月 6 日敘任陸軍步兵少校。抗日戰爭爆發後，任陸軍第一〇三師（師
長何知重）政治訓練處處長，隨部參加南京保衛戰。戰後任陸軍第一〇
三師第三〇八團團長，陸軍第八軍駐昆明辦事處處長等職。1943 年 10 月
曾入陸軍大學特別班第七期學習，後因戰事緊迫奉召返回部隊。1944 年
任陸軍第八軍司令部輜重兵團團長，隨部參加松山戰役。戰後任陸軍第八
軍（軍長李彌）第八十二師（師長王伯勳）司令部副師長。1945 年 7 月
被國民政府軍事委員會銓敘廳敘任陸軍步兵上校。抗日戰爭勝利後，任
陸軍第八軍司令部直屬輸送團團長（少將銜），後任陸軍第一六六師（師
長黃淑）副師長，兼任濰坊城防司令部司令官。1945 年 10 月獲頒忠勤勳
章。1946 年 4 月兼任山東綏靖總司令部昌濰指揮所（省保安處處長傅立

平兼主任）班主任。1946 年 5 月獲頒勝利勳章。1946 年 5 月奉派入中央
軍官訓練團第二期第一中隊學員隊受訓，1946 年 7 月結業。1946 年 6 月
任陸軍整編第八師（師長李彌）獨立旅旅長，統轄師直屬輸送團（團長自
兼）、山東獨立第三團（團長何榮梓），率部駐防山東益都。1947 年 1 月
任整編第八師（師長李彌）整編第一六六旅（旅長黃淑）副旅長，兼任濰
坊守備指揮部指揮官。1947 年 11 月接黃淑任整編第八師（師長李彌）整
編第一六六旅旅長，1948 年 5 月改任陸軍第九軍（軍長黃淑）第一六六
師師長，1948 年 6 月任陸軍第九軍（軍長黃淑）副軍長。1948 年 8 月整
編第八軍擴編為第十三兵團（司令官李彌）。1948 年 9 月 22 日被國民政
府軍事委員會銓敘廳敘任陸軍少將。1948 年 12 月任李彌主持重建的陸軍
第六十四軍軍長，統轄陸軍第一五六師（師長吳家鈺）、第一五九師（師
長黃志堅）等部，所部於 1949 年 1 月再次被殲，其於 1949 年 1 月 5 日在
河南永城被人民解放軍俘虜。1949 年 2 月入第二野戰軍政治部聯絡部解
放軍官教育團學習與改造，中華人民共和國成立後，在戰犯管理所關押改
造。1975 年 3 月 19 日獲特赦釋放。1978 年獲準赴臺灣探親，因入境被拒，
只能在香港會見親人，後返回上海居住，安排任上海市政協秘書處專員。
1983 年 2 月 9 日因煤氣窒息去世。著有《第五十三師在東固的大燒殺》（載
於中國文史出版社《文史資料存稿選編－十年內戰》）、《第五十三師等部
被殲記》（1963 年 11 月 10 日撰文，載於中國文史出版社《文史資料存稿
選編－十年內戰》）、《江陰突圍和南京撤退》（載於中國文史出版社《原國
民黨將領的回憶－南京保衛戰》）、《淮海戰役片斷回憶》（載於中國文史出
版社《原國民黨將領的回憶－淮海戰役親歷記》）、《蔣軍進佔威海衛的戰
事回憶》、《憶松山攻堅戰》（載於中國文史出版社《文史資料存稿選編－
抗日戰爭》下冊）、《第八軍在魯見聞》（載於中國文史出版社《文史資料
存稿選編－全面內戰》上冊）、《整編第八師在濰縣和臨朐戰役中的情況》
（1962 年 12 月 9 日撰文，載於中國文史出版社《文史資料存稿選編－全
面內戰》上冊）、《整編第八師第一六六旅進攻膠東解放區的回憶》（載於

中國文史出版社《文史資料存稿選編－全面內戰》中冊）、《青島國民黨軍
作戰檢討會的情況》（載於中國文史出版社《文史資料存稿選編－全面內
戰》中冊）、《國民黨第九軍在遼寧錦西行動概要》（載於中國文史出版社
《文史資料存稿選編－全面內戰》中冊）等。

李翔雲

李翔雲（1907－？）湖南耒陽人。廣州黃埔中央軍事
政治學校第五期步兵科畢業。1926 年 3 月考入廣州黃埔中
央軍事政治學校第五期步兵科學習，1927 年 8 月畢業。歷
任國民革命軍陸軍步兵團排長、連長、營長。1935 年 6 月
20 日敘任陸軍步兵少校。

李蔚升

李蔚升（1903－1928）又名蔚昇，別字文元，湖南
祁陽人。廣州黃埔中央軍事政治學校第五期步兵科畢業。
1926 年 3 月考入廣州黃埔中央軍事政治學校第五期步兵科
學習，1927 年 8 月畢業。任國民革命軍陸軍步兵連見習，
1928 年 6 月 24 日在安徽作戰陣亡。[63]

李毓南（1905－1974）湖南資興人。廣州黃埔中央軍事政治學校第
五期炮兵科、陸軍大學將官班乙級第四期畢業。1926 年 3 月，入黃埔軍
校入伍生隊受訓，1926 年 11 月入廣州黃埔中央軍事政治學校第五期炮兵
科學習，1927 年 8 月畢業。隨部參加北伐戰爭，歷任國民革命軍第三十
一軍第二十八師步兵團政治指導員。1934 年起任陸軍步兵旅營長、副團
長等職。1935 年 6 月 25 日敘任陸軍炮兵少校。抗日戰爭爆發後，任陸軍
第二十三師第六十七團團長，隨部參加淞滬會戰、南京保衛戰、武漢會戰
諸役。1945 年任青年軍第二〇八師（師長吳嘯亞）副師長，率部參加遠
征印緬抗戰及昆侖關戰役諸役。抗日戰爭勝利後，1945 年 10 月獲頒忠勤
勳章。1946 年 5 月獲頒勝利勳章。1946 年 11 月被國民政府軍事委員會銓

---

[63] 中國第二歷史檔案館供稿，華東工學院編輯出版部影印，檔案出版社 1989 年 7 月
《黃埔軍校史稿》第八冊（本校先烈）第 275 頁第五期烈士芳名表記載 1928 年 6
月 24 日在安徽陣亡。

敘廳敘任陸軍炮兵上校。1947 年 11 月入陸軍大學乙級將官班學習，1948
年 11 月畢業。1949 年 2 月接許朗軒任青年軍第二〇八師師長，隸屬陸軍
第三十七軍（軍長唐守治）指揮序列，同年隨部赴臺灣 1950 年率部駐防
馬祖群島，後任台中防衛司令部高級參謀等職。1974 年 4 月 19 日因病在
臺北逝世。

杜爾戒（1901 － 1931）別字爾戒，湖南慈利人。廣
州黃埔中央軍事政治學校第五期步兵科畢業。1926 年 3 月
考入廣州黃埔中央軍事政治學校第五期步兵科學習，1927
年 8 月畢業。任國民革命軍第一軍第二十一師第四十二團
步兵連見習，陸軍第五十二師步兵團第十連排長、副連
長，1931 年 5 月 20 日在江西東固作戰陣亡。[64]

杜爾戒

楊癡（1905 －？）別字卓斌，湖南寶慶人。廣州黃埔
中央軍事政治學校第五期步兵科畢業。1926 年 3 月考入
廣州黃埔中央軍事政治學校第五期步兵科學習，1927 年 8
月畢業。歷任國民革命軍陸軍步兵團排長、連長、營長。
1936 年 3 月 25 日敘任陸軍步兵少校。

楊癡

楊衡（1903 － 1927）別字國權，湖南臨湘人。廣州
黃埔中央軍事政治學校第五期步兵科畢業。1926 年 3 月考
入廣州黃埔中央軍事政治學校第五期步兵科學習，1927 年
8 月畢業。任國民革命軍陸軍步兵連見習，1927 年 8 月 26
日在江蘇龍潭戰役作戰陣亡。[65]

楊衡

---

[64] 中國第二歷史檔案館供稿，華東工學院編輯出版部影印，檔案出版社 1989 年 7 月
　《黃埔軍校史稿》第八冊（本校先烈）第 270 頁第五期烈士芳名表記載 1931 年 5
　月 20 日在江西東固陣亡。

[65] 中國第二歷史檔案館供稿，華東工學院編輯出版部影印，檔案出版社 1989 年 7 月
　《黃埔軍校史稿》第八冊（本校先烈）第 272 頁第五期烈士芳名表記載 1927 年 8
　月 26 日在江蘇龍潭陣亡。

　　楊也可（1907 － 1988）別字精粗，湖南常德人。廣州黃埔中央軍事政治學校第五期工兵科、陸軍大學正則班第十四期畢業。1904 年 4 月 30 日生於常德縣一個農戶家庭。1926 年 3 月入黃埔軍校入伍生隊受訓，1926 年 11 月入廣州黃埔中央軍事政治學校第五期工兵科學習，1927 年 8 月畢業。隨部參加北伐戰爭，任南京中央陸軍軍官學校第十期工兵連排長等職。1935 年 12 月考入陸軍大學正則班學習，1938 年 7 月畢業。抗日戰爭爆發後，任陸軍第八軍（軍長黃傑）司令部參謀長等職。抗日戰爭勝利後，仍任陸軍第八軍（軍長李彌）司令部參謀長等職，1945 年 10 月獲頒忠勤勳章。1946 年 5 月獲頒勝利勳章。率部與人民解放軍作戰。1950 年 1 月 25 日在雲南元江地區被人民解放軍俘虜。晚年寓居湖南省常德市西郊岩坪水泵廠內宿舍，[66]1988 年 1 月因病在常德逝世。

　　楊宗鼎（1905 －）又名宗文。[67]別字鼎楊，湖南長沙人。廣州黃埔中央軍事政治學校第五期步兵科畢業，中央訓練團黨政研究班肄業。1926 年 3 月入黃埔軍校入伍生隊受訓，1926 年 11 月入廣州黃埔中央軍事政治學校第五期步兵科學習，1927 年 8 月畢業。隨部參加北伐戰爭，歷任國民革命軍第二十六軍排長、連長、營長、團長，副官處處長，陸軍第二十六軍司令部參謀長。抗日戰爭勝利後，1945 年 10 月獲頒忠勤勳章。1946 年 5 月獲頒勝利勳章。1946 年 6 月任青島警備司令部副司令官，後任江蘇省保安司令部副司令官。後辭職返鄉。

　　楊熙政（1905 －？）別字北辰，湖南湘鄉人。廣州黃埔中央軍事政治學校第五期步兵科畢業。1926 年 3 月考入廣州黃埔中央軍事政治學校第五期步兵科學習，1927 年 8 月畢業。歷任國民革命軍陸軍步兵連見習、排長、連長、營長。1935 年 7 月 16 日敘任陸軍步兵少校。

楊熙政

---

[66] 湖南省黃埔軍校同學會編：1990 年 11 月印行《湖南省黃埔軍校同學會會員通訊錄》記載。

[67] 湖南省檔案館校編、湖南人民出版社《黃埔軍校同學錄》記載。

　　楊德彰（1903 － 1932）別字溪璜，湖南醴陵人。廣州黃埔中央軍事政治學校第五期工兵科畢業。1926 年 3 月考入廣州黃埔中央軍事政治學校第五期工兵科學習，1927 年 8 月畢業。任國民革命軍總司令部工兵隊見習，工兵教導隊區隊附，陸軍第十一師司令部直屬工兵營連長、副營長，1932 年 3 月 1 日在湖南瀏陽作戰陣亡。[68]

汪鐵中

　　汪鐵中（1903 － 1933）別字湘衡，湖南新化人。廣州黃埔中央軍事政治學校第五期工兵科畢業。1926 年 3 月考入廣州黃埔中央軍事政治學校第五期工兵科學習，1927 年 8 月畢業。歷任國民革命軍陸軍工兵連見習、排長、連長，1933 年 2 月 22 日在湖北漢口作戰陣亡。[69]

宋仁楚

　　宋仁楚（1905 －？）別字護國，湖南湘鄉人。宋希濂胞兄。長沙竟存中學、雲南陸軍講武堂韶關分校第二期步兵科、廣州黃埔中央軍事政治學校第五期步兵科畢業。1923 年任駐粵湘軍第一軍司令部副官、參謀。1926 年 3 月由方鼎英保薦入廣州黃埔中央軍事政治學校黃埔軍校第五期步兵科學習。1927 年 7 月畢業，歷任國民革命軍連、營長、參謀主任等職。抗日戰爭爆發後，任陸軍步兵師團長、視察專員等職。抗日戰爭勝利後，任高級參謀。1945 年 10 月獲頒忠勤勳章。1946 年 5 月獲頒勝利勳章。1946 年 6 月奉派入中央訓練團將官班受訓，登記為少將學員，1946 年 8 月結訓。

宋時輪

　　宋時輪（1907 － 1991）原名際堯，別名之光，湖南

---

[68] 中國第二歷史檔案館供稿，華東工學院編輯出版部影印，檔案出版社 1989 年 7 月《黃埔軍校史稿》第八冊（本校先烈）第 277 頁第五期烈士芳名表記載 1932 年 3 月 1 日在湖南瀏陽陣亡。

[69] 中國第二歷史檔案館供稿，華東工學院編輯出版部影印，檔案出版社 1989 年 7 月《黃埔軍校史稿》第八冊（本校先烈）第 276 頁第五期烈士芳名表記載 1933 年 2 月 22 日在湖北漢口陣亡。

醴陵人。廣州黃埔中央軍事政治學校第五期步兵科肄業。[70]1907 年 9 月 10 日生於湖南醴陵縣北鄉黃村一個農戶家庭。1922 年在醴陵縣立中學讀書時，參加社會主義研究所，後到長沙半工半讀。1923 年冬在長沙入軍閥吳佩孚的軍官教導團學習。1926 年春南下廣州考入廣州黃埔中央軍事政治學校第五期學習，集體填表加入中國國民黨，同年加入中國共產主義青年團，1927 年 1 月轉為中共黨員。[71]1927 年 4 月在廣州被捕，1929 年出獄返鄉，開展工農武裝鬥爭。歷任萍（鄉）醴（陵）邊遊擊隊隊長，中共蓮花縣委軍事部部長。同年編入紅軍第六軍，1930 年春任湘東南第二縱隊政委，1930 年 9 月至 10 月任湘贛邊區茶陵遊擊大隊政委。1930 年冬任紅軍學校第四分校校長，1931 年 1 月春到江西根據地，任紅軍總司令部教導總隊隊長。1931 年 3 月至 11 月任紅軍第三十五軍參謀長、軍黨委委員。1931 年 9 月至 12 月任紅一方面軍獨立第三師參謀長、師黨委委員，1932 年任紅一方面軍第二十一軍參謀長、軍黨委委員。1932 年 7 月任紅軍第二十一軍第六十一師師長、師黨委委員，1932 年 8 月任江西軍區獨立第三師師長、師黨委委員。1933 年 8 月至 9 月任江西軍區代理參謀長。後任江西根據地西方軍參謀長，先後參加江西根據地第二至四次反「圍剿」作戰。1934 年春入紅軍大學學習，1934 年 10 月參加長征，任紅軍大學教員、第二大隊大隊長、軍委幹部團教員。1935 年冬到陝北後，任紅軍第十五軍團司令部作戰科科長，1936 年 4 月至 5 月任紅軍第三十軍軍長、軍黨委委員，1936 年 5 月至 1937 年 8 月任紅軍第二十八軍軍長。抗日戰爭爆發後，1937 年 8 月任國民革命軍第八路軍第一二○師第三五八旅第七一六團團長，1937 年 9 月率本團一部編成八路軍雁北支隊，1937

---

[70] 湖南省檔案館校編、湖南人民出版社《黃埔軍校同學錄》無載；現據：中國人民解放軍軍事科學院軍事百科部編：山西人民出版社 2005 年 4 月《開國將帥》第 89 頁記載；中共中央黨史研究室第一研究部：中共黨史出版社 2004 年 10 月《中國共產黨第七次全國代表大會代表名錄》第 473 頁記載。

[71] 中共中央黨史研究室第一研究部：中共黨史出版社 2004 年 10 月《中國共產黨第七次全國代表大會代表名錄》第 473 頁。

年 9 月至 1938 年 5 月任支隊長兼政委。1938 年 5 月至 1939 年 2 月任八
路軍第四縱隊司令員、縱隊黨委常委兼第十一支隊司令員，於冀東堅持敵
後抗日遊擊戰爭。1939 年 1 月至 4 月任八路軍冀熱察遊擊挺進軍參謀長、
挺進軍軍政委員會委員。1939 年 2 月至 12 月任八路軍冀熱察挺進軍第十
二支隊司令員、冀熱察軍政委員會委員。1940 年到延安，先後入中共中
央馬列學院、軍政學院、中共中央黨校學習。1941 年 10 月延安成立黃埔
同學分會，被推選為理事。1945 年 4 月至 6 月作為晉察冀代表團成員參
加中共第七次全國代表大會。1945 年 8 月任中共中央華中局委員，奉派
赴山東根據地工作。抗日戰爭勝利後，1945 年 10 月至 1946 年 1 月任八
路軍津浦前線野戰軍指揮部參謀長，1946 年 1 月至 1947 年 1 月任山東野
戰軍參謀長，其間於 146 年 1 月曾任北平軍事調處執行部中共方面執行處
處長。1946 年 9 月至 1947 年 4 月任山東野戰軍渤海軍區副司令員，1946
年 10 月至 1947 年 1 月兼任渤海軍區第七師師長。1947 年 4 月至 1949 年
2 月任華東野戰軍第十縱隊司令員兼第二十八師師長（至 1947 年 6 月），
率部參加萊蕪戰役、孟良固戰役、濟南戰役、淮海戰役。1949 年 2 月至
9 月任中國人民解放軍第三野戰軍第九兵團司令員，1949 年 6 月至 8 月
任第九兵團黨委副書記，8 月至 9 月任第九兵團黨委書記。上海解放後，
1949 年 5 月中國人民解放軍上海市軍事管制委員會委員，1949 年 7 月至
9 月任淞滬警備司令部司令員。中華人民共和國成立後，1949 年 10 月至
1950 年 11 月任中國人民解放軍華東軍區第九兵團司令員、黨委書記。
1949 年 12 月至 1953 年 1 月任華東軍政委員會委員。率部參加抗美援朝
戰爭，1950 年 11 月至 1953 年春任中國人民志願軍兵團司令員兼政委，
1951 年 6 月至 1952 年 7 月任中國人民志願軍第三副司令員，參與指揮第
二、第五次戰役和上甘嶺戰役。1952 年回國，1952 年 7 月至 1957 年 9 月
任中國人民解放軍總高級步兵學校校長兼政委，1955 年 6 月至 1957 年 9
月任中國人民解放軍總高級步兵學校黨委書記。1955 年 9 月 27 日被授予
中國人民解放軍上將軍銜。1957 年 11 月至 1958 年 12 月任中國人民解放

軍軍事科學院第一副院長，1963 年 11 月至 1971 年 10 月任中國人民解放軍軍事科學院黨委第一副書記，1958 年 5 月至 12 月兼任軍事科學院計畫指導部部長，1959 年 6 月至 1962 年 7 月任軍事科學院外軍研究部部長。「文化大革命」期間受到衝擊與迫害。1972 年 6 月至 1973 年 3 月任中國人民解放軍軍事科學院黨委常委，1972 年 11 月至 1985 年 11 月任中國人民解放軍軍事科學院院長。1977 年 8 月至 1982 年 9 月任中共中央軍委委員。1977 年至 1980 年中央軍委教育訓練委員會主任，1980 年後任中國大百科全書編審委員會副主任、中國大百科全書軍事卷編審委員會主任、中國軍事百科全書編審委員會主任，是中共第八、十屆中央候補委員，第十一屆中央委員，中華人民共和國第一至三屆國防委員會委員。1982 年起當選中共中央顧問委員會委員、常務委員。1991 年 9 月 17 日因病在上海逝世。著有《毛澤東軍事思想的形成及其發展》等。

宋特夫（1902－1968）別號哨空，湖南醴陵人。廣州黃埔中央軍事政治學校第五期政治科畢業，南京國民革命軍軍官團肄業。1926 年 3 月入黃埔軍校入伍生隊受訓，1926 年 11 月入廣州黃埔國民革命軍軍官學校第五期政治科學習，1927 年 8 月畢業。隨部參加北伐戰爭，1927 年起任武昌中央農民運動講習所區隊長，國民革命軍排、連長，隨部參加北伐戰爭。1928 年 10 月奉派入南京國民革命軍總司令部軍官團受訓，後轉入中央陸軍軍官學校任職。1930 年任南京中央陸軍軍官學校政治訓練班學員大隊區隊長，1933 年任河南開封師範學校軍事訓練教官，1935 年任河南省國民軍事訓練委員會委員等職。抗日戰爭爆發後，任湖南省軍管區司令部國民軍事訓練處第三科科長，湖南省軍管區司令部政治部副主任，駐防浙江的陸軍暫編第十三師（師長羅哲東）副師長，兼任該師政治部主任。後任軍事委員會特別黨部專員，湖南省政府高級參議等職。1945 年任陸軍第四方面軍司令長官部日俘管理處副處長等職。抗日戰爭勝利後，1945 年 10 月獲頒忠勤勳章。1946 年 5 月獲頒勝利勳章。1947 年任湖南臨湘縣縣長，湖南省保安司令部總務科科長等職。1949 年 8 月參加湖南和平起義。中華

人民共和國成立後，任科長，湖南省人民政府參事室秘書等職。1968 年 9 月 19 日因病逝世。

谷巨石（1906 － ？）別字鍾靈，湖南耒陽人。廣州黃 埔中央軍事政治學校第五期步兵科畢業，中央軍官訓練團 第一期結業。1926 年 3 月考入廣州黃埔中央軍事政治學校 第五期步兵科學習，1927 年 8 月畢業。歷任國民革命軍陸

谷巨石

軍步兵團排長、連長、副營長。抗日戰爭爆發後，任陸軍 第一六七師第四九九旅步兵第九九七團少校團附，隨部參加抗日戰役。 1938 年 5 月奉派入中央軍官訓練團第一期第一大隊第一中隊學員隊受訓， 1938 年 7 月結業。任陸軍第一六七師第四九九旅步兵第九九五團副團長、 團長等職。

谷允懷（1906 － 1957）湖南耒陽人。廣州黃埔中央軍事政治學校第 五期炮兵科畢業。1926 年 3 月入黃埔軍校入伍隊受訓，1926 年 11 月入廣 州黃埔國民革命軍軍官學校第五期炮兵科學習，1927 年 8 月畢業。歷任 國民革命軍陸軍炮兵連排長、連長，後任陸軍步兵營營長。1935 年 6 月 17 日敘任陸軍步兵少校。抗日戰爭爆發後，陸軍步兵團團長，陸軍步兵 旅副旅長。抗日戰爭勝利後，1945 年 10 月獲頒忠勤勳章。1946 年 5 月獲 頒勝利勳章。1946 年 6 月任陸軍整編第八十五師（師長吳紹周）整編第 二十三旅（旅長黃子華）副旅長。1946 年 6 月奉派入中央軍官訓練團第 二期第一中隊學員隊受訓，1946 年 8 月結業。1947 年任陸軍第八十五軍 （軍長吳紹周）第二一六師師長，率部參加淮海戰役與人民解放軍作戰， 1948 年所部在安徽宿縣雙堆集被全殲，其在混戰中逃脫。後率余部在江 南重建，正式編成時仍任陸軍第二一六師師長，隸屬陸軍第八十五軍（軍 長吳求劍），率部在福建與人民解放軍作戰，所部在福州 戰役再度被殲滅。

谷炳奎（1906 － 1951）別字克涵，湖南耒陽人。廣 州黃埔中央軍事政治學校第五期炮兵科、陸軍大學特別班

谷炳奎

第五期畢業。1926 年 3 月入黃埔軍校入伍生隊受訓，1926 年 11 月入廣州黃埔國民革命軍軍官學校第五期炮兵科學習，1927 年 8 月畢業。隨部參加北伐戰爭，1935 年 6 月 25 日敘任陸軍炮兵少校。1940 年 7 月入陸軍大學特別班學習，1942 年 7 月畢業。1945 年 2 月任陸軍第十四軍（軍長羅廣文）第十師師長。1945 年 4 月被國民政府軍事委員會銓敘廳敘任陸軍炮兵上校。抗日戰爭勝利後，1945 年 10 月獲頒忠勤勳章。1946 年 5 月獲頒勝利勳章。1946 年 6 月任陸軍整編第十師（師長羅廣文）整編第十旅旅長，率部在江蘇、山東等地與人民解放軍作戰。1948 年 3 月任徐州「剿匪」總司令（劉峙）部第十二兵團（司令官黃維）第十四軍（軍長熊綬春）副軍長，率部在淮海戰場與人民解放軍作戰。1948 年 9 月 22 日被國民政府軍事委員會銓敘廳敘任陸軍少將。所部在淮海戰役潰敗後逃脫，南下湖南參與重建第十四軍，正式組建時任湖南第一兵團（司令官陳明仁兼）第十四軍（軍長張際鵬）副軍長，[72]1949 年 8 月 4 日所部在長沙通電起義，其率餘部脫離起義部隊往四川，1949 年 10 月任陸軍第一一二軍（軍長劉世懋）副軍長，1949 年 11 月在重慶向人民解放軍投誠。後因案逮捕入獄，1951 年在成都被處決。

辛修（1906 － 1930）湖南臨澧人。廣州黃埔中央軍事政治學校第五期工兵科畢業。1926 年 3 月考入廣州黃埔中央軍事政治學校第五期工兵科學習，1927 年 8 月畢業。任國民革命軍陸軍工兵連見習、副排長，1930 年 6 月 6 日在河南柳河作戰陣亡。[73]

蘇治綱（1904 －？）別字炘國，別號堯夫，原載籍貫湖南花橋，[74]另載湖南武岡人。[75]廣州黃埔中央軍事政治學

蘇治綱

---

[72] 曹劍浪著：解放軍出版社 2010 年 1 月《中國國民黨軍簡史》下冊第 1815 頁。

[73] 中國第二歷史檔案館供稿，華東工學院編輯出版部影印，檔案出版社 1989 年 7 月《黃埔軍校史稿》第八冊（本校先烈）第 273 頁第五期烈士芳名表記載 1930 年 6 月 6 日在河南柳河陣亡。

[74] 湖南省檔案館校編、湖南人民出版社《黃埔軍校同學錄》記載。

[75]《中央訓練團將官班學員通訊錄》記載。

校第五期步兵科畢業。1926年3月考入廣州黃埔中央軍事政治學校第五期步兵科學習，1927年8月畢業。歷任國民革命軍陸軍步兵團排長、連長、營長。抗日戰爭爆發後，任陸軍步兵團團長，第六戰區司令長官部幹部訓練團大隊長。抗日戰爭勝利後，任江防司令部高級參謀。1945年10月獲頒忠勤勳章。1946年1月奉派入中央訓練團將官班受訓，登記為少將學員，1946年3月結業。

邱希賀（1905－？）別字修賀，別號修賢，湖南安化人。廣州黃埔中央軍事政治學校第五期步兵科、陸軍大學正則班第十三期畢業。1926年3月入黃埔軍校入伍生隊受訓，1926年11月入廣州黃埔國民革命軍軍官學校第五期步兵科學習，1927年8月畢業。隨部參加北伐戰爭，任南京中央陸軍軍官學校第九期通訊兵科通訊隊區隊長等職。1935年4月考入陸軍大學正則班學習，1937年12月畢業。抗日戰爭爆發後，任中央陸軍軍官學校第七分校（西安分校）學員總隊上校大隊長等職。後任陸軍第一九六師（師長）副旅長、師司令部參謀長等職。1945年4月被國民政府軍事委員會銓敘廳敘任陸軍步兵上校。1945年秋任黃龍山警備司令部司令官。抗日戰爭勝利後，1945年10月獲頒忠勤勳章。任第三十七集團軍總司令（丁德隆）部（參謀長蔡縈）參謀處處長、副參謀長等職。1946年5月獲頒勝利勳章。1946年12月任國防部第二廳少將銜高級參謀，1948年9月22日被國民政府軍事委員會銓敘廳敘任陸軍少將。任陸軍第八十軍（軍長袁樸）司令部參謀長等職。後任國防部第三廳辦公室主任，1949年任重建後的陸軍第八十軍第二〇六師師長，隸屬福州綏靖主任公署。

邱組民（1904－1927）別字祖民，湖南湘鄉人。廣州黃埔中央軍事政治學校第五期步兵科畢業。1926年3月考入廣州黃埔中央軍事政治學校第五期步兵科學習，1927年8月畢業。任國民革命軍陸軍步兵連見習、排長，1927

邱組民

年 12 月 5 日在江蘇南京近郊作戰陣亡。[76]

邱鎣世（1902－1927）別字河清，湖南武岡人。武岡
縣本鄉高等小學、武岡縣立商業中學、廣州黃埔中央軍事
政治學校第五期步兵科畢業。幼年私塾啟蒙，繼入本鄉高
等小學就讀，畢業後考入武岡縣立商業中學學習，畢業後
南下廣東。1926 年 3 月考入廣州黃埔中央軍事政治學校第
五期步兵科學習，1927 年 8 月畢業。任國民革命軍陸軍第一軍第十四師步
兵連見習，隨軍參加第二期北伐之蚌埠戰役。後任陸軍第十四師第四十一
團第七連排長，隨部參加徐州戰役。1927 年 12 月 16 日在彭城雲龍山作戰
陣亡。[77]

邱鎣世

邵廣生（1904－？）湖南郴縣人。廣州黃埔中央軍事
政治學校第五期步兵科畢業。1926 年 3 月考入廣州黃埔中
央軍事政治學校第五期步兵科學習，1927 年 8 月畢業。歷
任國民革命軍陸軍步兵團排長、連長、副營長。1936 年
12 月任第四路軍教導旅（旅長羅梓材）第二團（團長伍少
武）第一營中校營長。1937 年 3 月 31 日敘任陸軍步兵少校。抗日戰爭爆
發後，任陸軍第六十六軍教導旅司令部參謀主任，該旅第二團團長，率部
參加淞滬會戰。

邵廣生

鄒聲洪（1905－1932）又名聲宏，湖南平江人。廣州黃埔中央軍事政
治學校第五期炮兵科畢業。1926 年 3 月考入廣州黃埔中央軍事政治學校第
五期炮兵科學習，1927 年 8 月畢業。歷任國民革命軍陸軍炮兵連見習、排

[76] 中國第二歷史檔案館供稿，華東工學院編輯出版部影印，檔案出版社 1989 年 7 月
《黃埔軍校史稿》第八冊（本校先烈）第 279 頁第五期烈士芳名表記載 1927 年 12
月 5 日在江蘇南京陣亡。

[77] 中國第二歷史檔案館供稿，華東工學院編輯出版部影印，檔案出版社 1989 年 7 月
《黃埔軍校史稿》第六冊《各期陣亡學生姓名表》第 272－275 頁第五期名單記
載；中國第二歷史檔案館供稿，華東工學院編輯出版部影印，檔案出版社 1989 年 7
月《黃埔軍校史稿》第八冊（本校先烈）第 94 頁有烈士傳略。

長、連長，1932 年 10 月 9 日在湖北黃陂作戰陣亡。[78]

鄒松林

鄒松林（1902 － 1927）別字蔭濃，湖南新化人。廣州黃埔中央軍事政治學校第五期步兵科畢業。1926 年 3 月考入廣州黃埔中央軍事政治學校第五期步兵科學習，1927 年 8 月畢業。任國民革命軍陸軍步兵連見習、副排長，1927 年 12 月 6 日在江蘇徐州作戰陣亡。[79]

鄒新民

鄒新民（1903 － 1933）別字明德，湖南臨澧人。廣州黃埔中央軍事政治學校第五期步兵科畢業。1926 年 3 月考入廣州黃埔中央軍事政治學校第五期步兵科學習，1927 年 8 月畢業。歷任國民革命軍陸軍第一軍第二十師第四十團步兵連見習、排長、連長，1930 年 5 月隨軍參加中原大戰。後任陸軍第二十五師步兵團連長、營長，1933 年 3 月隨部參加長城抗日戰役，1933 年 4 月 24 日在河北南天門與日軍作戰殉國。[80]

陳善

陳善（1904 － ？）別號實至，湖南零陵人。廣州黃埔中央軍事政治學校第五期經理科、中央訓練團黨政班第二十二期、軍事委員會軍需研究班畢業。1926 年 3 月入黃埔

---

[78] 中國第二歷史檔案館供稿，華東工學院編輯出版部影印，檔案出版社 1989 年 7 月《黃埔軍校史稿》第八冊（本校先烈）第 281 頁第五期烈士芳名表記載 1932 年 10 月 9 日在湖北黃陂陣亡。

[79] 中國第二歷史檔案館供稿，華東工學院編輯出版部影印，檔案出版社 1989 年 7 月《黃埔軍校史稿》第六冊《各期陣亡學生姓名表》第 272 － 275 頁第五期名單記載；中國第二歷史檔案館供稿，華東工學院編輯出版部影印，檔案出版社 1989 年 7 月《黃埔軍校史稿》第八冊（本校先烈）第 278 頁第五期烈士芳名表記載 1927 年 12 月 6 日在江蘇徐州陣亡。

[80] 中國第二歷史檔案館供稿，華東工學院編輯出版部影印，檔案出版社 1989 年 7 月《黃埔軍校史稿》第六冊《各期陣亡學生姓名表》第 272 － 275 頁第五期名單記載為鄒蘇民；中國第二歷史檔案館供稿，華東工學院編輯出版部影印，檔案出版社 1989 年 7 月《黃埔軍校史稿》第八冊（本校先烈）第 281 頁第五期烈士芳名表記載 1933 年 4 月 24 日在河北南天門陣亡。

軍校入伍生隊受訓，1926 年 11 月入廣州黃埔中央軍事政治學校第五期經理科學習，1927 年 8 月畢業。隨部參加北伐戰爭，歷任國民革命軍營司務長，團軍需主任，師司令部軍需處處長。抗日戰爭爆發後，任第十五集團軍總司令部兵站副主任。1943 年起任成都中央陸軍軍官學校第三總隊輜重兵第三大隊政訓室主任等職。抗日戰爭勝利後，1945 年 10 月獲頒忠勤勳章。1946 年 5 月獲頒勝利勳章。任國防部少將部附，華中「剿匪」總司令部芷江守備司令部副司令官，湖南省保安第二旅旅長等職。1949 年 8 月參加湖南和平起義。[81]

陳鼇（1905－？）又名鱉，別字健卿，湖南祁陽人。廣州黃埔中央軍事政治學校第五期步兵科畢業，中央軍官訓練團第一期結業。1926 年 3 月考入廣州黃埔中央軍事政治學校第五期步兵科學習，1927 年 8 月畢業。歷任國民革命軍陸軍步兵團排長、連長、副營長。抗日戰爭爆發後，任陸軍第三十六師第一〇六旅步兵第二一一團第一營營長，隨部參加淞滬會戰、南京保衛戰。1938 年 5 月奉派入中央軍官訓練團第一期第二大隊第八中隊學員隊受訓，1938 年 7 月結業。任陸軍第三十六師第一〇六旅步兵第二一三團副團長、團長。抗日戰爭勝利後，1945 年 10 月獲頒忠勤勳章。任陸軍第三十六師第一〇六旅副旅長。1947 年 3 月被國民政府軍事委員會銓敘廳頒令敘任陸軍步兵上校。

陳鳳鳴（1903－？）別號固常，湖南耒陽人。廣州黃埔中央軍事政治學校第五期政治科畢業。1926 年 3 月入黃埔軍校入伍生隊受訓，1926 年 11 月入廣州黃埔中央軍事政治學校第五期政治科學習，1927 年 8 月畢業。隨部參加北伐戰爭，參加北伐戰爭，歷任國民革命軍陸軍步兵團排長、連長、營長、團長，陸軍步兵旅副旅長等職。抗日戰爭勝利後，1945 年 10 月獲頒忠勤勳章。任陸軍步兵師副師長、代理師長。1946 年 5 月獲頒勝利勳章。1946 年 7 月 31 日被國民政府軍事委員會銓敘廳頒令敘任陸軍少將。

---

[81] 中國人民解放軍歷史資料叢書編審委員會：中國人民解放軍歷史資料叢書，解放軍出版社 1994 年 11 月《解放戰爭時期國民黨軍起義投誠－鄂湘粵桂地區》無記載。

　　陳步雲（1900 －？）別字晶若，湖南瀏陽人。廣州黃埔中央軍事政治學校第五期步兵科畢業。廣州黃埔中央軍事政治學校第五期步兵科畢業。1926 年 3 月考入廣州黃埔中央軍事政治學校第五期步兵科學習，1927 年 8 月畢業。任國民革命軍總司令部憲兵隊副隊長，憲兵營營長。1928 年 5 月 19 日奉國民革命軍總司令部頒令委任為本部警衛司令（陳誠）部憲兵第一團團長。1936 年 3 月 14 日敘任陸軍憲兵中校。

陳步雲

　　陳申傳（1906 －？）別字健鑫，湖南長沙人。廣州黃埔中央軍事政治學校第五期步兵科畢業。1926 年 3 月考入廣州黃埔中央軍事政治學校第五期步兵科學習，1927 年 8 月畢業。歷任國民革命軍陸軍步兵團排長、連長、營長、團長等職。1937 年 7 月 29 日任命陸軍步兵中校。1942 年 7 月被國民政府軍事委員會銓敘廳頒令敘任陸軍步兵上校。

陳申傳

　　陳崗陵（1904 －？）別號瘦邱，湖南祁陽人。廣州黃埔中央軍事政治學校第五期步兵科畢業。1926 年 3 月入黃埔軍校入伍生隊受訓，1926 年 11 月入廣州黃埔中央軍事政治學校第五期步兵科學習，1927 年 8 月畢業。隨部參加北伐戰爭。抗日戰爭爆發後，任陸軍第七十八師（師長李文）第二三二旅第四六八團（團長謝義鋒）第二營營長，隨部參加淞滬會戰。抗日戰爭勝利後，1945 年 10 月獲頒忠勤勳章。1946 年 5 月獲頒勝利勳章。1948 年任南京國民政府總統府警衛旅旅長，1949 年任陸軍第三軍（軍長許良玉）第二五四師師長，1949 年 12 月 26 日在四川邛崍與人民解放軍作戰時俘虜。

陳崗陵

　　陳澤敷（1905 －？）別字劍霞，湖南益陽人。廣州黃埔中央軍事政治學校第五期步兵科畢業。1926 年 3 月考

陳澤敷

入廣州黃埔中央軍事政治學校第五期步兵科學習，1927 年 8 月畢業。歷任國民革命軍陸軍步兵團排長、連長、營長、團長等職。抗日戰爭勝利後，1945 年 10 月獲頒忠勤勳章。1946 年 5 月獲頒勝利勳章。任團管區司令部司令官。1947 年 7 月被國民政府軍事委員會銓敘廳頒令敘任陸軍步兵上校。

陳勳猷（1904 － ？）別字建謨，湖南石門人。廣州黃埔中央軍事政治學校第五期步兵科畢業。1926 年 3 月考入廣州黃埔中央軍事政治學校第五期步兵科學習，1927 年 8 月畢業。歷任國民革命軍陸軍步兵團排長、連長、營長、團長等職。1935 年 6 月 18 日敘任陸軍步兵少校。抗日戰爭

陳勳猷

勝利後，1945 年 10 月獲頒忠勤勳章。1946 年 5 月獲頒勝利勳章。任團管區司令部司令官。1947 年 3 月被國民政府軍事委員會銓敘廳頒令敘任陸軍步兵上校。

陳振仙（1905 － 1963）又名振先，湖南新田人。廣州黃埔中央軍事政治學校第五期步兵科畢業。1926 年 3 月入黃埔軍校入伍生隊受訓，1926 年 11 月入廣州黃埔中央軍事政治學校第五期步兵科學習，1927 年 8 月畢業。歷任國民革命軍陸軍步兵營排長、連長、營長等職。抗日戰爭爆發後，任參謀，學員隊隊長，訓練團團長等職。1945 年任中央陸軍軍官學校第九分校學生總隊大隊長等職。抗日戰爭勝利後，1945 年 10 月獲頒忠勤勳章。1946 年 5 月獲頒勝利勳章。1947 年任整編第四十二師（師長楊德亮、趙錫光）整編第一二八旅（旅長陳俊）副旅長，率部在西北地方與人民解放軍作戰。1949 年 2 月任陸軍第一二四軍（軍長趙援）第二二三師師長，1949 年 11 月任陸軍第一二四軍（軍長顧葆裕）副軍長，1950 年 3 月在西昌向人民解放軍投誠。

陳嵩耀（1906 － ？）別字華民，湖南澧縣人。廣州黃埔中央軍事政治學校第五期步兵科畢業。1926 年 3 月考入廣州黃埔中央軍事政治學校第五期步兵科學習，1927 年 8

陳嵩耀

月畢業。歷任國民革命軍陸軍步兵團排長、連長、營長、團長等職。中華人民共和國成立後，寓居長沙市中山西路居民點西頭四樓住所，[82] 二十世紀八十年代參與湖南省黃埔軍校同學會活動。

　　陳增梯（1905 － ？）湖南道縣人。廣州黃埔中央軍事政治學校第五期炮兵科畢業。1926 年 3 月入黃埔軍校入伍生隊受訓，1926 年 11 月入廣州黃埔中央軍事政治學校第五期炮兵科學習，1927 年 8 月畢業。隨部參加北伐戰爭，歷任國民革命軍陸軍步兵團排長、連長、營長、團長等職。1935 年 6 月 25 日敘任陸軍炮兵少校。抗日戰爭勝利後，1945 年 10 月獲頒忠勤勳章。1946 年 5 月獲頒勝利勳章。1948 年任陸軍整編第四十二師（師長趙錫光）整編第二三一旅司令部參謀長等。

　　陳鶴泉（1906 － ？）別字鶴全，湖南湘鄉人。廣州黃埔中央軍事政治學校第五期步兵科畢業，中央訓練團將官班結業。1926 年 3 月考入廣州黃埔中央軍事政治學校第五期步兵科學習，1927 年 8 月畢業。歷任國民革命軍陸軍步兵團排長、連長、營長、團長，集團軍總司令部參謀處處長、副參謀長等職。抗日戰爭勝利後，任集團軍總司令部高級參謀。1945年 10 月獲頒忠勤勳章。1946 年 1 月奉派入中央訓練團將官班受訓，傳記為少將學員，1946 年 3 月結業。

陳鶴泉

　　陳襄謨（1907 － ？）別字贊元，湖南石門人。廣州黃埔中央軍事政治學校第五期步兵科、南京中央陸軍軍官學校高等教育班第二期、陸軍大學特別班第七期畢業，中央軍官訓練團第三期結業。1926 年 3 月入黃埔軍校入伍生隊受訓，1926 年 11 月入廣州黃埔中央軍事政治學校第五期步兵科學習，1927 年 8 月畢業。隨部參加北伐戰爭，歷任國民革命軍陸軍步兵團排長、連長、營長等職。1935 年 6 月 24 日敘任陸軍步兵少校。1934 年秋任南京中央陸軍軍官學校第十一期第一總隊步兵大隊第三隊少校隊附等

---

[82]　湖南省黃埔軍校同學會編 1990 年 11 月印行《湖南省黃埔軍校同學會會員通訊錄》第 17 頁記載。

職。抗日戰爭爆發後，任陸軍步兵團團長，副旅長，副師長，副司令官等職。1943 年 10 月入陸軍大學特別班學習，1945 年 1 月發表為陸軍總司令部第三方面軍司令長官部教育處副處長，1945 年 4 月被國民政府軍事委員會銓敘廳頒令敘任陸軍步兵上校，1946 年 3 月畢業。1946 年 11 月任湖北省鄂東師管區司令部代理司令官等職。1947 年 4 月入中央軍官訓練團第三期第三中隊學員隊受訓，1947 年 6 月結業，返回原部隊續任原職。後任陸軍第十五軍（軍長劉平）司令部參謀長。1948 年 9 月 22 日被國民政府軍事委員會銓敘廳頒令敘任陸軍少將。1949 年春任陸軍總司令部第三編練司令（沈發藻）部參謀長，率部在江西贛州地區訓練新編部隊。1949 年 10 月在湖南石門向人民解放軍投誠。

周鼎

周鼎（1906 － ？）別字暢侯，湖南新寧人。廣州黃埔中央軍事政治學校第五期步兵科畢業。1926 年 3 月入黃埔軍校入伍生隊受訓，1926 年 11 月入廣州黃埔中央軍事政治學校第五期步兵科學習，1927 年 8 月畢業。隨部參加北伐戰爭，歷任國民革命軍陸軍步兵團排長、連長、營長。1935 年 7 月 12 日敘任陸軍步兵少校。

周翰

周翰（1906 － ？）別字墨香，別號墨輝，湖南嘉禾人，另載湖南臨武人。廣州黃埔中央軍事政治學校第五期步兵科畢業。1926 年 3 月入黃埔軍校入伍生隊受訓，1926 年 11 月入廣州黃埔中央軍事政治學校第五期步兵科學習，1927 年 8 月畢業。隨部參加北伐戰爭，抗日戰爭爆發後，任陸軍第十八軍第十一師第六十二團中校團附，隨部參加淞滬會戰、南京保衛戰、武漢會戰。1938 年 5 月奉派入中央軍官訓練團第一期第一大隊第二中隊學員隊受訓，1938 年 7 月結業。後任陸軍第十一師第六十四團副團長、團長等職。

周名勳（1903 － ？）別字鼎九，別號銘勳，湖南益陽人。廣州黃埔中央軍事政治學校第五期步兵科畢業。1926 年 3 月考入廣州黃埔中央軍

事政治學校第五期步兵科學習，1927 年 8 月畢業。歷任國
民革命軍陸軍步兵團排長、連長、營長、團長等職。抗日
戰爭勝利後，1945 年 10 月獲頒忠勤勳章。1946 年 2 月被
國民政府軍事委員會銓敘廳頒令敘任陸軍步兵上校。

周名勳

　　周岐嶷（1905 － 1930）別字超凡，湖南永州人。廣
州黃埔中央軍事政治學校第五期經理科畢業。1926 年 3 月
考入廣州黃埔中央軍事政治學校第五期經理科學習，1927
年 8 月畢業。歷任國民革命軍陸軍輜重兵連見習、排長、
副連長，1930 年 5 月 28 日在河南蒲莊作戰陣亡。[83]

周岐嶷

　　周茂僧（1905 － 1961）原名攻惡，[84] 別字茂僧，後以字行，湖南長沙
人。廣州黃埔中央軍事政治學校第五期政治科、南京中央陸軍軍官學校政
治訓練班第三期畢業。1926 年 3 月入黃埔軍校入伍生隊受訓，1926 年 11
月入廣州黃埔中央軍事政治學校第五期步兵科學習，1927 年 8 月畢業。
隨部參加北伐戰爭，歷任國民革命軍第二十二師排長、連長、營附，第三
十八旅司令部附員等職。抗日戰爭爆發後，任第九集團軍預備二師副師
長、師長，第十四集團軍總司令部副官處處長、少將參議。1945 年 7 月
被國民政府軍事委員會銓敘廳頒令敘任陸軍步兵上校，1946 年 7 月被國
民政府軍事委員會銓敘廳頒令敘任陸軍少將，1946 年 7 月退役。加入民
革湖南省地方組織，1949 年 8 月參加湖南起義。中華人民共和國成立後，
1950 年任湖南省人民政府參事室參事，1961 年 10 月因病在長沙逝世。

　　羅傑（1904 －？）別字江生，湖南湘潭人。廣州黃埔中央軍事政治
學校第五期政治科畢業。1926 年 3 月入黃埔軍校入伍生隊受訓，1926 年
11 月入廣州黃埔中央軍事政治學校第五期步兵科學習，1927 年 8 月畢業。

[83]　中國第二歷史檔案館供稿，華東工學院編輯出版部影印，檔案出版社 1989 年 7 月
　　　《黃埔軍校史稿》第八冊（本校先烈）第 273 頁第五期烈士芳名表記載 1930 年 5
　　　月 28 日在河南蒲莊陣亡。
[84]　湖南省檔案館校編，湖南人民出版社《黃埔軍校同學錄》記載。

隨部參加北伐戰爭，歷任國民革命軍陸軍步兵營排長、連長、營長等職。抗日戰爭爆發後，任陸軍步兵團副團長，陸軍步兵師步兵指揮部作戰組組長，陸軍步兵軍司令部參謀處科長，後方指揮所副主任等職。1936 年 12 月 8 日敘任陸軍步兵少校。抗日戰爭勝利後，任高級參謀等職。1945 年 10 月獲頒忠勤勳章。1946 年 5 月獲頒勝利勳章。1946 年 6 月奉派入中央訓練團將官班受訓，登記為少將學員，1946 年 8 月結業。1947 年 8 月被國民政府軍事委員會銓敘廳敘任陸軍步兵上校。1948 年任陸軍第四十一軍第一二二師司令部參謀長等職。

羅平白（1906 － ？）別字雪光、血光，湖南新化人。廣州黃埔中央軍事政治學校第五期經理科畢業，中央軍官訓練團第一期結業。1926 年 3 月考入廣州黃埔中央軍事政治學校第五期經理科學習，1927 年 8 月畢業。歷任國民革命軍陸軍步兵團排長、連長、副營長。1937 年 5 月 20 日

羅平白

敘任陸軍步兵少校。抗日戰爭爆發後，任陸軍第八十師步兵第四七九團第二營少校營長，隨部參加抗日戰役。1938 年 4 月奉派入中央軍官訓練團第一期第三大隊第十中隊學員隊受訓，1938 年 6 月結業。後任陸軍第第八十師步兵第四七九團副團長、團長等職。

羅賢達（1905 － 1950）別字健三，又號建三，湖南長沙人。廣州黃埔中央軍事政治學校第五期炮兵科、陸軍大學將官訓練班第一期畢業。中央訓練團黨政研究班第三期結業。1926 年 3 月考入廣州黃埔中央陸軍軍官學校第五期炮兵科炮兵大隊學習，1927 年 8 月畢業。歷任國民革命軍第十四師步兵團排長、連長、團附等職。1933 年後任陸軍第十八軍（軍長羅卓英）第十一師（師長黃維）步兵團營長、團長等職。1936 年 3 月 31 日敘任陸軍炮兵少校。抗日戰爭爆發後，1938 年 10 月任陸軍第十八軍第十一師第三十一旅第六十二團團長，率部參加淞滬會戰、南京保衛戰、徐州會戰、武漢會戰。1939 年 3 月任陸軍第十八軍第十一師第三十一旅旅長，1940 年率部參加棗宜會戰。1941 年 9 月任陸軍第十八軍第十一師

副師長兼師政治部主任。1942 年 7 月被國民政府軍事委員會銓敘廳敘任陸軍炮兵上校。1943 年 12 月任陸軍第八十六軍第六十七師師長，率部參加鄂北會戰諸役。1945 年 6 月任陸軍第六十六軍第十三師師長等職。抗日戰爭勝利後，任陸軍第六十七師師長，1946 年 6 月任陸軍整編第六十六師第十三旅旅長，率部在中原地區對人民解放軍作戰。1948 年開封戰役中整編第六十六師師長李仲辛陣亡，由其率領餘部重組整編第六十六師，並任師長，率部在濟南戰役中與人民解放軍作戰。1948 年夏恢復軍編制後，續任第六十六軍軍長等職。1948 年 9 月 22 日被國民政府軍事委員會銓敘廳敘任陸軍少將。1949 年 4 月率部防守南京至蕪湖長江防線，1949 年 4 月 29 日所部在安徽廣德地區被全殲，其在該縣境獨山鎮被人民解放軍俘虜。後入華東軍區政治部敵工部解放軍官訓練團學習，1950 年 9 月 30 日深夜與劉秉哲（原第二十八軍軍長）越獄未遂被逮捕，同年 10 月上旬在獄中公審大會上宣判死刑，並與劉秉哲同時執行槍決。[85]

羅革非（1906－？）湖南華容人。廣州黃埔中央軍事政治學校第五期步兵科、南京中央陸軍步兵學校校官班第四期畢業。1926 年 3 月考入廣州黃埔中央軍事政治學校第五期步兵科學習，1927 年 8 月畢業。隨部參加北伐戰爭，歷任國民革命軍陸軍步兵營排長、連長、營長、團附。1936 年 3 月 24 日敘任陸軍憲兵少校。

羅革非

羅保芬（1905－？）湖南益陽人。廣州黃埔中央軍事政治學校第五期工兵科畢業。1926 年 3 月考入廣州黃埔中央軍事政治學校第五期工兵科學習，1927 年 8 月畢業。歷任國民革命軍陸軍工兵團排長、連長、營長、團長等職。抗日戰爭勝利後，任集團軍總司令部工兵指揮部副主任。1945 年 10 月獲頒忠勤勳章。1946 年 5 月獲頒勝利勳章。1947 年 3 月被國民政府軍事委員會銓敘廳頒令敘任陸軍步工兵上校。

---

[85] 夏繼誠著：江蘇人民出版社 1997 年 7 月《折戟》第 192 頁。

羅祖良（1905－？）又名組良，別號志霞，湖南益陽人。廣州黃埔中央軍事政治學校第五期步兵科畢業。1926年3月入黃埔軍校入伍生隊受訓，1926年11月入廣州黃埔中央軍事政治學校第五期步兵科學習，1927年8月畢業。

羅祖良

隨部參加北伐戰爭，歷任國民革命軍陸軍步兵團排長、連長、營長、團長等職。1945年7月被國民政府軍事委員會銓敘廳頒令敘任陸軍步兵上校。抗日戰爭勝利後，1945年10月獲頒忠勤勳章。1946年5月獲頒勝利勳章。1948年任第六兵團司令部第四處處長。1949年被人民解放軍俘虜，1959年12月獲特赦釋放。

羅敬之（1904－1932）湖南祁陽人。廣州黃埔中央軍事政治學校第五期工兵科畢業。1926年3月考入廣州黃埔中央軍事政治學校第五期工兵科學習，1927年8月畢業。歷任國民革命軍陸軍工兵連見習、排長、副連長，1932年10月29日在湖北新集作戰陣亡。[86]

羅敬之

羅維美（1906－1930）別字侃，湖南瀏陽人。廣州黃埔中央軍事政治學校第五期步兵科畢業。1926年3月考入廣州黃埔中央軍事政治學校第五期步兵科學習，1927年8月畢業。歷任國民革命軍陸軍步兵連見習、副排長、排長，1930年5月16日在山東曹縣作戰陣亡。[87]

羅維美

易守毅（1904－1927）別字醒群，湖南湘鄉人。廣州黃埔中央軍事政治學校第五期經理科畢業。1926年3月考入廣州黃埔中央軍事政治學校第五期經理科學習，1927

易守毅

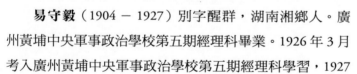

---

[86] 中國第二歷史檔案館供稿，華東工學院編輯出版部影印，檔案出版社1989年7月《黃埔軍校史稿》第八冊（本校先烈）第281頁第五期烈士芳名表記載1932年10月29日在湖北新集陣亡。

[87] 華東工學院編輯出版部影印，檔案出版社1989年7月《黃埔軍校史稿》第八冊（本校先烈）第273頁第五期烈士芳名表記載1930年5月16日在山東曹縣陣亡。

年 8 月畢業。任國民革命軍總司令部輜重兵隊見習，1927 年 8 月 26 日在江蘇龍潭戰役作戰陣亡。[88]

易舜欽（1906 － ？）湖南醴陵人。廣州黃埔中央軍事政治學校第五期政治科畢業。1926 年 3 月入黃埔軍校入伍生隊受訓，1926 年 11 月入廣州黃埔中央軍事政治學校第五期政治科學習，1927 年 8 月畢業。隨部參加北伐戰爭，歷任　國民革命軍陸軍步兵團排長、連長、營長、團長等職。抗日戰爭爆發後，任陸軍第二十九軍（軍長）新編第十六師（師長）副師長，兼任該師政治部主任等職。抗日戰爭勝利後，1945 年 10 月獲頒忠勤勳章。1946 年 1 月奉派入中央訓練團受訓。1946 年 5 月獲頒勝利勳章。1946 年 5 月被國民政府軍事委員會銓敘廳敘任陸軍步兵上校。1947 年 11 月 21 日被國民政府軍事委員會銓敘廳敘任陸軍少將，同時退役。

林顯強（1905 － ？）別字建國，湖南醴陵人。廣州黃埔中央軍事政治學校第五期步兵科畢業。1926 年 3 月考入廣州黃埔中央軍事政治學校第五期步兵科學習，1927 年 8 月畢業。任國民革命軍陸軍步兵營排長、連長、營長。1935 年 6 月 24 日敘任陸軍步兵少校。

林顯強

林益範（1907 － 1931）別字圍生，湖南湘潭人。廣州黃埔中央軍事政治學校第五期工兵科畢業。1926 年 3 月考入廣州黃埔中央軍事政治學校第五期工兵科學習，1927 年 8 月畢業。任國民革命軍陸軍工兵連見習、副排長，1931 年 2 月 26 日在安徽亳州作戰陣亡。[89]

林益範

---

[88] 中國第二歷史檔案館供稿，華東工學院編輯出版部影印，檔案出版社 1989 年 7 月《黃埔軍校史稿》第八冊（本校先烈）第 275 頁第五期烈士芳名表記載 1927 年 8 月 26 日在江蘇龍潭陣亡。

[89] 中國第二歷史檔案館供稿，華東工學院編輯出版部影印，檔案出版社 1989 年 7 月《黃埔軍校史稿》第八冊（本校先烈）第 271 頁第五期烈士芳名表記載 1931 年 2 月 26 日在安徽亳州陣亡。

歐熙和（1904 － ？）別字煌輝，湖南衡陽人。廣州黃埔中央軍事政治學校第五期步兵科畢業。1926 年 3 月考入廣州黃埔中央軍事政治學校第五期步兵科學習，1927 年 8 月畢業。歷任國民革命軍陸軍步兵團排長、連長、營長、團長等職。1945 年 4 月被國民政府軍事委員會銓敘廳頒令敘任陸軍步兵上校。

歐熙和

單心輿（1896 － 1951）別字傅炳，湖南平江縣甕江鄉人。廣州黃埔中央軍事政治學校第五期步兵科畢業。1896 年農曆 7 月 20 日生於平江縣甕江鄉一個農戶家庭。1926 年 3 月入黃埔軍校入伍生隊受訓，1926 年 11 月入廣州黃埔國民革命軍軍官學校第五期步兵科學習，1927 年 8 月畢業。隨部參加北伐戰爭，歷任國民革命軍陸軍步兵營排長、連長、營長等職。1937 年 1 月 6 日敘任陸軍步兵少校。抗日戰爭爆發後，任陸軍步兵團團長，補充兵訓練分處副處長，第六戰區司令長官部督察專員。抗日戰爭勝利後，參與點驗和改編湘鄂邊境六個軍的偽軍事宜。1946 年 6 月奉派入中央訓練團將官班受訓，登記為少將學員，1946 年 8 月結業。1947 年任國民政府河南省勞動督導團主任，負責安置戰時流散官兵。1949 年退休後解甲歸田。中華人民共和國成立後，被逮捕入獄，1951 年在「鎮反運動」中被處決，1987 年 12 月落實政策。[90]

鄭志超（1905 － 1927）湖南石門人。廣州黃埔中央軍事政治學校第五期步兵科畢業。1926 年 3 月考入廣州黃埔中央軍事政治學校第五期步兵科學習，1927 年 8 月畢業。任國民革命軍第一軍第二師第五團第二連見習官，1927 年

鄭志超

---

[90] 湖南省岳陽市政協文史資料委員會編：湖南《岳陽文史》第十輯 1999 年 8 月印行《岳陽籍原國民黨軍政人物錄》第 512 頁。

8月在龍潭戰役負傷，[91] 越兩日因傷重不治身亡。[92]

范基周

范基周（1904－？）別字祖鎬，別號宅京，湖南臨澧人。廣州黃埔中央軍事政治學校第五期步兵科畢業。1926年3月考入廣州黃埔中央軍事政治學校第五期步兵科學習，1927年8月畢業。歷任國民革命軍陸軍步兵團排長、連長、副營長。1936年10月任南京中央陸軍軍官學校第十三期步兵第二隊少校隊長。抗日戰爭爆發後，隨軍校遷移西南地區，續任成都中央陸軍軍官學校步兵科教官等職。

侯蔭黎

侯蔭黎（1906－？）別字清佑，湖南安仁人。廣州黃埔中央軍事政治學校第五期步兵科畢業。1926年3月入黃埔軍校入伍生隊受訓，1926年11月入廣州黃埔國民革命軍軍官學校第五期步兵科學習，1927年8月畢業。隨部參加北伐戰爭，歷任國民革命軍陸軍步兵初中級軍職。抗日戰爭爆發後，任第三戰區司令長官部特務團副團長，後任第三戰區司令長官部訓練總隊（總隊長唐肅）第二大隊上校大隊長。1940年10月任第三戰區司令長官部參謀處上校參謀，「皖南事變」後奉派接收中共新四軍被俘人員，任第二訓練大隊大隊長。[93]

姜藩（1904－？）別字師尚，湖南武岡人。廣州黃埔中央軍事政治學校第五期步兵科畢業。1926年3月考入廣州黃埔中央軍事政治學校第五期步兵科學習，1927年8月畢業。歷任國民革命軍陸軍步兵團排長、連長、營長、團長等職。抗日戰爭勝利後，1945年10月獲頒忠勤勳章。1946年

---

[91] 龔樂群編纂：南京中央陸軍軍官學校1934年印行《中央陸軍軍官學校追悼北伐陣亡將士特刊－黃埔血史》記載。

[92] 中國第二歷史檔案館供稿，華東工學院編輯出版部影印，檔案出版社1989年7月《黃埔軍校史稿》第八冊（本校先烈）第275頁第五期烈士芳名表記載1927年8月28日在江蘇龍潭陣亡。

[93] 江西省上饒市政協文史資料研究委員會編：1988年6月印行《國民黨第三戰區司令長官部紀實》下冊第129頁。

5 月獲頒勝利勳章。任師管區司令部副司令官。1947 年 3 月被國民政府軍事委員會銓敘廳頒令敘任陸軍步兵上校。

胡夷

胡夷（1905 － ？）別字醒民，湖南常德人。廣州黃埔中央軍事政治學校第五期步兵科畢業。1926 年 3 月考入廣州黃埔中央軍事政治學校第五期步兵科學習，1927 年 8 月畢業。任國民革命軍陸軍步兵營排長、連長、營長。1935 年 6 月 19 日敘任陸軍步兵少校。

胡璉

胡璉（1907 － ？）別號子敬，湖南澧縣人。廣州黃埔中央軍事政治學校第五期步兵科、陸軍大學將官班乙級第四期畢業。1926 年 3 月考入廣州黃埔軍校第五期步兵科步兵大隊學習，1927 年 8 月畢業。1927 年 7 月廣州黃埔中央軍事政治學校第五期畢業，隨部參加北伐戰爭，歷任國民革命軍排、連長，參謀等職。抗日戰爭爆發後，任陸軍步兵團團附，守備區司令部副司令官，第三戰區司令長官部幹部訓練團教務處第二組組長等職。抗日戰爭勝利後，1945 年 10 月獲頒忠勤勳章。1946 年 5 月獲頒勝利勳章。任陸軍新編第十六師副師長。1947 年 11 月入陸軍大學乙級將官班學習，1948 年 11 月畢業。1949 年 11 月任陸軍第二三五師（師長潘清洲）副師長，1949 年 12 月 9 日在四川彭縣率部參加起義。[94]

胡鯤

胡鯤（1905 － ？）別字少海，湖南嶽陽人。廣州黃埔中央軍事政治學校第五期步兵科畢業。1926 年 3 月考入廣州黃埔中央軍事政治學校第五期步兵科學習，1927 年 8 月畢業。歷任國民革命軍陸軍步兵團排長、連長、營長、團長等職。抗日戰爭勝利後，1945 年 10 月獲頒忠勤勳章。1946 年 5 月獲頒勝利勳章。任陸軍整編旅副旅長。1947 年 2 月被國民政府軍事委員會銓敘廳頒令敘任陸軍步兵上校。

---

[94] 中國人民解放軍歷史資料叢書編審委員會：「中國人民解放軍歷史資料叢書」，解放軍出版社 1996 年 1 月《解放戰爭時期國民黨軍起義投誠－川黔滇康藏地區》第 822 頁。

　　胡永相（1904 －？）別字繼志，湖南寶慶人。廣州黃埔中央軍事政治學校第五期步兵科畢業。1926 年 3 月考入廣州黃埔中央軍事政治學校第五期步兵科學習，1927 年 8 月畢業。任國民革命軍陸軍步兵營排長、連長、營長。1935 年 6 月 18 日敘任陸軍步兵少校。

胡永相

　　胡晉生（1904 －？）別號月添，湖南常德人。廣州黃埔中央軍事政治學校第五期步兵科畢業。1926 年 3 月入黃埔軍校入伍生隊受訓，1926 年 11 月入廣州黃埔國民革命軍軍官學校第五期步兵科學習，1927 年 8 月畢業。隨部參加北伐戰爭，1935 年 6 月 20 日敘任陸軍步兵少校。抗日戰爭勝利後，任陸軍第五十二軍（軍長）第二十五師（師長）副師長。1945 年 10 月獲頒忠勤勳章。1946 年 5 月獲頒勝利勳章。1947 年任陸軍第五十二軍第二十五師師長。1948 年 2 月被人民解放軍俘虜。

　　胡家驥（1907 －？）別字德稱，別號德丞，湖南湘鄉人。廣州黃埔中央軍事政治學校第五期步兵科畢業。1926 年 3 月入黃埔軍校入伍生隊受訓，1926 年 11 月入廣州黃埔中央軍事政治學校第五期步兵科學習，1927 年 8 月畢業。隨部參加北伐戰爭，1927 年 8 月參加龍潭戰役。1931 年 12 月任陸軍第五軍第八十七師（師長王敬久）第二六一旅（旅長宋希濂）第五二二團（團長沈發藻）第三營營長，率部參加「一・二八」淞滬抗日戰事。任陸軍第三十六師（師長）第二一六團副團長、團長等職。1935 年 5 月 18 日敘任陸軍步兵中校。抗日戰爭爆發後，任第七十一軍（軍長）第八十八師（師長鍾彬、楊彬）副師長，率部參加淞滬抗戰、徐州會戰、武漢會戰和湖南會戰。1942 年 3 月接楊彬任陸軍第七十一軍（軍長鍾彬、陳明仁）第八十八師代理師長、師長，率部參加緬北抗戰及滇西會戰。抗日戰爭勝利後，1945 年 10 月獲頒忠勤勳章。仍任陸軍第七十一軍（軍長陳明仁）第八十八師師長，整編第八十八旅旅長，率部赴東北與人民解放軍作戰，1946 年 4 月被撤職。1946 年 5 月獲頒勝利勳章。複任東北「剿匪」總司令部瀋陽警備司令部司令官。1948 年 10 月於葫蘆島撤返

關內，任國防部附員，新編第五十師師長。1948 年 9 月 22 日被國民政府軍事委員會銓敘廳敘任陸軍少將。1949 年 6 月率部由青島乘船撤退廣東，1949 年 10 月再度遭到人民解放軍重創。1950 年 1 月再任在海南島重建後的陸軍第五十軍軍長，1950 年 5 月該軍乘船撤退臺灣，其於 1950 年到香港定居。

胡鎮隨（1904 －？）別號其志，湖南新化人。廣州黃埔中央軍事政治學校第五期步兵科畢業。1926 年 3 月入黃埔軍校入伍生隊受訓，1926 年 11 月入廣州黃埔國民革命軍軍官學校第五期步兵科學習，1927 年 8 月畢業。隨部參加北伐戰爭，歷任軍職。1935 年 6 月 20 日敘任陸軍步兵少校。抗日戰爭爆發後，1945 年 4 月被國民政府軍事委員會銓敘廳敘任陸軍步兵上校。抗日戰爭勝利後，1945 年 10 月獲頒忠勤勳章。1946 年 5 月獲頒勝利勳章。1948 年 9 月 22 日被國民政府軍事委員會銓敘廳敘任陸軍少將。1949 年任陸軍第十四軍第八十五師師長等職。

賀永祥（1904 － 1932）湖南衡陽人。廣州黃埔中央軍事政治學校第五期步兵科畢業。1926 年 3 月考入廣州黃埔中央軍事政治學校第五期步兵科學習，1927 年 8 月畢業。歷任國民革命軍陸軍步兵連見習、排長、連長，1932 年 8 月 15 日在河南作戰陣亡。[95]

賀永祥

段雲（1905 － 1954）又名澐，別名湘泉。湖南衡陽人。前軍事委員會總參謀長程潛女婿。廣州黃埔中央軍事政治學校第五期步兵科畢業。1926 年 3 月入黃埔軍校入伍生隊受訓，1926 年 11 月入廣州黃埔中央軍事政治學校第五期步兵科學習，1927 年 8 月畢業。隨部參加北伐戰爭，歷任黃埔軍校入伍生總隊第二團排長、區隊長，國民革命

段雲

---

95 中國第二歷史檔案館供稿，華東工學院編輯出版部影印，檔案出版社 1989 年 7 月《黃埔軍校史稿》第八冊（本校先烈）第 281 頁第五期烈士芳名表記載 1932 年 8 月 15 日在河南陣亡。

軍第六軍第十八師第五十三團連、營、團附等職。抗日戰爭爆發後，任陸軍第一師第一旅第一團團長，陸軍第二十四師第一一四團團長，陸軍第十九師司令部參謀長，陸軍第五十二師第一五四旅旅長。後任陸軍預備第三師副師長兼第二團團長，寶雞警備司令部司令官，軍政部第四新兵補訓處副處長，敘南師管區司令部司令官。第一戰區第三十七軍（軍長羅奇）第九十五師（師長）副師長。1943 年 7 月被國民政府軍事委員會銓敘廳頒令敘任陸軍輜重兵上校。1944 年 12 月任陸軍第九十五師代理師長，率部參加衡陽會戰、桂柳會戰諸役。抗日戰爭勝利後，第三十七軍被裁撤，改隸陸軍第六十二軍，率部赴越南參加受降儀式，任召南、嘉義警備司令部司令官。1945 年 10 月獲頒忠勤勳章。1946 年 5 月獲頒勝利勳章。1946 年受降事畢隨第六十二軍赴華北駐防，隸屬保定綏靖主任（孫連仲）公署。1946 年 6 月陸軍第六十二軍整編為師，任該師整編第九十五旅旅長，率部在勝芳戰役、固安戰役與人民解放軍作戰，時稱華北「趙子龍師」。後任青年軍第二〇八師師長，第二〇八師擴編後，任陸軍第八十七軍軍長，兼任塘沽防守司令部司令官，隸屬第十七兵團（司令官侯鏡如）。1948 年 9 月 22 日被國民政府軍事委員會銓敘廳頒令敘任陸軍少將。侯鏡如不在時，一度兼代第十七兵團司令官。率部在平津戰役與人民解放軍作戰，失利後率部乘船南下，駐防浙東、舟山群島時，溪口交警總隊起義時，曾率部平定。1949 年夏率部撤退臺灣，任臺灣防衛總司令部副總司令。後入臺灣革命實踐研究院第一期深造，因其系程潛女婿，後被以「匪諜嫌疑」，與胞兄段複、妹夫謝小球、堂兄段徽楷等，在沒有判決書情況下，1954 年被秘密處決。前保密局督察室主任谷正文將軍認為段沄叛亂是假案。友人前陸軍總部情報署長張揚明將軍亦對此案有異議。

　　段彥暉（1903 － 1927）別字繼春，湖南衡陽人。廣州黃埔中央軍事政治學校第五期步兵科畢業。1926 年 3 月考入廣州黃埔中央軍事政治學校第五期步兵科學習，1927 年 8 月畢業。任國民革命軍陸軍步兵連見習，1927 年 9 月

段彥暉

1 日在江蘇龍潭作戰陣亡。[96]

鍾哲

鍾哲（1905 － 1929）別字既明，湖南零陵人。廣州黃埔中央軍事政治學校第五期步兵科畢業。1926 年 3 月考入廣州黃埔中央軍事政治學校第五期步兵科學習，1927 年 8 月畢業。任國民革命軍陸軍步兵連見習、排長，1929 年 11 月 17 日在安徽蕪湖作戰陣亡。[97]

鍾瑛（1900 － 1962）別號紹卿，湖南瀏陽人。廣州黃埔中央軍事政治學校第五期政治科畢業。1926 年 3 月入黃埔軍校入伍生隊受訓，1926 年 11 月入廣州黃埔中央軍事政治學校第五期政治科學習，1927 年 8 月畢業。隨部參加北伐戰爭，參加北伐戰爭，歷任國民革命軍陸軍步兵團排長、連長、營長、團長等職。抗日戰爭勝利後，1945 年 10 月獲頒忠勤勳章。1946 年 5 月獲頒勝利勳章。1948 年任湖南第一兵團司令部高級參謀，後任陸軍步兵師副師長、代理師長等職。

唐德

唐德（1905 － 1967）別號峻明，湖南東安人。廣州黃埔中央軍事政治學校第五期炮兵科畢業。1926 年 3 月入黃埔軍校入伍生隊受訓，1926 年 11 月入廣州黃埔國民革命軍軍官學校第五期炮兵科學習，1927 年 8 月畢業。隨部參加北伐戰爭，歷任國民革命軍排長、連長，隨部參加北伐戰爭和中原大戰。1931 年任陸軍第五軍第八十七師（師長張治中兼）第二六一旅（旅長宋希濂）第五二一團（團長劉安琪）第一營營長，參

---

[96] 中國第二歷史檔案館供稿，華東工學院編輯出版部影印，檔案出版社 1989 年 7 月《黃埔軍校史稿》第六冊《各期陣亡學生姓名表》第 272 － 275 頁第五期名單記載；中國第二歷史檔案館供稿，華東工學院編輯出版部影印，檔案出版社 1989 年 7 月《黃埔軍校史稿》第八冊（本校先烈）第 274 頁第五期烈士芳名表記載 1927 年 9 月 1 日在江蘇龍潭陣亡。

[97] 中國第二歷史檔案館供稿，華東工學院編輯出版部影印，檔案出版社 1989 年 7 月《黃埔軍校史稿》第八冊（本校先烈）第 278 頁第五期烈士芳名表記載 1929 年 11 月 17 日在安徽蕪湖陣亡。

加 1932 年「一・二八」淞滬抗戰，後任第五二一團團附，第八十七師司令部參謀等職。抗日戰爭爆發後，任陸軍第五軍第八十七師第二十一團團長，第一〇八師第三二二旅旅長等職。1939 年 12 月被國民政府軍事委員會銓敘廳敍任陸軍炮兵上校。後任第三戰區江南挺進軍第一縱隊司令部司令官。抗日戰爭勝利後，1945 年 10 月獲頒忠勤勳章。1946 年 5 月獲頒勝利勳章。1948 年任陸軍第五十軍（軍長李志鵬、胡家驥）第二七〇師師長，率部在山東與人民解放軍作戰。後率部由膠東乘船南下廣東，所部後在陽江、陽春地區被人民解放軍殲滅。1949 年到香港，1967 年 4 月 15 日因病在臺北逝世。

唐生亮

唐生亮（1904 － 1928）別字現民，湖南石門人。石門縣立中學、廣州黃埔中央軍事政治學校第五期步兵科畢業。1926 年 3 月考入廣州黃埔中央軍事政治學校第五期步兵科第八隊學習，1927 年 8 月畢業。任國民革命軍第九軍第二十一師步兵連見習、排長，隨軍參加龍潭戰役及第二次北伐初期明光、臨城戰役。1928 年 4 月在山東嶧縣作戰，被炮彈擊中陣亡。[98]

唐世範

唐世範（1904 －？）湖南東安人。廣州黃埔中央軍事政治學校第五期步兵科畢業。1926 年 3 月考入廣州黃埔中央軍事政治學校第五期步兵科學習，1927 年 8 月畢業。任國民革命軍陸軍第二師步兵連見習、排長、連長，1929 年 2 月 17 日被推選為中國國民黨陸軍第二師特別黨部執行委員。後任國民革命軍陸軍第二師補充團營長、團長等職。

---

[98] ①中國第二歷史檔案館供稿，華東工學院編輯出版部影印，檔案出版社 1989 年 7 月《黃埔軍校史稿》第六冊《各期陣亡學生姓名表》第 272 － 275 頁第五期名單；②中國第二歷史檔案館供稿，華東工學院編輯出版部影印，檔案出版社 1989 年 7 月《黃埔軍校史稿》第八冊（本校先烈）第 103 頁有烈士傳略；③中國第二歷史檔案館供稿，華東工學院編輯出版部影印，檔案出版社 1989 年 7 月《黃埔軍校史稿》第八冊（本校先烈）第 278 頁第五期烈士芳名表記載 1928 年 4 月在山東嶧縣陣亡。

唐守治（1907－1975）別號澤生，別字浩泉，原載
湖南永州人，[99] 另載湖南零陵人。本鄉高等小學堂、零陵縣
立中學、廣州黃埔中央軍事政治學校第五期工兵科、南京
中央陸軍軍官學校軍官團、步兵學校校官班畢業。1907 年
3 月 11 日生於永州一個耕讀家庭。[100] 早年入本村私塾啟蒙，

唐守治

後入本鄉高等小學堂就學，繼入零陵縣立中學學習，畢業後南下投考黃埔
軍校。1926 年 3 月入黃埔軍校入伍生隊受訓，1926 年 11 月入廣州黃埔中
央軍事政治學校第五期工兵科學習，1927 年 8 月畢業。隨部參加北伐戰
爭，歷任國民革命軍第一軍第二十二師步兵連見習、排長，財政部稅警總
團第四團（團長孫立人）連長、營長、團附、團長等職。1935 年 7 月 20
日敘任陸軍工兵少校。抗日戰爭爆發後，任第一〇二師第六〇九團上校團
長，隨部參加淞滬會戰。1938 年任稅警總團幹部教練所教育長，陸軍新
編第三十八師（師長孫立人）副師長，1944 年 7 月任中國遠征軍新編第
一軍（軍長孫立人）新編第三十八師師長，1944 年 12 月接李鴻任新編第
三十師師長，參加遠征印緬抗戰諸役。1945 年 4 月被國民政府軍事委員
會銓敘廳敘任陸軍工兵上校。抗日戰爭勝利後，1945 年 10 月獲頒忠勤勳
章。1946 年任陸軍訓練司令部參謀長。1946 年 5 月獲頒勝利勳章。後任
中央陸軍軍官學校第二十一、二十二期臺灣軍官訓練班副主任，中央陸軍
軍官學校第四軍官訓練班主任。青年軍第二〇六師師長。1948 年 9 月 22
日被國民政府軍事委員會銓敘廳敘任陸軍少將。1949 年 1 月任陸軍第八
十軍軍長。1949 年秋到臺灣，任臺灣南部防守區司令部司令官，北部防
守區司令部司令官，第一軍團司令部副司令官，海軍陸戰隊司令部司令
官。1957 年 10 月敘任陸軍中將，任臺灣陸軍總司令部副總司令，第一軍
團司令部司令官。1961 年 1 月任臺灣「參謀本部」副參謀總長。1963 年

---

[99] 湖南省檔案館校編、湖南人民出版社《黃埔軍校同學錄》記載。
[100] 臺北《黃埔建國文集》編纂委員會編纂：臺北實踐出版社 1985 年 6 月《黃埔軍魂》
　　第 484 頁。

1月敘任陸軍二級上將。任臺灣總政治作戰部主任。1969年1月改任臺灣「國家總動員委員會」副主任委員等職。1975年4月5日因病在臺北逝世。[101]

唐有章（1906－2000）湖南攸縣人。湖南省立第一師範學校畢業，廣州黃埔中央軍事政治學校第五期入伍生隊肄業，[102] 前蘇聯莫斯科中山大學畢業。1926年到廣州投考黃埔軍校第五期，被編為廣州黃埔國民革命軍軍官學校入伍生團第一團第一營第一連受訓，1926年10月加入中共。曾在《黃埔日刊》1926年12月11日發表《北伐勝利的條件和目前的工作》，1927年12月1日發表《我們的責任與態度》，闡述了反對帝國主義、反對軍閥的徹底革命態度。畢業後參加北伐戰爭，歷任軍校炮兵隊指導員，國民革命軍第四軍軍官教導團炮兵連指導員。1927年12月隨部參加廣州起義，後入海陸豐地區參加工農武裝鬥爭，任工農革命軍第四師司令部警衛連連長兼黨代表。1928年在香港中共廣東省委工作，同年赴上海治傷。1929年1月派赴蘇聯學習，後留蘇工作，任列寧格勒省內政部中央圖書館管理員、經理、總經理。1936年5月任蘇聯駐蒙古商務專員。1936年12月任新西伯利亞中國士兵勞動營團長，蘇聯馬加丹省市政企業管理科長、處長，市政工業局聯合廠工程師、廠長等職。1958年11月回國，任國務院對外貿易部機械公司專員、副經理。1961年任中國農業機械研究院副院長。1978年起任第一機械工業部設計總院副院長，1979年12月調任農業機械部外事局局長，農機部顧問（副部長級）。1982年12月在機械工業部離休。晚年寓居北京市復興門外大街22樓一門10號住所，參與黃埔軍校同學會活動。2000年1月9日因病在北京逝世。著有《革命與流放》（湖南人民出版社1988年出版）等。

---

[101] 劉國銘主編：春秋出版社1989年3月《中華民國國民政府軍政職官人物志》第881頁「臺灣知名要人死亡名單」記載。

[102] 湖南省檔案館校編、湖南人民出版社《黃埔軍校同學錄》無載；現據本人回憶錄《革命與流放》；《北京市黃埔軍校同學會會員通訊錄》記載。

　　唐身修（1902－1930）別字道藩，湖南湘潭人。廣州黃埔中央軍事
政治學校第五期工兵科畢業。1926 年 3 月考入廣州黃埔中央軍事政治學
校第五期工兵科學習，1927 年 8 月畢業。任國民革命軍陸軍工兵連見習、
排長，1930 年 5 月 16 日在河南小扒集作戰陣亡。[103]

　　唐明德（1905－？）湖南石門人。廣州黃埔中央軍事政治學校第五
期步兵科畢業。1926 年 3 月入黃埔軍校入伍生隊受訓，1926 年 11 月入廣
州黃埔國民革命軍軍官學校第五期步兵科學習，1927 年 8 月畢業。隨部
參加北伐戰爭，1935 年 6 月 17 日敘任陸軍步兵少校。抗日戰爭爆發後，
任陸軍第七十八師（師長李文）第二三二旅第四六八團（團長謝義鋒）第
三營營長，隨部參加淞滬會戰。1945 年 7 月敘任陸軍步兵上校。抗日戰
爭勝利後，1945 年 10 月獲頒忠勤勳章。1946 年 5 月獲頒勝利勳章。1947
年任陸軍整編第七十六師（師長徐保、李日基）整編第一三五旅（旅長祝
夏年）副旅長，率部在陝西與人民解放軍作戰。1948 年任重建後的陸軍
整編第十三師（師長謝義鋒）整編第一三五旅旅長，[104]1949 年任第五兵團
（司令官李文）陸軍第六十九軍（軍長謝義鋒）第一三五師師長，[105]所部
1949 年 12 月在川西地區被人民解放軍殲滅。

　　唐隸華（1906－？）又名棣華，[106]別字植南，湖南
資興人。廣州黃埔中央軍事政治學校第五期經理科畢業。
1926 年 3 月入黃埔軍校入伍生隊受訓，1926 年 11 月入廣
州黃埔中央軍事政治學校第五期經理科學習，1927 年 8 月

唐隸華

畢業。隨部參加北伐戰爭，歷任國民革命軍陸軍輜重兵團排長、連長、營
長等職。抗日戰爭爆發後，任成都中央陸軍軍官學校第十五期輜重兵科少

---

[103] 中國第二歷史檔案館供稿，華東工學院編輯出版部影印，檔案出版社 1989 年 7 月
《黃埔軍校史稿》第八冊（本校先烈）第 272 頁第五期烈士芳名表記載 1930 年 5
月 16 日在河南小扒集陣亡。

[104] 曹劍浪著：解放軍出版社 2010 年 1 月《中國國民黨軍簡史》下冊第 1626 頁。

[105] 曹劍浪著：解放軍出版社 2010 年 1 月《中國國民黨軍簡史》下冊第 1626 頁。

[106] 省級檔案館藏《中央軍事政治學校第五期同學錄》記載。

校重兵器教官，第十六期重兵器教官等職。

　　唐俊明（1908－1930）別字宣三，湖南桂陽人。廣州
黃埔中央軍事政治學校第五期步兵科畢業。父英仕，為鄉
中商紳。囿於父親反對，隻身南下潛赴廣東投考。1926 年
3 月考入廣州黃埔中央軍事政治學校第五期步兵科學習，
1927 年 8 月畢業。任國民革命軍第一軍第十四師工兵隊政

唐俊明

治訓練員，曾奉派入南京中央陸軍軍官學校軍官研究班土木工程科學習，
結業後派入南京市工務局補習。津浦路戰事發生後，返回部隊派任第一軍
第二師第七團第七連排長，1930 年 4 月 9 日在山東曹縣西南黃莊之役作戰
陣亡。[107]

　　唐績熙（1905－1930）別字子猷，湖南武岡人。廣
州黃埔中央軍事政治學校第五期步兵科畢業。1926 年 3 月
考入廣州黃埔中央軍事政治學校第五期步兵科學習，1927
年 8 月畢業。任國民革命軍陸軍步兵連見習、排長，1930
年 8 月 10 日在河南商邱作戰陣亡。[108]

唐績熙

　　唐楚望（1906－？）別字守荊，湖南零陵人。廣州黃
埔中央軍事政治學校第五期步兵科畢業，中央訓練團將官
班結業。1926 年 3 月考入廣州黃埔中央軍事政治學校第五
期步兵科學習，1927 年 8 月畢業。歷任國民革命軍陸軍步

唐楚望

兵團排長、連長、營長、團長，集團軍總司令部幹部訓練團學員大隊大
隊長。抗日戰爭勝利後，任復員分處副主任。1945 年 10 月獲頒忠勤勳

---

[107] 中國第二歷史檔案館供稿，華東工學院編輯出版部影印，檔案出版社 1989 年 7 月
　　《黃埔軍校史稿》第八冊（本校先烈）第 95 頁有烈士傳略；中國第二歷史檔案館
　　供稿，華東工學院編輯出版部影印，檔案出版社 1989 年 7 月《黃埔軍校史稿》第
　　八冊（本校先烈）第 272 頁第五期烈士芳名表記載 1930 年 4 月 9 日在山東曹縣陣亡。
[108] 中國第二歷史檔案館供稿，華東工學院編輯出版部影印，檔案出版社 1989 年 7 月
　　《黃埔軍校史稿》第八冊（本校先烈）第 272 頁第五期烈士芳名表記載 1930 年 8
　　月 10 日在河南商邱陣亡。

章。1946 年 1 月奉派入中央訓練團將官班，登記為少將學員，1946 年 3 月結業。

夏日長（1904－1971）別字雨人，別號可畏，湖南常寧人。廣州黃埔中央軍事政治學校第五期步兵科、南京中央陸軍軍官學校高等教育班第二期、陸軍大學特別班第二期畢業，中央軍官訓練團第二期結業。1926 年 3 月入黃埔軍校入伍生隊受訓，1926 年 11 月入廣州黃埔中央軍事

夏日長

政治學校第五期步兵科學習，1927 年 8 月畢業。隨部參加北伐戰爭，任國民革命軍總司令部侍從參謀，陸軍第一軍第三師司令部參謀處作戰科科長，1932 年任陸軍第一軍司令部參謀處副處長，兼任訓練課課長，兼第一軍黃埔同學會主任等職。後任南京中央陸軍軍官學校第十三期第二總隊步兵第一大隊大隊長，第十四期入伍生團營長，陸軍步兵旅司令部參謀長等職。1934 年 9 月入陸軍大學特別班學習，1936 年 3 月被國民政府軍事委員會銓敘廳頒令敘任陸軍步兵上校，1937 年 8 月畢業。抗日戰爭爆發後，任中央陸軍軍官學校第十四期學生總隊第一大隊大隊長，1939 年任軍政部第一補充訓練總處督練官，兼任第十四補充訓練處第一團團長，1940 年任軍政部第二十五補充訓練處參謀長，後任第三十二補充訓練處副處長，1941 年任貴州貴興師管區司令部司令官等職。1942 年任中國遠征軍第十一集團軍總司令部參謀長，兼大理幹部訓練團副主任，1944 年任陸軍新編第六軍新編第三十九師代師長，率部參加遠征軍滇緬對日軍作戰。抗日戰爭勝利後，任中央陸軍軍官學校第九分校（新疆分校）副主任，1946 年 11 月任新疆警備總司令部參謀長，1947 年任聯合後方勤務總司令部新疆供應局局長等職。1946 年 5 月奉派入中央軍官訓練團第二期第二中隊學員隊受訓，1946 年 7 月結業，返回原部隊續任原職。1948 年 9 月 22 日被國民政府軍事委員會銓敘廳頒令敘任陸軍少將。1948 年 11 月任陸軍第一〇二軍第六十二師師長，1949 年 6 月任湖南第一兵團（司令官陳明仁兼）陸軍第十四軍（軍長張際鵬）第六十二師師長，1949 年 8

月在長沙參加起義，[109] 後率部出逃，1949 年 9 月 13 日在湖南武岡被人民解放軍俘虜。中華人民共和國成立後，在監獄關押，後分發湖南茶陵農場勞動改造，1971 年 9 月 20 日因病在茶陵農場逝世。

夏鐸

　　夏鐸（1905 - ？）別字樹藩，湖南益陽人。廣州黃埔中央軍事政治學校第五期步兵科畢業。1926 年 3 月考入廣州黃埔中央軍事政治學校第五期步兵科學習，1927 年 8 月畢業。歷任國民革命軍陸軍步兵團排長、連長、營長。1935 年 6 月 18 日敘任陸軍步兵少校。

夏姚邨

　　夏姚邨（1907 - ？）別字子剛，湖南衡陽人。廣州黃埔中央軍事政治學校第五期步兵科畢業。1926 年 3 月考入廣州黃埔中央軍事政治學校第五期步兵科學習，1927 年 8 月畢業。歷任國民革命軍陸軍步兵團排長、連長、營長。1935 年 6 月 18 日敘任陸軍步兵少校。

夏繼禹

　　夏繼禹（1903 - 1930）湖南攸縣人。廣州黃埔中央軍事政治學校第五期工兵科畢業。1926 年 3 月考入廣州黃埔中央軍事政治學校第五期工兵科學習，1927 年 8 月畢業。歷任國民革命軍陸軍工兵連見習、排長，1930 年 5 月 23 日在河南蘭封作戰陣亡。[110]

桂植

　　桂植（1904 - 1929）別字成安，湖南祁陽人。廣州黃埔中央軍事政治學校第五期工兵科畢業。1926 年 3 月考入廣州黃埔中央軍事政治學校第五期工兵科學習，1927 年 8 月畢業。任國民革命軍第一軍第二師司令部工兵隊見習、排

---

[109] 中國人民解放軍歷史資料叢書編審委員會：「中國人民解放軍歷史資料叢書」，解放軍出版社1994 年11 月《解放戰爭時期國民黨軍起義投誠－鄂湘粵桂地區》第723 頁。

[110] 中國第二歷史檔案館供稿，華東工學院編輯出版部影印，檔案出版社1989 年7 月《黃埔軍校史稿》第八冊（本校先烈）第281 頁第五期烈士芳名表記載1930 年5 月23 日在河南蘭封陣亡。

長，1929 年 10 月 17 日在安徽蕪湖作戰陣亡。[111]

徐惠中（1905 － ？）別字盛念，別號子馨，湖南桃
源人。廣州黃埔中央軍事政治學校第五期步兵科、陸軍大
學將官班乙級第四期畢業，中央訓練團將官班結業。1926
年 3 月入黃埔軍校入伍生受訓，1926 年 11 月入廣州黃埔
徐惠中
中央軍事政治學校第五期步兵科學習，1927 年 8 月畢業。
歷任國民革命軍步兵營排長、連長、營長等職。1935 年 6 月 20 日敘任陸
軍步兵少校。抗日戰爭爆發後，任陸軍步兵團團長，補充兵訓練分處副處
長，集團軍總司令部參謀處處長等職。抗日戰爭勝利後，奉派中國駐德國
使館陸軍武官。1946 年 1 月入中央訓練團將官班受訓，登記為少將學員，
1946 年 3 月結業。1947 年 11 月入陸軍大學乙級將官班學習，1948 年 11
月畢業。

晏彪（1905 － ？）別字項普，湖南醴陵人。廣州黃埔
中央軍事政治學校第五期步兵科畢業。1926 年 3 月考入廣
州黃埔中央軍事政治學校第五期步兵科學習，1927 年 8 月
畢業。任國民革命軍陸軍步兵營排長、連長、營長。1935
晏彪
年 6 月 21 日敘任陸軍步兵少校。

陶鑄（1908 － 1969）原名際華，別名磊，別字劍寒，
別號任陶，曾用名磊，小時外號猛子，湖南祁陽縣石洞源
人。祁陽縣石洞源陶家灣文昌閣初級小學堂兩年肄業，清
水塘申氏小學堂半年肄業，廣州黃埔中央軍事政治學校
陶鑄
第五期入伍生隊肄業。[112]1908 年 1 月 16 日生於湖南祁陽

---

[111] 中國第二歷史檔案館供稿，華東工學院編輯出版部影印，檔案出版社 1989 年 7 月
《黃埔軍校史稿》第八冊（本校先烈）第 280 頁第五期烈士芳名表記載 1929 年 10
月 17 日在安徽蕪湖陣亡。

[112] 湖南省檔案館校編、湖南人民出版社《黃埔軍校同學錄》無載。現據：本人自傳回
憶錄；中共中央黨史研究室第一研究部：中共黨史出版社 2004 年 10 月《中國共產
黨第七次全國代表大會代表名錄》第 720 頁記載。

縣石洞源椰樹村陶家灣下院子一個鄉村知識份子家庭。[113] 祖輩務農，父鐵錚，湖南南路優級師範學堂，早年參加同盟會，曾任湖北軍政府管理煤礦的官員，後在武昌附近開辦小煤礦，後於原籍鄉間創辦文昌閣小學堂，自任校長，因得罪鄉紳於 1918 年 6 月 14 日遇害，靠母親撫養成長。1916 年春入文昌閣小學堂就讀，1918 年夏輟學。因家境貧困，十歲始在鄉間做幫工。1919 年春經父親生前老友申暄接濟，入清水塘申氏小學堂讀書，1921 年剛滿十三歲到安徽蕪湖「瑞森祥木排行」當學徒謀生、店員，1924 年春因木行倒閉失業。繼到武漢白沙洲做工謀生，1925 年入漢陽竹木厘金局當開票員，[114] 其間常到附近武昌中華大學聆聽共產黨人董必武、惲代英、陳潭秋、蕭楚女等演講，閱讀《嚮導》、《中國青年》、《楚光日報》等，接受革命思想。此時其四叔父的同窗好友蔣伏生（祁陽人，黃埔軍校第一期生）回到武漢，願意帶其到廣州投考黃埔軍校。1925 年 10 月初在蔣伏生、傅國期，[115] 帶領下，其與蔣大龍、蔣采青、陸雄等同赴廣州。到廣州後，因錯過軍校開考招生時間，故由蔣伏生介紹入當時駐防潮汕的國民革命軍第一軍第一師教導第二團第二營（營長胡宗南）當司書，其間填表加入中國國民黨，[116] 後到該營第五連當兵兩個月，隨部參加了第二次東征戰事。其間受四叔好友王馭歐（祁陽人，黃埔一期生，中共黨員）[117]、陳皓（祁陽人，黃埔一期生，中共黨員[118]）影響較深。1926 年 4 月間入黃埔軍校入伍生第二團第二營第五連（連長廖快虎）司書，1926 年 6 月間由陳皓、廖快虎保薦入第五期入伍生班，並改名鑄。1926 年 10 月間升入廣州黃埔中央軍事政治學校第五期步兵科第一學員總隊第

---

[113] 鄭笑楓、舒玲著：中共黨史出版社 2008 年 1 月《陶鑄傳》第 19 頁。

[114] 鄭笑楓、舒玲著：中共黨史出版社 2008 年 1 月《陶鑄傳》第 32 頁。

[115] 據稱系黃埔三期生，但查湖南省檔案館校編、湖南人民出版社《黃埔軍校同學錄》無載。

[116] 鄭笑楓、舒玲著：中共黨史出版社 2008 年 1 月《陶鑄傳》第 36 頁。

[117] 鄭笑楓、舒玲著：中共黨史出版社 2008 年 1 月《陶鑄傳》第 38 頁。

[118] 鄭笑楓、舒玲著：中共黨史出版社 2008 年 1 月《陶鑄傳》第 38 頁。

三大隊第十五隊[119]學習，同年由陳葆華、趙世嘉、詹不言介紹為中共候補黨員。[120]1927 年 2 月 2 日其在《黃埔日刊》發表題為《革命軍人的學說與人格》。[121]1927 年 4 月由陳葆華通知轉為正式黨員。[122] 由黃埔軍校中共特別支部委派於 1927 年 4 月初與中共黨員周仲英（前軍校特別黨部執行委員）、趙鎛、陳葆華、高仰之等二十人，由廣州赴武漢向黨組織彙報工作。乘船到達上海轉赴武漢。1927 年 5 月被中央軍委派任第十一軍（軍長葉挺）第二十四師（師長）第七十一團第二營（營長廖快虎）副官，後任該營特務連連長，[123]1927 年 8 月參加八一南昌起義。後隨起義軍南下轉戰，1927 年 9 月 3 日參加起義軍在廣東普寧流沙鎮戰鬥時任第七十一團參謀，[124]戰事失利後率兩百多起義戰士，乘船轉移香港，[125]後被英國巡捕房引渡廣州，獲釋後入粵軍第四軍工兵營修工事。[126]1927 年 11 月與廣東黨組織接上關係，並親自向時為廣東省委軍委負責人聶榮臻彙報起義軍在流沙鎮作戰情況。[127] 旋即派赴第四軍警衛團（團長梁秉樞）任上尉參謀，後任警衛團少校團附，[128]1927 年 12 月 11 日參加廣州起義軍攻佔長堤的第四軍軍部和中央銀行、新新公司和中國銀行的戰鬥，被任命為起義總指揮部參謀。[129] 起義失敗後與警衛團第三營政治指導員陳選普（黃埔一期生）一起轉移。[130] 後返回湖南祁陽從事革命活動，任中共祁陽縣委軍事兼青年委

[119] 鄭笑楓、舒玲著：中共黨史出版社 2008 年 1 月《陶鑄傳》第 39 頁。
[120] 鄭笑楓、舒玲著：中共黨史出版社 2008 年 1 月《陶鑄傳》第 41 頁。
[121] 鄭笑楓、舒玲著：中共黨史出版社 2008 年 1 月《陶鑄傳》第 43 頁。
[122] 鄭笑楓、舒玲著：中共黨史出版社 2008 年 1 月《陶鑄傳》第 41 頁。
[123] 鄭笑楓、舒玲著：中共黨史出版社 2008 年 1 月《陶鑄傳》第 53 頁。
[124] 鄭笑楓、舒玲著：中共黨史出版社 2008 年 1 月《陶鑄傳》第 61 頁。
[125] 鄭笑楓、舒玲著：中共黨史出版社 2008 年 1 月《陶鑄傳》第 62 頁。
[126] 鄭笑楓、舒玲著：中共黨史出版社 2008 年 1 月《陶鑄傳》第 62 頁。
[127] 鄭笑楓、舒玲著：中共黨史出版社 2008 年 1 月《陶鑄傳》第 65 頁。
[128] 鄭笑楓、舒玲著：中共黨史出版社 2008 年 1 月《陶鑄傳》第 69 頁。
[129] 中共中央黨史研究室第一研究部：中共黨史出版社 2004 年 10 月《中國共產黨第七次全國代表大會代表名錄》第 720 頁。
[130] 鄭笑楓、舒玲著：中共黨史出版社 2008 年 1 月《陶鑄傳》第 75 頁。

員，[131] 參與領導祁陽工農武裝「除夕暴動」。暴動失敗後到北平接上黨組織關係，先後在唐山、北平從事士兵運動、群眾和宣傳工作。1929 年秋起任中共福建省委軍委秘書，1930 年 8 月任中共福建省總行動委員會候補執行委員兼軍委負責人、書記。[132]1930 年冬至 1931 年 7 月任中共漳屬特委書記。[133]1931 年 4 月任中共福建省委臨時組織（書記蔡協民）派駐廈門辦事處主任。[134]1931 年 7 月任中共廈門中心市委（書記王海萍）常務委員，[135]1931 年 12 月兼任中共廈門中心市委組織部部長。[136]1932 年 1 月至 1933 年 4 月任中共福州中心市委書記，[137] 其間主持組建閩南工農遊擊總隊第一支隊。1933 年赴上海，任中共江蘇省委軍委書記，1933 年 5 月被捕入獄，被判處無期徒刑，在獄中建立秘密黨支部，領導難友與獄方鬥爭。抗日戰爭爆發後，1937 年 9 月被黨組織營救出獄，1937 年 10 月至 12 月任中共湖北省工委副書記、青年工作委員會、文化工作委員會主任。1938 年 1 月至 5 月任中共湖北臨時省委委員、副書記，參與鄂中敵後遊擊戰爭。1939 年 2 月至 6 月任中共鄂中區委常委兼軍事部部長，1939 年 6 月至 11 月任國民革命軍新編第四軍豫鄂獨立遊擊支隊代政委。1939 年 11 月至 1940 年 5 月任中共鄂豫邊區委員會委員兼統戰部部長，1940 年 4 月

---

[131] 中共中央黨史研究室第一研究部：中共黨史出版社 2004 年 10 月《中國共產黨第七次全國代表大會代表名錄》第 720 頁。

[132] 中共福建省委組織部、中共福建省委黨史研究室、福建省檔案館：福建人民出版社 1992 年 12 月《中國共產黨福建省組織史資料（1926.2 － 1987.12）》第 54 頁。

[133] 中共福建省委組織部、中共福建省委黨史研究室、福建省檔案館：福建人民出版社 1992 年 12 月《中國共產黨福建省組織史資料（1926.2 － 1987.12）》第 61 頁。

[134] 中共福建省委組織部、中共福建省委黨史研究室、福建省檔案館：福建人民出版社 1992 年 12 月《中國共產黨福建省組織史資料（1926.2 － 1987.12）》第 55 頁。

[135] 中共福建省委組織部、中共福建省委黨史研究室、福建省檔案館：福建人民出版社 1992 年 12 月《中國共產黨福建省組織史資料（1926.2 － 1987.12）》第 89 頁。

[136] 中共中央黨史研究室第一研究部：中共黨史出版社 2004 年 10 月《中國共產黨第七次全國代表大會代表名錄》第 721 頁。

[137] 中共福建省委組織部、中共福建省委黨史研究室、福建省檔案館：福建人民出版社 1992 年 12 月《中國共產黨福建省組織史資料（1926.2 － 1987.12）》第 99 頁。

至 6 月任新編第四軍豫鄂挺進縱隊（平漢）路西指揮部指揮長。1940 年
3 月當選為中共七大代表，輾轉宜昌、重慶、陝南、西安到延安，1940
年 10 月到陝甘寧邊區政府民政廳幫助工作，1941 年 2 月調中共中央秘書
處工作。1941 年 3 月任中共七大秘書處副處長，同年春任中共中央辦公
廳黨務資料室副主任。1941 年 8 月任王稼祥（時任中共中央政治局委員
及軍委副主席）的政治秘書，1941 年 10 月延安成立黃埔同學分會，被推
選為理事。1942 年 3 月起任中共中央黨史資料編輯委員會委員，參與整
理與選編中共六大以來歷史資料。1942 年 9 月至 1943 年 3 月任中共中央
軍委秘書長，1943 年至 1944 年任中央軍委總政治部秘書長，1944 年至
1945 年兼任總政治部宣傳部部長。1945 年 4 月至 6 月作為華中代表團成
員出席中共第七次全國代表大會，大會閉幕後隨部隊南下湘粵桂邊區，任
八路軍南下第三支隊副政委，中共湘粵贛邊區委副書記。抗日戰爭勝利後
赴東北工作，1945 年 10 月至 11 月任中共遼寧省工作委員會書記，11 月
兼任遼寧省保安司令部政委及遼寧軍區政委。1945 年 12 月任中共中央西
滿分局委員、遼西省委書記、宣傳部部長、西滿軍區遼西軍區政委。1946
年 6 月至 1948 年 7 月任中共遼吉省委書記、宣傳部部長（任至 1947 年
7 月），1946 年 7 月至 1947 年 12 月兼任遼吉軍區政委，1946 年 10 月至
1948 年 7 月任中共遼吉省委黨校校長，1947 年 3 月起任中共遼吉省委財
經委員會主任。1947 年 5 月至 10 月任東北民主聯軍西滿縱隊政委，1947
年 8 月至 10 月任東北民主聯軍第七縱隊政委。1948 年 7 月任中共遼北省
委書記。1948 年 8 月至 1949 年 3 月任東北野戰軍政治部副主任。1948 年
11 月中共瀋陽特別市委書記兼瀋陽市軍事管制委員會副主任。平津戰役
中以中國人民解放軍平津前線司令部代表身份進入北平與傅作義部代表談
判。1949 年 1 月北平解放後負責整編傅作義部，領導南下工作團工作。
1949 年 3 月至 5 月任中國人民解放軍第四野戰軍政治部副主任，1949 年
4 月至 12 月任中共第四野戰軍前線委員會委員。1949 年 5 月任中國人民
解放軍武漢市軍事管制委員會副主任，同月任中共中央華中局委員、第四

野戰軍暨華中軍區政治部副主任（任至同年 10 月）。中華人民共和國成立後，1949 年 10 月至 1950 年 3 月任中國人民解放軍中南軍區政治部副主任，1950 年 3 月至 1955 年 3 月任主任。1949 年 12 月至 1953 年 1 月任中南軍政委員會委員、中南軍區黨委常委（至 1955 年 4 月），1950 年 4 月至 1955 年 4 月任中南軍區紀律檢查委員會副書記。1951 年 2 月至 11 月任中共廣西省委代理書記，主持完成廣西剿匪工作。1951 年 11 月至 1953 年 5 月任中共中央華南分局第四書記，1951 年 12 月至 1952 年 7 月任中國人民解放軍華南軍區第二政委，1952 年 8 月至 1955 年 7 月任中共中央華南紀律檢查委員會主任。1953 年 1 月至 1954 年 11 月任中南行政委員會委員。1953 年 5 月至 1955 年 7 月任中共中央華南分局第一書記、廣東省人民政府副主席、代理主席（至 1955 年 2 月）。1955 年 1 月至 1960 年 12 月任廣東省第一、二屆政協主席，1955 年 2 月至 1957 年 8 月任廣東省省長。1955 年 3 月至 1966 年 11 月兼任中國人民解放軍廣州軍區第一政委，1955 年 6 月至 1966 年 5 月任廣州軍區黨委第一書記。1955 年 7 月至 1956 年 7 月任中共廣東省委（第一書記葉劍英）代理書記、書記，1956 年 7 月至 1965 年 2 月任中共廣東省委書記處第一書記。1958 年 2 月任華南協作區協作會議召集人，1958 年 6 月任華南協作區主任委員。1959 年 10 月起兼任暨南大學校長，曾兼任華南師範學院馬列主義教研室教授。1959 年 12 月任中南協作區委員會主任，1960 年參加編輯《毛澤東選集》第四卷工作。1960 年 10 月至 1966 年 8 月任中共中央中南局第一書記兼廣州軍區政委，1965 年 1 月至 1966 年 5 月任國務院副總理。1966 年 5 月至「文化大革命」初期任中共中央書記處常務書記兼中共中央宣傳部部長（至 1967 年 6 月）。1966 年 5 月至 1967 年 9 月兼任中國人民解放軍廣州軍區黨委第一書記，1966 年 7 月起任毛澤東著作編輯委員會副主。1966 年 8 月至 1967 年初任中共中央文化革命小組顧問，中共中央政治局委員、常委。中共第八屆中央委員，中共八屆十一中全會當選為中央政治局常委。1969 年 11 月 30 日在安徽合肥被迫害致死。1978 年 12 月中共中央為其平反昭雪。遺著編入《陶鑄文集》。

陶濟軒（1905－？）別字國楠，湖南安化人。廣州黃
埔中央軍事政治學校第五期步兵科畢業。1926年3月入黃
埔軍校入伍生隊受訓，1926年11月入廣州黃埔中央軍事
政治學校第五期步兵科學習，1927年8月畢業。隨部參

陶濟軒

加北伐戰爭，歷任國民革命軍陸軍步兵團排長、連長、營
長。1935年7月12日敘任陸軍步兵少校。

秦士銓（1904－？）別字亮琴，湖南零陵人。廣州黃
埔中央軍事政治學校第五期步兵科畢業。1926年3月考入
廣州黃埔中央軍事政治學校第五期步兵科學習，1927年
8月畢業。畢業後隨部參加北伐戰爭，在滁州戰役作戰負

秦士銓

傷。[138]後任南京中央陸軍軍官學校第六期第一總隊步兵第一
大隊第四中隊中尉區隊附（有照片）、區隊長。後任廬山中
央訓練團總團部教育處第二科科長等職。1935年6月24日
敘任陸軍步兵少校。

袁愈德（1905－？）又名鍾謙，[139]別字勝楚，湖南新
化人。廣州黃埔中央軍事政治學校第五期步兵科畢業。
1926年3月考入廣州黃埔中央軍事政治學校第五期步兵科
學習，1927年8月畢業。畢業前夕因與第一隊隊長莊孟雄

袁愈德

（保定六騎畢業，江西鉛山人）鬧矛盾，被教育長方鼎英
批準予以開除，後因與方鼎英系同鄉，遂舉薦其入湖南部
隊服務。後任國民革命軍陸軍第三十五軍步兵團排長、連
長、營長、團長等職。

---

[138] 龔樂群編纂：南京中央陸軍軍官學校1934年印行《中央陸軍軍官學校追悼北伐陣
亡將士特刊－黃埔血史》記載。

[139] 中國人民政治協商會議廣東省委員會文史資料研究委員會、廣東革命歷史博物館合
編：廣東人民出版社1982年11月《黃埔軍校回憶錄專輯》201頁《回憶在黃埔軍
校的年代》記載。

郭衡

郭衡（1905－？）別字逸僧，湖南安鄉人。廣州黃埔中央軍事政治學校第五期步兵科畢業。1926 年 3 月考入廣州黃埔中央軍事政治學校第五期步兵科學習，1927 年 8 月畢業。在學期間任班長，與邱行湘、陳肅、王榮華等十二名第五期生乘「民生」軍艦擔負廣東沿海地區巡邏。該班十二人後擔負護送十萬白銀軍費從廣州趕赴韶關後進入湖南，為北伐軍總司令部所用。後任國民革命軍陸軍步兵團排長、連長、營長、團長等職。

郭幹武（1905－？）別字明哲，湖南石門人。廣州黃埔中央軍事政治學校第五期步兵科畢業。1926 年 3 月考入廣州黃埔中央軍事政治學校第五期步兵科學習，1927 年 8 月畢業。任南京中央陸軍軍官學校第八期入伍生總隊步兵大隊步兵第二隊區隊長。後任國民革命軍陸軍步兵團連長、營長、團長等職。1935 年 6 月 24 日敘任陸軍步兵少校。1937 年 9 月 8 日晉任陸軍步兵中校。1945 年 4 月被國民政府軍事委員會銓敘廳頒令敘任陸軍步兵上校。

郭文燦（1905－1992）別字光明，湖南邵陽人。[140] 廣州黃埔中央軍事政治學校第五期步兵科、中央憲兵學校、中央警官學校高級班、陸軍大學將官班乙級第二期畢業。1905 年 2 月生於邵陽縣一個農戶家庭。1926 年 3 月入黃埔軍校入伍生隊受訓，1926 年 11 月入廣州黃埔中央軍事政治學校第五期步兵科學習，1927 年 8 月畢業。隨部參加北伐戰爭，繼入中央憲兵學校學習，畢業後任中央憲兵團排長、連長，南京中央陸軍軍官學校教導總隊第二旅憲兵營營長等職。1935 年 6 月 22 日敘任陸軍步兵少校。1937 年 9 月 8 日晉任陸軍憲兵中校。抗日戰爭爆發後，隨部參加淞滬會戰及南京保衛戰。後任憲兵第十團團長，1941 年兼任湖南芷江警備司令部司令官，1942 年任中央憲兵司令部總務處處長等職。1943 年 6 月任陸軍第二十九軍第一九三師師長等職。1943 年 7 月被國民政府軍事委

---

[140] 據湖南省檔案館校編、湖南人民出版社《黃埔軍校同學錄》記載為湖南武岡。

員會銓敘廳頒令敘任陸軍步兵上校。1944 年 7 月任陸軍暫編第九軍副軍長等職。抗日戰爭勝利後，1945 年 10 月獲頒忠勤勳章。任陸軍預備第十一師代理師長。1946 年 5 月獲頒勝利勳章。後任陸軍第九十九軍（軍長胡長青）副軍長等職。1949 年 5 月任湘鄂贛邊區綏靖總司令部參謀長，1949 年 8 月任重建後的陸軍第九十七軍副軍長，1949 年 12 月 22 日在廣西上思被人民解放軍俘虜。中華人民共和國成立後，因案關押監獄，1975 年 12 月 15 日獲特赦釋放。晚年寓居湖南長沙市東塘水電設計院六棟中門住所。[141]

陶制平（1904 － 1930）別字巨夫，湖南安化人。廣州黃埔中央軍事政治學校第五期步兵科畢業。1926 年 3 月考入廣州黃埔中央軍事政治學校第五期步兵科學習，1927 年 8 月畢業。歷任國民革命軍陸軍步兵連見習、排長、連附，1930 年 7 月 10 日在河南歸德作戰陣亡。[142]

陶制平

殷華（1901 － 1966）別字迪康，湖南益陽人。[143] 廣州黃埔中央軍事政治學校第五期炮兵科畢業。1901 年 1 月 22 日生於湖南華容縣注滋鄉注東村一個農戶家庭。[144]1926 年 3 月入黃埔軍校入伍生隊受訓，1926 年 11 月入廣州黃埔中央軍事政治學校第五期步兵科學習，1927 年 8 月畢業。隨部參加北伐戰爭，1928 年起任憲兵營排長、連長、副營長等職。抗日戰爭爆發後，任憲兵團第一營營長，1943 年任駐貴陽憲兵團副團長

殷華

[141] 據湖南省黃埔軍校同學會編：1990 年 11 月印行《湖南省黃埔軍校同學會會員通訊錄》記載。

[142] 中國第二歷史檔案館供稿，華東工學院編輯出版部影印，檔案出版社 1989 年 7 月《黃埔軍校史稿》第八冊（本校先烈）第 273 頁第五期烈士芳名表記載 1930 年 7 月 10 日在河南歸德陣亡。

[143] 據湖南省檔案館校編湖南人民出版社《黃埔軍校同學錄》記載。

[144] 湖南省岳陽市政協文史資料委員會編：湖南《岳陽文史》第十輯 1999 年月印行《嶽陽籍國民黨軍政人物錄》第 386 頁。

等職。抗日戰爭勝利後，任國民政府軍政部第二廳人事科科長。1948年
應姚漸新（時任湖南長岳師管區司令部司令官）舉薦任岳陽團管區司令
部司令官。1949年8月初參加湖南和平起義，中華人民共和國成立後，
解甲歸田返回原籍寓居。1950年12月攜妻嚴邁英私自離境，赴香港居
住，1951年12月赴臺灣，曾任臺灣當局錄用為憲兵司令部政治部主
任，[145]1957年12月退休。1966年1月15日因病在高雄逝世。

常德（1907－1949）別字壽民，原載籍貫湖南長沙，[146]另載湖南常
寧人。廣州黃埔中央軍事政治學校第五期步兵科畢業。1926年3月入黃
埔軍校入伍生隊受訓，1926年11月入廣州黃埔中央軍事政治學校第五期
炮兵科學習，1927年8月畢業。隨部參加北伐戰爭，抗日戰爭爆發後，
任南京憲兵司令部補充團團長，率部參加南京保衛戰，因兵員損失慘重，
戰後該團番號被裁撤。後任重慶中央憲兵司令部總務處處長。1945年4
月被國民政府軍事委員會銓敘廳頒令敘任陸軍憲兵上校。抗日戰爭勝利
後，任駐防昆明的憲兵西南區司令部警衛團團長。1945年10月獲頒忠勤
勳章。1946年5月獲頒勝利勳章。1948年任憲兵司令部教導團團長等。
1949年12月隨盧漢部起義，後被告參與部屬叛亂，被捕後判處死刑執行
槍決。[147]

蕭欽（1904－1927）別字仲勉，湖南寶慶人。廣州
黃埔中央軍事政治學校第五期經理科畢業。1926年3月考
入廣州黃埔中央軍事政治學校第五期經理科學習，1927年
8月畢業。任國民革命軍總司令部輜重兵隊見習，1927年
10月5日在浙江作戰陣亡。[148]

蕭欽

---

[145] 湖南省岳陽市政協文史資料委員會編：湖南《岳陽文史》第十輯1999年月印行《嶽
　　陽籍國民黨軍政人物錄》第386頁。

[146] 湖南省檔案館校編，湖南人民出版社《黃埔軍校同學錄》記載。

[147] 載于中國文史出版社《中華文史資料文庫》第八冊第663頁。

[148] 中國第二歷史檔案館供稿，華東工學院編輯出版部影印，檔案出版社1989年7月
　　《黃埔軍校史稿》第八冊（本校先烈）第279頁第五期烈士芳名表記載1927年10

蕭步鵬

　　蕭步鵬（1906－1968）別號萬裏，湖南郴縣人。廣州黃埔中央軍事政治學校第五期步兵科畢業、南京中央陸軍軍官學校校尉班、戰術研究班、中央訓練團第七期畢業。1926 年 3 月入黃埔軍校入伍生隊受訓，1926 年 11 月入廣州黃埔中央軍事政治學校第五期步兵科學習，1927 年 8 月畢業。歷任廣州黃埔中央陸軍軍官學校入伍生隊見習、區隊長。隨部參加北伐戰爭。後任南京中央陸軍軍官學校入伍生部政治教官。1935 年 6 月 24 日敘任陸軍步兵少校。抗日戰爭爆發後，隨軍校遷成都，任中央陸軍軍官學校第十四期第一總隊步兵第六隊中校隊長。1940 年 4 月任第十七期步兵第二大隊上校大隊長，第二總隊上校總隊附。抗日戰爭勝利後，任成都中央陸軍軍官學校第二十二期軍官教育班上校隊附，中央訓練團第二十八軍官總隊總隊長。1948 年任中央陸軍軍官學校政治訓練處高級教官。1949 年 12 月任中央陸軍軍官學校遊擊幹部訓練班副主任，成都中央陸軍軍官學校代理教育長。1949 年 6 月任中央陸軍軍官學校遊擊幹部訓練班上校班附及第三組組長，1949 年 12 月底隨成都中央陸軍軍官學校第一、三總隊起義。其後曾任川西北區「反共救國自衛軍」副總指揮兼參謀長。[149] 中華人民共和國成立後，學習改造期間於 1968 年病故。[150]

蕭鉅錚

　　蕭鉅錚（1906－？）別字子聲，湖南零陵人。廣州黃埔中央軍事政治學校第五期步兵科畢業。1926 年 3 月考入廣州黃埔中央軍事政治學校第五期步兵科學習，1927 年 8 月畢業。歷任國民革命軍陸軍步兵團排長、連長、營長、團長等職。1945 年 4 月被國民政府軍事委員會銓敘廳頒令敘任陸軍步兵上校。

月 5 日在浙江陣亡。

[149] 中國人民解放軍歷史資料叢書編審委員會：「中國人民解放軍歷史資料叢書」，解放軍出版社 1996 年 1 月《解放戰爭時期國民黨軍起義投誠－川黔滇康藏地區》第 817 頁。

[150] 任海生編著：華文出版社 1995 年 12 月《共和國特赦戰犯始末》第 128 頁。

黃正

　　黃正（1905－？）別字德乾，別號菊穰，湖南長沙人。廣州黃埔中央軍事政治學校第五期步兵科畢業，中央軍官訓練團第一期結業。1926年3月考入廣州黃埔中央軍事政治學校第五期步兵科學習，1927年8月畢業。歷任國民革命軍陸軍步兵團排長、連長、營長。抗日戰爭爆發後，任陸軍第九十九師第二九七旅步兵第五九三團少校團附，隨部參加淞滬會戰、南京保衛戰。1938年5月奉派入中央軍官訓練團第一期第二大隊第六中隊學員隊受訓，1938年7月結業。後任陸軍第九十九師第二九七旅步兵第五九一團副團長、團長等職。

黃紅

　　黃紅（1906－1941）別號心素，湖南寶慶人。廣州黃埔國民革命軍軍官學校第五期步兵科、中央步兵學校第三期研究班畢業。1926年3月入黃埔軍校入伍生隊受訓，1926年11月入廣州黃埔中央軍事政治學校第五期步兵科學習，1927年8月畢業。隨部參加北伐戰爭，歷任國民革命軍排長、連長、營長、副團長等職。1935年7月8日敍任陸軍步兵少校。抗日戰爭爆發後，任陸軍第九十五師第二八四團團長，率部參加淞滬會戰，武漢會戰，第一、二次長沙會戰。1941年9月在湖南新開與日軍作戰中殉國。1942年5月被國民政府軍事委員會銓敍廳頒令追贈陸軍少將銜。

　　黃尵（1904－？）別字承道，湖南常德人。廣州黃埔中央軍事政治學校第五期步兵科畢業。1926年3月考入廣州黃埔中央軍事政治學校第五期步兵科學習，1927年8月畢業。任國民革命軍第一軍第二十二師特務營第四連中尉排長，1927年8月在龍潭戰役負傷，[151] 後任國民政府警衛第一師補充團第二連副連長，教導第一師機關槍連連長，陸軍第五軍第八十八師步

黃尵

---

[151] 龔樂群編纂：南京中央陸軍軍官學校1934年印行《中央陸軍軍官學校追悼北伐陣亡將士特刊－黃埔血史》記載。

兵第五二四團機關槍連連長，1932 年 1 月隨部參加「一 · 二八」淞滬抗日戰事。

黃璨（1904－？）別字三英，別號涵光，湖南資興人。廣州黃埔中央軍事政治學校第五期步兵科畢業，中央軍官訓練團第一期結業。1926 年 3 月考入廣州黃埔中央軍事政治學校第五期步兵科學習，1927 年 8 月畢業。歷任國民革命軍陸軍步兵團排長、連長、副營長。抗日戰爭爆發

黃璨

後，任陸軍第一〇九師步兵第五十三團第一營少校營長，隨部參加抗日戰役。1938 年 5 月奉派入中央軍官訓練團第一期第二大隊第五中隊學員隊受訓，1938 年 7 月結業。任陸軍第一〇九師步兵第五十一團副團長、團長等職。

黃正中（1904－？）別字子慶，湖南新田人。廣州黃埔中央軍事政治學校第五期步兵科畢業。1926 年 3 月考入廣州黃埔中央軍事政治學校第五期步兵科學習，1927 年 8 月畢業。歷任國民革命軍陸軍步兵團排長、連長、營長、團長等職。抗日戰爭勝利後，任陸軍新編師副師長。1947 年 3 月被國民政府軍事委員會銓敘廳頒令敘任陸軍步兵上校。

黃正中

黃代興（1905－？）湖南醴陵人。廣州黃埔中央軍事政治學校第五期工兵科畢業。1926 年 3 月考入廣州黃埔中央軍事政治學校第五期工兵科學習，1927 年 8 月畢業。任國民革命軍總司令部工兵隊見習，工兵教導隊區隊附，陸軍第十一師司令部直屬工兵營連長、營長，軍政部獨立工兵團副團長。1935 年 6 月 1 日敘任陸軍工兵中校。

黃代興

黃安益（1906－？）湖南澧縣人。廣州黃埔中央軍事政治學校第五期步兵科畢業。1926 年 3 月考入廣州黃埔中央軍事政治學校第五期步兵科學習，1927 年 8 月畢業。歷任國民革命軍陸軍步兵團排長、連長、營長、團長等職。

黃安益

抗日戰爭勝利後，1945 年 10 月獲頒忠勤勳章。1946 年 4 月被國民政府軍事委員會銓敘廳頒令敘任陸軍步兵上校。

黃志聖（1900 － ？）原名至盛，[152] 別字至聖、志聖，別號正本，又號子龍，湖南嶽陽人。湘軍講武堂、廣州黃埔中央軍事政治學校第五期炮兵科、廣州黃埔國民革命軍軍官學校高級班、中央陸軍炮兵學校校官班第十期畢業，中央軍官訓練團第三期結業。早年加入湘軍，曾任初級軍官。1926 年 3 月考入廣州黃埔中央軍事政治學校第五期炮兵科，1927 年 8 月畢業。隨部參加北伐戰爭，任國民革命軍炮兵營排長、連長等職。其間曾入廣州黃埔國民革命軍軍官學校高級班學習。1935 年 9 月任南京中央陸軍軍官學校第十二期炮兵大隊大隊附。後奉派入中央陸軍炮兵學校校官班第十期受訓，結業後返回中央陸軍軍官學校任職。抗日戰爭爆發後，隨校遷移西南，續任成都中央陸軍軍官學校第十六期炮兵大隊中校大隊長。後任獨立野戰炮兵團副團長，陸軍第八軍司令部獨立炮兵團大隊長，隨部參加滇西會戰。1945 年 6 月被國民政府軍事委員會銓敘廳敘任陸軍炮兵上校。抗日戰爭勝利後，任陸軍第八軍司令部炮兵指揮部指揮官。1947 年 4 月奉派入中央軍官訓練團第三期第二中隊學員隊受訓，1947 年 6 月結業。後任陸軍整編第六十四師（師長黃國梁）整編第一五九旅長（旅長劉紹武兼、韋德）副旅長，率部在華東地區與人民解放軍作戰。1948 年 1 月任陸軍第六十四軍（軍長劉鎮湘）第一五九師師長，1948 年 12 月在淮海戰役中被人民解放軍俘虜。中華人民共和國成立後，關押於戰犯管理所，1963 年 4 月 9 日獲特赦釋放。[153]

黃明欽（1905 － ？）別字銘卿，湖南澧縣人。廣州黃埔中央軍事政治學校第五期步兵科畢業。1926 年 3 月考入廣州黃埔中央軍事政治學校第五期步兵科學習，1927 年 8 月畢業。歷任國民革命軍陸軍步兵團排長、連長、營長、

黃明欽

---

[152] 據湖南省檔案館校編、湖南人民出版社《黃埔軍校同學錄》記載。
[153] 任海生編著：華文出版社 1995 年 12 月《共和國特赦戰犯始末》第 117 頁。

團長等職。1945 年 7 月被國民政府軍事委員會銓敘廳頒令敘任陸軍步兵上校。

黃蔭三（1899 － ？）別字中柱，湖南衡山人。廣州黃埔中央軍事政治學校第五期步兵科、南京中央陸軍軍官學校高等教育第七期畢業。1926 年 3 月入黃埔軍校入伍生隊受訓，1926 年 11 月入廣州黃埔中央軍事政治學校第五期步兵科學習，1927 年 8 月畢業。隨部參加北伐戰爭，歷任

黃蔭三

陸軍步兵初級軍官。1933 年任軍政部軍務局國防邊塞處上尉科員，參謀本部派赴內蒙古考察團員，綏遠省烏蘭察布盟保安司令部參謀長、邊疆騎兵第一旅第一團團長等職。抗日戰爭爆發後，任軍事委員會軍令部第二廳邊疆處情報組組長、科長等職。抗日戰爭勝利後，1947 年 2 月任國防部第二廳邊務專員。1947 年 12 月辦理退役。

黃奕基（1903 － 1927）原載欒基，[154] 又名弈基，別字勇為，湖南道縣人。廣州黃埔中央軍事政治學校第五期步兵科畢業。1926 年 3 月考入廣州黃埔中央軍事政治學校第五期步兵科學習，1927 年 8 月畢業。任國民革命軍第一軍第二十二師第六十四團第一營見習官，1927 年 8 月 26 日在江蘇龍潭作戰陣亡。[155]

黃奕基

黃炳陽

黃炳陽（1907 － ？）別字孔炬，湖南藍山人。廣州黃埔中央軍事政治學校第五期工兵科畢業。1926 年 3 月入黃

---

[154] 湖南省檔案館校編、湖南人民出版社《黃埔軍校同學錄》記載。

[155] ①冀樂群編纂：南京中央陸軍軍官學校 1934 年印行《中央陸軍軍官學校追悼北伐陣亡將士特刊－黃埔血史》記載為黃奕基；②中國第二歷史檔案館供稿，華東工學院編輯出版部影印，檔案出版社 1989 年 7 月《黃埔軍校史稿》第六冊《各期陣亡學生姓名表》第 272 － 275 頁第五期名單記載；③中國第二歷史檔案館供稿，華東工學院編輯出版部影印，檔案出版社 1989 年 7 月《黃埔軍校史稿》第八冊（本校先烈）第 103 頁有黃弈基傳略；④中國第二歷史檔案館供稿，華東工學院編輯出版部影印，檔案出版社 1989 年 7 月《黃埔軍校史稿》第八冊（本校先烈）第 279 頁第五期烈士芳名表記載 1927 年 8 月 28 日在江蘇龍潭陣亡，記載為黃弈基。

埔軍校入伍生隊受訓，1926 年 11 月入廣州黃埔中央軍事政治學校第五期工兵科學習，1927 年 8 月畢業。隨部參加北伐戰爭，留校任政治部訓練員。1928 年 4 月任南京中央陸軍軍官學校第六期政治訓練處《黨軍日報》社事務員、組織科科長，中國國民黨南京中央陸軍軍官學校特別黨部秘書。1932 年 3 月參加「中華民族復興社」，1933 年奉派赴日本留學，留學期間被委任「中華民族復興社」東京分社幹事會幹事。[156] 1934 年被推選為「中華民族復興社」東京支社幹事會書記。[157]

黃悟聖（1903 － ？）湖南嶽陽人。廣州黃埔中央軍事政治學校第五期炮兵科畢業。1926 年 3 月考入廣州黃埔中央軍事政治學校第五期炮兵科學習，1927 年 8 月畢業。歷任國民革命軍陸軍炮兵團排長、連長、營長。抗日戰爭爆發後，任軍政部直屬獨立炮兵團副團長，集團軍總司令部炮兵指揮部副指揮官等職。1945 年 6 月被國民政府軍事委員會銓敘廳頒令敘任陸軍炮兵上校。

黃翁雄（1905 － 1928）又名翁雍，湖南長沙人。廣州黃埔中央軍事政治學校第五期炮兵科畢業。1926 年 3 月考入廣州黃埔中央軍事政治學校第五期炮兵科學習，1927 年 8 月畢業。任國民革命軍陸軍炮兵連見習、副排長，1928 年 6 月 4 日在廣東作戰陣亡。[158]

黃淩雲（1904 － 1931）別字漢強，湖南寧遠人。廣州黃埔中央軍事政治學校第五期步兵科畢業。1926 年 3 月考入廣州黃埔中央軍事政治學校第五期步兵科學習，1927 年 8 月畢業。歷任國民革命軍陸軍步兵連見習、排長、連長，1931 年 8 月 7 日在江西蓮塘作戰陣亡。[159]

黃淩雲

---

[156] 文聞編：中國文史出版社 2004 年 1 月《我所知道的復興社》第 147 頁。

[157] 文聞編：中國文史出版社 2004 年 1 月《我所知道的復興社》第 147 頁。

[158] 中國第二歷史檔案館供稿，華東工學院編輯出版部影印，檔案出版社 1989 年 7 月《黃埔軍校史稿》第八冊（本校先烈）第 275 頁第五期烈士芳名表記載黃翁雍，1928 年 6 月 4 日在廣東陣亡。

[159] 中國第二歷史檔案館供稿，華東工學院編輯出版部影印，檔案出版社 1989 年 7 月

曹宗漢（1906－？）別字曙漢，湖南平江人。廣州黃埔中央軍事政治學校第五期步兵科畢業。1926 年 3 月考入廣州黃埔中央軍事政治學校第五期步科學習，1927 年 8月畢業。歷任國民革命軍陸軍步兵連見習、排長、連長。1932 年 5 月 13 日奉派入南京中央陸軍軍官學校軍官教育總隊受訓，1932 年 7 月 10 日結訓。

曹宗漢

曹維漢（1904－？）又名孝富、松秀，湖南永興縣碧塘鄉碧塘村人。廣州黃埔中央軍事政治學校第五期步兵科畢業。1926 年 3 月入黃埔軍校入伍生隊受訓，1926 年 11月入廣州黃埔中央軍事政治學校第五期步兵科學習，1927年 8 月畢業。隨部參加北伐戰爭，歷任國民革命軍步兵團

曹維漢

排長、連長、營長等職。抗日戰爭爆發後，任陸軍步兵旅團長、副旅長、旅長等職。1945 年 4 月被國民政府軍事委員會銓敘廳頒令敘任陸軍步兵上校。抗日戰爭勝利後，1945 年 10 月獲頒忠勤勳章。1946 年 5 月獲頒勝利勳章。歷任陸軍第五十五師副師長。1948 年 7 月接姚國俊任陸軍第三十八軍（軍長姚國俊）第五十五師師長，後任陸軍第三十八軍副軍長。1949 年 7 月所部在扶郿戰役被人民解放軍全殲。

龔加倫（1906－？）又名家倫，湖南平江人。廣州黃埔中央軍事政治學校第五期步兵科畢業。1926 年 3 月考入廣州黃埔中央軍事政治學校第五期步兵科學習，1927 年 8月畢業。任國民革命軍陸軍步兵連見習、排長、連長、營長。1935 年 6 月 24 日敘任陸軍步兵少校。

龔加倫

龔仲漢（1905－1930）湖南澧縣人。廣州黃埔中央軍事政治學校第五期炮兵科畢業。1926 年 3 月考入廣州黃埔中央軍事政治學校第五期炮兵科學習，1927 年 8 月畢業。任國民革命軍總司令部直屬炮兵營見習、

《黃埔軍校史稿》第八冊（本校先烈）第 281 頁第五期烈士芳名表記載 1931 年 8月 7 日在江西蓮塘陣亡。

排長，1930 年 6 月 9 日在河南考城作戰陣亡。[160]

龔芳合（1904 － 1930）別字欣蔚，別號芳涵，湖南

常德人。廣州黃埔中央軍事政治學校第五期經理科畢業。
出身於一個世代小康家庭。1926 年 3 月考入廣州黃埔中央
軍事政治學校第五期經理科學習，1927 年 8 月畢業。歷任

龔芳合

國民革命軍第一軍第二十一師輜重兵連見習、排長，教導
第二師機關槍連連長，隨軍參加柳河戰役，在戰鬥中身中三彈，團長令其
退出戰場就醫，其執言：「軍人以身許國傷未及死，何敢言退，況敵陣已
有可乘之機，豈可顧個人生死而敗黨國大事也！」再入戰場搏殺。1930
年 6 月 21 日在河南柳河縣高賢集陣亡。[161]

傅作梅（1904 － 1927）別字志魁，湖南武岡人。廣

州黃埔中央軍事政治學校第五期步兵科畢業。1926 年 3 月
考入廣州黃埔中央軍事政治學校第五期步兵科學習，1927
年 8 月畢業。任國民革命軍陸軍步兵連見習，1927 年 10

傅作梅

月 17 日在江蘇南京作戰陣亡。[162]

游靖湘（1903 － 1976）別字鵬庚，湖南嶽陽縣筻口鄉人。廣州黃埔
中央軍事政治學校第五期炮兵科畢業。1903 年農曆 9 月 11 日生於嶽陽縣
筻口鄉九豐村遊家塝一個農戶家庭。1926 年 3 月入黃埔軍校入伍生隊受

[160] 中國第二歷史檔案館供稿，華東工學院編輯出版部影印，檔案出版社 1989 年 7 月
《黃埔軍校史稿》第八冊（本校先烈）第 272 頁第五期烈士芳名表記載 1930 年 6
月 9 日在河南考城陣亡。

[161] 中國第二歷史檔案館供稿，華東工學院編輯出版部影印，檔案出版社 1989 年 7 月
《黃埔軍校史稿》第八冊（本校先烈）第 105 頁有龔芳涵傳略；中國第二歷史檔案
館供稿，華東工學院編輯出版部影印，檔案出版社 1989 年 7 月《黃埔軍校史稿》
第八冊（本校先烈）第 272 頁第五期烈士芳名表記載 1930 年 6 月 21 日在河南柳河
陣亡。

[162] 中國第二歷史檔案館供稿，華東工學院編輯出版部影印，檔案出版社 1989 年 7 月
《黃埔軍校史稿》第八冊（本校先烈）第 279 頁第五期烈士芳名表記載 1927 年 10
月 17 日在江蘇南京陣亡。

訓，1926 年 11 月入廣州黃埔中央軍事政治學校第五期炮兵科學習，1927 年 8 月畢業。隨部參加北伐戰爭，歷任國民革命軍陸軍炮兵營排長、連長，隨部參加北伐戰爭。1937 年 3 月 6 日敘任陸軍炮兵少校。抗日戰爭爆發後，任陸軍步兵團團附，隨部參加抗日戰事。1940 年任貴州省軍管區司令部軍官大隊參謀長等職。1945 年 7 月被國民政府軍事委員會銓敘廳頒令敘任陸軍炮兵上校。抗日戰爭勝利後，任陸軍第四十六軍（軍長）新編第十九師（師長蔣雄）政治部主任、副師長，奉派率部到海南島參加受降及接收事宜。1945 年 10 月獲頒忠勤勳章。後任陸軍第一七五師（師長甘成城）副師長。1946 年 5 月獲頒勝利勳章。1946 年 6 月任陸軍整編第四十六師整編第一七五旅（旅長甘成城）副旅長，率部在山東與人民解放軍作戰。1947 年 2 月在萊蕪戰役中被人民解放軍俘虜。入中國人民解放軍華東野戰軍政治部聯絡部解放軍官教育團學習，中華人民共和國成立後，繼入中國人民解放軍第三野戰軍政治部聯絡部解放軍官教育團受訓。1951 年自願回原籍鄉間務農，1976 年 10 月因病在原籍鄉間逝世。[163]

游靜波（1905 － ？）別字槎，湖南武岡人。廣州黃埔中央軍事政治學校第五期步兵科畢業。1926 年 3 月考入廣州黃埔中央軍事政治學校第五期步兵科學習，1927 年 8 月畢業。歷任國民革命軍陸軍步兵團排長、連長、營長、團長等職。抗日戰爭勝利後，1945 年 10 月獲頒忠勤勳章。1946 年 5 月獲頒勝利勳章。任長沙警備司令部參謀長。1947 年 6 月被國民政府軍事委員會銓敘廳頒令敘任陸軍步兵上校。

游靜波

曾遠明（1905 － ？）別字子一，湖南寶慶人。廣州黃埔中央軍事政治學校第五期步兵科畢業。1926 年 3 月考入廣州黃埔中央軍事政治學校第五期步兵科學習，1927 年 8

曾遠明

---

[163] 湖南省岳陽市政協文史資料委員會編：湖南《岳陽文史》第十輯 1999 年月印行《嶽陽籍國民黨軍政人物錄》第 338 頁。

月畢業。歷任國民革命軍陸軍步兵團排長、連長、營長、團長等職，1935年 7 月 13 日敘任陸軍步兵少校。1945 年 4 月被國民政府軍事委員會銓敘廳頒令敘任陸軍步兵上校。

曾震寰（1901 －？）別號伯西，湖南郴縣人。廣州黃埔中央軍事政治學校第五期炮兵科畢業。1926 年 3 月入黃埔軍校入伍生隊受訓，1926 年 11 月入廣州黃埔中央軍事政治學校第五期炮兵科學習，1927 年 8 月畢業。隨部參加北伐戰爭，歷任國民革命軍陸軍炮兵營排長、連長、營附。1930 年奉派入南京中央陸軍軍官學校高等教育班第一期學習，1931年畢業。任陸軍步兵團營長、副團長，1936 年 3 月 31 日敘任陸軍炮兵少校。抗日戰爭爆發後，任陸軍步兵師團長、副師長。抗日戰爭勝利後，任守備司令部參謀長。1945 年 10 月獲頒忠勤勳章。1946 年 5 月獲頒勝利勳章。1946 年 6 月奉派入中央訓練團將官班受訓，登記為少將學員，1946年 8 月結業。1947 年 11 月 31 日被國民政府軍事委員會銓敘廳敘任陸軍少將。

曾震寰

蔣嶽（1905 －？）別字極峰，湖南道縣人。廣州黃埔中央軍事政治學校第五期炮兵科、中央炮兵學校第五期畢業。1926 年 3 月入黃埔軍校入伍生隊受訓，1926 年 11 月入廣州黃埔中央軍事政治學校第五期炮兵科學習，1927 年 8 月畢業。隨部參加北伐戰爭，歷任國民革命軍陸軍步兵團排長、連長、副營長，1935 年 6 月 25 日敘任陸軍炮兵少校。1936 年12 月任南京中央陸軍軍官學校第十四期第一總隊第三隊隊長。抗日戰爭爆發後，隨軍校遷移西南地區，任成都中央陸軍軍官學校第十六期第二總隊中校總隊附等職。

蔣聯興（1905 － 1930）又名聯興，別字楚芝，湖南零陵人。廣州黃埔中央軍事政治學校第五期步兵科畢業。1926 年 3 月考入廣州黃埔中央軍事政治學校第五期步兵科學習，1927 年 8 月畢業。任國民革命軍陸軍步兵連見習、

蔣聯興

排長，1930 年 8 月 13 日在河南寧陵作戰陣亡。[164]

蔣慕文（1903 － 1929）別字景孫，湖南新寧人。廣
州黃埔中央軍事政治學校第五期步兵科畢業。1926 年 3 月
考入廣州黃埔中央軍事政治學校第五期步兵科學習，1927
年 8 月畢業。歷任國民革命軍陸軍步兵連見習、排長，
1929 年 7 月 14 日在湖北魏家集作戰陣亡。[165]

蔣慕文

謝開國（1905 －？）別字炳南，別號子楨，湖南郴
縣東江鄉謝莊人。廣州黃埔中央軍事政治學校第五期炮兵
科、陸軍大學正則班第十一期畢業。1926 年 3 月考入廣
州黃埔中央軍事政治學校第五期炮兵科炮兵隊學習，1927
年 8 月畢業。歷任國民革命軍陸軍炮兵營排長、連長、副

謝開國

營長等職。1932 年 12 月考入陸軍大學正則班學習，1935 年 12 月畢業。
1936 年 12 月 30 日敘任陸軍炮兵中校。抗日戰爭爆發後，任獨立炮兵團
營長、團附、團長等職。1943 年 7 月被國民政府軍事委員會銓敘廳敘任
陸軍炮兵上校。抗日戰爭勝利後，任炮兵指揮部參謀長等職。1945 年 10
月獲頒忠勤勳章。1946 年 5 月獲頒勝利勳章。1946 年 6 月奉派入中央訓
練團將官班受訓，1946 年 8 月結業。

謝劉權（1906 －？）別字碧揚，湖南資興人。廣州黃
埔中央軍事政治學校第五期步兵科畢業，中央軍官訓練團
第一期結業。1926 年 3 月考入廣州黃埔中央軍事政治學校
第五期步兵科學習，1927 年 8 月畢業。歷任國民革命軍陸
軍步兵團排長、連長、營長。1935 年 6 月 21 日敘任陸軍

謝劉權

---

[164] 中國第二歷史檔案館供稿，華東工學院編輯出版部影印，檔案出版社 1989 年 7 月
《黃埔軍校史稿》第八冊（本校先烈）第 279 頁第五期烈士芳名表記載 1930 年 8
月 13 日在河南寧陵陣亡。

[165] 中國第二歷史檔案館供稿，華東工學院編輯出版部影印，檔案出版社 1989 年 7 月
《黃埔軍校史稿》第八冊（本校先烈）第 278 頁第五期烈士芳名表記載 1929 年 7
月 14 日在湖北魏家集陣亡。

步兵少校。

　　謝壽階（1902 － 1930）湖南耒陽人。廣州黃埔中央軍事政治學校第
五期政治科畢業。1926 年 3 月考入廣州黃埔中央軍事政治學校第五期政
治科學習，1927 年 8 月畢業。任國民革命軍總司令部宣傳大隊宣傳員，
陸軍步兵營政治訓練員，宣傳分處科員，步兵連副連長，1930 年 8 月 3
日在山東汶河作戰陣亡。[166]

　　彭彬（1901 － 1931）別字文彬，湖南安鄉人。安鄉
縣立第一高等小學堂、長沙湖南省立第一中學、廣州黃埔
中央軍事政治學校第五期步兵科畢業。1901 年 11 月生於
安鄉縣一個望族家庭，父以武功起家，曾任清軍江西協
統。幼年入當地名塾啟蒙，少時考入安鄉縣立第一高等小

彭彬

學堂就讀，畢業後再考入長沙湖南省立第一中學學習，1921 年畢業。返
回安鄉各校任教，1925 年秋南下廣東，先入黃埔中國國民黨陸軍軍官學
校入伍生隊受訓，1926 年 3 月考入廣州黃埔中央軍事政治學校第五期步
兵科學習，1927 年 8 月畢業。即隨軍參加龍潭戰役，在作戰中負傷，返
回原籍休養，曾任本鄉保安隊隊長。1930 年春返回南京，奉派入南京中
央陸軍軍官學校高級班學習，1930 年 5 月隨軍北上歸德參加中原大戰，
後任新兵訓練處練習連連長，江西「剿匪」總指揮部政治部宣傳處第二十
八分處少校宣傳員，1931 年 5 月 1 日在江西東固作戰陣亡。[167]

　　彭問津（1903 － ？）別字春樵，湖南茶陵人。廣州黃埔中央軍事政
治學校第五期步兵科畢業。1926 年 3 月入黃埔軍校入伍生隊受訓，1926

[166] 中國第二歷史檔案館供稿，華東工學院編輯出版部影印，檔案出版社 1989 年 7 月
　　《黃埔軍校史稿》第八冊（本校先烈）第 282 頁第五期烈士芳名表記載 1930 年 8
　　月 3 日在山東汶河陣亡。

[167] 中國第二歷史檔案館供稿，華東工學院編輯出版部影印，檔案出版社 1989 年 7 月
　　《黃埔軍校史稿》第八冊（本校先烈）第 113 頁有彭彬傳略；中國第二歷史檔案館
　　供稿，華東工學院編輯出版部影印，檔案出版社 1989 年 7 月《黃埔軍校史稿》第
　　八冊（本校先烈）第 276 頁第五期烈士芳名表記載 1931 年 5 月 1 日在江西東固陣亡。

年 11 月入廣州黃埔中央軍事政治學校第五期步兵科學習，
1927 年 8 月畢業。隨部參加北伐戰爭，歷任國民革命軍步
兵團排長、連長、營長等職。抗日戰爭爆發後，任陸軍步
兵團團長、副旅長、旅長等職。1936 年 3 月 27 日敘任陸
軍步兵少校。1943 年 7 月被國民政府軍事委員會銓敘廳敘

彭問津

任陸軍步兵上校。1944 年 10 月任陸軍第十軍（軍長方先覺）第三師（師
長周慶祥）副師長，率部參加長衡會戰。抗日戰爭勝利後，仍任重建後的
第十軍（軍長趙錫田）第三師（師長周慶祥兼）副師長。1945 年 10 月獲
頒忠勤勳章。1946 年 5 月獲頒勝利勳章。1946 年 6 月奉派入中央訓練團
將官班受訓，登記為少將學員，1946 年 8 月結業。1947 年 3 月 15 日被國
民政府軍事委員會銓敘廳敘任陸軍少將，同時退役。

彭明沃（1901 － 1929）別字灼桃，湖南湘陰人。廣州黃埔中央軍事
政治學校第五期步兵科畢業。1926 年 3 月考入廣州黃埔中央軍事政治學
校第五期步兵科學習，1927 年 8 月畢業。任國民革命軍第四軍第十一師
第三十二團步兵連見習、排長，1929 年 12 月 10 日在廣東平山圩作戰陣
亡。[168]

彭鴻猷（1906 －？）別字竹林，湖南常德人。廣州黃
埔中央軍事政治學校第五期步兵科畢業。1926 年 3 月考入
廣州黃埔中央軍事政治學校第五期步兵科學習，1927 年
8 月畢業。任國民革命軍陸軍步兵營排長、連長、營長。
1935 年 6 月 17 日敘任陸軍步兵少校。

彭鴻猷

程智（1907 － 1937）別號嶽雲，湖南醴陵人。前廣
州大本營軍政部部長、國民政府軍事委員會總參謀長程潛
上將族侄。廣州黃埔中央軍事政治學校第五期步兵科畢

程智

---

[168] 中國第二歷史檔案館供稿，華東工學院編輯出版部影印，檔案出版社 1989 年 7 月
《黃埔軍校史稿》第八冊（本校先烈）第 271 頁第五期烈士芳名表記載 1929 年 12
月 10 日在廣東平山圩陣亡。

業。1926 年 3 月入黃埔軍校入伍生隊受訓，1926 年 11 月入廣州黃埔中央軍事政治學校第五期步兵科學習，1927 年 8 月畢業。隨部參加北伐戰爭，歷任國民革命軍排、連、營、副團長。1935 年 7 月 12 日敘任陸軍步兵少校。1937 年 1 月 26 日晉任陸軍步兵中校。抗日戰爭爆發後，任陸軍第七十四軍（軍長俞濟時）第五十一師（師長王耀武）第一五一旅（旅長周志道）步兵第三〇二團團長，率部參加淞滬會戰。1937 年 12 月率部參加南京保衛戰，1937 年 12 月 12 日率部在莫愁湖畔與日軍激戰時，中彈重傷後壯烈殉國。[169]

雷攻（1903 － 1952）別字猛志，湖南東安人。廣州黃埔中央軍事政治學校第五期步科畢業，中央訓練團黨政班第六期、中央警官學校研究班結業。1926 年 3 月入黃埔軍校入伍生隊受訓，1926 年 11 月入廣州黃埔國民革命軍軍官學校廣州黃埔中央軍事政治學校第五期步兵科學習，

雷攻

1927 年 8 月畢業。隨部參加北伐戰爭，歷任國民革命軍總司令部警備隊排長，陸軍野戰團排、連、營、團長等職。1935 年 6 月 21 日敘任陸軍步兵少校。抗日戰爭爆發後，任陸軍第五軍第四十九師團長、副師長。抗日戰爭勝利後，任陸軍第四十九師副師長。1945 年 10 月獲頒忠勤勳章。1946 年 5 月獲頒勝利勳章。1948 年 1 月被國民政府軍事委員會銓敘廳敘任陸軍步兵上校。1949 年 8 月 3 日率部參加長沙起義。

雷震宇（1906 － 1930）別字振宇，湖南藍山人。廣州黃埔中央軍事政治學校第五期步兵科畢業。1926 年 3 月考入廣州黃埔中央軍事政治學校第五期步兵科學習，1927 年 8 月畢業。歷任國民革命軍陸軍步兵連見習、副排長、

雷震宇

排長、副連長，1930 年 8 月 9 日在山東肥城作戰陣亡。[170]

---

[169] 范寶俊、朱建華主編：中華人民共和國民政部組織編纂，黑龍江人民出版社 1993 年 10 月《中華英烈大辭典》第 2435 頁。

[170] 中國第二歷史檔案館供稿，華東工學院編輯出版部影印，檔案出版社 1989 年 7 月

蔡才佐（1905－？）別字才卓，湖南攸縣人。廣州黃埔中央軍事政治學校第五期炮兵科、中央炮兵學校第一期畢業，中央軍官訓練團第二期結業。1926 年 3 月考入廣州黃埔中央軍事政治學校第五期炮兵科學習，1927 年 8 月畢業。歷任國民革命軍陸軍炮兵團排長、連長、營長。1936 年 4 月 18 日敘任陸軍炮兵少校。抗日戰爭爆發後，任第三戰區司令部炮兵司令部參謀，獨立炮兵團副團長、代理團長，炮兵訓練處專門委員。抗日戰爭勝利後，任集團軍總司令部辦事處主任，臺灣基隆要塞司令部第三總炮臺上校總臺長。1946 年 4 月奉派入中央軍官訓練團第二期第三中隊學員隊受訓，1946 年 6 月結業。返回臺灣續任基隆要塞司令部副參謀長等職。

蔡仁傑（1902－1947）別字常武，別號新雨，湖南常德縣鬥姥鎮人。鄉立高等小學堂、常德縣立移芝中學、廣州黃埔中央軍事政治學校第五期工兵科畢業。1902 年 10 月 31 日生於常德縣鬥姥鎮一個農商家庭。1926 年 3 月入黃埔軍校入伍生隊受訓，1926 年 11 月入廣州黃埔中央軍事政治學校第五期工兵科學習，1927 年 8 月畢業。隨部參加北伐戰爭，歷任國民革命軍排長、連長，陸軍第五十八師步兵團營長，隨部參加對紅軍及根據地的「圍剿」戰事。1935 年 6 月 25 日敘任陸軍工兵少校。抗日戰爭爆發後，任陸軍第七十四軍（軍長俞濟時）第五十八師（師長馮聖法）步兵團團長，率部參加淞滬會戰、南京保衛戰、蘭封戰役。1941 年 10 月任陸軍第五十八師（師長張靈甫）副師長，率部參加第二次長沙會戰。1942 年 7 月被國民政府軍事委員會銓敘廳頒令敘任陸軍工兵上校。1944 年 8 月任陸軍第七十四軍（軍長王耀武）第五十八師師長。率部參加第三、四次長沙會戰、常德會戰、長衡會戰、湘西雪峰山會戰。1945 年 2 月 20 日被國民政府軍事委員會銓敘廳頒令敘任陸軍少將。抗日戰爭

蔡仁傑

《黃埔軍校史稿》第八冊（本校先烈）第 273 頁第五期烈士芳名表記載 1930 年 8 月 9 日在山東肥城陣亡。

勝利後，奉派赴南京參與京滬地區日軍受降及接收事宜。1945 年 10 月獲頒忠勤勳章。1946 年 4 月任陸軍第七十四軍（軍長張靈甫）副軍長，兼任首都警備司令部副司令官。1946 年 5 月獲頒勝利勳章。1946 年 5 月奉派入中央軍官訓練團第二期第二中隊學員隊受訓，1946 年 7 月結業。返回原部隊續任，1947 年春任陸軍整編第七十四師（師長張靈甫）副師長，率部在山東與人民解放軍作戰。1947 年 5 月 11 日在孟良崮戰役中，因戰敗與張靈甫等槍擊自殺。1947 年 7 月 30 日被國民政府軍事委員會銓敍廳頒令追贈陸軍中將銜。

廖肯

　　廖肯（1905－？）別字作平，湖南長沙人。國立東南大學、廣州黃埔中央軍事政治學校第五期炮兵科、陸軍大學正則班第十一期畢業。早年入長沙中學學習，畢業後考入國立東南大學，[171] 畢業後南下廣州，投考黃埔軍校。1926 年 3 月考入廣州黃埔中央陸軍軍官學校第五期炮兵科炮兵隊學習，1927 年 8 月畢業。任國民革命軍陸軍炮兵團排長、連長、副營長等職。1932 年 12 月考入陸軍大學正則班學習，1935 年 12 月畢業。1936 年 6 月 1 日敍任陸軍炮兵少校。1936 年 10 月 2 日晉任陸軍炮兵中校。任陸軍第十軍預備第十師司令部參謀處作戰科參謀、科長，第八集團軍總司令部警衛團團長等職。後任第三戰區司令長官部幹部訓練團將校班主任，幹部訓練團學員總隊總隊長等職。1943 年 2 月被國民政府軍事委員會銓敍廳敍任陸軍炮兵上校。任陸軍預備第十師（師長葛先才）副師長等職。率部參加第三次長沙會戰、常德會戰、衡陽會戰、湘西雪峰山會戰諸役。抗日戰爭勝利後，任粵北師管區司令部司令官。1945 年 10 月獲頒忠勤勳章。1946 年 6 月獲頒勝利勳章。任陸軍第十六軍（軍長李正先）司令部參謀長等職。1948 年 9 月 22 日被國民政府軍事委員會銓敍廳敍任陸軍少將。1949 年任東南軍政長官公署軍官教導總隊總隊長，陸軍第一

---

[171] 江西省上饒市政協文史資料研究委員會編：1986 年印行《國民黨第三戰區司令長官部紀實》上冊第 29 頁。

一〇軍（軍長向敏思）副軍長、代理軍長，所部於 1949 年 12 月在川東南地區被人民解放軍殲滅。

廖以義（1904－1954）別字止真，湖南晃縣平二裏（今波州鎮）波州村人。廣州黃埔中央軍事政治學校第五期炮兵科、陸軍大學正則班第十期畢業。中央軍官訓練團第二期結業。1904 年 5 月生於湖南晃縣平二裏（今波州鎮）波州村一個農戶家庭。1926 年 3 月入黃埔軍校入伍生隊受

廖以義

訓，1926 年 11 月入廣州黃埔中央軍事政治學校第五期炮兵科學習，1927年 8 月畢業。隨部參加北伐戰爭，加入國民革命軍陸軍炮兵部隊，隨軍參加北伐戰爭。1932 年 4 月考入陸軍大學正則班學習，1935 年 4 月畢業。任南京中央陸軍軍官學校教官，中央陸軍軍官學校第十四期第二學員總隊總隊附等職。抗日戰爭爆發後，隨軍校遷移武漢、成都等地，歷任中央陸軍軍官學校第十五期特科總隊總隊長，第十六期入伍生團團長，第十八期學員總隊總隊長等職。1936 年 6 月 16 日敘任陸軍炮兵少校。後任空軍交通輜重兵團團長，率部參加湘西會戰。1945 年 1 月被國民政府軍事委員會銓敘廳頒令敘任陸軍炮兵上校。任第十集團軍總司令（王敬久）部（參謀長毛景彪）參謀處作戰科科長兼任代理參謀處處長等職。抗日戰爭勝利後，任第六十六軍（軍長宋瑞珂）司令部參謀長等職，率部在武漢參加日軍受降儀式。1945 年 10 月獲頒忠勤勳章。1946 年 5 月獲頒勝利勳章。1946 年 5 月入中央軍官訓練團第二期第一中隊受訓，並任學員隊中隊附等職，1946 年 7 月結業，返回原部隊續任原職。1946 年秋任國民政府武漢行轅高級參謀。1947 年 1 月赴常德任湘北師管區司令部副司令官等職。1948 年 9 月 22 日被國民政府軍事委員會銓敘廳頒令敘任陸軍少將。1948年冬辭去軍政職務，返回原籍寓居。中華人民共和國成立後，仍寓居原籍鄉間，1951 年在湖南新晃被公安機關逮捕，1954 年 12 月於關押中因病逝世。

廖繼愷（1906－？）別字榮蓀，湖南衡陽人。廣州黃埔中央軍事政

治學校第五期工兵科畢業。1926 年 3 月考入廣州黃埔中
央軍事政治學校第五期工兵科學習，1927 年 8 月畢業。
任南京中央陸軍軍官學校第八期第一總隊入伍生團工兵隊
隊附，國民革命軍總司令部工兵教導隊分隊長。1932 年
參與籌備工兵學校，正式成立時任教官。1935 年 6 月 26
日敘任陸軍工兵少校。

廖繼愷

　　熊飛（1904 － 1930）別字宏福，湖南零陵人。廣州
黃埔中央軍事政治學校第五期步兵科畢業。1926 年 3 月
考入廣州黃埔中央軍事政治學校第五期步兵科學習，1927
年 8 月畢業。任國民革命軍陸軍步兵連見習、副排長、連
附，1930 年 5 月 18 日在安徽亳州作戰陣亡。[172]

熊飛

　　譚魁（1906 － ?）別字卓然，湖南祁陽人。廣州黃埔
中央軍事政治學校第五期步兵科畢業。1926 年 3 月考入廣
州黃埔中央軍事政治學校第五期步兵科學習，1927 年 8 月
畢業。歷任國民革命軍陸軍步兵團排長、連長、營長、團
長等職。1945 年 4 月被國民政府軍事委員會銓敘廳頒令敘
任陸軍步兵上校。

譚魁

　　譚希林（1908 － 1970）原名載章，曾用名曦臨，湖南
長沙人。湖南省立工種工業學校機械科、廣州黃埔中央軍
事政治學校第五期工兵科肄業。[173]1908 年 3 月 12 月生於長
沙縣沅嘉湖石頭咀村一個制陶工人家庭，六歲起入長沙縣
立第四小學讀書，畢業後相繼考入湖南省立甲種工業學校

譚希林

---

[172] 中國第二歷史檔案館供稿，華東工學院編輯出版部影印，檔案出版社 1989 年 7 月
《黃埔軍校史稿》第八冊（本校先烈）第 272 頁第五期烈士芳名表記載 1930 年 5
月 18 日在安徽亳州陣亡。

[173] 湖南省檔案館校編、湖南人民出版社《黃埔軍校同學錄》無載；現據：中國人民解
放軍軍事科學院軍事百科部編：山西人民出版社 2005 年 4 月《開國將帥》第 237
頁記載。

附屬乙種工業學校、甲種工業學校機械科學習。1922 年十四歲時因家貧
輟學，入湖南紗廠做工，1925 年加入中國共產主義青年團，同年六月因
在「五卅反帝運動」中參與紗廠罷工鬥爭，被廠方開除。後經湖南省總工
會介紹到安源路礦參加礦工俱樂部工作。1926 年 1 月受礦區中共黨組織
派遣到廣州入農民運動講習所學習，並轉入中共。1926 年 4 月考入廣州
黃埔中央軍事政治學校第五期工兵營，畢業後被分配到國民革命軍第四軍
第十二師葉挺獨立團任排長，1927 年春起任國民革命軍第二十四師直屬
隊工兵連代理連長，後調任第二方面軍總指揮部警衛團副連長。1927 年 9
月隨部參加湘贛邊界秋收起義，任工農革命軍第一師特務連連長，第一團
第二連連長，紅四軍第三十一團第一營營長、第二營營長。參加創建井岡
山根據地的鬥爭。1929 年春起任紅四軍軍部特務支隊支隊長，閩西紅軍
學校教育長，閩西紅軍指揮部參謀長兼第一縱隊縱隊長。1930 年 8 月任
紅軍第二十一軍參謀長、代理軍長，紅軍新編第十二軍參謀長兼第三十四
師師長。1931 年春任中革軍委警衛團團長，南路軍臨時指揮部司令員，
參加開闢贛南、閩西革命根據地鬥爭，率部參加第一、二次反「圍剿」作
戰。1932 年秋起任瑞金中央紅軍學校工兵連連長、教員，紅軍學校步兵
團副團長，特科團團長，紅軍特科學校工兵營營長。1934 年 10 月參加長
征，任中央軍委幹部團工兵主任，紅軍大學工兵科科長。到陝北後，任紅
軍學校第二營營長，紅軍大學第三隊隊長。抗日戰爭爆發後，任陝甘寧邊
區保安司令部參謀長，中共鄂豫皖區委軍事部部長。1938 年 1 月任國民
革命軍新編四軍第四支隊參謀長，江北遊擊縱隊司令員，第二師第六旅旅
長兼政委，淮南津浦路西分區司令兼中共地委書記，新四軍第七師代理師
長，中共皖中區黨委常務委員。抗日戰爭勝利後，1946 年起任山東野戰
軍第四縱隊司令員，豫皖蘇軍區第一副司令員，膠東縱隊司令員兼膠東軍
區代理司令員，中國人民解放軍第三野戰軍第三十二軍軍長。中華人民共
和國成立後，任中國人民解放軍山東軍區第一副司令兼青島警備區司令
員，中華人民共和國駐捷克大使，北京軍區副司令員。1955 年 9 月 27 日

被授予中國人民解放軍中將軍銜。1964 年 12 月當選為第四屆全國政協委員。1970 年 2 月 21 日因病在北京逝世。

譚伯英

　　譚伯英（1905 － ？）湖南湘潭人。廣州黃埔中央軍事政治學校第五期經理科、陸軍大學參謀班西南班第四期畢業。1926 年 3 月入黃埔軍校入伍生隊受訓，1926 年 11 月入廣州黃埔中央軍事政治學校第五期經理科學習，1927 年 8 月畢業。隨部參加北伐戰爭，歷任國民革命軍陸軍輜重兵隊見習、排長、副隊長。抗日戰爭爆發後，任集團軍總司令部兵站參謀，1939 年 4 月奉派入陸軍大學參謀班西南班第四期學習，1940 年 6 月畢業。任集團軍總司令部兵站副主任、主任。抗日戰爭勝利後，1945 年 10 月獲頒忠勤勳章。任綏靖主任公署軍需供應處副主任。1946 年 5 月獲頒勝利勳章。1947 年 9 月被國民政府軍事委員會銓敘廳頒令敘任陸軍輜重兵上校。

　　潘漢逵（1904 － ？）別號建猷，湖南鄮縣人。廣州黃埔中央軍事政治學校第五期步兵科畢業。1926 年 3 月入黃埔軍校入伍生隊受訓，1926 年 11 月入廣州黃埔中央軍事政治學校第五期步兵科學習，1927 年 8 月畢業。隨部參加北伐戰爭，抗日戰爭期間在中央訓練團高級警官班畢業，曾任湖南省政府警備處副處長，第六戰區司令長官部直屬洞庭遊擊支隊司令部司令官等職。抗日戰爭勝利後，1945 年 10 月獲頒忠勤勳章。1946 年 5 月獲頒勝利勳章。1947 年 6 月被國民政府軍事委員會銓敘廳頒令敘任陸軍步兵上校。任陸軍第二十六軍第四十四師師長。1948 年 2 月 16 日被國民政府軍事委員會銓敘廳頒令敘任陸軍少將。1948 年 5 月 13 日至 1949 年 4 月 12 日任廣東揭陽縣縣長。1949 年 5 月任重建後的陸軍第一〇三軍（軍長王中柱）第三四七師師長，所部在廣西邊境被人民解放軍殲滅，1949 年 12 月 27 日在廣西東蘭被人民解放軍俘虜。

　　潘華國（1904 － ？）別字靜如，湖南南縣人。廣州黃埔中央軍事政治學校第五期政治科、陸軍大學正則班第十期畢業。1926 年 3 月入黃埔

潘華國

軍校入伍生隊受訓，1926 年 11 月入廣州黃埔中央軍事政治學校第五期政治科學習，1927 年 8 月畢業。隨部參加北伐戰爭，1932 年 4 月考入陸軍大學正則班學習，1935 年 4 月畢業。留校任陸軍大學兵學研究院教官、研究員等職。抗日戰爭爆發後，隨軍校遷移西南地區，繼續任陸軍大學兵學教官等職。1942 年 7 月被國民政府軍事委員會銓敘廳頒令敘任陸軍步兵上校。後任陸軍第八軍（軍長鄭洞國、何紹周）司令部參謀長，參加中國遠征軍對日作戰諸役。1943 年 4 月 24 日奉派入中央訓練團受訓，並任第二大隊大隊附。結訓後任軍政部高級參謀，1944 年 6 月 13 日接吳求劍任第三十一集團軍（總司令王仲廉）陸軍第十三軍（軍長石覺）暫編第十六師師長，率部參加豫中會戰，1945 年 2 月免職。後任青年軍第二○二師政治部主任、副師長，率部湘西雪峰山會戰。抗日戰爭勝利後，任青年軍整編第二○三師（師長鍾彬、袁樸）整編第二旅旅長。1945 年 10 月獲頒忠勤勳章。1946 年 5 月獲頒勝利勳章。1946 年 12 月任重慶警備總司令（孫元良）部第二○三師師長，統轄第一旅（旅長趙秀崑）、第二旅（旅長王寓農）等部。1948 年 9 月 22 日被國民政府軍事委員會銓敘廳頒令敘任陸軍少將。1949 年 3 月 1 日任陸軍第七編練司令（羅廣文）部副司令官，率部在四川重慶地區整頓和訓練新編部隊，1949 年 10 月離職。

顏健（1904 － 1977）別字紹賢，湖南益陽人。廣州黃埔中央軍事政治學校第五期步兵科、陸軍大學參謀班西南班第十期畢業。1926 年 3 月入黃埔軍校入伍生隊受訓，1926 年 11 月入廣州黃埔中央軍事政治學校第五期步兵科學習，1927 年 8 月畢業。隨部參加北伐戰爭，歷任國民革命軍陸軍步兵團排長、連長等職。1931 年任第五軍第八十七師第二五九旅（旅長孫元良）第五一七團（團長傅正模）第三營營長，率部參加「一‧二八」淞滬抗日作戰。抗日戰爭爆發後，任陸軍步兵團副團長、團長，後任陸軍步兵師司令部參謀長等職。1943 年 10 月奉派入陸軍大學參

顏健

謀班西南班第十期學習，1944 年 10 月畢業。抗日戰爭勝利後，任高級參謀等職。1945 年 10 月獲頒忠勤勳章。1946 年 5 月獲頒勝利勳章。1946 年 6 月奉派入中央訓練團將官班，登記為少將學員，1946 年 8 月結業。1947 年 1 月 7 日被國民政府軍事委員會銓敘廳敘任陸軍少將。後返回湖南供職，任長沙綏靖主任公署高級參謀。1949 年 8 月參加湖南起義。中華人民共和國成立後，1950 年 10 月任湖南省人民政府參事室參事。「文化大革命」受到衝擊與迫害，1977 年 3 月因病在長沙逝世。

薛崗梧

　　薛崗梧（1901 － 1971）別字祚鳳，湖南石門人。廣州黃埔中央軍事政治學校第五期步兵科、南京中央陸軍步兵學校校官班第四期畢業。1926 年 3 月考入廣州黃埔中央軍事政治學校第五期步兵科學習，1927 年 8 月畢業。隨部參加北伐戰爭，歷任國民革命軍陸軍步兵營排長、連長、營長。抗日戰爭爆發後，任陸軍步兵團團長，陸軍第五十二軍第八十二師司令部參謀長等職。抗日戰爭勝利後，1945 年 10 月獲頒忠勤勳章。1946 年 5 月獲頒勝利勳章。1946 年 5 月奉派入軍官訓練團第二期第三中隊學員隊受訓，1946 年 7 月結業。返回原部隊任職。任陸軍整編五十二師（師長蔣當翊）整編第八十二旅（旅長潘自珍）副旅長，率部在中原地區與人民解放軍作戰。1949 年任湖南第一兵團（司令官陳明仁兼）陸軍第十四軍（軍長張際鵬）第六十三師（師長湯季楠、馬連柱）副師長，1949 年 8 月隨程潛、陳明仁等參加湖南起義。[174] 中華人民共和國成立後，1950 年 10 月任湖南省人民政府參事室參事。「文化大革命」受到衝擊與迫害，1971 年 11 月因病在長沙逝世。

　　薛知行（1907 －？）別字曙荄，湖南益陽人。廣州黃埔中央軍事政治學校第五期步兵科畢業。1926 年 3 月入黃埔軍校入伍生隊受訓，1926 年 11 月入廣州黃埔中央軍事政治學校第五期步兵科學習，1927 年 8 月畢業。

---

[174] 中國人民解放軍歷史資料叢書編審委員會：「中國人民解放軍歷史資料叢書」，解放軍出版社 1994 年 11 月《解放戰爭時期國民黨軍起義投誠－鄂湘粵桂地區》。

薛知行

隨部參加北伐戰爭，歷任國民革命軍陸軍步兵營排長、連長、營長等職。抗日戰爭爆發後，任幹部訓練團學員總隊大隊長、副總隊長等職。抗日戰爭勝利後，1945 年 10 月獲頒忠勤勳章。1946 年 5 月獲頒勝利勳章。任青年軍第二〇八師第二旅司令部參謀長。1947 年 4 月奉派入中央軍官訓練團第三期第一中隊學員隊受訓，1947 年 6 月結業。

霍仲如（1905 － 1930）湖南酃縣人。廣州黃埔中央軍事政治學校第五期炮兵科畢業。1926 年 3 月考入廣州黃埔中央軍事政治學校第五期炮兵科學習，1927 年 8 月畢業。任國民革命軍陸軍炮兵連見習、排長，1930 年 9 月 16 日在河南蘭封作戰陣亡。[175]

戴介枬（1905 － ？）又名介栭，別字倫鑒，湖南瀏陽人。廣州黃埔中央軍事政治學校第五期步兵科畢業。1926年 3 月入黃埔軍校入伍生隊受訓，1926 年 11 月入廣州黃埔中央軍事政治學校第五期步兵科學習，1927 年 8 月畢業。

戴介枬

隨部參加北伐戰爭，歷任國民革命軍陸軍步兵團排長、連長、副營長。抗日戰爭爆發後，任陸軍第七十八師（師長李文）第二三二旅第四六八團（團長謝義鋒）第一營營長，隨部參加淞滬會戰。1937 年 8 月 4 日敘任陸軍步兵少校。後任陸軍第一軍第七十八師第二三二旅司令部參謀主任，該旅第四六八團副團長、團長、副旅長。1945 年 4 月被國民政府軍事委員會銓敘廳頒令敘任陸軍步兵上校。

---

[175] 中國第二歷史檔案館供稿，華東工學院編輯出版部影印，檔案出版社 1989 年 7 月《黃埔軍校史稿》第八冊（本校先烈）第 270 頁第五期烈士芳名表記載 1930 年 9 月 16 日在河南蘭封陣亡。

部分學員照片：145 人

丁雲峰　文振　方遇　尹崇僎　王為　王章　王鏡

王畏閑　王夢覺　鄧百煉　鄧正權　鄧紹禹　鄧承禹　鄧康民

龍之淼　龍躍湘　馮建　馮博林　帥建勳　史文宇　史紀明

皮公純　劉良　劉蔭　劉傳璠　劉伯儀　劉宏深　劉韻泉

劉鎮藩　湯華園　向魯琴　呂振簧　孫略　何尚武　吳克西

吳聲洋　吳煥湘　張平　張開鑄　張遠之　張建極　張震歐

|  張耀庚 | 李正芳 | 李樂平 | 李邦鋐 | 李佐民 | 李向榮 | 李志軍 |

| 李昌年 | 李昌禎 | 李柱中 | 李降寅 | 李錦榮 | 杜丙炎 | 楊澄 |

| 楊中極 | 楊光俊 | 楊金秋 | 蘇天真 | 汪稠 | 汪察吾 | 陳鑑 |

| 陳士虎 | 陳壯民 | 陳良弼 | 陳啓梅 | 陳怡群 | 陳宗睦 | 陳景松 |

| 周天成 | 周仲純 | 周澤生 | 周南生 | 周拯元 | 周緝熙 | 周翰宣 |

| 羅駿 | 羅元直 | 羅樹人 | 鄭鼎 | 鄭大鵬 | 林東屏 | 易賓成 |

| 歐陽鵬 | 孟宗瀚 | 胡子儀 | 胡松林 | 胡孟堦 | 尚夢芝 | 陶南薰 |

 唐堃　 唐彬　 唐政　 唐一戎　 唐君亞　 唐澤五　 唐象坤

 唐嗣偉　 倪晶植　 郭紹儀　郭俊謀　賓希明　耿離　夏小歐

 夏光燎　夏育民　夏劍霆　袁振鵬　高志　徐劍霞　章文仲

 黃蘇　 黃沛　 黃尊　 黃璟　 黃兆貴　 黃向榮　 黃良兆

 黃思厚　 黃振權　 黃震華　 曹惠　 蕭兆鵬　 符萼華　 彭俊傑

 程邦鈺　 粟亢鱗　 曾攻錯　 曾拒強　 謝幹寰　 謝義民　 謝價卿

 謝靖瀾　 蔣心惕　 雷驚　 譚誠　 譚友哲　 譚在舒　 譚振原

譚矗鑫　　黎為章　　樊兆麟　　霍岳嵩　　魏學武

照片缺載：王儉、龍波、馮熊、劉廣、吳雲祥、羅敬之、唐喚文

現代湖南名人在政治、文化、軍事等領域，都有著獨特的作用和影響力，第五期生僅為其中一小部分。據上表統計，軍級以上人員佔有 2.86%，師級佔有 5.13%，兩項相加達到 7.99%，計有 67 人成為將領或名人。

綜合上述人員構成情況，主要有幾方面特點：一是軍級以上人員，以軍隊將領居多，其中：李鴻、唐守治、段雲、羅賢達、李蓋萱、李日基、潘華國均曾任兵團副司令官或軍長級主官，李鴻是歷經遠征印緬抗戰的抗日名將。二是中共方面，有陶鑄、許光達、宋時輪、譚希林等著名人物，其中：陶鑄位居中央政治局常委、中共中央書記處常務書記及國務院副總理，許光達是中國人民解放軍軍事家及裝甲兵創始人，宋時輪、譚希林是中國人民解放軍著名將領。

二、廣東籍第五期生情況簡述

近現代以來廣東，是國民革命革命搖籃和北伐策源地。歷史上廣東多行風氣之先，可見廣東在中華民國發展史上有其特殊的地緣關係。僅此為其他各省無可比擬。

廣東籍的第五期生，共有 318 名，位居各省人數次席，充分顯示了當年廣東具有天時地利人和之先行優勢。當時瓊崖（現海南省）及廣西東部十余縣在行政上隸屬廣東，所以該地區的第五期生理應劃歸廣東省籍學員中。其中：廣東籍第五期生較多的 6 個縣（市）是：興甯 19 名，廣州 15 名，五華 14 名，汕頭 13 名，惠陽 12 名，梅縣 11 名；現屬海南的文昌縣 44 名，瓊山縣 16 名；現屬廣西的合浦 11 名，防城 8 名，靈山 4 名。

表25　廣東籍學員歷任各級軍職數量比例一覽表

職級	中國國民黨	人數	%
肄業或尚未見從軍任官記載	何恩霖、週一寶、歐　蒩、廖雨軍、殷繼德、韓漢光、林守毅、馮　毅、龍啓賢、成祖武、邢烈亞、阮克偉、陳瑞璋、周　睿、高　劍、梁嘉德、盤振威、符德華、蒙得中、李克敵、劉鴻鑣、容鑑明、蕭寶璆、陳志良、謝彥超、古中樞、古竹庵、張衛邦、李詎庸、李若鵬、周益寶、廖道存、魏洪疇、李　照、李世亨、陳世鏞、龐一光、董　超、司徒紹、勞植庭、楊名周、謝宏銓、萬　瓊、雲昌燾、馮　鐵、馮　韜、伍　靖、劉　保、邢詒貝、邢詒益、邢保民、邢爵春、張　幹、楊運農、陳承海、陳明光、陳武軍、陳醒民、林明富、林育廷、範無隱、鄭華強、徐洪濤、翁悅民、符　燦、符　烘、符雲龍、符漢興、符昆若、符星輝、符樹明、符炳寶、符曹書、符耀英、黃　雄、黎國安、王幹貞、劉　甦、徐耀垣、黎澤森、王興治、劉北海、羅萬象、甄　天、甄赤兒、譚　赤、馮克定、馮尚衡、陳河清、郭慶崇、楊冠如、彭　鴻、謝　仲、劉定寶、何砥中、何頌熙、陳伯其、羅中俠、羅達時、羅俊標、唐仁發、黃彥斌、黃煥勳、王良儒、王益儒、王鎏儒、馮赤夫、張紹坤、林澤寶、鍾誠彰、韓勁初、王鴻儒、葉　蒼、劉　勳、吳達連、張我疆、李平中、陳志傑、林克的、黃鐵強、謝赤剛、楊劍青、楊震耀、鄧　吞、何彰明、張步嵩、陳自立、梁錫濱、黃祖茂、簡　丹、左新中、陳其偉、莫凌獅、劉敵難、鄭　重、黃象玄、林瑤佳、寧明坊、梁　勤、符顯彪、賴道清、鄭　森、張堉堯、王化先、邱秀亞、周監唐、黎景煥、黎運洲、劉文謙、王智遠、陳沛然、梁光球、黃龍飛、謝彥霞、譚光球、譚騁洲、張炳奎、劉　玉、郭去病、梁恭樂、王明宇、何肅庭、潘哲民、鄭益吾、聶秋聲、陳光亞、陳複東、黃揚清、曾　炫、戴洪飛、陳　雄、曾　航、張翼飛、謝醒亞、伍子誠、丘淑豪、盧禎石、張飛君、李中平、李啓英、李學文、楊舉鈞、徐志堅、翁劍釗、溫必烈、陳德厚、溫振光、李惠祥、楊穀如、鄧　愷、黃克坡、戴　旭、戴劍歐、黃慰農、王　鑑、馮建章、吳　鈞、吳子琦、岑鎮中、李冠歐、陳世隆、陳光中、林歧山、鍾　錚、徐　競、黃景芳、區隆釗、王碧若、池善平、張展鵬、劉爾煊、李文潘、溫家琮、賴松生、黎仲康、李揮雄、林國謙、李慕孫、羅子良、潘耀初、李耀鈞、許　麟、李醒東、吳遠成、鍾英鳴、馬　毅、何　英、王繼三、周鳳翔、張秉英、王憲章、劉繼桓、朱　憲、丘　嵩、何　愷、鍾　嶽、謝　琮、李可為	238	74.84
排連營級	黃醒潮、傅守直、古尚英、李芳新、鍾太初、雲茂曦、邢　邦、陳　正、朱青天、何仲胥、林　建、劉　榮、劉衆武、劉紅兒、羅毓雄、鍾醒民、黎頌祺、彭　武、鄧　勳、李國憲、袁　慎、廖鐵錚、歐陽雄、王天蔚、古　錚、譚　天、譚　醒、韓家讓、溫　燕、吳劍鳴、謝源順、李生鑑、鍾漢寶、黃漢人	34	10.69
團旅級	周康燮、蕭沖漢、廖倫淑、張遠猷、陳漢平、陳達民、符瑞生、韓前光、陳勵正、徐景賢、王超民、何遒策、陳立權、卜懋民、羅覺民、陳　略、謝靜生、陳　鼎、周源秀、梁潤燊、黃德毅、戴公略、韓　奮、鍾學棟、羅聯輝、張在平、李亦煒、鍾乃彤	28	8.81
師級	張應安、楊　群、鄭拔群、符樹蓬、余萬里、陳治中、甘　霖、丘士深、楊　毅、列應佳	10	3.14

軍級以上	鄭庭笈、薛仲述、李則芬、勞冠英、劉鎮湘、陳鞠旅、黃保德、張紹勳、	8	2.52
合計		318	100

部分知名學員簡介：（32 名）

卜戀民（1898 － 1937）別字勉初，廣東合浦人。廣州黃埔中央軍事政治學校第五期步兵科、南京中央陸軍軍官學校高等教育班第五期畢業。1918年加入粵軍，歷任排、連長，參謀。1926 年 11 月入廣州黃埔中央軍事政治學校第五期工兵科學習，1927 年 8 月畢業。隨部參加北伐戰爭，任國民革命軍第十一軍教導團營長，廣東軍事政治學校學員總隊大隊長等職。1935 年 6 月 18 日敘任陸軍步兵少校。抗日戰爭爆發後，任陸軍第八軍（軍長黃傑）第六十一師（師長楊步飛）步兵第四十八團中校副團長。1937年 10 月 4 日率部在上海市陳家街朱家牌樓一帶與日軍展開激戰半日，斃傷日軍百餘人。10 月 5 日晨率部收復蘊藻濱北岸突出地帶，此時全團傷亡過半，奉命重整隊伍，並代理團長，扼守姚家街、曾家祠、王家邊一帶陣地。10 月 6 日日軍再度發動強大攻勢，他指揮所部苦戰三晝夜，後全團盡亡，1937 年 10 月 9 日於衝鋒時中彈犧牲。[176]

雲茂曦（1891 － 1930）別字瑞光，廣東文昌人。文昌縣名儒雲崇全次子。廣州黃埔中央軍事政治學校第五期步兵科肄業。早年鄉學啟蒙，曾任廣東省立瓊崖東路學校學監，文昌縣議會議員。後因家貧赴南洋謀生，聞知黃埔軍校招生即返回廣東省城。1926 年 3 月考入廣州黃埔中央軍事政治學校第五期步兵科學習，1926 年秋肄業。歷任國民革命軍新編師步兵連見習、排長、連附，隨軍參加北伐戰爭，1927 年 8 月參加龍潭戰役。1928 年 1 月任國民革命軍第十一軍第十師第三十團第一營上尉軍

雲茂曦

---

[176] 范寶俊　朱建華主編：中華人民共和國民政部組織編纂，黑龍江人民出版社 1993年 10 月《中華英烈大辭典》第 11 頁。

需官，隨軍赴瓊崖「剿匪」。1929 年春任廣東第八路軍第五軍第十七師第三十九團第三營副營長，隨軍駐防廣東潮州。後任廣東西江海軍第四艦隊陸戰隊第一團副官，該團第二營第七連連長，再赴瓊崖參與「剿匪」戰事。1930 年 1 月 18 日在澄邁縣嬭衣港作戰陣亡。[177]

王天蕭（1900 － 1927）別字子養，廣東定安人。廣州黃埔中央軍事政治學校第五期步兵科畢業。1926 年 3 月考入廣州黃埔中央軍事政治學校第五期步兵科學習，1927 年 8 月畢業。歷任國民革命軍陸軍步兵連見習、副排長，1927 年 12 月 5 日在湖南汨羅作戰陣亡。[178]

王超民（1904 －？）廣東樂會人。廣州黃埔中央軍事政治學校第五期步兵科畢業。1926 年 3 月考入廣州黃埔中央軍事政治學校第五期步兵科學習，1927 年 8 月畢業。歷任國民革命軍陸軍步兵團排長、連長、營長、團長等職。1945 年 7 月被國民政府軍事委員會銓敘廳頒令敘任陸軍步兵上校。

王超民

鄧勳（1904 －？）別字國棟，廣東汕頭人。廣州黃埔中央軍事政治學校第五期步兵科畢業。1926 年 3 月考入廣州黃埔中央軍事政治學校第五期步兵科學習，1927 年 8 月畢業。任國民革命軍第九軍第三師第六團第五營代理排長，1927 年 12 月在徐州戰役負傷。[179] 後任陸軍第三師第六團副連長、連長、營長等職。《中央軍事政治學校第五期同學錄》（廣東省檔案館軍類 226）有照片。

鄧勳

---

[177] 中國第二歷史檔案館供稿，華東工學院編輯出版部影印，檔案出版社 1989 年 7 月《黃埔軍校史稿》第八冊（本校先烈）第 108 頁烈士傳略記載。

[178] 中國第二歷史檔案館供稿，華東工學院編輯出版部影印，檔案出版社 1989 年 7 月《黃埔軍校史稿》第八冊（本校先烈）第 270 頁第五期烈士芳名表記載 1927 年 12 月 5 日在湖南汨羅陣亡。

[179] 龔樂群編纂：南京中央陸軍軍官學校 1934 年印行《中央陸軍軍官學校追悼北伐陣亡將士特刊－黃埔血史》記載。

　　丘嵩（1906－？）廣東蕉嶺人。廣州黃埔中央軍事政治學校第五期步兵科畢業。1926 年 3 月考入廣州黃埔中央軍事政治學校第五期步兵科學習，1927 年 8 月畢業。歷任國民革命軍陸軍步兵團排長、連長、營長。1935 年 6 月 18 日敘任陸軍步兵少校。

丘嵩

　　丘淑豪（1905－？）廣東梅縣人。廣州黃埔中央軍事政治學校第五期步兵科畢業。1926 年 3 月入黃埔軍校入伍生隊受訓，1926 年 11 月入廣州黃埔中央軍事政治學校第五期步兵科學習，1927 年 8 月畢業。隨部參加北伐戰爭，歷任國民革命軍排長、連長、營長、團附。1936 年 8 月 25 日敘任陸軍步兵少校。

丘淑豪

　　馮克定（1905－1937）別字友蘭，廣東平遠人。廣州黃埔中央軍事政治學校第五期步兵科畢業。1926 年 3 月考入廣州黃埔中央軍事政治學校第五期步兵科學習，1927 年 8 月畢業。歷任國民革命軍陸軍步兵團排長、連長、營長、團長等職。抗日戰爭爆發後，率部參加淞滬會戰，在作戰中陣亡。[180]

馮克定

　　丘士深（1905－？）別號淵如，廣東瓊山人。廣州黃埔中央軍事政治學校第五期工兵科、日本戶山陸軍步兵學校、日本陸軍炮工學校工兵科畢業。1926 年 3 月入黃埔軍校入伍生隊受訓，1926 年 11 月入廣州黃埔中央軍事政治學校第五期工兵科學習，1927 年 8 月畢業。隨部參加北伐

丘士深

戰爭，後赴日本留學，1931 年回國，任中央陸軍工兵學校主任教官，獨立工兵營營長，獨立工兵團團長等職。1936 年 3 月被國民政府軍事委員會銓敘廳頒令敘任陸軍工兵上校。抗日戰爭爆發後，任武漢衛戍總司令部

---

[180] 臺北《黃埔建國文集》編纂委員會編纂：臺北實踐出版社 1985 年 6 月《黃埔軍魂》 584 頁記載抗日戰爭殉國英雄姓名表。

工兵團團長，第九戰區司令長官部工兵團團長，第四戰區司令長官部工兵指揮部副指揮官，軍事委員會桂林行營（主任李濟深兼）工兵指揮部指揮官，其間兼任陸軍大學參謀班西南訓練班兵學教官等職。1942 年 12 月任軍事委員會軍事訓練部工兵訓練處處長等職。1944 年隨部參加昆侖關戰役，獲頒四等寶鼎勳章。抗日戰爭勝利後，1945 年 10 月獲頒忠勤勳章。1946 年 5 月獲頒勝利勳章。1947 年 1 月任聯合後方勤務總司令部工程署副署長。[181]

左新中

　　左新中（1906 － ？）別字相煜，廣東陽江人。廣州黃埔中央軍事政治學校第五期經理科畢業。1926 年 3 月考入廣州黃埔中央軍事政治學校第五期經理科學習，1927 年 8 月畢業。歷任國民革命軍陸軍輜重兵隊見習、排長、隊附，後改任陸軍步兵營營長。1935 年 6 月 19 日敘任陸軍步兵少校。

甘霖

　　甘霖（1906 － 1979）別字化龍。廣東連南縣三江鎮人，廣州黃埔中央軍事政治學校第五期步兵科、美國駐印度蘭姆伽戰術軍官學校畢業，陸軍大學特別班第七期肄業。1926 年 3 月入黃埔軍校入伍生隊受訓，1926 年 11 月入廣州黃埔中央軍事政治學校第五期步兵科學習，1927 年 8 月畢業。隨部參加北伐戰爭，歷任國民革命軍第八十五軍直屬輜重兵團團長等職。1935 年 6 月 21 日敘任陸軍步兵少校。抗日戰爭爆發後，歷任陸軍第五十八師第二團團長、師司令部參謀處處長，第六戰區司令長官部參議等職。抗日戰爭勝利後，1945 年 10 月獲頒忠勤勳章。1946 年 5 月獲頒勝利勳章。1946 年 6 月任陸軍整編第八十五師（師長吳紹周）司令部參謀長、副師長等職。

　　古錚（1902 － 1932）廣東揭陽縣河婆鄉人。廣州黃埔中央軍事政治

---

[181] 國民政府 1947 年《國防部科長以上官佐錄》記載。

學校第五期步兵科畢業。1926 年 3 月考入廣州黃埔中央軍事政治學校第五期步兵科學習，1927 年 8 月畢業。歷任國民革命軍總司令部教導師步兵連見習、副排長，陸軍第五軍第八十八師步兵連排長、副連長，隨軍參加「一·二八」淞滬抗日戰役。1932 年 2 月 25 日在上海廟行車站與日軍作戰陣亡。[182]

古尚英（1905 － 1931）廣東五華人。前紅軍第十一軍軍長、中共廣東省委副書記古大存族兄。五華縣本鄉小學二年級肄業，廣州黃埔中央軍事政治學校第五期步兵科畢業。1926 年 3 月考入廣州黃埔中央軍事政治學校第五期步兵科學習，1927 年 8 月畢業。任國民革命軍陸軍步兵連見習、排長、連長，隨軍參加北伐戰爭。後轉學廣東航空學校、畢業後任廣東航空掩護隊排長、隊長、大隊長、中校參謀兼飛行員。1931 年 7 月 31 日在廣州東郊紅花崗遇害身亡。[183]

古尚英

劉鎮湘（1906 － 1986）又名濃奮、涵偉，廣東防城縣東興鄉人。東興鄉高等小學、防城縣立中學、廣州黃埔中央軍事政治學校第五期步兵科、廣東軍事政治學校深造班畢業。1926 年 3 月入黃埔軍校入伍生隊受訓，1926 年 11 月入廣州黃埔中央軍事政治學校第五期步兵科學習，[184]1927 年 8 月畢業。隨部參加北伐戰爭，歷任黃埔軍校教導團學生隊隊長，國民革命軍第四軍第十二師（師長張發奎）步兵營連長、營長，參與第四軍（後縮編為第四師）北伐戰事，後隨軍轉戰湘鄂皖魯贛桂等省。1932 年任廣東

劉鎮湘

[182] 中國第二歷史檔案館供稿，華東工學院編輯出版部影印，檔案出版社 1989 年 7 月《黃埔軍校史稿》第八冊（本校先烈）第 277 頁第五期烈士芳名表記載 1932 年 2 月 25 日在江蘇上海陣亡。

[183] 中國第二歷史檔案館供稿，華東工學院編輯出版部影印，檔案出版社 1989 年 7 月《黃埔軍校史稿》第八冊（本校先烈）第 111 頁第五期烈士傳略記載 1931 年 7 月 31 日在廣州東郊紅花崗遇害。

[184] 胡博編著：臺北知兵堂 2007 年印行《國民革命軍軍史》（一）第 335 頁。

第一集團軍第三軍（軍長李揚敬）第九師第二十六團團長，廣東第四路軍總司令部附員等職。1936 年 3 月 20 日敘任陸軍步兵中校。抗日戰爭爆發後，任軍事參議官李揚敬的上校副官。1938 年夏任中央軍官訓練團第一期教育委員會教育科科員，受訓並任職。後任珞珈山中央訓練團總團部辦公廳科長，湖南零陵中央訓練團分團辦公室主任，第九戰區司令長官部參謀、第二志願兵團團長，第七十三軍第十五師司令部步兵指揮部指揮官，第六十四軍（鄧龍光、陳公俠）第一五六師（師長王德全、劉其寬、鄧伯涵）第四六八團團長、副師長等職，率部參加桂南戰役。1944 年 11 月接鄧伯涵任陸軍第六十四軍（軍長張弛）第一五六師師長，率部參加桂柳戰役諸役。抗日戰爭勝利後，1945 年 10 月獲頒忠勤勳章。1946 年 5 月獲頒勝利勳章。1946 年 5 月被國民政府軍事委員會銓敘廳頒令敘任陸軍步兵上校。1946 年 7 月任陸軍整編第六十四師（師長黃國梁）整編第一五六旅旅長、副師長，率部在山東與人民解放軍作戰。1948 年 1 月接黃國梁任第九綏靖區司令（李良榮）部陸軍第六十四軍軍長，兼任陸軍第一五六師師長，率部駐防江蘇海州、徐州等地。1948 年 9 月 22 日被國民政府軍事委員會銓敘廳頒令敘任陸軍少將。後所部改隸徐州「剿匪」總司令部第七兵團（司令官黃百韜）指揮序列，率部參加淮海戰役與人民解放軍作戰。1948 年 11 月 22 日在八義集吳莊西北地方被人民解放軍俘虜，[185] 入中國人民解放軍華東軍區政治部聯絡部解放軍官教育團學習和改造。中華人民共和國成立後，於 1956 年轉送北京功德林戰犯管理所。1975 年 3 月 19 日獲特赦釋放，安排為廣西壯族自治區政協秘書處專員，後當選為廣西壯族自治區政協委員等職。1986 年 9 月因病在南寧逝世。著有《第六十四軍碾莊圩覆沒紀要》（載於中國文史出版社《原國民黨將領抗日戰爭親歷記－淮海戰役親歷記》）、《湖南抗戰回憶記》等。

列應佳（1903 － 1952）別號介人，廣東增城縣仙村鄉下圩人。廣州

---

[185] 戚厚傑、劉順發、王楠編著：河北人民出版社 2001 年 1 月《國民革命軍沿革實錄》第 777 頁記載：1948 年 11 月 21 日率部放下武器。

黃埔中央軍事政治學校第五期步兵科、廣東軍事政治學校
軍官研究班畢業。1926 年 3 月入黃埔軍校入伍生隊受訓，
1926 年 11 月入廣州黃埔中央軍事政治學校第五期步兵科
學習，1927 年 8 月畢業。隨部參加北伐戰爭，歷任國民革
命軍第四軍排長、連長，1931 年 2 月 23 日任軍政部航空
掩護大隊大隊附，[186] 後任廣東綏靖區司令部警備大隊中校副大隊長。抗日
戰爭爆發後，任第四戰區第三遊擊挺進縱隊支隊司令，廣東保安司令部少
將參議。抗日戰爭勝利後，負責整編廣東保安部隊。1945 年 10 月獲頒忠
勤勳章。1946 年 5 月獲頒勝利勳章。1946 年任廣東保安第四師副師長，
兼任該師保安第五團團長。1948 年 5 月 17 日在廣東和平縣水東地區，被
人民解放軍粵贛湘邊縱隊東江第二支隊四團及曾天節起義部隊包圍，投降
並接受改編。1952 年鎮反時被處決。二十世紀八十年代獲平反。

列應佳

邢邦（1904 － 1927）別字德彝，廣東文昌人。廣州黃埔中央軍事政治
學校第五期步兵科畢業。1926 年 3 月考入廣州黃埔中央軍事政治學校第五
期步兵科學習，1927 年 8 月畢業。任國民革命軍總司令部新編第一師第二
團第四連見習，1927 年 9 月在江西會昌討共陣亡。[187]

朱青天（1905 －？）廣東東莞人。廣州黃埔中央軍事
政治學校第五期步兵科畢業。1926 年 3 月考入廣州黃埔中
央軍事政治學校第五期步兵科學習，1927 年 8 月畢業。任
國民革命軍第一軍第二十二師補充團第六連少尉服務員，
1927 年 12 月在徐州戰役負傷。[188] 痊癒後，任陸軍第一師
第一旅步兵第三團排長、連長、營長等職。

朱青天

---

[186] 國民政府文官處印鑄局印行，臺灣成文出版社有限公司 1972 年 8 月出版《國民政
府公報》第 47 冊 1931 年 2 月 24 日第 706 號頒令第 7 頁記載。
[187] 龔樂群編纂：南京中央陸軍軍官學校 1934 年印行《中央陸軍軍官學校追悼北伐陣
亡將士特刊－黃埔血史》記載為邢昂，憲兵一期。
[188] 龔樂群編纂：南京中央陸軍軍官學校 1934 年印行《中央陸軍軍官學校追悼北伐陣
亡將士特刊－黃埔血史》記載為朱青山，山東人。

余萬里（1906 － 1949）別字鵬飛，廣東臺山人。廣
州黃埔中央軍事政治學校第五期步兵科畢業。日本陸軍步
兵學校第九期、中央訓練團黨政班第十九期、美國駐印度
蘭姆伽軍官戰術學校高級班第四期畢業。1926 年 3 月入黃
埔軍校入伍生隊受訓，1926 年 11 月入廣州黃埔中央軍事

余萬里

政治學校第五期步兵科學習，1927 年 8 月畢業。隨部參加北伐戰爭，歷
任南京中央陸軍軍官學校學員總隊中隊附、教育處科員。期間奉派赴日
本陸軍步兵學校學習。抗日戰爭爆發後，隨中央陸軍軍官學校遷移西南，
續任成都中央陸軍軍官學校戰術教官。1941 年 4 月成都中央陸軍軍官學
校第十八期第一總隊總隊長，第十八、十九期校本部教育處副處長，第二
十、二十一期校本部總務處處長。抗日戰爭勝利後，1945 年 10 月獲頒忠
勤勳章。1946 年 5 月獲頒勝利勳章。任中央陸軍軍官學校校本部辦公廳
副主任等職。1948 年 9 月 22 日被國民政府軍事委員會銓敘廳頒令敘任陸
軍少將。任中央陸軍軍官學校第二十二期第一總隊教育處少將高級教官。
1949 年 4 月因病逝世。

何迺黃（1902 － ？）又名迺黃，廣東興寧人。上海三
育大學商科、廣州黃埔中央軍事政治學校第五期步兵科畢
業，駐印度蘭姆伽美軍戰術軍官學校畢業。1926 年 3 月入
黃埔軍校入伍生隊受訓，1926 年 11 月入廣州黃埔中央軍
事政治學校第五期步兵科學習，1927 年 8 月畢業。隨部參

何迺黃

加北伐戰爭，歷任國民革命軍第一軍第二師警衛連長、少校營附，南京特
別市政府科長，江蘇省淮安縣、泰安縣公安局局長，江蘇省民政廳中校警
務督察官。1934 年任雲南省幹部訓練團軍官訓練處教官、科長。1936 年
10 月任軍事委員會《軍事雜誌》編輯部中校編輯、總務科科長、編輯科
科長等職。抗日戰爭爆發後，隨部遷移西南地區。1941 年任軍事委員會
《軍事雜誌》編輯部主編。1945 年任國民政府軍政部軍學處副處長。抗
日戰爭勝利後退役，1946 年 4 月任廣東博羅縣縣長，1948 年春免職後移

居香港。

吳劍鳴（1901 － 1927）廣東瓊山人。廣州黃埔中央
軍事政治學校第五期步兵科畢業。1926 年 3 月考入廣州黃
埔中央軍事政治學校第五期步兵科學習，1927 年 8 月畢業。
任國民革命軍第九軍第十四師第四十團第七連見習官，
1927 年 12 月 18 日在徐州戰役作戰陣亡。[189]

吳劍鳴

張在平（1907 － ？）原載籍貫廣東曲江，[190] 另載廣東韶州人。廣州黃
埔中央軍事政治學校第五期步兵科畢業。1926 年 3 月入黃埔軍校入伍生
隊受訓，1926 年 11 月入廣州黃埔中央軍事政治學校第五期步兵科學習，
1927 年 8 月畢業。隨部參加北伐戰爭，歷任國民革命軍陸軍步兵營排長、
連長，1935 年 7 月 15 日敍任陸軍步兵少校。1937 年 1 月任稅警總團第四
團（團長孫立人）第一營營長等職。抗日戰爭爆發後，隨部參加淞滬會
戰，作戰中負傷。1938 年 2 月稅警總團改編為陸軍第四十師（師長黃傑），
任該師步兵第二四〇團團長。步兵獨立旅司令部參謀處科長，補充兵訓練
處徵募科科長等職。1945 年 1 月第二方面軍司令長官部前進指揮所高級
參謀。抗日戰爭勝利後，任幹部訓練團學員總隊副總隊長。1945 年 10 月
獲頒忠勤勳章。1946 年 5 月獲頒勝利勳章。1946 年 6 月奉派入中央訓練
團將官班受訓，登記為少將學員，1946 年 8 月結業。

張遠猷（1904 － ？）又名達獻，別字民化，廣東從化人。廣州黃埔
中央軍事政治學校第五期步兵科畢業。1926 年 3 月考入廣州黃埔中央軍事
政治學校第五期步兵科學習，1927 年 8 月畢業。歷任國民革命軍陸軍步兵

---

[189] ①龔樂群編纂：南京中央陸軍軍官學校 1934 年印行《中央陸軍軍官學校追悼北伐
陣亡將士特刊－黃埔血史》記載；②中國第二歷史檔案館供稿，華東工學院編輯出
版部影印，檔案出版社 1989 年 7 月《黃埔軍校史稿》第六冊《各期陣亡學生姓名
表》第 272 － 275 頁第五期名單記載；③中國第二歷史檔案館供稿，華東工學院編
輯出版部影印，檔案出版社 1989 年 7 月《黃埔軍校史稿》第八冊（本校先烈）第
271 頁第五期烈士芳名表記載 1927 年 11 月 1 日在江蘇徐州陣亡。

[190] 湖南省檔案館校編、湖南人民出版社《黃埔軍校同學錄》記載。

團排長、連長、副營長。抗日戰爭爆發後，任陸軍第一八
七師步兵第一〇九七團第一營少校營長，隨軍參加抗日戰
役。1938 年 4 月奉派入中央軍官訓練團第一期第一大隊第
二中隊學員隊受訓，1938 年 6 月結業。後任陸軍第一八七
師步兵第一〇九七團副團長、團長等職。

張遠猷

　　張應安（1908 － 1982）原名應民，[191] 別字應安，後以
字行，別號法賢、澄宇，廣東五華人。父子清，清末秀
才，任教桑梓，母賴氏。五華縣立中學肄業，廣州黃埔中
央軍事政治學校第五期政治科、南京中央陸軍軍官學校高
等教育班第二期、陸軍大學特別班第六期畢業，南京中央

張應安

陸軍步兵學校校官研究班結業。1926 年 1 月縣立中學肄業，聞信赴省城
投考黃埔軍校。1926 年 3 月入黃埔軍校入伍生隊受訓，1926 年 11 月入廣
州黃埔中央軍事政治學校第五期政治科學習，1927 年 8 月畢業。隨部參
加北伐戰爭，任國民革命軍第二軍司令部直屬炮兵營政治指導員，1928
年 3 月任第一集團軍第九軍（軍長顧祝同）第三師（師長涂思宗）第一團
第二營第六連排長，隨部參加北伐戰爭，作戰中負傷，痊癒後返回原部
隊。1928 年 9 月部隊編遣，任縮編後的陸軍第二師（師長顧祝同）第五
旅（旅長涂思宗）第十團第二營第六連連長，隨部參加歷次討逆作戰及
中原大戰。1931 年 1 月任陸軍第二師（師長黃傑）第六旅第十一團第二
營副營長，率部參加對鄂豫皖邊區紅軍及根據地的「圍剿」作戰。在作
戰中腿部負傷，痊癒後返回原部隊，兼任該營第四連連長。1933 年春隨
部北上，參加長城古北口抗日作戰，戰後任陸軍第二師第十一團團附。
1933 年 8 月被陸軍第二師保送南京中央陸軍軍官學校高等教育班學習，
1934 年 5 月畢業。1934 年 8 月再保送入南京中央陸軍步兵學校校官研究班
受訓，1934 年 12 月結業。返回原部隊後，1935 年 6 月 17 日敘任陸軍步

---

[191] 湖南省檔案館校編、湖南人民出版社《黃埔軍校同學錄》記載。

兵少校。任陸軍第二師（師長黃傑）補充旅（旅長鍾松）第一團第一營營長，隨部赴西北駐防，參加對陝北紅軍及根據地的「圍剿」作戰。抗日戰爭爆發後，為加強上海防守兵力，所部偽裝保安團隊進駐市區，隨部參加淞滬會戰，在江灣、蘊藻濱一帶抗擊日軍，遭遇日軍炮擊第三次負傷。痊癒後返回廣東，1938 年 1 月任廣東省國民軍事訓練委員會雲浮、興寧等縣訓練總隊副總隊長，兼任訓練總教官。1938 年 10 月任廣東省第六區保安司令部軍事訓練督導專員，1940 年 1 月任廣東省軍管區司令部政治部第四科科長，1941 年 10 月調任重慶軍事委員會政治部附員（掛陸軍上校銜）。1941 年 12 月入陸軍大學特別班學習，1943 年 12 月畢業。奉命派返廣東，任第四戰區司令長官（張發奎）部高級參謀，兼任外事處副處長，戰時黨政工作服務總隊總隊長等職。指揮機構改編後，1945 年 1 月任陸軍總司令部第二方面軍司令長官（張發奎）部高級參謀，隨部赴廣州參加受降及接收事宜。抗日戰爭勝利後，任廣東省保安司令部高級參謀，兼任東江指揮所參謀長。1945 年 10 月獲頒忠勤勳章。1946 年 5 月獲頒勝利勳章。1946 年 5 月 1 日被國民政府軍事委員會銓敘廳頒令敘任陸軍步兵上校。1947 年 8 月任廣東省第二保安總隊總隊長，率部駐防廣東潮梅地區。1948 年 3 月任瓊崖「清剿」指揮部參謀長，率部與中國共產黨領導的瓊崖遊擊縱隊（司令員馮白駒）作戰。1948 年 9 月任廣東省政府警保處第三科科長，1948 年 12 月任廣東省保安司令部保安處處長。1949 年 7 月任閩粵邊區「剿匪」總指揮（喻英奇）部參謀長，1949 年 10 月所部調赴廣東南路，任粵桂東邊區「剿匪」總指揮（喻英奇）部參謀長，率部與人民解放軍作戰。1949 年 11 月所部被人民解放軍全殲，其在潰敗中逃脫。1949 年 12 月到香港，後應召赴海南島，任海南防衛總司令部所屬海南島反共救國軍總指揮部參謀長，1950 年 5 月隨部撤退臺灣。曾任臺灣廣東省遊擊指揮小組執行秘書，[192]1951 年春任臺灣國防部高級參謀，派赴情報局

---

[192] 臺灣印行《張應安將軍事略》。

工作。1963 年 1 月退役。曾任「臺灣省公路局」顧問等職。1982 年 7 月 16 日因車禍受傷，7 月 19 日因傷重不治逝世。

張紹勳（1901 － 1971）別字勳華，別號建周、粹精，廣東合浦人，另載廣東廉州人。[193] 廣州黃埔中央軍事政治學校第五期步兵科、南京中央陸軍軍官學校高等教育班第二期、陸軍大學將官班乙級第二期畢業。1926 年 3 月入黃埔軍校入伍生隊受訓，1926 年 11 月入廣州黃埔中央軍事政治學校第五期步兵科學習，1927 年 8 月畢業。隨部參加北伐戰爭，任國民革命軍第四軍第十師第三十團排長、副連長。1929 年任中央教導第一師補充團連長、副營長，隨部參加中原大戰。1931 年 12 月任陸軍第五軍第八十七師（師長王敬久）第二六一旅（旅長宋希濂）第五二二團（團長沈發藻）第二營營長，率部參加「一・二八」淞滬抗日戰事。1935 年 6 月 20 日敘任陸軍步兵少校。抗日戰爭爆發後，任陸軍第七十八軍第三十六師第一〇八旅第二一六團團長，率部參加淞滬會戰。後任中央陸軍軍官學校第七分校（西安分校）學員總隊總隊長等職。1942 年 7 月被國民政府軍事委員會銓敘廳敘任陸軍步兵上校。1942 年 10 月任陸軍第七十一軍第八十七師師長，率部參加遠征軍滇緬抗日戰事。抗日戰爭勝利後，1945 年 10 月獲頒忠勤勳章。1946 年 5 月獲頒勝利勳章。1946 年春入陸軍大學乙級將官班學習，1947 年 4 月畢業。後任陸軍第四十二軍副軍長。1948 年 9 月 22 日被國民政府軍事委員會銓敘廳敘任陸軍少將。1949 年 4 月任陸軍第一二二軍軍長，1949 年 10 月 16 日在湖南大庸被人民解放軍俘虜，1950 年春入中國人民解放軍中南軍政大學高級研究班學習，1951 年 11 月因案被捕入獄，1952 年 7 月被軍事法庭以「歷史反革命罪」判處有期徒刑八年，在寧夏關押，實際執行十五年。1964 年 12 月獲特赦釋放。1971 年 1 月 6 日被寧夏石咀山市革命委員會以「歷史反革命罪」判處死刑執行槍決。

---

[193] 據湖南省檔案館校編、湖南人民出版社《黃埔軍校同學錄》記載。

李生鑒（1904 － 1930）別字鏡明，廣東瓊東人。廣
州黃埔中央軍事政治學校第五期步兵科畢業。1926 年 3 月
考入廣州黃埔中央軍事政治學校第五期步兵科學習，1927
年 8 月畢業。歷任國民革命軍陸軍步兵連見習、排長、副
連長，1930 年 1 月 9 日在廣東瓊州作戰陣亡。[194]

李生鑒

李則芬（1906 － ？）別字虞夫，廣東興寧縣城關人。廣州黃埔中央
軍事政治學校第五期政治科、南京中央陸軍軍官學校高等教育班第二期、
陸軍大學特別班第五期畢業。1926 年 3 月入黃埔軍校入伍生隊受訓，
1926 年 11 月入廣州黃埔中央軍事政治學校第五期政治科學習，1927 年 8
月畢業。隨部參加北伐戰爭，歷任國民革命軍陸軍步兵團排長、連長，參
謀等職。1932 年奉派入中央陸軍軍官學校高等教育班學習。1933 年 8 月
17 日任陸軍大學助教。1936 年 9 月 8 日敘任陸軍步兵少校。1937 年 11
月 4 日晉任陸軍步兵中校。抗日戰爭爆發後，任第六戰區司令長官（陳
誠）部（參謀長施伯衡、郭懺）軍機處處長，1939 年 7 月被國民政府軍
事委員會銓敘廳頒令敘任陸軍步兵上校。1940 年 7 月入陸軍大學特別班
學習，1942 年 3 月曾與時任第一八五師司令部參謀長的楊伯濤，一同探
訪當時軟禁在湖北恩施的葉挺將軍一家。1942 年 7 月陸軍大學特別班第
五期畢業。1943 年任陸軍第三十二軍（軍長唐永良）第五師（師長劉雲
瀚）副師長，1944 年 10 月任第六戰區第三十二軍（軍長唐永良）第五師
師長，率部參加湘西會戰之武陽殲滅戰。1945 年 3 月 8 日被國民政府軍
事委員會銓敘廳頒令敘任陸軍少將。抗日戰爭勝利後，仍任陸軍第九十四
軍（軍長牟廷芳）第五師師長，率部參加湘西芷江抗戰勝利受降接收儀
式。1945 年 10 月獲頒忠勤勳章。1946 年 5 月獲頒勝利勳章。率部在華北
與人民解放軍作戰。1946 年 12 月免師長職。後任陸軍第八軍（軍長李彌）

[194] 中國第二歷史檔案館供稿，華東工學院編輯出版部影印，檔案出版社 1989 年 7 月
《黃埔軍校史稿》第八冊（本校先烈）第 271 頁第五期烈士芳名表記載 1930 年 1
月 9 日在廣東瓊州陣亡。

司令部高級參謀，1949 年曾隨李彌等參加盧漢發動的雲南起義。不久即脫離，1949 年 12 月 21 日參與組編重建的陸軍第二十六軍（軍長呂國銓兼），任代理副軍長。1950 年 1 月率部退踞中泰緬金三角地區，任「雲南反共救國軍」總指揮（李彌）部第二指揮部指揮官，1952 年任「雲南人民反共志願軍」總指揮（李彌）部第二副總指揮，[195] 後赴香港寓居。著有《以孫子兵法證明日本必敗》（重慶生活書店 1939 年 3 月印行，1939 年 5 月及 1939 年 7 月再版，全書 32 開，共計 85 頁）等。

李亦煒

李亦煒（1904 －？）廣東德慶人。廣州黃埔中央軍事政治學校第五期步兵科畢業。1926 年 3 月考入廣州黃埔中央軍事政治學校第五期步兵科學習，1927 年 8 月畢業。歷任國民革命軍陸軍步兵團排長、連長、營長、團長等職。1945 年 1 月被國民政府軍事委員會銓敘廳頒令敘任陸軍步兵上校。

李芳新

李芳新（1905 － 1930）別字方新，廣東五華人。廣州黃埔中央軍事政治學校第五期步兵科畢業。1926 年 3 月考入廣州黃埔中央軍事政治學校第五期步兵科學習，1927 年 8 月畢業。分發廣州黃埔國民革命軍軍官學校第六期第二總隊步第二中隊第三區隊中尉區隊附（有照片），後任國民革命軍陸軍步兵連排長、副連長。1930 年 8 月 18 日在山東濟南作戰陣亡。[196]

李國憲

李國憲（1904 － 1930）又名國先，別字展文，廣州黃埔中央軍事政治學校第五期步兵科畢業。1926 年 3 月考

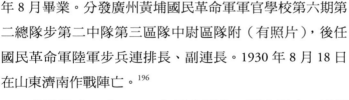

---

[195] 覃怡輝著：臺北中央研究院聯經出版公司 2009 年 11 月《金三角國軍血淚史 1950 － 1981》。

[196] 中國第二歷史檔案館供稿，華東工學院編輯出版部影印，檔案出版社 1989 年 7 月《黃埔軍校史稿》第八冊（本校先烈）第 277 頁第五期烈士芳名表記載 1930 年 8 月 18 日在山東濟南陣亡。

入廣州黃埔中央軍事政治學校第五期步兵科學習，1927 年 8 月畢業。歷任國民革命軍陸軍步兵連見習、排長、連長，1930 年 12 月 19 日在福建龍岩作戰陣亡。[197]

楊群（1904 － ？）又名應鳳，別字滾山，廣東文昌人。廣州黃埔中央軍事政治學校第五期步兵科畢業。1926年 3 月入黃埔軍校入伍生隊受訓，1926 年 11 月入廣州黃埔中央軍事政治學校第五期步兵科學習，1927 年 8 月畢

楊群

業。隨部參加北伐戰爭，歷任國民革命軍第三十一師排、連長，中央教導第二師第一團中校營長。1932 年任南京中央陸軍軍官學校炮兵科教官。其間加入「中華民族復興社」，1934 年 12 月經鄭介民舉薦，入軍事委員會委員長侍從室任助理書記，為蔣介石處理機要業務，在黃埔學生中發展「中華民族復興社」成員。1936 年 10 月任中央陸軍軍官學校第四分校（廣州分校）政治部訓練科上校科長。1937 年 4 月 29 日敘任陸軍步兵中校。抗日戰爭爆發後，返回南京中央陸軍軍官學校任職。1941 年 10 月任甘肅省保安第五團團長。1943 年 10 月任軍事委員軍令部銓敘廳第四處科長。1945 年 4 月被國民政府軍事委員會銓敘廳頒令敘任陸軍步兵上校。1945 年 6 月任軍事委員會交通巡察處副組長。抗日戰爭勝利後，1945 年 10 月獲頒忠勤勳章。1946 年 5 月獲頒勝利勳章。1947年 4 月任國民政府交通部交通警察總局（局長唐縱）第五處處長。1949年冬任第二十一兵團司令（劉安祺）部少將高級參謀。1950 年 2 月任海南防衛總司令部瓊南要塞司令部副司令官。1950 年 5 月隨部到臺灣，任國防部大陸工作處辦公室主任。1958 年任國防部高級參謀室少將高級參謀，1962 年退役。與王夢雲等籌款重印海南鄉賢名著及傳略，著有《陳策傳》，獲臺灣教育部頒獎。曾任臺北市海南同鄉會監事、候補理事等職。

---

[197] 中國第二歷史檔案館供稿，華東工學院編輯出版部影印，檔案出版社 1989 年 7 月《黃埔軍校史稿》第八冊（本校先烈）第 277 頁第五期烈士芳名表記載 1930 年 12 月 19 日在福建龍岩陣亡。

楊毅

　　楊毅（1906－？）別字篤之，廣東惠陽人。廣州黃埔中央軍事政治學校第五期步兵科畢業。1926 年 3 月入黃埔軍校入伍生隊受訓，1926 年 11 月入廣州黃埔中央軍事政治學校第五期步兵科學習，1927 年 8 月畢業。隨部參加北伐戰爭，歷任國民革命軍排長、連長，1936 年任財政部稅警總團第四團（團長孫立人）第三營副營長。抗日戰爭爆發後，隨部參加淞滬會戰。1938 年春任財政部鹽務總局緝私總隊副大隊長，部隊改編後任陸軍第四十師（師長黃傑）第二四二團第二營營長。1943 年 12 月任新編第一軍（軍長鄭洞國）新編第三十師（師長胡素）步兵團團長，後隨部參加遠征印緬抗日戰事。1945 年 1 月被國民政府軍事委員會銓敘廳頒令敘任陸軍步兵上校。抗日戰爭勝利後，任陸軍新編第一軍（軍長孫立人）新編第三十師（師長李鴻）副師長。1945 年 10 月獲頒忠勤勳章。1946 年 5 月獲頒勝利勳章。1945 年 5 月奉派中央軍官訓練團第二期第四中隊學員隊受訓，1946 年 7 月結業。返回原部隊續任原職。

勞冠英

　　勞冠英（1907－1977）別字力成，廣東合浦縣康耀鄉鯉魚水村人。廣州黃埔中央軍事政治學校第五期步兵科、陸軍大學將官班甲級第二期畢業。1907 年 10 月 15 日生於合浦縣康耀鄉鯉魚水村一個農戶家庭。其三歲時，父振楷病亡，由母親陳太夫茹苦含辛撫養成人。於鄉間私塾啟蒙，完成中學教育。1926 年 3 月入黃埔軍校入伍生隊受訓，1926 年 11 月入廣州黃埔中央軍事政治學校第五期步兵科學習，1927 年 8 月畢業。隨部參加北伐戰爭，分發國民革命軍第一軍第二十一師步兵連排長，1927 年 8 月隨部參加龍潭戰役。1928 年隨部參加第二期北伐戰爭，歷經滁州、蚌埠、徐州等地戰役。後入國民革命軍總司令部軍官團受訓，結業後任第十九路軍第六十一師步兵連連長，1932 年 1 月隨部參加「一・二八」淞滬抗日戰事。戰後任步兵營營長，參加福州事變。1935 年 10 月任陸軍第六十一師步兵第三六三團團長，率部參加在西康至松潘對紅軍的「圍剿」

作戰。1936 年 3 月 19 日敍任陸軍步兵中校。1936 年夏率部在安徽蕪湖整
編，1936 年 12 月西安事變發生後，隨部往陝西駐防，後又率部移駐京滬
地區。其間獲頒四等雲麾勳章。抗日戰爭爆發後，隨部參加上海保衛戰。
1937 年 12 月率部參加南京保衛戰，1938 年任陸軍第七十四軍（軍長俞濟
時）第五十八師（師長馮聖法）第一七四旅旅長，率部先後參加南潯戰
役、馬回嶺戰役、萬家嶺戰役、湘北諸役及第一次長沙會戰。1939 年 12
月被國民政府軍事委員會銓敍廳頒令敍任陸軍步兵上校。1940 年 10 月任
浙江保安司令部第一縱隊司令部司令官，後任第三戰區第十集團軍（總
司令劉建緒、王敬久）陸軍暫編第九軍（軍長馮聖法）暫編第三十五師
師長，兼任錢塘江北岸指揮部指揮官，率部參加浙東、衢州、鄂西抗日戰
事。1945 年 1 月任軍事委員會高級參謀（掛陸軍少將銜）。1945 年 3 月保
送陸軍大學甲級將官班學習，1945 年 6 月畢業。抗日戰爭勝利後，1945 年
10 月獲頒忠勤勳章。1946 年 4 月任吉林長春鐵路警察局局長，曾隨部參加
與中共領導的東北民主聯軍在四平、開源、遼陽等地作戰。1946 年 5 月獲
頒勝利勳章。1949 年 1 月任重建後的陸軍第七十四軍軍長，率部駐防浙江
金蘭地區整訓。後率部南下駐防福州，1949 年 5 月隨部赴臺灣，1950 年退
役。為謀一家生計，於臺北木柵開設雜貨店維生。1977 年 3 月 21 日因病
入榮民總醫院治療，1977 年 3 月 31 日因病在臺北逝世。

陳正（1905 － 1927）廣東文昌人。廣州黃埔中央軍
事政治學校第五期步兵科畢業。1926 年 3 月考入廣州黃埔
中央軍事政治學校第五期步兵科學習，1927 年 8 月畢業。
任國民革命軍第一軍第一師第二團見習官，1927 年 8 月
28 日在龍潭戰役退卻被槍斃。[198]

陳正

---

[198] 龔樂群編纂：南京中央陸軍軍官學校 1934 年印行《中央陸軍軍官學校追悼北伐陣
亡將士特刊－黃埔血史》記載；中國第二歷史檔案館供稿，華東工學院編輯出版部
影印，檔案出版社 1989 年 7 月《黃埔軍校史稿》第六冊《各期陣亡學生姓名表》
第 272 － 275 頁第五期名單。

陳略（1905 － ？）別字伯遠，廣東連平人。廣州黃埔中央軍事政治學校第五期步兵科畢業。1926 年 3 月考入廣州黃埔中央軍事政治學校第五期步兵科學習，1927 年 8 月畢業。任廣州黃埔國民革命軍軍官學校第七期第二總隊訓練部官佐（有照片），第七期第二總隊步科第二中隊少校區隊長。後任國民革命軍陸軍步兵團營長、團長等職。1945 年 4 月被國民政府軍事委員會銓敘廳頒令敘任陸軍步兵上校。

陳鼎（1906 － 1956）又名鼎立，廣東瓊山人。廣州黃埔中央軍事政治學校第五期步兵科畢業。1926 年 3 月入黃埔軍校入伍生隊受訓，1926 年 11 月入廣州黃埔中央軍事政治學校第五期步兵科學習，1927 年 8 月畢業。隨部參加北伐戰爭，歷任國民革命軍排、連、營、團長。1949 年 1 月任廣東綏靖主任公署特務團團長，海南防衛總司令部海口警備司令部副司令官。1950 年 5 月到臺灣，任台南防守區司令部參謀長。1954 年 10 月退役，任新竹縣民眾服務處副主任等職。

陳立權（1905 － ？）廣東興寧人。廣州黃埔中央軍事政治學校第五期經理科畢業。1926 年 3 月考入廣州黃埔中央軍事政治學校第五期經理科學習，1927 年 8 月畢業。歷任國民革命軍陸軍輜重兵團排長、連長、營長、團長等職。1945 年 4 月被國民政府軍事委員會銓敘廳頒令敘任陸軍輜重兵上校。

陳立權

陳漢平（1905 － ？）別字偉謀，廣東化縣人。廣州黃埔中央軍事政治學校第五期步兵科畢業。1926 年 3 月考入廣州黃埔中央軍事政治學校第五期步兵科學習，1927 年 8 月畢業。歷任國民革命軍陸軍步兵團排長、連長、營長、團長等職。1945 年 6 月被國民政府軍事委員會銓敘廳頒令敘任陸軍步兵上校。

陳漢平

陳達民（1905 － ？）別字學鳳，廣東文昌人。廣州黃埔中央軍事政治學校第五期步兵科畢業。1926 年 3 月考入廣州黃埔中央軍事政治學校

第五期步兵科學習，1927 年 8 月畢業。歷任國民革命軍陸軍步兵團排長、連長、營長、團長等職。抗日戰爭勝利後，1945 年 10 月獲頒忠勤勳章。任團管區司令部副司令官。1946 年 5 月獲頒勝利勳章。1947 年 6 月被國民政府軍事委員會銓敘廳頒令敘任陸軍步兵上校。

陳達民

陳武軍（1905 －？）別字赤簫，廣東文昌人。廣州黃埔中央軍事政治學校第五期步兵科畢業。1926 年 3 月考入廣州黃埔中央軍事政治學校第五期步兵科學習，1927 年 8 月畢業。任國民革命軍第一軍第一師第三團見習官，後任陸軍步兵團排長、連長、營長、團附。1936 年 3 月 30 日敘任陸軍步兵少校。

陳武軍

陳治中（1907 －？）別字焯廷，廣東曲江人。廣州黃埔中央軍事政治學校第五期步兵科、南京中央陸軍軍官學校高等教育班第一期畢業。1926 年 3 月入黃埔軍校入伍生隊受訓，1926 年 11 月入廣州黃埔中央軍事政治學校第五期步兵科學習，1927 年 8 月畢業。隨部參加北伐戰爭，歷任國民革命軍第四軍第十師第三十團排長，第十九路軍第六十師連長、營長，後入南京中央陸軍軍官學校高等教育班第一期學習，1932 年畢業後返回第四軍，任陸軍第四軍第九十師營長、副團長。1937 年 6 月 29 日任命陸軍步兵中校。抗日戰爭爆發後，任陸軍第四軍第九十師團長，第九戰區司令長官部特務團團長等職。1945 年 1 月被國民政府軍事委員會銓敘廳頒令敘任陸軍上校。抗日戰爭勝利後，1945 年 10 月獲頒忠勤勳章。1945 年 12 月任陸軍第四軍司令部副參謀長。1946 年 5 月獲頒勝利勳章。1947 年 12 月任陸軍整編第四師司令部參謀長，1948 年 12 月任恢復軍編制後的第四軍司令部參謀長，1949 年 4 月任第四軍（軍長王作華）第二八六師師長。

陳勵正（1907 － 1988）別字鼎立，別號競之，廣東東莞縣太平鄉人。廣州黃埔中央軍事政治學校第五期經理科畢業。1926 年 3 月入黃埔軍校入伍生隊受訓，1926 年 11 月入廣州黃埔中央軍事政治學校第五期經

理科學習，1927 年 8 月畢業。1927 年 9 月任廣州黃埔國民革命軍軍官學校第七期第二總隊訓練部官佐。後任國民革命軍陸軍步兵連、營部軍需官。抗日戰爭爆發後，任陸軍第一四〇師第一團部少校軍需主任，隨部駐防陝西臨潼地區。1939 年任浙江省溫（州）處（州）師管區司令部補

陳勵正

充團少校軍需主任，1940 年至 1942 年任第十集團軍陸軍暫編第三十三師（師長蕭冀勉）司令部少校參謀，1943 年任陸軍第八十八軍（軍長何紹周）暫編第三十三師（師長蕭冀勉）第一團中校副團長，隨部參加浙贛會戰。1944 年任浙江臨黃師管區司令部幹部訓練班中校隊長，隨部駐防浙江臨海地區。1945 年任福建省莆永師管區司令部司令部編練股中校股長等職。抗日戰爭勝利後，1945 年 10 月獲頒忠勤勳章。1946 年 5 月獲頒勝利勳章。1946 年 6 月任東北瀋陽中長鐵路警察局哈滿警務處管理科科長，1948 年 10 月隨部參加起義。1948 年 10 月至 1949 年 5 月在中國人民解放軍東北軍區政治部牡丹江青年幹部訓練團學習，1949 年 5 月任中國人民解放軍東北軍區政治部佳木斯解放軍官教育第四團第二連文化幹事。中華人民共和國成立後，任中國人民解放軍東北軍區政治部佳木斯解放軍官教育總團文化幹事。1950 年 10 月返回原籍務農，改名為陳蘭生，1951 年 2 月至 1958 年在廣東東莞縣萬江鄉拔蛟窩蜆湧小學任教員。歷次政治運動受到衝擊，1966 年「文化大革命」開始時被遣送回鄉。1985 年落實政策後獲準退休，在萬江中心小學校辦理退休手續。1988 年 10 月因病在廣東東莞鄉間逝世。[199]

陳鞠旅（1905 － 1952）別字戚揚，別號民力，廣東惠陽縣淡水鎮人。廣州黃埔中央軍事政治學校第五期步兵科畢業。1905 年 4 月 23 日生於惠陽縣淡水鎮一個儒商家庭，另載生於 1905 年 5 月 26 日。父鵬舉，早年在吉隆玻

陳鞠旅

---

[199] 筆者收藏其子陳建榮撰寫《陳勵正簡介》記載。

經商，在僑社中急公好義，頗具聲譽。幼年入本鄉私塾，1925 年於惠州第八中學畢業。1926 年 3 月考入廣州黃埔中央軍事政治學校第五期學習，1927 年 7 月畢業。分發國民革命軍第一軍第一師第一團見習，1927 年 8 月隨部參加龍潭戰役。1928 年隨部參加第二期北伐戰爭之濟南戰役。歷任陸軍第一師第二旅第三團排長、連長，隨部參加中原大戰。1930 年夏一度返回粵軍部隊服務，任陸軍第四軍第五十九師司令部參謀、中校團附等職。1932 年任陸軍第一師第一旅第三團第一營營長、中校團附，隨部參加鄂豫皖邊區紅軍及根據地的「圍剿」作戰，1935 年 6 月 17 日敘任陸軍步兵少校。1936 年隨部參加追剿長征紅軍的戰事。1936 年冬任中央陸軍軍官學校第七分校王曲軍官教導隊大隊長，1937 年 4 月任第一軍（軍長胡宗南）第一師（師長李鐵軍）第二旅（旅長詹忠言、劉超寰）第三團團長。抗日戰爭爆發後，隨部由徐州趕赴上海，率部參加淞滬會戰，在與日軍血戰蘊藻濱一線，旅長劉超寰負傷後代理旅長，指揮餘部撤退。後隨部撤退西北整訓，1938 年 5 月任第一軍（軍長李鐵軍）第一師（師長李正先）副師長，兼任該師第一旅旅長，率部駐防潼關地區。1939 年任中央陸軍軍官學校第七分校軍官教育隊副隊長。1940 年 7 月被國民政府軍事委員會銓敘廳頒令敘任陸軍步兵上校。1941 年 10 月接周開勳任第十六軍（軍長董釗）預備第三師師長，率部駐守黃河河防。1944 年 7 月 23 日任第一戰區第三十四集團軍（總司令李延年）第十六軍（軍長李正先）副軍長，率部參加豫中會戰。抗日戰爭勝利後，1945 年 10 月獲頒忠勤勳章。任第十六軍（軍長李正先、袁樸）副軍長，兼任第九十四師（該師由預備第三師改編）師長，率部在冀東地區與人民解放軍作戰。1946 年 5 月獲頒勝利勳章。所部第九十四師於 1946 年 6 月雖沒建制為整編旅，但全師配備美式槍械，為中央嫡系部隊乙級師，有官兵 7000 多人。1947 年率部參加與人民解放軍在張家口作戰。1948 年 1 月任陸軍整編第一師師長，1949 年 9 月初該師恢復為軍編制，其繼任陸軍第一軍軍長。1948 年 9 月 22 日被國民政府軍事委員會銓敘廳頒令敘任陸軍少將。其間發表為

青年軍第二〇三師師長，遂脫離華北戰場。不久奉命整頓胡宗南退卻四川部隊，任第五兵團司令（李文）部副司令官。1948 年 12 月以其所任第一軍與第三十八軍（軍長姚國俊）、第六十五軍（軍長李振兼）組編成第十八兵團，其任第十八兵團司令（李振）部副司令官兼第一軍軍長，率部在川北與人民解放軍作戰，該兵團於 1949 年 7 月在扶（風）郿（縣）戰役被人民解放軍重創。1949 年 12 月 26 日在四川邛崍參加起義。[200] 後入西南軍政大學高級班學習，曾任中國人民解放軍西南軍區司令部高參室高級參謀。1952 年 3 月 2 日在重慶逝世。[201]

周監唐（1900 － 1929）廣東定安人。廣州黃埔中央軍事政治學校第五期步兵科畢業。1926 年 3 月考入廣州黃埔中央軍事政治學校第五期步兵科學習，1927 年 8 月畢業。歷任國民革命軍第四軍第十一師步兵第三十三團步兵連見習、排長、副連長，1929 年 1 月在廣東瓊州作戰陣亡。[202]

周康燮（1908 － ？）別字唐燮，廣東廣州人。廣州黃埔中央軍事政治學校第五期政治科畢業。1926 年 3 月入黃埔軍校入伍生隊受訓，1926 年 11 月入廣州黃埔中央軍事政治學校第五期政治科學習，1927 年 8 月畢業。隨部參加北伐戰爭及中原大戰，歷任國民革命軍陸軍步兵團排長、連長、副營長、團附等職。抗日戰爭勝利後，任廣州《中正日報》社社長。[203]

周源秀（1906 － ？）別字亦民，別號宇平，廣東梅縣人。廣州黃埔中央軍事政治學校第五期政治科畢業。1926 年 3 月考入廣州黃埔中央軍

---

[200] 中國人民解放軍歷史資料叢書編審委員會：「中國人民解放軍歷史資料叢書」，解放軍出版社 1996 年 1 月《解放戰爭時期國民黨軍起義投誠－川黔滇康藏地區》第 815 頁。

[201] 臺灣中華民國國史館 2006 年 3 月印行《國史館現藏民國人物傳記史料彙編》第二十九輯第 482 頁。

[202] 中國第二歷史檔案館供稿，華東工學院編輯出版部影印，檔案出版社 1989 年 7 月《黃埔軍校史稿》第八冊（本校先烈）第 281 頁第五期烈士芳名表記載 1929 年 1 月在廣東瓊州陣亡。

[203] 蘇裕德主編：廣州華南新聞社 1949 年 5 月出版《廣東現代人物志》第 61 頁記載。

事政治學校第五期政治科學習，1927 年 8 月畢業。1936 年 10 月任中央陸軍軍官學校第四分校（廣州分校）中校戰車學教官。抗日戰爭爆發後，任歷任國民革命軍陸軍步兵團營長、團長等職。1945 年 7 月被國民政府軍事委員會銓敘廳頒令敘任陸軍步兵上校。

林建

林建（1906 － ？）別字叔奇，廣東平遠人。廣州黃埔中央軍事政治學校第五期步兵科畢業。1926 年 3 月考入廣州黃埔中央軍事政治學校第五期步兵科學習，1927 年 8 月畢業。隨軍北上南京，任南京中央陸軍軍官學校第六期第一部隊訓練部官佐，學員總隊教育副官、區隊長。1930 年 10 月任上海市公安局員警總隊第二大隊分隊長、中隊長，隨軍參加「一二八」淞滬抗日戰事。

鄭拔群

鄭拔群（1904 － 1958）原名蘭翠，別字介山，廣東文昌縣文教鎮後田西山村人。廣州黃埔中央軍事政治學校第五期政治科、陸軍大學將官班甲級第二期、南京中央陸軍軍官學校軍官研究班畢業。本鄉高等小學畢業，考入文昌縣立中學學習，1921 年畢業。隨族人南下新加坡謀生，入華人夜校補習英文。1926 年初回國，1926 年 3 月入黃埔軍校入伍生隊受訓，1926 年 11 月入廣州黃埔中央軍事政治學校第五期政治科學習，1927 年 8 月畢業。隨部參加北伐戰爭，歷任國民革命軍陸軍步兵團排長、連長、營長、團長等職。後任陸軍第五十九師司令部政治訓練處處長等職。抗日戰爭爆發後，任軍事委員會軍令部第一廳科長、高級參謀 7 年。1943 年 2 月被國民政府軍事委員會銓敘廳頒令敘任陸軍步兵上校。1945 年 3 月保送陸軍大學甲級將官班學習，1945 年 6 月畢業。任陸軍第二十二師（師長單裕豐）副師長。抗日戰爭勝利後，1945 年 10 月獲頒忠勤勳章。1946 年 5 月獲頒勝利勳章。1946 年 6 月任國防部第二廳第一司辦公室主任，後任陸軍總司令部第二處處長等職。1948 年 9 月 22 日被國民政府軍事委員會銓敘廳敘任陸軍少將。1948 年 12 月辭職返鄉，受聘任文昌

縣聯東中心小學教員。中華人民共和國成立後，仍於鄉間任教。1958 年
因病逝世。

鄭庭笈（1905 － 1996）又名重生，別號作齋，又號
中民，廣東文昌縣文教圩人。鄭介民侄。廣州黃埔中央軍
事政治學校第五期步兵科、南京中央陸軍軍官學校高等教
育班第二期、陸軍大學將官班乙級第二期畢業，中央軍官
訓練團第一期結業。1905 年農曆 8 月 30 日生於文昌縣文

鄭庭笈

教圩美竹村一個農戶家庭。幼年在鄉間私塾啟蒙，繼入本鄉三育初等小
學堂就讀，再入經正高等小學校續讀，畢業後考入文昌縣立中學學習，後
轉入海口海南公學就讀，後因父親早逝被迫輟學。1926 年 3 月入黃埔軍
校入伍生隊受訓，1926 年 11 月入廣州黃埔中央軍事政治學校第五期步兵
科學習，1927 年 8 月 16 日畢業。任國民革命軍第十四軍第十師步兵營排
長、副連長。1931 年春奉派入南京中央陸軍軍官學校高等教育班第二期
學習，1932 年春畢業。返回原部隊，任陸軍第十師第五六九團第一營第
二連連長，隨部在鄂豫皖邊區參加對紅軍及根據地的「圍剿」作戰，頸部
中彈包重傷。痊癒後任陸軍第十四軍（軍長衛立煌）第十師（師長李默
庵）第三十旅（旅長彭傑如）第五十八團（團長龍其伍）團附，隨部參加
進攻「福建事變」的第十九路軍，後參加對中央紅軍及根據地的第三至五
次「圍剿」作戰。1935 年 6 月 19 日敘任陸軍步兵少校。1936 年 3 月任陸
軍第十師（師長李默庵兼）第三十旅（旅長穀樂軍）第五十九團（團長王
聲溢）第二營營長，隨部駐防陝西雒南縣。抗日戰爭爆發後，任陸軍第九
十二師（師長陳烈）榮譽步兵團團附，率部參加忻口會戰，在作戰中身中
三彈重傷未死，遂號稱「重生」。1938 年 5 月入中央軍官訓練團第一期第
一大隊第四中隊學員隊受訓，原計劃 1938 年 7 月結業，因戰事緊急提前
出隊。任榮譽第一師（師長鄭洞國）第四團團長，率部參加武漢會戰。
1939 年 2 月任陸軍第五軍榮譽第一師第三團團長，率部參加昆侖關戰役，
獲頒四等雲麾勳章。1942 年 3 月任陸軍第五軍第二○○師（師長戴安瀾）

司令部步兵指揮官，兼任第五九八團團長，率部參加中國遠征軍印緬抗日作戰。後任陸軍第五軍第二○○師（師長高吉人）副師長等職。1943 年 7 月被國民政府軍事委員會銓敘廳頒令敘任陸軍步兵上校。1943 年任軍政部裝甲兵總團總團長，1944 年 1 月接謝義鋒任第五集團軍（總司令杜聿明）第四十八師師長，其間兼任軍事委員會駐滇幹部訓練團（代團長龍雲，教育長黃傑、梁華盛）參謀處處長。1945 年 5 月兼任雲南昆明機場守備司令部司令官等職。抗日戰爭勝利後，1945 年 10 月獲頒忠勤勳章。1946 年春入陸軍大學乙級將官班學習，1946 年 5 月獲頒勝利勳章，1947 年 4 月畢業。任陸軍新編第六軍副軍長，兼任由交通警察第十三、十四總隊改編的陸軍第一六九師師長，後任陸軍第八十九師師長等職，率部在東北戰場與人民解放軍作戰。1948 年 2 月接王鐵漢任整編第四十九師師長，1948 年春恢復為軍編制後，任東北「剿匪」總司令部陸軍第四十九軍軍長，統轄陸軍第七十九師（師長先後為文禮、何際元、陳衡）、第一○五師（師長先後為於澤霖、張施平、鄒玉禎）等部。1948 年 9 月 22 日被國民政府軍事委員會銓敘廳頒令敘任陸軍少將。1948 年 10 月 28 日在遼寧黑山縣大虎山被人民解放軍俘虜。1948 年 11 月 11 日入設於哈爾濱的東北野戰軍政治部解放軍官教育團高級班第一隊學習與改造。中華人民共和國成立後，轉移中國人民解放軍瀋陽軍區政治部軍法處看守所。1954 年 5 月關押於北京功德林戰犯管理所，學習改造期間曾任第八學習小組組長，1959 年 12 月 4 日獲特赦釋放。先安排在北京市中朝友好紅星人民公社參加勞動，1961 年 2 月安置全國政協文史資料徵集研究委員會任文史專員，撰寫一批文史資料。「文化大革命」中受到衝擊與迫害，1983 年 6 月當選為第六屆全國政協委員，1983 年 12 月當選為民革第六屆中央委員會顧問，1987 年 2 月當選為民革中央監察委員會委員，1988 年 3 月當選為第七屆全國政協委員，北京市黃埔軍校同學會顧問等職。晚年寓居北京市東城區東四前廠胡同五號及西直門南大街八號樓 201 室。1996 年 6 月 9 日因病在北京逝世。著有《第十師在雒南地區備戰經過》（1962 年 6 月撰

文，載於中國文史出版社《文史資料存稿選編－西安事變》)、《我發表廣播講話規勸兄長鄭挺鋒率部投誠的前後情況》(載於中國文史出版社《文史資料存稿選編－全面內戰》中冊)、《陸大將官班乙級第二期的回憶》(載於中國文史出版社《文史資料存稿選編－軍事機構》下冊)、《中印緬戰術學校簡憶》(載於中國文史出版社《文史資料存稿選編－軍事機構》下冊)、《關於軍委會駐滇幹訓團的補充》(1961年6月撰文，載於中國文史出版社《文史資料存稿選編－軍事機構》下冊)、《黃埔五期「清黨」的回憶》(載於中國文史出版社《文史資料選輯》第9輯)、《蔣介石消滅第十九路軍戰役的經過》(與符昭騫合寫，為第二作者，載於中國文史出版社《文史資料選輯》第37輯)、《昆侖關攻堅戰親歷記》(載於中國文史出版社《中華文史資料文庫》第四卷)、《中國駐印軍始末》(載於中國文史出版社《中華文史資料文庫》第四卷)、《回憶戴安瀾將軍遠征緬甸》(載於中國文史出版社《中華文史資料文庫》第十一卷)、《昆侖關攻堅戰親歷記》(載於中國文史出版社《原國民黨將領抗日戰爭親歷記－粵桂黔滇抗戰》)、《第二〇〇師入緬作戰經過》(載於中國文史出版社《原國民黨將領抗日戰爭親歷記－遠征印緬抗戰》)、《遼西兵團的覆滅》(載於中國文史出版社《原國民黨將領親歷記－遼沈戰役》)、《國民黨軍隊屠殺廣州暴動群眾目擊記》(載於中國文史出版社《文史資料選輯》第8輯)、《蔣軍遼西兵團的覆滅》(載於中國文史出版社《文史資料選輯》第13輯)、《張敬堯被打死在北平六國飯店的經過》(載於中國文史出版社《文史資料選輯》第30輯)、《蔣軍四平街解圍戰役中的八棵樹爭奪戰》(載於中國文史出版社《文史資料選輯》第42輯)、《對〈國民黨機械化部隊簡介〉的補充》(載於中國文史出版社《文史資料選輯》第138輯)、《追憶杜聿明片斷》(載於中國文史出版社《文史資料選輯》第139輯)、《國民黨軍事委員會駐滇幹部訓練團的回憶》(載於中國文史出版社《文史資料選輯》第142輯)等。

羅達時(1904－1948)廣東興寧人。廣州黃埔中央軍事政治學校第五期工兵科畢業。1926年3月考入廣州黃埔中央軍事政治學校第五期工

兵科學習，1927 年 8 月畢業。歷任國民革命軍陸軍步兵團排長、連長、營長、團長等職。抗日戰爭勝利後，在山東與人民解放軍作戰，在作戰中陣亡。[204]

羅覺民（1904 － ？）廣東河源縣老隆人。廣州黃埔中央軍事政治學校第五期經理科畢業。1926 年 3 月考入廣州黃埔中央軍事政治學校第五期經理科學習，1927 年 8 月畢業。歷任國民革命軍陸軍輜重兵隊見習、排長、隊附。[205]

羅覺民

後任陸軍輜重兵團連長、營長、副團長、團長等職。1945年 4 月被國民政府軍事委員會銓敘廳頒令敘任陸軍輜重兵上校。

羅聯輝（1906 － 1952）別號盛奎，廣東新豐人。廣州黃埔中央軍事政治學校第五期經理科畢業。1926 年 3 月入黃埔軍校入伍生隊受訓，1926 年 11 月入廣州黃埔中央軍事政治學校第五期經理科學習，1927 年 8 月畢業。隨部參加北伐戰爭。抗日戰爭爆發後，隨部參加抗日戰事，歷

羅聯輝

任國民革命軍排、連、營、團長等職。抗日戰爭勝利後，1945 年 10 月獲頒忠勤勳章。1946 年任廣州綏靖主任公署少將高級參謀，1946 年 5 月獲頒勝利勳章。1947 年 5 月至 8 月任廣東新豐縣縣長。1947 年 8 月在新豐縣境內被人民解放軍北江人民自衛隊俘虜，後獲釋。1952 年在「鎮反運動」中被處決。

羅毓雄（1906 － 1931）廣東興寧縣大坪鄉人。興甯縣興民中學、廣州黃埔中央軍事政治學校第五期政治科畢業。1926 年 3 月考入廣州黃埔

[204] 臺北《黃埔建國文集》編纂委員會編纂：臺北實踐出版社1985 年 6 月《黃埔軍魂》588 頁記載戡亂戰役殉國英雄姓名表。

[205] 中國第二歷史檔案館供稿，華東工學院編輯出版部影印，檔案出版社 1989 年 7 月《黃埔軍校史稿》第八冊（本校先烈）第 281 頁第五期烈士芳名表記載 1931 年 9 月 7 日在江西興國陣亡，記載有誤。

中央軍事政治學校第五期政治科學習，1927 年 8 月畢業。分發國民革命軍總司令部政治部宣傳大隊見習，後任陸軍第十八軍第十一師第三十三旅步兵第六十六團政治指導員。1931 年 6 月 20 日在江西白沙「剿匪」時作戰陣亡。[206]

鍾乃彤

　　鍾乃彤（1904 － ？）別字惕生，別號迺彤，廣東蕉嶺人。廣州黃埔中央軍事政治學校第五期步兵科、南京中央陸軍軍官學校高等教育班第三期、陸軍大學將官班乙級第三期畢業。1926 年 3 月入黃埔軍校入伍生隊受訓，1926 年 11 月入廣州黃埔中央軍事政治學校第五期步兵科學習，1927 年 8 月畢業。隨部參加北伐戰爭，歷任國民革命軍初中級軍職。1933 年奉派入南京中央陸軍軍官學校高等教育班學習，1934 年畢業。1935 年 6 月 20 日敘任陸軍步兵少校。1937 年 9 月 8 日晉任陸軍步兵中校。抗日戰爭爆發後，任陸軍步兵團團長，陸軍步兵旅副旅長等職。抗日戰爭勝利後，1945 年 10 月獲頒忠勤勳章。1946 年 5 月獲頒勝利勳章。1947 年 2 月入陸軍大學乙級將官班學習，1948 年 4 月畢業。任成都中央陸軍軍官學校教育處少將高級教官，兼任中央陸軍軍官學校第二十一期學員總隊總隊長，廣東綏靖主任公署高級參謀等職。

鍾太初

　　鍾太初（1905 － 1932）別字泰初，廣東五華人。廣州黃埔中央軍事政治學校第五期步兵科畢業。1926 年 3 月考入廣州黃埔中央軍事政治學校第五期步兵科學習，1927 年 8 月畢業。歷任國民革命軍教導師步兵連見習、排長，陸軍第五軍第八十七師步兵連連長，1932 年 1 月隨軍參加

---

[206] 中國第二歷史檔案館供稿，華東工學院編輯出版部影印，檔案出版社 1989 年 7 月《黃埔軍校史稿》第八冊（本校先烈）第 100 頁第五期烈士傳略記載 1931 年 6 月在江西陣亡；中國第二歷史檔案館供稿，華東工學院編輯出版部影印，檔案出版社 1989 年 7 月《黃埔軍校史稿》第八冊（本校先烈）第 277 頁第五期烈士芳名表記載 1931 年 6 月 20 日在江西白沙陣亡。

「一・二八」淞滬抗日戰役。1932 年 3 月 1 日在上海江灣與日軍作戰陣亡。[207]

鍾漢寰（1904 － ？）廣東紫金人。廣州黃埔中央軍事政治學校第五期步兵科畢業。1926 年 3 月考入廣州黃埔中央軍事政治學校第五期步兵科學習，1927 年 8 月畢業。任國民革命軍第一軍第二十二師第六十五團排長，1927 年 12 月在徐州戰役負傷。[208] 後任陸軍第一師第二旅第四團連長、營長等職。

鍾學棟（1905 － ？）別字無我，廣東紫金縣城東門人。廣州黃埔中央軍事政治學校第五期經理科畢業。1926 年 3 月入黃埔軍校入伍生隊受訓，1926 年 11 月入廣州黃埔中央軍事政治學校第五期經理科學習，1927 年 8 月畢業。隨部參加北伐戰爭，1928 年任國民政府警衛師第二師（師長俞濟時）步兵第四團第三營營長，1931 年國民政府警衛師擴充為警衛軍。後任南京中央陸軍軍官學校教導總隊代理大隊長等職。1936 年 12 月 26 日敘任陸軍步兵少校。抗日戰爭爆發後，率部參加淞滬會戰，參加上海保衛戰時任陸軍八十八師第五二三團副團長。後隨部參加南京保衛戰，身負重傷，被士兵從水西門城牆吊下，以木盆渡過長江。所部後在回武漢整訓。歸隊後繼續參加武漢會戰。後任陸軍第三十三師第三團團長，率部在江浙皖等省參加抗日戰事。抗日戰爭勝利後，任中央陸軍軍官學校南昌分校高級教官，1948 年派任總統府派駐天津戰場督戰組督戰官，1948 年冬隨部參加起義。中華人民共和國成立後，定居浙江金華縣城。

徐景賢（1904 － ？）別字頌陶，廣東東莞人。廣州黃埔中央軍事政治學校第五期步兵科畢業。1926 年 3 月入黃埔軍校入伍生隊受訓，1926

---

[207] 中國第二歷史檔案館供稿，華東工學院編輯出版部影印，檔案出版社 1989 年 7 月《黃埔軍校史稿》第八冊（本校先烈）第 277 頁第五期烈士芳名表記載 1932 年 3 月 1 日在上海江灣陣亡。

[208] 龔樂群編纂：南京中央陸軍軍官學校 1934 年印行《中央陸軍軍官學校追悼北伐陣亡將士特刊－黃埔血史》記載。

年 11 月入廣州黃埔中央軍事政治學校第五期步兵科學習，
1927 年 8 月畢業。隨部參加北伐戰爭，歷任國民革命軍第
一軍第三師步兵團排長、連長、營長等職。抗日戰爭爆發
後，任三青團第三戰區支團部監察會監察，第三戰區司令
長官部幹部訓練團政治大隊大隊長等職。

徐景賢

符樹蓬（1903 － 1985）又名玉芝，廣東文昌昌灑鎮新居村人。廣州
黃埔中央軍事政治學校第五期步兵科畢業。1926 年 3 月入黃埔軍校入伍
生隊受訓，1926 年 11 月入廣州黃埔中央軍事政治學校第五期炮兵科學習，
1927 年 8 月畢業。隨部參加北伐戰爭，歷任國民革命軍北伐東路軍第一
軍第二十一師步兵連排長、連長。1930 年任第二十二師第一五六團少校
參謀、副團長。1935 年任鄂豫皖「剿匪」第三路軍第一師補充旅團長等
職。抗日戰爭爆發後，任中央陸軍軍官學校第七分校學生總隊副總隊長，
軍事委員會戰時工作幹部訓練團第四團參謀主任，陸軍第十六軍步兵團團
長，陝西省保安第五師司令部參謀長。抗日戰爭勝利後，1945 年 10 月獲
頒忠勤勳章。1946 年 5 月獲頒勝利勳章。後任陸軍第六十九軍第一四四
師第一三五旅旅長、副師長，率部與人民解放軍作戰。1949 年 1 月任陸
軍第六十九軍（軍長謝義鋒）第一四四師師長，1949 年 7 月 10 日在甘肅
平利縣關垇子地區被人民解放軍俘虜。[209] 後因病返回海口市居住，1985 年
1 月因病在海口逝世。

符瑞生（1908 － 1987）原名符樹源，廣東文昌縣龍馬坡頭村人。廣
州黃埔中央軍事政治學校第五期步兵科畢業，1926 年 3 月入黃埔軍校入
伍生隊受訓，1926 年 11 月入廣州黃埔中央軍事政治學校
第五期炮兵科學習，1927 年 8 月畢業。隨部參加北伐戰爭，
歷任國民革命軍陸軍步兵團排長、連長。抗日戰爭爆發
後，任陸軍步兵團營長、團長，陸軍預備師步兵指揮部指

符瑞生

---

[209] 第一野戰軍戰史編纂委員會：解放軍出版社 1995 年 5 月《中國人民解放軍第一野
戰軍戰史》第 526 頁。

揮官，率部參加抗日戰役。抗日戰爭勝利後，1945 年 10 月獲頒忠勤勳章。1946 年 1 月奉派入中央訓練團受訓。1946 年 5 月獲頒勝利勳章。1950 年隨軍到臺灣，1963 年 10 月任國防部少將銜高級參謀等職。

黃漢人

黃漢人（1905 － 1929）別字種，廣東新豐人。廣州黃埔中央軍事政治學校第五期步兵科畢業。1926 年 3 月考入廣州黃埔中央軍事政治學校第五期步兵科學習，1927 年 8 月畢業。歷任國民革命軍陸軍步兵連見習、排長、副連長，1929 年 12 月 15 日在福建三水作戰陣亡。[210]

黃保德

黃保德（1907 － 1993）別字仁裕，廣東瓊山人。廣州黃埔中央軍事政治學校第五期步兵科畢業。1907 年農曆 5 月 24 日生於瓊山縣東山鄉丁家村一個農戶家庭，另載生於 1907 年 6 月 4 日。[211]1926 年 3 月入黃埔軍校入伍生隊受訓，1926 年 11 月入廣州黃埔中央軍事政治學校第五期步兵科學習，1927 年 8 月畢業。隨部參加北伐戰爭，歷任國民革命軍第一軍第一師第三團步兵連排長，隨部參加龍潭戰役。1928 年 5 月任第九師第五十三團第三營第六連連長，隨部參加第二期北伐戰事。1930 年隨部參加中原大戰，1931 年春任軍政部特務團第三營第八連連長，在軍事委員會南昌行營隨侍護衛。1931 年 8 月任軍政部特務團第三營營附，1932 年 1 月任討逆軍第五路軍總指揮（朱培德）部少校副官，隨部參加對江西紅軍及根據地的「圍剿」戰事。「福建事變」後第十九路軍整訓改編，1934 年 2 月任陸軍第六十師第三五七團第二營營長，其間奉派入中央訓練團受訓，結業後，1935 年 7 月 3 日敘任陸軍步兵少校，派任陸軍第六十師（師長陳沛）第一七八旅第三五七團團附，1936 年 12 月隨部駐

[210] 中國第二歷史檔案館供稿，華東工學院編輯出版部影印，檔案出版社 1989 年 7 月《黃埔軍校史稿》第八冊（本校先烈）第 279 頁第五期烈士芳名表記載 1929 年 12 月 15 日在福建三水陣亡。

[211] 胡健國編著：臺北中華民國國史館 2004 年 2 月印行《近代華人生卒簡歷表》第 358 頁。

防陝西西安。抗日戰爭爆發後，任陸軍第六十師（師長陳沛）第一七八旅第三五五團副團長，隨部參加淞滬會戰。1938 年 2 月任第一七八旅第三五五團團長，率部參加贛北抗日戰事，在麒麟峰一役重創日軍精銳。1938 年 9 月任陸軍第六十師（師長陳沛兼）第一七八旅副旅長、代旅長，率部參加第一次長沙會戰。1940 年 3 月任陸軍第三十七軍（軍長黃國梁）第六十師（師長梁仲江）司令部步兵指揮官，同年 8 月任陸軍第三十七軍（軍長陳沛）第六十師（師長董煜）副師長，1941 年 7 月兼任該師政治部主任，率部參加第二次長沙會戰。1942 年 7 月被國民政府軍事委員會銓敘廳頒令敘任陸軍步兵上校。1943 年 8 月接董煜任陸軍第三十七軍（軍長羅奇）第六十師師長，率部參加第三次長沙會戰、長衡會戰、桂柳會戰。1945 年 6 月第三十七軍裁撤，率部改隸第九戰區指揮序列。抗日戰爭勝利後，仍任陸軍第九十九軍（軍長梁漢明）第六十師師長，率部在江西九江參與受降接收事宜。1945 年 10 月獲頒忠勤勳章。1946 年 5 月獲頒勝利勳章。1946 年 6 月任陸軍整編第六十九師（師長梁漢明、戴子奇）整編第六十旅旅長，率部在淮北、蘇北地區與人民解放軍作戰。所部在宿北戰役被人民解放軍全殲，其在作戰中負傷，一度被人民解放軍俘虜，後偽稱士兵逃脫。戰後所部潰散遂返回南京，1947 年 2 月獲任國防部附員。1948 年返回廣東服務，任廣州行轅暨廣東綏靖主任公署高級參謀，1949 年 3 月任廣東保安第三師師長，1949 年 11 月所部擴編，任陸軍暫編第五軍軍長。後率部撤退海南島，1950 年 2 月任海南防衛總司令部第二路軍司令部副司令官，兼任海口警備司令部司令官。1950 年 5 月隨部撤退臺灣，1951 年 1 月任「敵後粵西人民反共突擊軍」總指揮部副總指揮，[212] 策劃對廣東的登陸作戰謀略。1957 年 6 月任國家安全局設計委員，1959 年 6 月退役。後隨子女移居美國三藩市。1993 年 8 月 19 日因病逝世。

　　黃德毅（1905 － ？）別字子弘，廣東惠陽人。廣州黃埔中央軍事政

---

[212] 範運晰編著：海南出版公司 1993 年 11 月《瓊籍民國將軍錄》第 331 頁。

治學校第五期步兵科畢業。1926 年 3 月考入廣州黃埔中央
軍事政治學校第五期步兵科學習，1927 年 8 月畢業。1936
年 12 月任第四路軍第一五八師（師長曾友仁）第四七二
旅（旅長鍾振華）第九四四團（團長謝錫珍）第一營營
長。抗日戰爭爆發後，歷任陸軍第六十六軍第一五八師步
兵第九四六團副團長、代理團長，率部參加淞滬會戰。

黃德毅

　　黃醴潮（1906 － 1927）別字柱臣，廣東萬寧人。廣
州黃埔中央軍事政治學校第五期步兵科畢業。1926 年 3 月
考入廣州黃埔中央軍事政治學校第五期步兵科學習，1927
年 8 月畢業。任國民革命軍第一軍第二十一師第六十三團
第一連見習官，1927 年 12 月在江蘇徐州潘莊陣亡。[213]

黃醴潮

　　蕭沖漢（1906 － 1952）別字通華，廣東五華人。[214] 廣
州黃埔中央軍事政治學校第五期步兵科畢業。1926 年 3 月
入黃埔軍校入伍生隊受訓，1926 年 11 月入廣州黃埔中央
軍事政治學校第五期炮兵科學習，1927 年 8 月畢業。隨部
參加北伐戰爭，1927 年任國民革命軍第四軍第十師排、連

蕭沖漢

長，武漢中央軍事政治學校步兵大隊分隊長，第十三師司令部少校副官，
第九集團軍補充團營長，第三十六師第一六九團副團長等職。1935 年 6
月 21 日敘任陸軍步兵少校。抗日戰爭爆發後，任湖南省幹部訓練團學員
總隊副總隊長、總隊長。1942 年任湖南全省軍事機關暨軍管區司令部總
務處處長。1946 年任湖南省礦業局礦警大隊大隊長，長沙警備司令部副
參謀長。1948 年辭職，返回廣州，任廣東省長途電話所所長。1948 年冬

---

[213]《中央陸軍軍官學校追悼北伐陣亡將士特刊－黃埔血史》；中國第二歷史檔案館供
　　稿，華東工學院編輯出版部影印，檔案出版社 1989 年 7 月《黃埔軍校史稿》第八
　　冊（本校先烈）第 280 頁第五期烈士芳名表記載 1927 年 12 月在江蘇徐州陣亡。
[214] 據湖南省檔案館校編、湖南人民出版社《黃埔軍校同學錄》記載為廣東汕頭人，另
　　有資料載梅縣人。

任廣東省保安第十二團（團長魏大傑）副團長，後辭職。1949 年 10 月廣州解放後赴香港，1950 年應人民解放軍中南軍區政治部主任肖向榮函請，返回廣州入軍區政治部管理科工作。1952 年初返鄉定居。

梁潤榮（1907 － ？）別字溫之，別號士炎，廣東惠陽人。廣州黃埔中央軍事政治學校第五期炮兵科、南京中央陸軍軍官學校高等教育班第五期畢業。少時入本村私塾啟蒙，後入縣立第一小學就讀，畢業後考入廣東省立第三中學學習，畢業即考入黃埔軍校入伍生隊受訓。1926 年 3 月入黃埔軍校入伍生隊受訓，1926 年 11 月入廣州黃埔中央軍事政治學校第五期炮兵科學習，1927 年 8 月畢業。畢業後繼入南京中央陸軍軍官學校軍官研究班學習，歷任國民革命軍初級軍官。1935 年春奉派入南京中央陸軍軍官學校高等教育班第五期學習，1936 年春畢業。1935 年 6 月 25 日敘任陸軍炮兵少校。任南京中央陸軍軍官學校第十四期第二總隊步兵第一大隊第一隊中校隊長。抗日戰爭爆發後，任成都中央陸軍軍官學校第十九期技術訓練班上校主任等職。抗日戰爭勝利後，任中央訓練團分團部教育處科長、副處長。1945 年 10 月獲頒忠勤勳章。1946 年 5 月獲頒勝利勳章。1949 年至臺灣，入陽明山革命研究第三期受訓，繼入陸軍參謀大學將官班第四期學習。1959 年 12 月以陸軍少將退役。尤擅長書法及山水國畫，系臺灣「中國文藝界聯誼會」會員，臺灣「中國書法家學會」會員。晚年寓居臺北市內湖路一段二八五巷五十九弄 10 號住所。[215]

傅守直（1904 － 1930）廣東廣州人。廣州黃埔中央軍事政治學校第五期步兵科畢業。1926 年 3 月考入廣州黃埔中央軍事政治學校第五期步兵科學習，1927 年 8 月畢業。任國民革命軍陸軍步兵連見習、副排長，1930 年 1 月 17 日在廣東北流作戰陣亡。[216]

傅守直

[215] 臺灣中國名人傳記中心印行《中華民國現代名人錄（1983 － 1984）》第 964 頁。

[216] 中國第二歷史檔案館供稿，華東工學院編輯出版部影印，檔案出版社 1989 年 7 月《黃埔軍校史稿》第八冊（本校先烈）第 273 頁第五期烈士芳名表記載 1930 年 1

彭武

　　彭武（1906－？）別字文輔，廣東合浦人。廣州黃埔中央軍事政治學校第五期步兵科、南京中央陸軍軍官學校高等教育班第三期畢業。1926 年 3 月考入廣州黃埔中央軍事政治學校第五期步兵科學習，1927 年 8 月畢業。1933年奉派入南京中央陸軍軍官學校高等教育班第三期學習，1934 年畢業。歷任國民革命軍陸軍步兵團連長、營長、團長等職。

　　韓奮（1906－1966）原名雄亞，[217]別名德元，別字子登，廣東瓊山人。廣州黃埔中央軍事政治學校第五期政治科畢業。廣東軍事政治學校政治深造班畢業。1926 年 3 月考入廣州黃埔中央軍事政治學校第五期政治科學習，1927 年 8 月畢業。隨部參加北伐戰爭。1932 年奉派入廣東軍事政治學校政治深造班學習。抗日戰爭爆發後，任陸軍第六十三軍第一五四師第九二二團政訓員、連長，第九二一團政治指導員、政訓主任，福建省政府保安處股長、科長等職。抗日戰爭勝利後，1945 年 10 月獲頒忠勤勳章。1946 年 5 月獲頒勝利勳章。1946 年 10 月任廣東省保安第九團上校團長。1949 年秋任海南防衛總司令部榆林要塞司令部副司令官。1950 年 5月到臺灣，任高雄守備司令部高級參謀。1959 年退役，任臺灣省煙酒公賣局顧問。[218]1966 年 12 月 17 日因病在臺北逝世。

　　韓前光（1907－？）別字協民，廣東文昌人。廣州黃埔中央軍事政治學校第五期炮兵科畢業，中央訓練團將官班結業。1926 年 3 月入黃埔軍校入伍生隊受訓，1926 年 11 月入廣州黃埔中央軍事政治學校第五期炮兵科學習，1927 年 8 月畢業。分發國民革命軍見習，隨部參加北伐戰爭。歷任國民革命軍陸軍炮兵營排長、連長、營長等職。抗日戰爭爆發後，任獨立炮兵團副團長，炮兵訓練處學員總隊副總隊長。抗日戰爭勝利後，任

月 17 日在廣東北流陣亡。

[217] 湖南省檔案館校編、湖南人民出版社《黃埔軍校同學錄》記載。

[218] 範運晰編著：海南出版公司 1993 年 11 月《瓊籍民國將軍錄》。

戰區司令長官部炮兵指揮部參謀長等職。1946 年 6 月奉派入中央訓練團
將官班受訓，登記為少將學員，1946 年 8 月結業。

韓家讓

韓家讓（1905 － ？）別字盧山，廣東博羅人。廣州黃
埔中央軍事政治學校第五期步兵科畢業。1926 年 3 月考入
廣州黃埔中央軍事政治學校第五期步兵科學習，1927 年 8
月畢業。後隨軍校遷移南京，任南京中央陸軍軍官學校第
八期第二總隊部少校副官（有照片），後任國民革命軍陸
軍步兵團排長、連長、營長、團長等職。

溫燕

溫燕（1905 － ？）廣東惠陽人。廣州黃埔中央軍事政
治學校第五期步兵科畢業。1926 年 3 月考入廣州黃埔中央
軍事政治學校第五期步兵科學習，1927 年 8 月畢業。分
發廣州黃埔國民革命軍軍官學校第七期第二總隊訓練部官
佐（有照片），第七期第二總隊步兵科第三中隊上尉區隊
長。後任國民革命軍陸軍步兵團連長、營長、團長、副總
隊長等職。

謝彥超

謝彥超（1905 － ？）別字習雲，廣東雲浮人。廣州黃
埔中央軍事政治學校第五期經理科畢業。1926 年 3 月考入
廣州黃埔中央軍事政治學校第五期經理科學習，1927 年
8 月畢業。任國民革命軍陸軍輜重兵連見習、排長，輜重
兵隊分隊長。1928 年 4 月 13 日國民革命軍總司令部將 47
名閒散在京黃埔學生分發各軍，任國民革命軍第三十三軍
（軍長張克瑤）司令部參謀處參謀。

謝源順

謝源順（1904 － 1930）別字則民，廣東瓊山人。廣
州黃埔中央軍事政治學校第五期步兵科畢業。1926 年 3 月
考入廣州黃埔中央軍事政治學校第五期步兵科學習，1927
年 8 月畢業。歷任國民革命軍陸軍步兵連見習、排長、連

長，1930 年 7 月在廣東陵水作戰陣亡。[219]

謝靜生（1907－？）廣東連平人。廣州黃埔中央軍事政治學校第五期步兵科畢業。盧山中央訓練團黨政班第二期、行政院縣政人員考選訓練班結業。1926 年 3 月入黃埔軍校入伍生隊受訓，1926 年 11 月入廣州黃埔中央軍事政治學校第五期步兵科學習，1927 年 8 月畢業。隨部參加北伐戰爭，任國民革命軍第四軍第十一師步兵連政治指導員，團政訓主任，師政治部宣傳科科長等職。抗日戰爭爆發後，任軍事委員會政治部直屬第五政治大隊大隊長，第七戰區戰地黨政工作指導委員會組長，廣東省軍管區司令部暨國民兵補訓處政治部副主任。1940 年 4 月 22 日到 1942 年 8 月 26 日任廣東清遠縣縣長。[220]1946 年 11 月推選為廣東省出席（制憲）國民大會代表。1946 年 11 月至 1949 年 5 月任廣東佛岡縣縣長。後移居香港。

廖倫淑（1894－1985）又名可成，廣東五華人。廣州黃埔中央軍事政治學校第五期政治科畢業。1926 年 3 月入黃埔軍校入伍生隊受訓，1926 年 11 月入廣州黃埔中央軍事政治學校第五期政治科學習，1927 年 8 月畢業。隨部參加北伐戰爭，歷任國民革命軍第二方面軍總指揮部宣傳大隊隊員，第四軍第二十六師政治部宣傳科科長、訓練員。1929 年任陸軍第二十六師政治部代主任，軍事委員會辦公廳秘書。1936 年 12 月任廣東國民軍事訓練委員會上校主任秘書等職。抗日戰爭爆發後，任鄂豫川忠義救國軍總指揮部政治訓練處處長。1943 年任軍事委員會東南幹部訓練團政治訓練組組長、步兵總隊總隊附。抗日戰爭勝利後，1945 年 10 月獲頒忠勤勳章。1946 年 5 月獲頒勝利勳章。於 1946 年任粵桂邊區總指揮部參議，後任陸軍第十三軍司令部參議兼廣州接運處處長。1947 年 2 月退役。1949 年秋移居香港。

---

[219] 中國第二歷史檔案館供稿，華東工學院編輯出版部影印，檔案出版社 1989 年 7 月《黃埔軍校史稿》第八冊（本校先烈）第 270 頁第五期烈士芳名表記載 1930 年 7 月在廣東陵水陣亡。

[220] 陳予歡編著：廣州出版社 1998 年 9 月《黃埔軍校將帥錄》第 1554 頁。

廖鐵錚（1904 － ？）廣東汕頭人。廣州黃埔中央軍事政治學校第五期政治科畢業。1926 年 3 月考入廣州黃埔中央軍事政治學校第五期政治科學習，1927 年 8 月畢業。1937 年 1 月任廣州分校特別班第 6 中隊少校區隊長。抗日戰爭爆發後，任歷任國民革命軍陸軍步兵團營長、團長等職。

譚天（1907 － 1929）廣東茂名人。廣州黃埔中央軍事政治學校第五期步兵科畢業。1926 年 3 月考入廣州黃埔中央軍事政治學校第五期步兵科學習，1927 年 8 月畢業。歷任國民革命軍陸軍步兵連見習、排長、副連長。1929 年 12 月 9 日在廣東花縣作戰陣亡。[221]

譚天

譚醒（1904 － 1928）別字夢蘇，廣東茂名人。廣州黃埔中央軍事政治學校第五期步兵科畢業。1926 年 3 月考入廣州黃埔中央軍事政治學校第五期步兵科學習，1927 年 8 月畢業。任國民革命軍第一軍第二十二師第三團第三連少尉排長，1928 年 4 月 11 日在運河北岸衝鋒作戰時陣亡。[222]

譚醒

薛仲述（1906 － 1993）別字覺生，別號力生，廣東樂昌人。前第九戰區司令長官薛嶽上將三弟。廣州黃埔中央軍事政治學校第五期步兵科、廣東航空學校第二期飛行科、陸軍大學參謀班第二期、陸軍大學正則班第十六期畢

薛仲述

---

[221] 中國第二歷史檔案館供稿，華東工學院編輯出版部影印，檔案出版社 1989 年 7 月《黃埔軍校史稿》第八冊（本校先烈）第 270 頁第五期烈士芳名表記載 1929 年 12 月 9 日在廣東花縣陣亡。

[222] ①龔樂群編纂：南京中央陸軍軍官學校 1934 年印行《中央陸軍軍官學校追悼北伐陣亡將士特刊－黃埔血史》記載為譚醴；②中國第二歷史檔案館供稿，華東工學院編輯出版部影印，檔案出版社 1989 年 7 月《黃埔軍校史稿》第八冊（本校先烈）第 270 頁第五期烈士芳名表記載 1928 年 4 月 11 日在山東六十子陣亡；③中國第二歷史檔案館供稿，華東工學院編輯出版部影印，檔案出版社 1989 年 7 月《黃埔軍校史稿》第六冊《各期陣亡學生姓名表》第 272 － 275 頁第五期名單記載。

業，中央軍官訓練團第二期結業。1926 年 3 月入黃埔軍校入伍生隊受訓，
1926 年 11 月入廣州黃埔中央軍事政治學校第五期步兵科學習，1927 年 8
月畢業。隨部參加北伐戰爭，繼入廣東航空學校學習，畢業後任廣東第八
路軍總指揮部航空隊飛行員、飛行教官等職。1936 年 6 月奉派入陸軍大
學參謀班第二期學習，1937 年 8 月畢業。1937 年 2 月 19 日敘任陸軍步兵
少校。1937 年 6 月 29 日任命陸軍步兵中校。抗日戰爭爆發後，任步兵團
團附，旅司令部參謀主任等職。1938 年 5 月考入陸軍大學正則班學習，
1940 年 9 月畢業。任陸軍步兵第九十師司令部副參謀長等職。1943 年 2
月被國民政府軍事委員會銓敘廳頒令敘任陸軍步兵上校。後任陸軍第四軍
（軍長歐震）第九十師（師長陳侃）副師長等職。抗日戰爭勝利後，1945
年 10 月獲頒忠勤勳章。1946 年 5 月獲頒勝利勳章。任整編第四師（師長
歐震兼）第九十旅（旅長薛仲達）副旅長、旅長等職。1946 年 5 月奉派
入中央軍官訓練團第二期第一中隊學員隊受訓，1946 年 7 月結業。1949
年任重建後的陸軍第四軍（軍長王作華）第九十師師長，後率部遷移海南
島，1950 年初再任重建的陸軍第四軍副軍長等職。1950 年 4 月率部乘船
赴臺灣。曾任臺灣陸軍第五軍軍長，1958 年 10 月退役。

戴公略（1903 － ？）別字性靭，別號愧吾，廣東惠陽
人。廣州黃埔中央軍事政治學校第五期步兵科畢業。1926
年 3 月入黃埔軍校入伍生隊受訓，1926 年 11 月入廣州黃
埔中央軍事政治學校第五期步兵科學習，1927 年 8 月畢業。

戴公略

隨部參加北伐戰爭，1936 年任第四路軍總司令部直屬教導旅（旅長羅梓
材）司令部（參謀長姚中英）參謀處處長。抗日戰爭爆發後，任歷任暫編
陸軍第六師步兵第二團營長、團長等職。

部分學員照片：72 人

 王明宇　 王繼三　 王幹貞　 王碧若　 王鎏儒　 鄧呑　 鄧勳

 司徒紹　 邢詒貝　 邢保民　 邢烈亞　 劉保　 劉榮　 劉甦

 劉爾煊　 劉衆武　 劉紅兒　 劉繼桓　 劉定寰　 池善平　 何愷

 吳子琦　 吳達連　 何仲胥　 何頌熙　 張幹　 張衛邦　 張步嵩

 張堉堯　 張秉英　 李可為　 李克敵　 李醒東　 李慕孫　 楊名周

 邱秀亞　 陳光中　 陳自立　 陳志良　 陳志傑　 陳瑞璋　 陳醒民

林明富　林育廷　林瑤佳　鄭重　鄭益吾　羅子良　羅萬象

歐陽雄　鍾英鳴　鍾醒民　徐競　黃鐵強　黃彥斌　梁恭樂

梁錫濱　曾炫　曾航　符顯彪　溫家琮　甄天　甄赤兒

賴松生　賴道清　譚赤　黎運洲　黎頌祺　魏洪疇　戴旭

戴劍歐　戴洪飛

　　廣東以其獨特的歷史文化內涵，彙集了當時富於革命精神的一部分先進青年，是廣東國民革命與北伐戰爭不可忽視的力量。從上表反映資料：軍級以上人員占 2.52%，師級人員也有 3.14%，兩項相加達到 5.66%，共有 18 名將領。綜合分析學員情況，主要有以下特點：

　　一是有著名抗日將領鄭庭笈、黃保德等，鄭庭笈特赦後當選為第七屆全國政協委員，黃保德歷經北伐及抗戰多次著名戰役。二是有知名將領劉鎮湘、張紹勳、陳鞠旅、李則芬、勞冠英等，抗日戰爭時期活躍於各個

戰區及會戰；三是兵工專才丘士深，從軍校工兵教官一直做到工程署副署長，還有余萬里，除赴日本留學外，二十餘年均在中央軍校任教任職。

三、四川籍第五期生情況簡述

現代以來，四川順應歷史潮流的先驅者和引領者層出不窮，川人投考黃埔軍校第五期仍有相當數量，位居各省第三席。

表 26　四川籍學員歷任各級軍職數量比例一覽表

職級	中國國民黨	中國共產黨	人數	%
肄業或尚未見從軍任官記載	馬淩鵬、田　維、劉一梁、劉樹基、孫嗣珣、許裕生、張　屯、楊　達、楊　謹、沈天如、陳　塵、陳純武、龐明緒、范平瀾、耿　純、康自強、蕭洪九、蔣國安、賴伯倫、雷兆卜、梁士炎、揭樹勳、李　叢、李實成、劉　志、倪　藩、許子斌、張肇琥、許乾剛、李金波、戴蜀淵、朱　湛、張建民、張晴舫、賴　敏、李若其、謝寶珊、鮮熾賢、張亦飛、周效昌、彭文蔚、唐林賢、周逐初、劉惠伯、王　格、孫　朝、黃安祿、陳騙僧、黃雨生、商世昌、植文安、胡　馨、丁正清、張國運、劉佑炤、劉　剛、劉體仁、李華偉、李良模、李賜九、陳世昌、周削平、姚潤身、段　敵、唐　樹、唐兆麟、秦克明、康　超、彭　鑑、幹雲程、劉　樟、劉子鈞、單銘新、羅師孝、曾厚耘、謝中一、劉澤膏、賈隆權、張光亞、何樹屏、陳　德（政治科）、陳　德（炮兵科）、賴有倫、於　深、馮　英、楊　潯、羅　一、康　棟、謝濟民、華品章、何和平、何德治、鄭　擲、劉　欣、傅世華、彭孝侯、謝　綸、吳厚成、王只均、周覺吾、耿　明、郭潤章、薛公輔、李　琛、饒恕人、許　巢、楊隆先、胡克尊、黃亞伯、馮紹金、廖炳文、何　驤、楊紹澄、劉　鵬、彭仲陶、劉國光、曾仲明、謝　蘭、王甘露、王赤民、何治華、吳　朗、文天俊、敬承詩、劉孟衡、劉家仕、何天炯、餘鎮銓、張中惺、張坪林、游澤惠、蔡　林、張學能、楊純熙、陳椿林、衛乾夫、蕭覺吾、陳　勳、李九魯、潘　澂、祖流芳、黃振隆、張維綱、楊靈傑、趙通魯、何　旭、高子顯、熊超然、劉促平、張忠武、余成久、吳國興、李承平、薛立謨、戴九如、王式玉、鄒蜀藩、唐　棠、黃化正、黃璧輝、何定勳、袁知勉、陳　覺、傅孟甫、呂曉光、曾恤民、蘇言川、張　錡、汪瑞麟、彭伯周、曾家琳、樊問清、李厚成、蕭　春、傅度銘、吳邦驊、		176	70.4
排連營級	陳有章、王　起、劉　高、賈策漢、曹思讓、劉育仁、閔國顏、官建百、嶽　山、駱亮遠、李　居、潘厚章、賀　維、徐　駿、蔡北樞、高維華、鍾蜀武、周克剛、		18	7.2

團旅級	盧剛夫、許子斌、徐自強、李光榮、易德民、李華雄、陳世航、蕭樹瑤、楊家書、周德光、袁其凝、趙　宣、李鈺熙、陳載基、傅　淵、商世昌、楊　達、張鳳翼、鄧吉蘭、羅　良、王祚焱、樊巨川、陳　昂、劉覺吾、李白澄		25	10
師級	且司典、陳　剛、陳修和、朱學孔、李放六、李范章、楊自立、張益熙、張緝熙、蕭　烈、柏　良、馮濟安、胡友為、李前榮、賀知詩、唐憲堯、陳德霖	袁鏡銘	18	7.2
軍級以上	陳德謀、徐中齊、傅鏡芳、黃劍夫、楊熙宇、陳介生（傑）、唐雨岩、譚心、陳春霖、范龍驤、郭汝瑰、程有秋、黃　裳		13	5.2
合計	249	1	250	100

部分知名學員簡介：(71 名)

王起

　　王起（1905 －？）別字野人，四川合川人。廣州黃埔中央軍事政治學校第五期步兵科畢業。1926 年 3 月考入廣州黃埔中央軍事政治學校第五期步兵科學習，1927 年 8 月畢業。任國民革命軍第一軍第二十二師第六十四團第五連見習、排長，1927 年 8 月在龍潭戰役負傷。[223] 後任陸軍第一師第一旅第三團連長、營長等職。

王祚焱

　　王祚焱（1905 －？）別字祚炎，別號力農，四川富順人。廣州黃埔中央軍事政治學校第五期步兵科、陸軍大學將官班乙級第一期畢業。1926 年 3 月入黃埔軍校入伍生隊受訓，1926 年 11 月入廣州黃埔中央軍事政治學校第五期步兵科學習，1927 年 8 月畢業。隨部參加北伐戰爭，歷任國民革命軍陸軍步兵團排長、連長、營長。抗日戰爭爆發後，任陸軍步兵團團長，川南師管區司令部副司令官。1938 年 12 月保送陸軍大學乙級將官班學習，1940 年 2 月畢業。任四川第十區保安司令部副司令官、高級參謀。抗日戰爭勝利後，1945 年 10 月獲頒忠勤勳章。1946 年 5 月獲頒勝利勳章。1946 年 5 月被國民政府軍事委員會銓敘廳頒令敘任陸軍步兵上

---

[223] 龔樂群編纂：南京中央陸軍軍官學校 1934 年印行《中央陸軍軍官學校追悼北伐陣亡將士特刊－黃埔血史》記載。

校。1949 年 12 月在四川宜賓參加起義。

鄧吉蘭（1904 － ？）又名吉三，別字開新，原載籍貫四川梓潼，[224] 另載四川綿陽人。廣州黃埔中央軍事政治學校第五期工兵科畢業。1926 年 3 月考入廣州黃埔中央軍事政治學校第五期工兵科學習，1927 年 8 月畢業。歷任國民革命軍陸軍工兵團排長、連長、副營長。抗日戰爭爆發後，任陸軍第十四師步兵第七九〇團少校團附，隨部參加抗日戰役。1938 年 5 月奉派入中央軍官訓練團第一期第三大隊第九中隊學員隊受訓，1938 年 7 月結業。任陸軍第十四師步兵第七九二團副團長、團長等職。

馮濟安

馮濟安（1905 － ？）別號次階，四川忠縣人。廣州黃埔中央軍事政治學校第五期步兵科畢業。1926 年 3 月入黃埔軍校入伍生隊受訓，1926 年 11 月入廣州黃埔中央軍事政治學校第五期步兵科學習，1927 年 8 月畢業。隨部參加北伐戰爭，抗日戰爭爆發後，任陸軍第二十七軍第四十六師第一三八團團長，率部參加抗日戰事。抗日戰爭勝利後，1945 年 10 月獲頒忠勤勳章。任陸軍第一九一師副師長。1946 年 5 月獲頒勝利勳章。1948 年任陸軍第九十一軍（軍長）第一九一師師長，1949 年 9 月 24 日在甘肅酒泉向人民解放軍投誠。

盧剛夫（1905 － ？）原載籍貫四川，[225] 另載江西九江人。[226] 廣州黃埔中央軍事政治學校第五期政治科畢業，中央訓練團黨政幹部訓練班第十八期、中央軍官訓練團第三期結業。1926 年 3 月考入廣州黃埔中央軍事政治學校第五期政治科學習，1927 年 8 月畢業。歷任國民革命軍陸軍步兵團排長、連長、營附。抗日戰爭爆發後，任陸軍步兵團政治指導員，集團軍總司令部幹部訓練團政治訓練大隊大隊長。抗日戰爭勝利後，任陸軍第一三一旅政治訓練室副主任。1945 年 10 月獲頒忠勤勳章。1946 年 5 月

---

[224] 湖南省檔案館校編、湖南人民出版社《黃埔軍校同學錄》記載。
[225] 湖南省檔案館校編、湖南人民出版社《黃埔軍校同學錄》記載。
[226]《中央軍官訓練團第三期學員通訊錄》記載。

獲頒勝利勳章。1946 年 12 月任陸軍整編第一三一旅長司令部新聞室上校銜主任。1947 年 4 月奉派入中央軍官訓練團第三期第一中隊學員隊受訓，1947 年 6 月結業。

且司典

且司典（1908 － ？）別號連五，四川大邑人。廣州黃埔中央軍事政治學校第五期工兵科肄業。1926 年 3 月入黃埔軍校入伍生隊受訓，1926 年 11 月入廣州黃埔中央軍事政治學校第五期工兵科學習。提前出校隨部參加北伐戰爭，任國民革命軍總司令部工兵營排長、連長、參謀等職。1927 年 8 月與蕭烈、張介臣等籌備國民革命軍總司令部密查組，任密查組（組長蕭烈）偵緝股股長，該機構後被視作最早起源的軍統特務組織。[227] 1928 年春奉派返回四川，入川軍部隊裏理黨務。1928 年 7 月 16 日被中國國民黨中央執行委員會委派為陸軍第二十四軍特別黨部籌備委員，曾任陸軍第二十四軍政治訓練處處長等職。抗日戰爭爆發後，任陸軍第二十四軍政治部副主任等職。1937 年 7 月 29 日任命陸軍工兵中校。1945 年 1 月被國民政府軍事委員會銓敘廳敘任陸軍工兵上校。抗日戰爭勝利後，1945 年 10 月獲頒忠勤勳章。1946 年 5 月獲頒勝利勳章。1948 年任西昌警備總司令部政工處處長。1948 年 9 月 22 日被國民政府軍事委員會銓敘廳敘任陸軍少將。1949 年任國民政府重慶行營政治部副主任等職。

劉勳

劉勳（1907 － ？）別字祥征，廣東汕頭人。廣州黃埔中央軍事政治學校第五期步兵科、南京中央陸軍軍官學校高等教育班第三期畢業。1926 年 3 月考入廣州黃埔中央軍事政治學校第五期步兵科學習，1927 年 8 月畢業。歷任國民革命軍陸軍步兵團排長、連長、營長。1933 年奉派入南京中央陸軍軍官學校高等教育班第三期學習，1934 年畢業。1935 年 6 月 28 日敘任陸軍步兵少校。

---

[227] 中國文史出版社《文史資料存稿選編－軍事機構》上冊第 68 頁。

劉高

　　劉高（1905－？）別字幹臣，原載籍貫四川安嶽，[228] 另載四川遂甯人，廣州黃埔中央軍事政治學校第五期步兵科畢業。1926 年 3 月考入廣州黃埔中央軍事政治學校第五期步兵科學習，1927 年 8 月畢業。歷任國民革命軍陸軍步兵團排長、連長、營長。1936 年 12 月任南京中央陸軍軍官學校第十四期第六總隊第三大隊第七步兵隊少校隊長。抗日戰爭爆發後，隨軍校遷移西南地區，續任成都中央陸軍軍官學校第十六期第三總隊步兵第二大隊中校大隊附、大隊長等職。

劉澤膏

　　劉澤膏（1908-？）四川江北人。廣州黃埔中央軍事政治學校第五期步兵科畢業。1926 年 3 月考入廣州黃埔中央軍事政治學校第五期步兵科學習，1927 年 8 月畢業。歷任國民革命軍陸軍步兵團排長、連長、營長。1935 年 6 月 24 日敘任陸軍步兵少校。

　　劉覺吾（1906－？）別字爵五，四川灌縣人。廣州黃埔中央軍事政治學校第五期炮兵科畢業。1926 年 3 月考入廣州黃埔中央軍事政治學校第五期炮兵科學習，1927 年 8 月畢業。歷任國民革命軍陸軍炮兵團排長、連長、副營長。抗日戰爭爆發後，隨軍校遷移西南地區，續任成都中央陸軍軍官學校第十四期第六總隊炮兵第一大隊第二隊少校隊長，第十六期第三總隊第一大隊少校大隊附、中校大隊長等職。

　　劉育仁（1904－？）原載籍貫四川酉陽，[229] 另載四川秀山人。廣州黃埔中央軍事政治學校第五期工兵科畢業。1926 年 3 月考入廣州黃埔中央軍事政治學校第五期工兵科學習，1927 年 8 月畢業。分發南京中央陸軍軍官學校第六期第一總隊步兵第三大隊第十二中隊中尉區隊附（有照片），第七期第一總隊步兵大隊工兵中隊上尉助教，南京中央陸軍軍官學校第十四期第六總隊少校築城教官。抗日戰爭爆發後，隨軍校遷移西南地

---

[228] 湖南省檔案館校編、湖南人民出版社《黃埔軍校同學錄》記載。
[229] 湖南省檔案館校編、湖南人民出版社《黃埔軍校同學錄》記載。

區，續任成都中央陸軍軍官學校工兵科中校教官等職。

朱學孔（1904－？）別字惡紫，四川邛崍人。廣州黃埔中央軍事政治學校第五期步兵科畢業。1926 年 3 月入黃埔軍校入伍生隊受訓，1926 年 11 月入廣州黃埔中央軍事政治學校第五期步兵科學習，1927 年 8 月畢業。隨部參加北伐戰爭，歷任國民革命軍初中級軍職。抗日戰爭爆發後，歷任陸軍步兵旅團長、副旅長等職。1943 年 7 月被國民政府軍事委員會銓敘廳頒令敘任陸軍步兵上校。抗日戰爭勝利後，1945 年 10 月獲頒忠勤勳章。1946 年 5 月獲頒勝利勳章。任陸軍步兵師副師長、師長等職。1948 年 9 月 22 日被國民政府軍事委員會銓敘廳頒令敘任陸軍少將。

許子斌（1906－？）別字子彬，四川豐都人。廣州黃埔中央軍事政治學校第五期步兵科畢業。1926 年 3 月考入廣州黃埔中央軍事政治學校第五期步兵科學習，1927 年 8 月畢業。1927 年 8 月與蕭烈、張介臣等籌備國民革命軍總司令部密查組，任密查組（組長胡靖安）審訊股（股長張晴舫）成員，該機構後被視作最早的特務組織。[230]1932 年 4 月加入中華民族復興社，後任特務處派駐武昌工作站組長、副站長。抗日戰爭爆發後，任軍事委員會調查統計局華中別動總隊大隊長、副支隊長等職。

張鳳翼（1906－？）別字淩霄，四川郫縣人。廣州黃埔中央軍事政治學校第五期工兵科畢業。1926 年 3 月考入廣州黃埔中央軍事政治學校第五期工兵科學習，1927 年 8 月畢業。歷任國民革命軍陸軍工兵團排長、連長、營長、團長等職。1935 年 6 月 25 日敘任陸軍工兵少校。1945 年 6 月被國民政府軍事委員會銓敘廳頒令敘任陸軍步兵上校。

張益熙（1902－1948）別字仰青，四川宜賓人。廣州黃埔中央軍事政治學校第五期炮兵科、陸軍大學特別班第六期畢業。1926 年 3 月入黃埔軍校入伍生隊受訓，1926 年 11 月入廣州黃埔中央軍事政治學校第五期炮兵科學習，1927 年 8 月畢業。隨部參加北伐戰爭，歷任國民革命軍陸

---

[230] 中國文史出版社《文史資料存稿選編－軍事機構》上冊第 68 頁記載。

軍獨立炮兵團排長、連長、副營長等職，隨部參加北伐戰爭及中原大戰諸役。1935 年 6 月 25 日敘任陸軍炮兵少校。1937 年 11 月 29 日晉任陸軍炮兵中校。抗日戰爭爆發後，任軍政部獨立炮兵團團附，隨部參加淞滬會戰、南京保衛戰諸役。1938 年 3 月任獨立炮兵第二團團長，率部參加徐州會戰、隨棗會戰諸役。1941 年 12 月入陸軍大學特別班學習，1943 年 12 月畢業。抗日戰爭勝利後，任炮兵指揮部副指揮官等職。1945 年 10 月獲頒忠勤勳章。1946 年 5 月獲頒勝利勳章。1946 年 2 月被國民政府軍事委員會銓敘廳敘任陸軍炮兵上校。1948 年 8 月任第十六兵團司令（孫元良）部參謀長，率部在淮海戰場與人民解放軍作戰。1948 年 12 月 6 日在陳官莊與人民解放軍作戰中陣亡。

張緝熙（1905 － ？）別號敬誠，四川宜賓人。廣州黃埔中央軍事政治學校第五期炮兵科畢業。1926 年 3 月入黃埔軍校入伍生隊受訓，1926 年 11 月考入廣州黃埔中央軍事政治學校第五期步兵科學習，1927 年 8 月畢業。隨部參加北伐戰爭，歷任國民革命軍陸軍炮兵營排長、連長，陸軍炮兵團營長等職。1935 年 6 月 25 日敘任陸軍炮兵少校。抗日戰爭爆發後，任陸軍炮兵團團附、副團長。抗日戰爭勝利後，任獨立炮兵團團長。1945 年 10 月獲頒忠勤勳章。1946 年 5 月獲頒勝利勳章。1946 年 2 月被國民政府軍事委員會銓敘廳敘任陸軍炮兵上校。1946 年 6 月任陸軍整編第九十師（師長嚴明）整編第六十一旅（鄧鍾梅）司令部參謀長，率部在陝北參加與人民解放軍的作戰。1948 年 3 月 1 日在宜川縣瓦子街戰役被人民解放軍俘虜。

張晴舫（1906 － ？）別字清紡，四川內江人。廣州黃埔中央軍事政治學校第五期步兵科畢業。1926 年 3 月考入廣州黃埔中央軍事政治學校第五期步兵科學習，1927 年 8 月畢業。1927 年 8 月與蕭烈、張介臣等籌備國民革命軍總司令部密查組，任密查組（組長胡靖安）審訊股股長，該機構後被視作最早的特務組織。[231] 歷任國民革命軍陸軍步兵團連長、營

---

[231] 中國文史出版社《文史資料存稿選編－軍事機構》上冊第 68 頁記載。

長、團長等職。

李白澄（1907－？）別字伯澄，原載籍貫四川夔府人，[232] 另載四川奉節人。廣州黃埔中央軍事政治學校第五期步兵科畢業。1926 年 3 月入黃埔軍校入伍生隊受訓，1926 年 11 月入廣州黃埔中央軍事政治學校第五期工兵科學習，1927 年 8 月畢業。隨部參加北伐戰爭，歷任國民革命軍陸軍步兵營排長、連長，南京中央陸軍軍官學校步兵大隊區隊長等職。抗日戰爭爆發後，隨軍校遷移西南地區，任中央陸軍軍官學校學員總隊中隊長、大隊附等職。1936 年 12 月 1 日敘任陸軍步兵少校。抗日戰爭勝利後，任成都中央陸軍軍官學校第二十二期第一總隊上校戰術教官，第二十三期教育處步兵科上校戰術教官，第二十三期第二總隊步兵科上校戰術教官。[233]

李華雄（1905－？）別字漢侯，四川安嶽人。廣州黃埔中央軍事政治學校第五期步兵科、中央陸軍步兵學校校尉訓練班畢業。1926 年 3 月考入廣州黃埔中央軍事政治學校第五期步兵科學習，1927 年 8 月畢業。歷任國民革命軍陸軍步兵團排長、連長、營長。抗日戰爭爆發後，任陸軍步兵團副團長，率部參加抗日戰役。1940 年 12 月任成都中央陸軍軍官學校第十七期第二總隊步兵第一大隊中校副大隊長，第十八期第一總隊步兵科中校戰術教官等職。

李華雄

李光榮（1904－？）別字明春，別號北安，四川樂山人。廣州黃埔中央軍事政治學校第五期炮兵科、陸軍大學西北參謀班第四期畢業，中央訓練團將官班結業。1926 年 3 月考入廣州黃埔中央軍事政治學校第五期炮兵科學習，1927 年 8 月畢業。歷任國民革命軍陸軍炮兵團排長、連長、副營長。抗日戰爭爆發後，任陸軍步兵團營長，隨軍參加抗日戰役。後奉派入陸軍大學西北參謀班第四期學習，畢業後任陸軍步兵師參謀處參謀，

---

[232] 湖南省檔案館校編、湖南人民出版社《黃埔軍校同學錄》記載。
[233] 湖南省檔案館校編、湖南人民出版社《黃埔軍校同學錄》記載。

陸軍步兵團團長，陸軍步兵軍司令部高級參謀。抗日戰爭勝利後，1945年10月獲頒忠勤勳章。1946年1月奉派入中央訓練團將官班受訓，登記為少將學員，1946年3月結業。任綏靖區司令部高級參謀等職。1947年6月被國民政府軍事委員會銓敘廳頒令敘任陸軍炮兵上校。

李放六（1892－1951）原名亦民，[234] 又名一民、壹名，別字仁厚，後改名放六，四川安嶽人。四川陸軍講武堂、廣州黃埔中央軍事政治學校第五期政治科、陸軍大學特別班第二期畢業。1926年3月入黃埔軍校入伍生隊受訓，1926年11月入廣州黃埔中央軍事政治學校第五期政治科學習，1927年8月畢業。隨部參加北伐戰爭，任國民革命軍陸軍步兵師政治部政治訓練員、宣傳科科員等職。後任黃埔同學會調查處駐四川辦事處主任，1932年1月初參與蔣介石在南京召集並主持、以黃埔一期生領銜的多次談話，系「中華民族復興社」創建初期成員之一，其與干國勳、彭孟緝、趙範生是少數幾名第五期生之一。因參與其間人選均由蔣介石親自召集，被認為是「中華民族復興社」忠實重要骨幹，後任「中華民族復興社」總務處負責人、處長，[235] 組織處助理員。[236]1933年春任「中華民族復興社」經費籌集組織－厚生消費合作社理事、理事長，負責管理十萬元經費及管理生活消費資料，後期經營該社物業。[237]1937年1月任三青團四川支團幹事。[238] 任軍事委員會江西特別訓練班教育科科長，1933年任四川省保安旅旅長。1934年9月入陸軍大學特別班學習，1937年8月畢業。抗日戰爭爆發後，1938年任陸軍第五十六軍司令部參謀長，後任四川省保安第三旅旅長，1940年任川康綏靖主任公署第一處處長，1943年4月派任四川省第八區（酉陽）行政督察專員，兼任該區保安司令部司令官。

---

[234] 湖南省檔案館校編、湖南人民出版社《黃埔軍校同學錄》記載。

[235] 文聞編：中國文史出版社2004年1月《我所知道的復興社》第2頁、第5頁、第127頁。

[236] 文聞編：中國文史出版社2004年1月《我所知道的復興社》第8頁。

[237] 文聞編：中國文史出版社2004年1月《我所知道的復興社》第15頁。

[238] 文聞編：中國文史出版社2004年1月《我所知道的復興社》第8頁。

1945 年 4 月被國民政府軍事委員會銓敘廳敘任陸軍步兵上校。抗日戰爭勝利後，1945 年 10 月獲頒忠勤勳章。1946 年 5 月獲頒勝利勳章。1946 年 11 月任四川省第十五區（達縣）行政督察專員，兼任該區保安司令部司令官。1948 年 3 月 29 日當選為四川省出席（行憲）國民大會代表。1949 年 8 月兼任川東遊擊總指揮部總指揮，1949 年 12 月 15 日在四川達縣向人民解放軍投誠。後任四川省安嶽中學教員，1951 年因案被捕入獄，同年在四川達縣被處決。1984 年 1 月獲平反，恢復投誠人員身份。

李范章（1899 － ？）四川自流井人。廣州黃埔中央軍事政治學校第五期步兵科畢業。1926 年 3 月入黃埔軍校入伍生隊受訓，1926 年 11 月入廣州黃埔中央軍事政治學校第五期步兵科學習，1927 年 8 月畢業。隨部參加北伐戰爭，歷任國民革命軍陸軍步兵營排長、連長、營長等職。1936 年 12 月 26 日敘任陸軍步兵中校。抗日戰爭爆發後，任陸軍步兵團團長，師管區司令部副司令官等職。抗日戰爭勝利後，任陸軍步兵師副師長。1945 年 10 月獲頒忠勤勳章。1946 年 5 月獲頒勝利勳章。1946 年 5 月被國民政府軍事委員會銓敘廳敘任陸軍步兵上校。1946 年 6 月奉派入中央訓練團將官班受訓，登記為少將學員，1946 年 8 月結業。1947 年 11 月 21 日被國民政府軍事委員會銓敘廳敘任陸軍少將，同時退役。

李鈺熙（1902 － 1949）別號克權，別字潔銘，四川宜賓人。廣州黃埔中央軍事政治學校第五期炮兵科、中央陸軍炮兵學校軍官研究班畢業。1926 年 3 月入黃埔軍校入伍生隊受訓，1926 年 11 月入廣州黃埔中央軍事政治學校第五期步兵科學習，1927 年 8 月畢業。隨部參加北伐戰爭，歷任國民革命軍排長、連長、少校參謀等職。1936 年 3 月 31 日敘任陸軍炮兵少校。抗日戰爭爆發後，任中央陸軍炮兵學校教官、訓練科科長。1943 年 12 月任成都中央陸軍軍官學校第二十期炮兵科上校教官。抗日戰爭勝利後，1945 年 10 月獲頒忠勤勳章。1946 年 5 月獲頒勝利勳章。1946 年 10 月起任國防部第十九重炮團副團長、代團長，第三綏靖區司令部炮兵指揮官。1948 年任四川省軍管區司令部炮兵隊指揮官。1949 年 12 月與人

民解放軍作戰時陣亡。

李前榮（1905－？）別字文光，四川資陽人。廣州黃埔中央軍事政治學校第五期炮兵科、陸軍大學特別班第六期畢業。1926 年 3 月入黃埔軍校入伍生隊受訓，1926 年 11 月入廣州黃埔中央軍事政治學校第五期炮兵科學習，1927 年 8 月畢業。隨部參加北伐戰爭，歷任國民革命軍陸軍炮兵營排長、連長、營長等職。抗日戰爭爆發後，任陸軍第二十一軍司令部炮兵團團長，率部參加抗日戰事。1941 年 12 月入陸軍大學特別班學習，1943 年 12 月畢業。任陸軍第二十一軍（軍長劉雨卿）司令部參謀長等職。抗日戰爭勝利後，1945 年 10 月獲頒忠勤勳章。1946 年 5 月獲頒勝利勳章。1946 年 5 月被國民政府軍事委員會銓敘廳敘任陸軍炮兵上校。1948 年任陸軍第二十一軍（軍長王克俊）第一四六師師長等職，率部在京滬杭戰場與人民解放軍作戰。1949 年 5 月 25 日與王克俊、李志熙（第一四五師師長）等在上海戰役潰敗中逃脫。

楊達（1907－？）別字演存，原載籍貫四川南部人，[239] 另載四川蒼溪人。廣州黃埔中央軍事政治學校第五期政治科畢業。1926 年 3 月入黃埔軍校入伍生隊受訓，1926 年 11 月入廣州黃埔中央軍事政治學校第五期步兵科學習，1927 年 8 月畢業。隨部參加北伐戰爭，歷任國民革命軍陸軍步兵營排長、連長、營長。1935 年 6 月 21 日敘任陸軍步兵少校。1936 年 10 月 2 日晉任陸軍步兵中校。抗日戰爭爆發後，任陸軍步兵團團長。後任戰區司令長官部高級參謀。抗日戰爭勝利後，任前進指揮所參謀處作戰組組長等職。1945 年 10 月獲頒忠勤勳章。1946 年 5 月獲頒勝利勳章。1946 年 6 月奉派入中央訓練團將官班受訓，登記為少將學員，1946 年 8 月結業。

楊自立（1906－？）別字卓夫，原載籍貫四川西充，[240] 另載四川南充人。廣州黃埔中央軍事政治學校第五期政治科畢業。1926 年 3 月入黃埔

---

[239] 湖南省檔案館校編、湖南人民出版社《黃埔軍校同學錄》記載。
[240] 湖南省檔案館校編，湖南人民出版社《黃埔軍校同學錄》記載。

軍校入伍生隊受訓，1926 年 11 月入廣州黃埔中央軍事政治學校第五期政治科學習，1927 年 8 月畢業。隨部參加北伐戰爭，歷任國民革命軍排長、連長、營長、團附、參謀等職。抗日戰爭爆發後，任陸軍第四十四軍第一四九師司令部參謀長、副師長。1943 年 1 月被國民政府軍事委員會銓敘廳敘任陸軍步兵上校。任陸軍第一五〇師副師長。抗日戰爭勝利後，1945 年 10 月獲頒忠勤勳章。1946 年 5 月獲頒勝利勳章。1946 年 6 月任陸軍整編第四十四師（師長王澤浚）第一五〇旅（旅長趙璧光）副旅長，率部與人民解放軍作戰。1947 年 4 月奉派入中央軍官訓練團第三期第四中隊學員隊受訓，1947 年 6 月結業。1947 年 6 月任陸軍整編第四十四軍（軍長王澤浚）第一六二師師長。1948 年 9 月 22 日被國民政府軍事委員會銓敘廳敘任陸軍少將。1948 年 11 月在淮海戰役中被人民解放軍俘虜。

楊家書（1905 － ？）別字洛孫，四川成都人。廣州黃埔中央軍事政治學校第五期步兵科畢業。1926 年 3 月考入廣州黃埔中央軍事政治學校第五期步兵科學習，1927 年 8 月畢業。歷任國民革命軍陸軍步兵團排長、連長、營長、團長等職。1937 年 1 月 25 日敘任陸軍步兵少校。1945 年 7 月被國民政府軍事委員會銓敘廳頒令敘任陸軍步兵上校。

楊家書

楊熙宇（1903 － 1990）別字奕元，四川南部人。廣州黃埔中央軍事政治學校第五期步兵科、陸軍大學將官班乙級第三期畢業。1903 年 7 月 14 日生於南部縣一個農戶家庭。1926 年 3 月入黃埔軍校入伍生隊受訓，1926 年 11 月入廣州黃埔中央軍事政治學校第五期步兵科學習，1927 年 8 月畢業。隨部參加北伐戰爭，歷任國民革命軍陸軍步兵營排長、連長、營長等職。後任陸軍第七十一軍第八十八師第二五九旅獨立團團附，1937 年 5 月任航空委員會特務團第二營營長。1935 年 6 月 21 日敘任陸軍步兵少校。抗日戰爭爆發後，仍任航空委員會特務團第二營營長，駐防光華門外機場，後隨部參加南京保衛戰。戰後乘船赴武漢，任航空委員會特務旅司令部參謀長，兼第一團團長，隨部參加武漢會戰。1940 年

1月任軍政部第十三補充兵訓練處（處長李良榮）第一團團長，兼任福建南平警備司令（李良榮）部參謀長。1941年5月任陸軍第一〇〇軍第八十師（師長李良榮）步兵第二三八團團長，後任第八十師司令部參謀長等職，率部參加福建抗日戰事。1945年7月被國民政府軍事委員會銓敘廳敘任陸軍步兵上校。抗日戰爭勝利後，1945年10月獲頒忠勤勳章。1946年5月獲頒勝利勳章。1946年6月任陸軍整編第四十七師整編第四十一旅旅長，1947年任軍政部兵役視察專員、國防部部附等職。1947年2月入陸軍大學乙級將官班學習，1948年4月畢業。1948年任陸軍第四十一軍（軍長汪匪鋒）副軍長，1949年1月任在四川重建的陸軍第四十七軍代理軍長，1949年7月實任，隸屬第十六兵團指揮序列，1949年10月被免職。1949年11月在重慶參加起義。中華人民共和國成立後，任重慶市政協秘書處副處長，重慶市第四至第八屆政協委員等職。著有《1941年在福州附近的抗戰》1984年12月撰文，載於中國文史出版社《文史資料存稿選編－抗日戰爭》下冊）、《守衛光華門外機場的戰鬥》（載於中國文史出版社《原國民黨將領抗日戰爭親歷記－南京保衛戰》）、《對〈淮海戰役蔣軍被殲概述〉的訂正》（載於中國文史出版社《文史資料選輯》第三十四輯）、《淮海戰役蔣軍被殲知見錄》等。

閔國顛（1901－1942）別字季連，後改名季連，四川奉節人。廣州黃埔中央軍事政治學校第五期步兵科畢業。1926年3月考入廣州黃埔中央軍事政治學校第五期步兵科學習，1927年8月畢業。參加北伐戰爭在安徽鳳陽作戰負傷。歷任國民革命軍步兵團連長、營長、團長等職。抗日戰爭爆發後，任陸軍第三十六師副師長，兼任該師政治部主任。1942年3月18日在雲南保山遭遇日軍飛機轟炸陣亡。1943年1月15日國民政府追贈陸軍少將。

閔國顛

陳剛（1908－？）別號劍光，四川仁壽人。廣州黃埔中央軍事政治學校第五期步兵科畢業。1926年3月入黃

陳剛

埔軍校入伍生隊受訓，1926 年 11 月入廣州黃埔中央軍事政治學校第五期步兵科學習，1927 年 8 月畢業。隨部參加北伐戰爭，歷任國民革命軍陸軍步兵團排長、連長、營長、團長等職。1935 年 7 月 15 日敘任陸軍步兵少校。抗日戰爭勝利後，1945 年 10 月獲頒忠勤勳章。1946 年 2 月奉派入中央訓練團受訓。1946 年 5 月獲頒勝利勳章。1949 年任新組建的陸軍第三軍（軍長許良玉）第三五四師師長，1949 年 12 月在四川被人民解放軍俘虜。

陳昂

陳昂（1905 － ？）四川蓬安人。廣州黃埔中央軍事政治學校第五期步兵科畢業。1926 年 3 月考入廣州黃埔中央軍事政治學校第五期步兵科學習，1927 年 8 月畢業。歷任國民革命軍陸軍步兵團排長、連長、營長、團長等職。1935 年 6 月 20 日敘任陸軍步兵少校。抗日戰爭勝利後，任團管區司令部司令官。1945 年 10 月獲頒忠勤勳章。1946 年 5 月獲頒勝利勳章。1948 年 1 月被國民政府軍事委員會銓敘廳頒令敘任陸軍步兵上校。

陳介生

陳介生（1907 － 1971）原名傑，[241] 別字介生，別號元偉，後以字行，四川南部人。廣州黃埔中央軍事政治學校第五期炮兵科、德國柏林大學經濟科畢業。1926 年 3 月入黃埔軍校入伍生隊受訓，1926 年 11 月入廣州黃埔中央軍事政治學校第五期炮兵科學習，1927 年 8 月畢業。隨部參加北伐戰爭，歷任國民革命軍炮兵初級軍職。1928 年奉派返回四川，任中國國民黨四川省黨部黨務指導員兼組織部部長，1929 年辭職赴德國留學，入柏林大學學習經濟，獲得經濟學博士學位。1932 年 3 月參與「中華民族復興社」創建初期活動，為該社重要骨幹成員。後被推舉為「中華民族復興社」四川分社負責人，[242]「力行社」本部助理書記，在德國學習期

---

[241] 湖南省檔案館校編、湖南省人民出版社《黃埔軍校同學錄》記載。
[242] 文聞編：中國文史出版社 2004 年 1 月《我所知道的復興社》第 5 頁。

間，兼任中國國民黨駐德國直屬支部常務委員。1934 年春奉派留學法國，任「中華民族復興社」歐洲組織總負責人。[243]1934 年 12 月旅歐洲「中華民族復興社」成員組建並成立支部，其被推選為書記。[244]回國後，任南京國民政府行政院參議。1937 年 1 月任「中華民族復興社」中央幹事會（書記康澤）經濟處副處長，[245]兼任財政部幣制委員會委員等職。抗日戰爭爆發後，隨國民政府遷移重慶，參與籌組三青團重慶支團，先任籌備主任，後任三青團重慶支團主任。[246]1938 年 7 月 11 日任三青團臨時中央團部經濟處處長，1938 年 8 月兼任中國國民黨中央執行委員會調查統計局特種經濟調查處處長。1939 年選派為三青團籌備時期中央幹事，並兼任三青團重慶支部幹事長。1940 年任第九戰區司令長官部經濟委員會主任委員，1941 年任川康經濟建設委員會副秘書長，後任川康興業公司官股董事兼總稽核。其間還曾任中國國民黨重慶市黨部執行委員等職。1943 年 2 月 29 日任三青團第一屆中央幹事會幹事，1943 年 6 月 26 日任重慶特別市政府秘書長。1945 年 1 月被推選為重慶市出席中國國民黨第六次全國代表大會代表。1945 年 4 月被推選為第四屆國民參政會參政員。[247]抗日戰爭勝利後，返回四川，任三青團重慶市支團幹事長。1946 年 9 月 12 日選派三青團第三屆中央幹事會幹事。1946 年 11 月 15 日被推選為僑民出席（制憲）國民大會代表。1947 年 7 月被推選為黨團合併後的中國國民黨第六屆中央執行委員。期間兼任中國國民黨重慶市黨部副主任委員。1948 年 5 月 4 日被推選為行憲第一屆立法院立法委員。1949 年到臺灣，續任立法院立法委員。1971 年 4 月 16 日因病在臺北逝世。著有《國防經濟理論與實踐》、《中國銀行制度》、《科學管理與產業合理化》、《管理外匯與統制貿

---

[243] 文聞編：中國文史出版社 2004 年 1 月《我所知道的復興社》第 27 頁。

[244] 文聞編：中國文史出版社 2004 年 1 月《我所知道的復興社》第 38 頁。

[245] 文聞編：中國文史出版社 2004 年 1 月《我所知道的復興社》第 5 頁。

[246] 文聞編：中國文史出版社 2004 年 1 月《我所知道的復興社》第 7 頁。

[247] 孟廣涵主編：重慶市政協文史資料研究委員會、中共重慶市委黨校、中國第二歷史檔案館編，重慶出版社 1987 年 6 月《國民參政會紀實》續編第 335 頁。

易》等。

陳世航（1905 － 1951）別字宗岳，四川安嶽縣九龍鄉九龍村人。廣州黃埔中央軍事政治學校第五期政治科畢業。1926 年 3 月入黃埔軍校入伍生隊受訓，1926 年 11 月入廣州黃埔中央軍事政治學校第五期政治科學習，1927 年 8 月畢業。隨部參加北伐戰爭，歷任國民革命軍陸軍步兵團排長、副連長，營政治訓練員，陸軍步兵團政治指導員等職。抗日戰爭勝利後，任陸軍第四十四軍司令部少將銜高級參謀，1946 年 7 月退役。1947 年至 1948 年任中國國民黨四川安嶽縣黨部書記長，1951 年 4 月以「反革命罪」判處死刑，1984 年 10 月 2 日經安嶽縣人民法院復查屬錯判，撤銷原判。

陳春霖（1901 － 1951）別字思棣，四川資陽人。廣州黃埔中央軍事政治學校第五期政治科、陸軍大學特別班第四期畢業。1901 年 10 月 21 日生於資陽縣一個耕讀家庭。成都四川法政專門學校畢業後，入川軍部隊服務。1926 年 3 月入黃埔軍校入伍生隊受訓，1926 年 11 月入廣州黃埔中央軍事政治學校第五期政治科學習，1927 年 8 月畢業。隨部參加北伐戰爭，在中國國民黨中央組織部軍人科任職，曾任幹事、總幹事，中國國民黨陸軍大學特別黨部書記長等職。1932 年 3 月加入中華民族復興社。1932 年秋任「中華民族復興社」主辦南京政治研究班第六大隊大隊長。[248]1932 年春任華北抗日救亡宣傳大隊隊長，1934 年任陸軍第四十軍司令部政治訓練處處長，1936 年任河南省國民軍事訓練委員會（主任委員蕭作霖）副主任委員，兼河南學生集訓總隊總隊長等職。抗日戰爭爆發後，任河南省軍管區司令部副參謀長，兼任軍事訓練處處長等職。1938 年 3 月入陸軍大學特別班學習，1940 年 4 月畢業。1941 年任第六戰區司令長官部軍務處處長，兼任幹部訓練團教育處處長。1943 年調任中國遠征軍司令長官部軍務處處長，兼任幹部訓練團教育處處長等職。1943 年 11 月被國民政府軍事委員會銓敘廳敘任陸軍步兵上校。1944 年 1 月任陸軍第四十軍第

---

[248] 文聞編：中國文史出版社 2004 年 1 月《我所知道的復興社》第 31 頁。

一四九師師長，1944 年 12 月任國民政府軍政部（部長陳誠）人事處處長等職。抗日戰爭勝利後，1945 年 10 月獲頒忠勤勳章。1946 年兼任三民主義青年團中央團部人事處處長。1946 年 5 月獲頒勝利勳章。1946 年 6 月任國民政府國防部副官處處長，1947 年 3 月該處改為國防部副官局，仍任局長，1948 年 6 月兼任國防部副官學校校長，1948 年 7 月免職。1948 年 9 月 22 日被國民政府軍事委員會銓敘廳敘任陸軍少將。1949 年 4 月任川鄂綏靖主任（孫震）公署第四十四軍軍長等職。1949 年 12 月 25 日在四川郫縣隨羅廣文部起義。1951 年 11 月 9 日在「鎮反運動」中被處決，1983 年 9 月獲平反，恢復起義人員名譽。

陳載基（1907 － ？）四川宜賓人。廣州黃埔中央軍事政治學校第五期炮兵科畢業。1926 年 3 月入黃埔軍校入伍生隊受訓，1926 年 11 月入廣州黃埔中央軍事政治學校第五期炮兵科學習，1927 年 8 月畢業。隨部參加北伐戰爭，歷任國民革命軍炮兵營排長、連長、營長等職。抗日戰爭爆發後，任第三戰區司令長官部幹部訓練團（教育長何平、溫鳴劍）總務組組長，1940 年秋任中央幹部訓練團第三分團部總務處處長等職。

陳修和（1897 － 1998）原名統，四川樂至人。前中華人民共和國人民革命軍事委員會副主席、國務院副總理陳毅胞兄。四川高等工業學校、廣州黃埔中央軍事政治學校第五期工兵科、法國高等兵工學校畢業。先後入本鄉高等小學校及樂至縣立中學就讀，1919 年於四川高等工業學校畢業。1926 年考入黃埔軍校入伍生隊，1926 年 11 月入廣州黃埔中央軍事政治學校第五期炮兵科學習，1927 年 8 月畢業。1927 年 9 月奉派入上海兵工廠政治部，任政治指導員兼代主任。1927 年 12 月任國民革命軍總司令蔣介石的侍從副官，1928 年夏任國民革命軍第三師步兵營政治指導員。1928 年 10 月返回上海兵工廠任技士，後任漢陽兵工廠技術主任，南京金陵兵工廠副廠長，期間曾對濟南、瀋陽、太原、鞏縣、漢陽等五個兵工廠考察，兩次撰文書面向蔣介石陳述兵器製造情況及改進意見，受到

陳修和

最高軍事當局的重視。1932 年奉派赴法國留學，入法國高等兵工學校學習四年，其間加入中華民族復興社法國分社，1936 年畢業回國。任軍政部兵工署兵器工業製造與研究委員會專門委員，兼任軍政部兵工專門學校教官。1936 年 12 月撰寫《改進我國兵工意見書》送呈最高軍事當局，對建設國防急需兵工廠及加快培養兵工專業人才提出系統和具體建議。抗日戰爭爆發後，奉派赴香港、越南等地，組織後方兵器工業生產基地物資供應，先任兵工署駐越南辦事處主任，1941 年 8 月任兵工署駐香港辦事處處長。後返回昆明負責軍備物資轉運事宜，1942 年 5 月陸軍總司令部兵器工業委員會駐昆明辦事處處長，兼任軍械人員訓練班主任，駐昆明中美聯合後勤司令部軍械處處長等職。1943 年任中美合辦軍械保養幹部訓練班主任，主持訓練了一大批兵器工業技術與生產骨幹，系民國時期著名兵器工業專家及管理者。1945 年 2 月任陸軍總司令部昆明辦事處主任，負責處理後方留守及美、法軍聯絡事宜。抗日戰爭勝利後，任第一方面軍司令長官（盧漢）部第五處副處長，軍政部兵工署附員。1945 年 10 月獲頒忠勤勳章。1946 年 5 月被國民政府軍事委員會銓敘廳敘任陸軍步兵上校。1946 年 5 月獲頒勝利勳章。期間奉派東北籌建和恢復軍械生產工廠，任兵工署東北區接收委員會委員。1946 年 11 月 9 日任兵工署第九十兵工廠總廠長，下轄四個分廠均為接收日軍佔領瀋陽時兵工廠改建，修復殘破機械設備，補充調配技術管理人才，較短時間恢復生產，不到兩年成效可觀。1947 年任國防部兵工署少將設計委員，兼任兵器工業署直轄瀋陽第九十兵器總廠少將總廠長。1947 年 10 月主持第九十兵工廠試製新炮，以加拿大 57 毫米戰防炮改裝為 75 毫米榴彈炮，以此利用收繳日軍大量 75 毫米榴彈。1948 年任國防部派駐東北「剿匪」總司令部兵工監，兼任聯合後方勤務總司令部第九十兵工廠總廠長。1948 年 3 月聯合後方勤務總司令命其將第九十兵工廠主要機械設備及 5000 名技術人員遷移臺灣，其據理力爭暫緩執行。1948 年 11 月 1 日瀋陽解放前夕率領兵工廠起義，主持維護第九十兵器總廠完整保存移交人民政府，續任中國人民解放軍瀋

陽兵工廠廠長。1949 年 9 月作為特別邀請人士參加中國人民政治協商會
議第一屆全體會議。中華人民共和國成立後，1949 年 10 月任政務院財經
委員會技術管理局副局長，1952 年 8 月任政務院參事室參事，1954 年 10
月起任國務院參事室參事，直至逝世。1960 年任全國政協文史資料研究
委員會（主任委員範文瀾，副主任委員李根源等六人）委員。「文化大革
命」中受到衝擊與迫害。後任《中國近代兵器工業－清末至民國的兵器工
業》，[249] 編審委員會顧問，並為該書作序。1989 年 12 月 3 日增補為黃埔軍
校同學會（會長侯鏡如）理事。1996 年春以九十九歲高齡欣然為《黃埔
軍校將帥錄》題詞。1997 年 12 月底再次當選為全國黃埔軍校同學會理事。
1998 年 11 月 21 日因病在北京逝世。著有《國民黨兵工署從成立到逃台
前的情況》（載於中國文史出版社《文史資料存稿選編－軍事機構》下
冊）、《越南古史及其民族文化之研究》、《抗日戰爭中越國際交通運輸線》
（載於中國文史出版社《文史資料選輯》第 7 輯）、《抗戰勝利後國民黨軍
隊入越南受降紀略》（載於中國文史出版社《文史資料選輯》第 7 輯）、
《奉張時期與日偽時期的東北兵工廠》（載於中國文史出版社《文史資料
選輯》第 25 輯）、《有關上海兵工廠的回憶》（載於中國文史出版社《文史
資料選輯》第 19 輯）、《回憶周恩來總理對我的教導和關懷》（1994 年 5
月撰文，載於《紀念黃埔軍校建校七十周年專刊》第 59 頁）等。

　　陳德謀（1903 － 1968）別字捷三，別號傑三，原載籍貫湖北豐都，[250]
另載四川江陵人。[251] 廣州黃埔中央軍事政治學校第五期炮兵科、陸軍大學
特別班第六期畢業，軍事委員會幹部訓練團將官班第二期、中央軍官訓練
團第三期結業。1903 年 8 月 20 日生於江陵縣城一個農戶家庭。1926 年 3
月入黃埔軍校入伍生隊受訓，1926 年 11 月入廣州黃埔中央軍事政治學校
第五期炮兵科學習，1927 年 8 月畢業。隨部參加北伐戰爭，歷任國民革

---

[249] 國防工業出版社 1998 年 4 月出版。

[250] 湖南省檔案館校編、湖南人民出版社《黃埔軍校同學錄》記載。

[251] 據湖南省檔案館校編、湖南人民出版社《黃埔軍校同學錄》記載為四川豐都人。

命軍炮兵團排長、連長，步兵團營長等職，率部參加對鄂豫皖邊區紅軍及根據地的「圍剿」戰事。1936 年任國民政府禁煙總署專員，負責全國禁煙事宜。抗日戰爭爆發後，任師司令部主任參謀、作戰訓練組組長，後任第五戰區豫南「清剿」區司令部保安團團長，兼任河南省政府禁煙局專員等職。期間主持將緝私所獲煙款劃撥創辦農民銀行基金。1941 年 12 月入陸軍大學特別班學習，1943 年 12 月畢業。任第五戰區鄂豫皖邊區濟南指揮部國民軍事訓練處處長，調充陸軍第五軍步兵團團長，後任國民政府軍事委員會軍令部高級參謀等職。1944 年參加籌備青年軍的組建工作。抗日戰爭勝利後，任第五軍（軍長邱清泉）司令部高級參謀。1946 年 11 月被國民政府軍事委員會銓敘廳敘任陸軍炮兵上校。任陸軍第五軍（軍長邱清泉）司令部參謀長，1947 年 4 月入軍官訓練團第三期第四中隊學員隊受訓，1947 年 6 月結業，返回原部隊任原職。1947 年冬後任第五軍（軍長邱清泉兼）副軍長等職。1948 年任徐州「剿匪」總司令部第二兵團（司令官邱清泉）第七十軍（軍長高吉人、鄧軍林）副軍長等職，率部在淮海戰場與人民解放軍作戰。1949 年 1 月 9 日所部在河南永城陳官莊地區被人民解放軍全殲，其因戰前赴南京得以僥倖脫身。1949 年春到臺灣，任臺灣省保安司令部高級參謀室高級參謀、參事室主任。1963 年起任臺灣國防部聯合作戰設計委員會委員，後任臺灣國防部福利委員會副主任委員等職，同年晉任陸軍中將。1964 年任臺灣聯合後方勤務總司令部留守業務署署長。1966 年 12 月退為備役，1968 年 9 月 23 日因病在臺北逝世。

陳德霖（1908 － 1984）又名德林，四川榮昌人。廣州黃埔中央軍事政治學校第五期炮兵科畢業。1926 年 3 月入黃埔軍校入伍生隊受訓，1926 年 11 月入廣州黃埔中央軍事政治學校第五期炮兵科學習，1927 年 8 月畢業。隨部參加北伐戰爭。1932 年 3 月加入「中華民族復興社」。1934 年任軍事委員會別動總隊經理組組長。抗日戰爭爆發後，隨部參加淞滬會戰和南京保衛戰。1939 年任中央陸軍軍官學校特訓班經理組組長，1942 年任中央陸軍軍官學校教官等職。1943 年 2 月被國民政府軍事委員會銓

敘廳敘任陸軍炮兵上校。抗日戰爭勝利後，1945 年 10 月獲頒忠勤勳章。1946 年 5 月獲頒勝利勳章。1947 年任國防部少將部員，1948 年任聯合後方勤務總司令部少將部附，聯合後方勤務總司令部對外物資調配組組長。1949 年 4 月任聯合後方勤務總司令部第四十四補給分區司令部副司令官，1949 年 12 月 25 日在成都參加起義。[252]

周德光

周德光（1904 － ？）四川成都人。廣州黃埔中央軍事政治學校第五期步兵科畢業。1926 年 3 月考入廣州黃埔中央軍事政治學校第五期步兵科學習，1927 年 8 月畢業。歷任國民革命軍陸軍步兵團排長、連長、營長、團長等職。1945 年 1 月被國民政府軍事委員會銓敘廳頒令敘任陸軍步兵上校。

范龍驤

范龍驤（1906 － 1951）又名朝壽，別字龍驤，後以字行，四川閬中人。廣州黃埔中央軍事政治學校政治科肄業。[253]1906 年農曆三月初六生於閬中縣城東一個農戶家庭。幼入私塾啟蒙，繼入高等小學堂，後考入縣立高級中學（新式學校）就讀，1924 年畢業，奉母命與湯氏結婚。1925 年與陳善周、董大俊等同學赴武漢，適逢「五卅慘案」，參加武漢工人示威聲援活動，被捕入獄，1925 年 12 月獲釋。後南下廣州，考入黃埔軍校第四期，入學不久即患傷寒，住院治療半年後康復。後入廣州黃埔中央軍事政治學校第五期政治科學習，1927 年 8 月畢業。隨部參加北伐戰爭，任國民革命軍政治大隊連指導員。後結識袁守謙，遂入北伐軍總政治部宣傳科（科長袁守謙）工作。1928 年至 1931 年隨賀衷寒、袁守謙從事

[252] 中國人民解放軍歷史資料叢書編審委員會：「中國人民解放軍歷史資料叢書」，解放軍出版社 1996 年 1 月《解放戰爭時期國民黨軍起義投誠－川黔滇康藏地區》第 816 頁。

[253] 湖南省檔案館校編，湖南人民出版社《黃埔軍校同學錄》無載，現據：閬中縣地方誌編纂委員會編纂《閬中縣誌－人物志》稿，閬中縣後人撰文《范龍驤行狀》記載。

軍隊政治工作，參與黃埔同學會活動。1932 年 1 月任設立於鎮江的江蘇省警官學校政治教官，1932 年 12 月奉派北平、內蒙等地，協助曾擴情、劉健群等組織策動蒙古王公大臣所率地方部隊，參與抵抗日軍侵略的抗日軍事同盟事宜，支援 1933 年春長城保衛戰。後受曾擴情委派任陸軍第六十七軍（軍長王以哲）參謀處參謀，政治訓練處中校機要秘書，與日軍特務機關政治滲透與軍事擴張活動進行公開與隱蔽鬥爭，其間居住北平東城南煤鋪胡同二號寓所。1934 年在王以哲證婚下結婚，1935 年隨軍遷移陝西西安。1936 年 11 月 11 日敘任陸軍步兵少校。1936 年 12 月奉命返回南京，接受西安事變期間政治活動調查。1937 年 4 月任陸軍七十二軍（軍長韓全樸）政治訓練處處長，1937 年 5 月隨部駐軍四川萬縣。抗日戰爭爆發後，隨部在江西西北部修水、銅鼓一帶參加抗日戰事。1938 年至 1941 年間任陸軍新編第十三師政治部主任、副師長，率部轉戰湘贛等省，第二次長沙會戰時所部重創日軍一部，擊斃日軍中佐一名，其指揮刀作為戰利品被獎勵收藏（後於閬中解放時上交）。其在作戰中曾負傷，曾在夜行軍時摔下懸崖，曾因嚴重的胃潰瘍折磨，疼痛時在地上打滾，其次子萬生也因病夭折湖南鄉下。1941 年 10 月攜全家返回重慶，在軍事委員會政治部任職，後在西安胡宗南部陝北參謀團工作一年。其間由重慶赴家鄉閬中探望途中，行經蒼溪北部時，遭遇土匪搶劫，被綁在樹上，衣物、行李全數被掠，直到第二天被路人解救，後得任廣元縣縣長的同學救濟，才得以返回西安就職。1943 年由西安返回重慶，任政治部第一廳（廳長賀衷寒、劉子清）第二科科長。1945 年 4 月被國民政府軍事委員會銓敘廳敘任陸軍步兵上校。任陸軍第五十六軍（軍長潘文華）政治部主任，率部駐防成都地區。抗日戰爭勝利後，1945 年 10 月獲頒忠勤勳章。1946 年 5 月獲頒勝利勳章。1946 年 7 月 31 日被國民政府軍事委員會銓敘廳敘任陸軍少將。1947 年任川黔湘鄂邊區綏靖主任（潘文華）公署政治部主任，兼任宜昌城防司令部司令官，水上督運辦公室主任，先後駐節四川東南黔江、宜昌地區。1948 年所任機構裁撤，發表為國防部新聞局政治幹部訓

練班教育長，沒上任，後返回重慶，任西南軍政長官（朱紹良、張群）公署高級參謀，其間較長時間寓居重慶。1949年11月返回原籍閬中縣城賀家大院南廂房寓居，曾出任閬（中）蒼（溪）南（部）三縣聯防總指揮部總指揮，因無得力部隊統屬，指揮部牌子只掛二十天就名存實亡。1949年12月25日與蕭毅安（時任閬中縣縣長）合同三縣各界代表300多人在閬中縣城桓侯廟開會，商討應變事宜，服從地方公議，並造冊移交人員、槍支。1950年1月1日閬中和平解放，參與起義的原閬蒼南三縣聯防指揮部所轄部隊組成川北獨力師，軍官願留者留，不願留者發給遣散費和遣散證，送回原籍。1950年2月被捕，入縣監獄看押。1950年夏以「反革命罪」被判處有期徒刑七年，送南充勞動改造。1951年3月5日押回閬中縣城公園召開群眾大會，被宣判死刑隨即執行槍決，葬於閬中城東南之塔子山麓。

　　易德民（1907－？）又名德明，四川樂山人。廣州黃埔中央軍事政治學校第五期步兵科畢業。1926年3月入黃埔軍校入伍生隊受訓，1926年11月入廣州黃埔中央軍事政治學校第五期步兵科學習，1927年8月畢業。隨部參加北伐戰爭，1932年1月參與「中華民族復興社」初期創建活動，1932年3月4日至7日與干國勳、彭孟緝同為第五期生參與蔣介石親自點名召集的談話會，[254]為該組織骨幹成員之一。1932年3月8日在「中華民族復興社」成立大會上，被推選為中央幹事會候補幹事。後任「中華民族復興社」週邊組織「革命軍人同志會」（常務幹事兼書記潘佑強）幹事兼總務處處長，[255]「中華民族復興社」中央幹事會總務處處長[256]等職。1933年任「中華民族復興社」中央幹事會組織處（處長周複）副處長。[257]1934

---

[254] 臺灣《傳記文學》第三十五卷第三期，干國勳著：《關於所謂「復興社」的真實情況》。

[255] 臺灣《傳記文學》第三十五卷第三期，干國勳著：《關於所謂「復興社」的真實情況》。

[256] 文聞編：中國文史出版社2004年1月《我所知道的復興社》第9頁。

[257] 文聞編：中國文史出版社2004年1月《我所知道的復興社》第127頁。

年奉派駐美國公使館陸軍武官。抗日戰爭爆發後，任三青團四川支團候補幹事、幹事。1942 年任中國遠征軍司令長官部副官長等職。1945 年 1 月被國民政府軍事委員會銓敘廳敘任陸軍步兵上校。1949 年到臺灣。[258]

羅良（1906 － ？）別字淡秋，四川銅梁人。廣州黃埔中央軍事政治學校第五期炮兵科畢業。1926 年 3 月考入廣州黃埔中央軍事政治學校第五期炮兵科學習，1927 年 8 月畢業。歷任國民革命軍總司令部炮兵營見習、排長、副連長，炮兵教導隊區隊長，炮兵學校教官。1937 年 7 月 29 日任命陸軍炮兵中校。抗日戰爭爆發後，隨軍校遷移西南地區，任成都中央陸軍軍官學校第十四期第二總隊政治訓練室副主任等職。

官建百（1905 － 1931）四川保寧人。廣州黃埔中央軍事政治學校第五期步兵科畢業。1926 年 3 月考入廣州黃埔中央軍事政治學校第五期步兵科學習，1927 年 8 月畢業。歷任國民革命軍陸軍步兵連見習、排長、連長，1931 年 9 月 15 日在江西東固作戰陣亡。[259]

官建百

岳蔚（1904 － 1931）原名山，四川南江人。廣州黃埔中央軍事政治學校第五期步兵科畢業。1926 年 3 月考入廣州黃埔中央軍事政治學校第五期步兵科學習，1927 年 8 月畢業。歷任國民革命軍陸軍步兵連見習、排長、副連長。1931 年春作戰陣亡。[260]

趙宣（1907 － ？）別字重光，四川酉陽人。廣州黃埔中央軍事政治學校第五期步兵科畢業。1927 年 8 月黃埔軍校第五期步兵科畢業。1926 年 3 月入黃埔軍校入伍生隊受訓，1926 年 11 月入廣州黃埔中央軍事政治

[258] 文聞編：中國文史出版社 2004 年 1 月《我所知道的復興社》第 9 頁。

[259] 中國第二歷史檔案館供稿，華東工學院編輯出版部影印，檔案出版社 1989 年 7 月《黃埔軍校史稿》第八冊（本校先烈）第 277 頁第六期烈士芳名表記載 1931 年 9 月 15 日在江西東固陣亡。

[260] 中國第二歷史檔案館供稿，華東工學院編輯出版部影印，檔案出版社 1989 年 7 月《黃埔軍校史稿》第六冊《各期陣亡學生姓名表》第 272 － 275 頁第五期名單記載為嶽蔚。

學校第五期步兵科學習，1927 年 8 月畢業。隨部參加北伐戰爭，歷任國民革命軍陸軍步兵團排長、連長、營長等職。抗日戰爭爆發後，任第三戰區浙江省抗日自衛總隊（總隊長趙龍文）部第二支隊（支隊長張光）部參謀主任。1939 年春任錢塘江南岸行動總隊（總隊長趙龍文、張光）部參謀長等職。

　　柏良（1903 － 1961）別號㷛民，四川岳池人。縣立中學、四川成都國學院、湖北法政大學、廣州黃埔中央軍事政治學校第五期政治科畢業。1926 年 11 月入廣州黃埔中央軍事政治學校第五期學習，1927 年 8 月畢業，任黃埔同學會組織股股員。後隨部參加北伐戰爭，任國民革命軍

柏良

第一軍政治部上尉政訓員，廣州黃埔中央軍事政治學校第五期、南京中央陸軍軍官學校六期學員辦事處主任兼審查委員，陸軍第九軍第十四師黨務指導員兼特務連連長。1929 年部隊編遣後，任陸軍第三師第八團政治指導員，軍事委員會派駐四川軍事調查處聯絡組組長。1932 年 3 月加入「中華民族復興社」，1933 年 6 月兼任「中華民族復興社」週邊組織「西南青年社」（主任委員康澤）委員。[261] 後任「中華復興社」特務處副處長康澤的中校秘書，江西星子特別訓練班教官，軍事委員會別動總隊駐南京辦事處上校主任等職。1936 年 9 月 24 日敘任陸軍步兵中校。1937 年 6 月 9 日晉任陸軍步兵上校。抗日戰爭爆發後，任四川軍事參謀團總務處處長，軍事委員會重慶行營總務處代理處長。1938 年 7 月奉派入軍官訓練團第一期將官研究班學員隊受訓，1938 年 9 月結業。派任第三戰區司令長官部少將高級參謀，第二十三集團軍總司令部軍官大隊大隊長，陸軍第一四六師副師長。1941 年被第三戰區司令長官部發表為陸軍第一四四師師長，因該師副師長張昌德認為自己資歷深，未能獲任師長，憤而

---

[261] 臺灣《傳記文學》第三十五卷第三期，幹國勳著：《關於所謂「復興社」的真實情況》記載。

叛變，率部千餘人投降日軍，其因懼沒上任。[262] 後任陸軍第一四六師代師長。抗日戰爭勝利後，任第三戰區司令長官部高級參謀室高級參謀。1945年10月獲頒忠勤勳章。1946年5月獲頒勝利勳章。1946年6月奉派入中央訓練團將官班受訓，登記為少將學員，1946年8月結業。1947年11月21日被國民政府軍事委員會銓敘廳敘任陸軍少將，1949年秋組織「川東反共挺進軍」總指揮部，任副總指揮，1949年12月在四川渠縣率部起義。[263]

胡友為

胡友為（1901－？）別號輔仁，原載籍貫四川南充，[264] 另載四川蓬安人。廣州黃埔中央軍事政治學校第五期步兵科畢業。1926年11月入廣州黃埔中央軍事政治學校第五期步兵科學習，1927年8月畢業。任廣州黃埔國民革命軍軍官學校第六期第二總隊步兵第二中隊第四區隊中尉區隊附，後任國民革命軍第九軍第三師第九團第六連排長、連長，隨部參加北伐戰爭，1927年11月在徐州戰役負傷。[265] 後任南京中央陸軍軍官學校學員總隊中隊長，財政部緝私署補充團第一營營長、團長等職。抗日戰爭爆發後，任中央訓練團總團辦公廳警衛組副組長，1944年任重慶衛戍總司令部總務處處長。抗日戰爭勝利後，任國民政府重慶行營總務處處長。1945年10月獲頒忠勤勳章。1946年5月獲頒勝利勳章。1946年6月奉派入中央訓練團將官班受訓，登記為少將學員，1946年8月結業。1947年11月24日被國民政府軍事委員會銓敘廳敘任陸軍少將，同時辦理退役。

賀維（1906－1933）別字召丞，四川梁山人。廣州黃埔中央軍事政

---

[262] 江西省上饒市政協文史資料研究委員會編：1988年6月印行《國民黨第三戰區司令長官部紀實》中冊第144頁。

[263] 中國人民解放軍歷史資料叢書編審委員會：「中國人民解放軍歷史資料叢書」，解放軍出版社1996年1月《解放戰爭時期國民黨軍起義投誠－川黔滇康藏地區》第821頁。

[264] 湖南省檔案館校編、湖南人民出版社《黃埔軍校同學錄》記載。

[265] 《中央陸軍軍官學校追悼北伐陣亡將士特刊－黃埔血史》記載。

治學校第五期炮兵科畢業。1926 年 3 月考入廣州黃埔中央
軍事政治學校第五期炮兵科學習，1927 年 8 月畢業。歷任
國民革命軍陸軍炮兵營見習、排長、副連長、營長，1933
年 11 月 13 日在浙江作戰陣亡。[266]

賀維

　　賀知詩（1903 － ？）別字矢言，四川梁山人。廣州黃埔中央軍事政
治學校第五期步科畢業。1926 年 3 月入黃埔軍校入伍生隊受訓，1926 年
11 月入廣州黃埔中央軍事政治學校第五期炮兵科學習，1927 年 8 月畢業。
隨部參加北伐戰爭及中原大戰。抗日戰爭爆發後，率部參加抗日戰事。抗
日戰爭勝利後，1945 年 10 月獲頒忠勤勳章。1946 年 5 月獲頒勝利勳章。
1948 年任陸軍第七十軍（軍長高吉人、鄧軍林）第三十二師（師長龔時
英）副師長。1949 年 1 月在河南永城東北地區被人民解放軍俘虜，1975
年 3 月 19 日特赦獲釋。[267]

　　鍾蜀武（1899 － 1931）別字灼元，四川新都人。廣
州黃埔中央軍事政治學校第五期經理科畢業。1926 年 3 月
考入廣州黃埔中央軍事政治學校第五期經理科學習，1927
年 8 月畢業。任國民革命軍陸軍步兵團見習、軍需，兵站
運輸隊隊長。1931 年 9 月在安徽英山遇襲身亡。[268]

鍾蜀武

　　駱亮遠（1905 － ？）別字克裏，四川重慶人。廣州黃
埔中央軍事政治學校第五期步兵科畢業。1926 年 3 月考入
廣州黃埔中央軍事政治學校第五期步兵科學習，1927 年 8
月畢業。任國民革命軍第一軍第二十一師第六十三團步兵

駱亮遠

[266] 中國第二歷史檔案館供稿，華東工學院編輯出版部影印，檔案出版社 1989 年 7 月
　　《黃埔軍校史稿》第八冊（本校先烈）第 276 頁第六期烈士芳名表記載 1933 年 11
　　月 13 日在浙江陣亡。

[267] 任海生著：華文出版社 1995 年 12 月《共和國特赦戰犯始末》第 126 頁。

[268] 中國第二歷史檔案館供稿，華東工學院編輯出版部影印，檔案出版社 1989 年 7 月
　　《黃埔軍校史稿》第八冊（本校先烈）第 276 頁第五期烈士芳名表記載 1931 年 9
　　月在安徽英山陣亡。

連排長，1927 年 12 月在徐州申莊作戰負傷，[269] 痊癒後，任陸軍步兵團連長、營長等職。

唐雨岩（1900 － 1976）四川敘永縣大州驛人。廣州黃埔中央軍事政治學校第五期炮兵科、日本陸軍士官學校第二十一期野戰炮兵科、中央炮兵學校教官班第一期畢業。1926 年 3 月入黃埔軍校入伍生隊受訓，1926 年 11 月入廣州黃埔中央軍事政治學校第五期炮兵科學習，1927 年

唐雨岩

8 月畢業。隨部參加北伐戰爭，歷任國民革命軍第一軍第一師司令部炮兵營排長、連長。1928 年 1 月奉派赴日本留學，先入日本陸軍成城學校完成預科學業，繼入日本陸軍炮兵聯隊實習，後考入日本陸軍士官學校第二十一期學習，1929 年 12 月回國。任南京湯山炮兵學校教官，同時入炮兵學校教官班第一期學習，1930 年完成學業。1931 年任南京中央陸軍軍官學校教導總隊炮兵團第一營營長，教導第二師司令部參謀處處長，江陰要塞司令部炮兵指揮官等職。1935 年 6 月 25 日敘任陸軍炮兵少校。抗日戰爭爆發後，任第二軍團司令部炮兵指揮部指揮官，軍政部第三炮兵獨立團少將團長。1941 年 12 月轉任成都中央陸軍軍官學校第十八期炮兵科科長，第十九期特科總隊總隊長。1943 年 2 月被國民政府軍事委員會銓敘廳敘任陸軍炮兵上校。1944 年 3 月任中央陸軍軍官學校第二十期教育處副處長，兼第二十一期校本部高級督練官。1945 年任中央陸軍軍官學校第九分校（新疆分校）訓練處處長等職。抗日戰爭勝利後，1945 年 10 月獲頒忠勤勳章。1946 年 5 月獲頒勝利勳章。1946 年 5 月奉派入中央軍官訓練團第二期受訓，並任第二中隊分隊長，1946 年 7 月結業。1946 年 12 月任整編第七十二師（師長楊文瑔）新編第十三旅旅長，率部在山東與人民解放軍作戰。1947 年任陸軍整編第七十二師（師長餘錦源）副師長。1948 年 9 月 22 日被國民政府軍事委員會銓敘廳敘任陸軍少將。1949 年 9 月隨

---

[269] 龔樂群編纂：南京中央陸軍軍官學校 1934 年印行《中央陸軍軍官學校追悼北伐陣亡將士特刊－黃埔血史》記載。

陶峙嶽部起義。

唐憲堯（1899 － 1951）別字再興，四川梁山人。北京電氣工業學校、廣州黃埔中央軍事政治學校第五期工兵科、陸軍大學正則班第十一期畢業，中央訓練團將官班結業。早年畢業於北京電氣工業學校，畢業後任北京西山電廠、重慶電燈公司工程師，梁山縣實業所所長。1926 年 3

唐憲堯

月考入廣州黃埔中央軍事政治學校第五期工兵科學習，1927 年 8 月畢業。歷任國民革命軍陸軍工兵營排長、連長等職。1932 年 12 月考入陸軍大學正則班學習，1935 年 12 月畢業。任陸軍工兵營營長等職。抗日戰爭爆發後，任川康綏靖主任公署第一處作戰科科長，中央陸軍軍官學校成都分校戰術教官等職。1940 年任第三十集團軍總司令部高級參謀等職。1946 年 5 月被國民政府軍事委員會銓敘廳敘任陸軍工兵上校。抗日戰爭勝利後，於 1946 年 6 月奉派入中央訓練團將官班受訓，登記為少將學員，1946 年 8 月結業，返回原部隊續任原職。1948 年任陸軍新編第三十三師司令部參謀長，川鄂邊區挺進軍總指揮部參謀長等職。1949 年任川鄂邊區綏靖公署前進指揮所代主任，1949 年 11 月任國防部挺進軍司令部參謀長等職。1949 年 12 月 15 日在四川渠縣參加起義。中華人民共和國成立後，因案逮捕入獄，1951 年冬在「鎮反運動」中被處決。1984 年獲平反，恢復起義人員名譽。

徐中齊（1904 － 1983）四川敘永人。敘永縣立初級中學、四川省立第一中學、四川省立法政專門學堂、廣州國立中山大學、廣州黃埔中央軍事政治學校第五期工兵科畢業。幼年私塾啟蒙，繼入敘永縣立初級中學、四川省立第一中學學習，續考入四川省立法政專門學堂就讀，1924

徐中齊

年任四川警備軍司令（楊莘野）部書記，隨部轉戰川、湘、黔、桂、粵，寄讀廣州國立中山大學。1925 年投考黃埔軍校，以第十名成績編入第四期入伍生第二團第三營第七連受訓，駐防惠州城。1926 年 7 月國民革命

軍誓師北伐時，應徵調入國民革命軍總司令部工兵營，隨部轉戰武昌、南昌諸役。後奉命參加南湖武漢分校學生隊，任中央軍事政治學校武漢分校學生隊隊長，中國國民黨武漢中央軍事政治學校特別黨部常務委員，畢業於廣州黃埔中央軍事政治學校第五期工兵科。1927 年任國民革命軍總司令部第四軍人醫院黨代表，1928 年奉派入湖北夏鬥寅部，任國民革命軍第二十七軍（軍長夏鬥寅兼）政治部主任。1929 年 1 月奉命返回四川，協助整理黨務，任中國國民黨四川省特別黨部秘書，兼任中國國民黨成都市特別黨部常務委員，1929 年 1 月被推選為四川省出席中國國民黨第三次全國代表大會代表，1929 年 10 月委派為中國國民黨四川省黨務指導委員兼組織部部長。1931 年 2 月四川善後督辦劉湘上將宣誓就職於重慶，其奉國民政府主席暨軍事委員會委員長蔣介石電令代為監誓，獲得英年殊榮。1931 年 11 月被推選為四川省出席中國國民黨第四次全國代表大會代表。1932 年奉派西安整理黨務，委任為中國國民黨陝西省黨務特派員。1935 年 11 月當選為中國國民黨第五次全國代表大會代表。1935 年底赴德國、奧地利考察與學習員警政務。抗日戰爭爆發後回國，任重慶特別市警察局局長。1941 年 10 月起任中央警官學校校務委員、教務處長、副教育長，中國國民黨重慶市黨部執行委員，三青團中央監察會監察。其間受聘任東吳滬江聯合法商學院教授。繼任中國國民黨四川省特別黨部執行委員，1945 年 1 月當選為中國國民黨第六次全國代表大會特準列席代表，並出席第一次會議。抗日戰爭勝利後，任四川省會警察局局長。1947 年 6 月任四川省特種委員會委員兼主任秘書，後任四川省黨政軍幹部聯席會議秘書長。1948 年 5 月 4 日當選為行憲國民政府立法院立法委員。1949 年秋到臺灣，1976 年仍任臺灣立法院立法委員。[270]1983 年 1 月 20 日因病在臺北逝世。[271] 著有《國民法典》、《德奧員警制度》、《戶籍行政》、《法俄間

---

[270] 劉國銘主編：春秋出版社 1989 年 3 月《中華民國國民政府軍政職官人物志》第 816
頁記載。

[271] 劉國銘主編：春秋出版社 1989 年 3 月《中華民國國民政府軍政職官人物志》第 884

諜史》及《平淡詩集》等。

徐自強（1906－1960）原名子強，[272] 別號芝鴻，原載
籍貫四川巴中，[273] 另載四川平昌人。廣州黃埔中央軍事政
治學校第五期炮兵科、日本陸軍炮兵學校畢業。1926 年 3
月入黃埔軍校入伍生隊受訓，1926 年 11 月入廣州黃埔中
央軍事政治學校第五期炮兵科學習。提前出隊隨部參加北

徐自強

伐戰爭，任上海戒嚴司令部副官。1927 年 8 月與蕭烈、張介臣等籌備國
民革命軍總司令部密查組，任密查組（組長胡靖安）總務股股長，該機構
後被視作最早的特務組織。[274] 1931 年奉派日本陸軍炮兵學校學習，1933
年畢業回國。任南京防空司令部炮兵連排、連長，南京衛戍司令部警備團
營長、副團長等職。抗日戰爭爆發後，任成都中央陸軍軍官學校第二總隊
炮兵大隊大隊長。1940 年春因違紀，被關押於成都陸軍監獄。1943 年潛
逃出獄，返回原籍鄉間匿居，1960 年 10 月因病逝世。

袁其凝（1907－？）四川西充人。廣州黃埔中央軍事政治學校第五
期步兵科畢業。1926 年 3 月入黃埔軍校入伍生隊受訓，1926 年 11 月入廣
州黃埔中央軍事政治學校第五期步兵科學習，1927 年 8 月畢業。隨部參
加北伐戰爭，1928 年入南京國民革命軍總司令部軍官團受訓，曾任政治
訓練處科員、政治指導員等職。1932 年 3 月 9 日參與籌備中華民族復興社，
先後兩次任中華民族復興社中央幹事會書記處助理書記，[275] 系中華民族復
興社骨幹成員之一。[276] 後任軍事委員會政治訓練研究班（主任劉健群）政

頁「臺灣知名要人死亡名單」載。

[272] 湖南省檔案館校編、湖南人民出版社《黃埔軍校同學錄》記載。

[273] 湖南省檔案館校編、湖南人民出版社《黃埔軍校同學錄》記載。

[274] 中國文史出版社《文史資料存稿選編－軍事機構》上冊第 68 頁記載。

[275] 文聞編：中國文史出版社 2004 年 1 月《我所知道的復興社》第 145 頁。

[276] 全國政協文史資料委員會編纂，中國文史出版社 2002 年 8 月《文史資料存稿選編》
中的《特工組織》上冊 353 頁記載。

治指導員、大隊長 [277] 等職。1936 年 12 月任國民軍事訓練委員會訓育委員會主任，[278] 負責對全國高中以上學校青年學生及社會青壯年的軍事訓練，以適應抗日戰爭之準備。

袁鏡銘（1903 − 1930）又名慶、麒、樹人，化名余煥文，四川銅梁人。本鄉高等小學、銅梁縣立初級中學、川軍第五師隨營學校第一期畢業，廣州黃埔中央軍事政治學校第五期步兵科肄業。[279] 幼年喪父，在其母王氏撫養成長，在族人資助下從私塾讀至縣立中學。1920 年輟學回家，後考入川軍郭汝棟第五師隨營學校第一期學習，六個月期滿結業。被分配到所部涪陵駐軍任排長，歷經川軍幾次軍閥戰事，升任上尉營附。1925 年 12 月被選派到廣州黃埔軍校受訓，編入入伍生第二團第三營第十一連。曾到廣州農民運動講習所聆聽毛澤東、周恩來等演講，加入中共。提前出隊參加北伐戰爭，任國民革命軍總司令部工兵營副連長，參加汀泗橋戰事。1926 年 9 月參加攻克武昌城工兵營敢死隊，戰後任武漢中央軍事政治學校第二步兵大隊區隊長。1927 年隨部隊經九江赴南昌參加八一起義。起義失敗後返回武漢，1927 年 9 月奉黨組織派遣返回涪陵，任川軍郭汝棟部師政治部政治教官，被委任為隨營軍校學生隊隊長、少校團附，從事兵運工作，利用合法身份從事兵運工作，秘密發展中共黨組織，其間介紹郭汝瑰加入中共。[280] 其活動被察覺後，在胡陳傑（黃埔四期生、該師政治部主任、中共地下支部書記）竭力擔保下倖免於難，後返回銅梁。1929 年秋到上海黨的中央機關工作，在周恩來領導下任中共中央軍委交通員、中共中央組織部幹事。1929 年 12 月奉派武漢工作，負責聯絡湘鄂

---

[277] 臺灣《傳記文學》第三十五卷第三期，幹國勳著：《關於所謂「復興社」的真實情況》記載。

[278] 文聞編：中國文史出版社 2004 年 1 月《我所知道的復興社》第 171 頁。

[279] 湖南省檔案館校編、湖南人民出版社《黃埔軍校同學錄》無載。現據本人留存第五期畢業證書；中華人民共和國民政部編纂：范寶俊、朱建華主編：黑龍江人民出版社 1993 年 10 月《中華英烈大辭典》第 2002 頁記載。

[280] 郭汝瑰著：四川人民出版社 1997 年 9 月第一版《郭汝瑰回憶錄》第 26 頁。

川的軍事工作。1930年春，川軍郭汝棟部駐軍湖北，多次潛回原部隊秘密從事兵運策動事宜，準備伺機兵變暴動，因計畫不周而失敗。1930年秋入中共洪湖根據地，常為紅軍裝備軍需藥品，潛赴沙市等地活動。不久以中共長江局軍委特派員身份，參與制訂「武漢暴動」軍事行動方案制定。1930年12月14日因叛徒出賣被捕，面對酷刑審訊巋然不動，1930年12月18日在漢口遇害。

郭汝瑰

郭汝瑰（1907－1997）別號汝桂，四川銅梁縣永嘉鄉人。川軍著名將領、陸軍上將郭汝棟堂弟。銅梁縣永嘉鄉立初級小學堂、成都高等師範學校附屬小學畢業，銅梁中學肄業一年，成都聯合中學肄業，廣州黃埔中央軍事政治學校第五期政治科肄業，[281]日本陸軍士官學校第二十四期工兵科、陸軍大學正則班第十期畢業，盧山軍官訓練團將官班結業，陸軍大學兵學研究院畢業。1907年9月15日生於銅梁縣尹家市（現名永嘉鄉）達昌池一戶家道衰落的書香之家。成都聯合中學肄業後，立志投筆從戎，臨行時其父錫柱，交給三百元外出求學。1925年12月中旬與傅秉勳、袁鏡銘一行九人，由四川榮昌至重慶轉宜昌，乘客輪經武漢至上海，是投考同濟大學，還是南下就讀黃埔軍校，其時得知中法銀行倒閉致使家中一千元存款付諸東流，在袁鏡銘等鼓動下轉念南下。1926年3月初在上海乘日本「盧山丸」到達廣州，在蓬萊旅館居下後，將堂兄郭汝棟（時任川軍師長）保送公文呈送，遂分配黃埔軍校入伍生第二團（團長陳複）第三營第十一連當兵，1926年7月9日北伐誓師大會在東較場召開，第四期生兼行畢業典禮，其隨第五期入伍生參加歷史盛會。後隨部駐守廣東太平和虎門要塞上橫檔炮臺，曾執行看守其時關押炮臺的吳鐵城、熊克武、余際唐、喻培棣、歐陽格等。1926年10月考入廣州黃埔軍校第五期政治大隊（大隊長沈鑄東、張鴻儒）第十四隊（隊長張鴻儒、許繼慎）學習，校舍

---

[281] 湖南省檔案館校編、湖南人民出版社《黃埔軍校同學錄》無載。現據：本人撰寫《郭汝瑰回憶錄》第10－13頁記載其在黃埔軍校的學習活動情況記載。

駐廣州蝴蝶崗。1926 年 11 月隨政治大隊赴武昌，1927 年 4 月奉命與傅秉勳提前畢業，[282] 受軍校中共負責人吳玉章、李合林委派返回四川，說服郭汝棟傾向革命。歷任川軍郭汝棟部政治部（尹肇周）科員，獨立旅軍士教導隊區隊長，該旅第一團第三營連長、營長，國民革命軍第二十軍（軍長郭汝棟）司令部參謀處中校參謀等職。1929 年經袁鏡銘介紹加入中共，[283] 赴日本留學後失去中共組織關係。1930 年冬赴日本留學，先入日本成城學校學習半年，1931 年 4 月正式考入日本陸軍士官學校學習，1931 年因「九一八事變」退學回國。1931 年 12 月考入陸軍大學正則班學習，1935 年冬曾入杭州筧橋空軍學校學習六個月，駕機空中飛行共 40 餘小時。1936 年 3 月繼入陸軍大學研究院（主任張亮清）第三期任研究員，後任戰史教官，主講《歐洲戰史》等。1936 年 3 月 25 日敘任陸軍步兵少校。1936 年 12 月 12 日晉任陸軍步兵中校。經曾粵漢推薦，於 1937 年 4 月任陸軍第十八軍（軍長羅卓英）第十四師（師長霍揆彰）司令部參謀長，抗日戰爭爆發後，率部參加淞滬會戰，在羅塘口戰役時任第十四師第四十二旅代理旅長，駐守南翔時，返回第五十四軍（軍長霍揆彰）第十四師（師長陳烈）司令部續任參謀長。1938 年 5 月奉命入珞珈山幹部訓練團受訓，所部赴武昌補充整訓。1938 年 6 月任陸軍第五十四軍（軍長霍揆彰）司令部參謀長，率部參加武漢會戰，戰後率部退駐湖南常德地區。後任第二十集團軍（總司令商震兼）副總司令（霍揆彰）部參謀長，兼任洞庭湖警備司令部參謀長，統轄第五十三軍（軍長周福成）、第五十四軍（軍長陳烈）、第七十三軍（軍長彭位三）等 3 個軍，不久商震調離，即升任第二十集團軍總司令（霍揆彰）部參謀長，率部駐防湖南桃源地區。1940 年 3 月參加全國各戰區參謀長會議，會議期間經曾粵漢（時任第十九集團軍參謀長，與葉劍英同為雲南講武堂同學）介紹結識葉劍英。1941 年 10 月任陸軍第七十三軍（軍長彭位三）暫編第五師師長，率部駐防湖南澧縣地

---

[282] 據湖南省檔案館校編、湖南人民出版社《黃埔軍校同學錄》無載。
[283] 郭汝瑰著：中共黨史出版社 2009 年 5 月第二版《郭汝瑰回憶錄》第 12 頁。

區，部隊經整編後，參加第三次長沙會戰襄西戰役並獲得勝利，所部升級為甲種師編制，期間兼任第九戰區軍官訓練團校官大隊大隊長等職。1943年1月奉命入重慶國防研究院學習，並任該院研究委員。1944年3月以中華民國駐英國公使館陸軍副武官兼軍事代表身份，奉命與范誦堯、田席珍等赴英國考察國防機構組織情況。回國後，於1945年2月任軍政部（部長陳誠）軍務署（署長方天）副署長，負責管理全國部隊編制與裝備事宜。抗日戰爭勝利後，作為軍政部代表之一，於1945年9月9日在南京中央軍校大禮堂參加對日軍受降儀式。1946年1月隨張治中作為停戰會議國民黨方面代表，參與3人軍事小組談判協商事宜。後隨美軍代表馬歇爾巡視華北、華東、西南等地，1946年3月任國民政府國防部第五廳（廳長方天）副廳長，主管軍隊編制、裝備和教育事宜，期間兼任國防部機構綜合檢討委員會（主任林蔚兼）秘書長。後任總長辦公廳副廳長，1946年11月任國防部第五廳廳長。1947年3月任國防部第三廳廳長，主管軍隊作戰事宜，同年5月轉任徐州陸軍總司令（顧祝同）部參謀長，參與指揮並統轄11個綏靖區和4個兵團，總兵力共有70餘萬。1948年6月返回國防部任高級參謀，同年7月任國防部第三廳廳長，負責作戰事宜，期間親歷「三大戰役」時最高軍事當局謀劃與指揮全過程。1948年9月22日被國民政府軍事委員會銓敘廳敘任陸軍少將。1949年1月11日被發表為重建的陸軍第十八軍軍長，同月21日改任同為重建的陸軍第七十二軍軍長，赴江蘇鎮江等地收容原七十二軍餘部1000多人，在短時間內配備一個軍的軍官兵員、車輛裝備和彈藥錢糧等，不久率部奔赴四川駐軍，再度擴軍為3個師9個團兵員。後兼任四川敘瀘警備司令部司令，1949年10月任西南軍政長官公署第二十二兵團司令官，統轄第二十一軍（軍長王克俊）、第四十四軍（軍長陳春霖）、第七十二軍（自兼軍長）和3個獨立師等部。1949年12月10日在四川宜賓地區率部15000餘人起義，[284]所

---

[284] 中國人民解放軍歷史資料叢書編審委員會：「中國人民解放軍歷史資料叢書」，解放軍出版社1996年1月《解放戰爭時期國民黨軍起義投誠－川黔滇康藏地區》第

部隸屬中國人民解放軍川南軍區（司令員杜義德兼第十軍軍長），1950 年 6 月接受改編。任四川川南行政公署（主任李大章兼）人民委員會委員，兼任交通廳廳長及川南中蘇友好協會會長等職。1951 年 3 月任中國人民解放軍南京軍事學院合同戰術教授會（主任魏巍）軍事教材編寫組（組長許午言）軍事教員，1953 年春任合同教授會（主任陳慶先）教育科科長，1956 年 6 月任軍事學院司令部工作教授會（主任劉雲鵬）軍事教員組組長，軍事教員科科員等職。1958 年底任南京軍事學院軍事史料研究處（處長餘震）副處長，組織起義將領教員成立 6 個組，進行抗日戰爭正面戰場作戰史料資料徵集工作，期間先後組織編寫有內部教材或參考書《從戈矛到火器的衍變》、《中國歷代戰爭戰略問題》、《武經七書注釋》、《解放戰爭的敵情資料》、《中國歷代戰爭地圖》等。1964 年初任江蘇省政協委員，1964 年 12 月當選為第四屆全國政協委員。1970 年春南京軍事學院撤銷，返回四川老家巴縣居住，曾任重慶警備區司令部教導隊軍事教員，後到重慶市定居，任重慶市政協委員。1978 年 2 月再度當選為第五屆全國政協委員，1980 年 4 月 9 日經中國人民解放軍總政治部黨委批準為中國共產黨黨員（重新入黨），後確定為人民解放軍副兵團級並離休，當選為重慶市政協常委等職。後經中央軍委副主席張震批準，參與《中國軍事史》史料徵集與編寫工作，晚年致力於軍事史研究，組織力量查閱檔案史料，足跡遍及全國史料研究機構，廣泛採訪健在人與戰事參與者，1991 年完成六卷十冊共計 600 萬字《中國軍事史》並出版面世。其後，開始了《中國抗日戰爭正面戰場作戰史長篇》的史料徵集與編纂工作，該書經歷四次修改，參閱數以千計圖書及相關檔案，2002 年 1 月由江蘇人民出版社出版，被譽為「全面客觀真實反映中國人民抗日戰爭正面戰場的一部信史」。1984 年 6 月起當選為四川省黃埔軍校同學會會長，成都市黃埔軍校同學會會長，全國黃埔軍校同學會理事等職，1989 年 12 月任全國黃埔軍

---

822 頁。

校同學會副會長，期間兼任中國人民解放軍軍事歷史研究會副會長，第六、第七屆全國政協委員等職。1995 年 10 月和 1997 年 1 月先後為《中國著名軍校將帥傳記書系列》第一部《黃埔軍校將帥錄》和第三部書《陸軍大學將帥錄》欣然題詞及作序。1997 年 10 月 23 日因病在重慶逝世。著有《國軍「剿匪」戰略戰術之檢討》（九四七〇幹部訓練班印行，1947 年 8 月出版，全書 64 開，共 12 頁）、《野戰防禦陣地之研究》（五四教育叢書之三，原缺出版機構，全書 32 開，48 頁）、《第十四師殺敵見聞》（載於中國文史出版社《原國民黨將領抗日戰爭親歷記－八一三淞滬抗戰》）、《記 1940 年 3 月有一次參謀長會議》（載於中國文史出版社《中華文史資料文庫》第五卷）、《淮海戰役期間國民黨軍統帥部的爭吵和決策》（載於中國文史出版社《淮海戰役親歷記》）、《我在遼瀋戰役中的一段經歷》（載於中國文史出版社《遼瀋戰役親歷記》）、《宜賓起義經過》（載於中國文史出版社《中華文史資料文庫》第七卷）、《走向新生》〔載於中國文史出版社《文史資料存稿選編－全面內戰》下冊〕、《宜賓起義是黨教導的結果》（載於四川省政協文史資料委員會編：四川人民出版社 1996 年《四川文史資料集粹》第二卷政治軍事編 681 頁）、《郭汝瑰回憶錄》（四川人民出版社 1987 年 9 月第一版、中共黨史出版社 1997 年 9 月第二版）等，主編《中國軍事史》等。四川《宜賓文史》1987 年第十五輯載有《郭汝瑰同志小傳》（中國人民解放軍成都軍區政治部撰稿）、《畢生苦求索伏櫪壯心雄－郭汝瑰同志革命經歷》（胡小笛著）。

　　賈策漢（1906 － 1931）四川西充人。廣州黃埔中央軍事政治學校第五期步兵科畢業。1926 年 3 月考入廣州黃埔中央軍事政治學校第五期步兵科學習，1927 年 8 月畢業。歷任國民革命軍陸軍步兵連見習、排長、副連長，1931 年 6 月 1 日在廣西柳州作戰陣亡。[285]

---

[285] 中國第二歷史檔案館供稿，華東工學院編輯出版部影印，檔案出版社 1989 年 7 月《黃埔軍校史稿》第八冊（本校先烈）第 272 頁第六期烈士芳名表記載 1931 年 6 月 1 日在廣西柳州陣亡。

高維華（1906－1937）別字淩漢，四川營山人。廣州黃埔中央軍事政治學校第五期經理科畢業。1926 年 3 月入黃埔軍校入伍生隊受訓，1926 年 11 月入廣州黃埔中央軍事政治學校第五期炮兵科學習，1927 年 8 月畢業。隨部參加北伐戰爭，歷任國民革命軍陸軍第一軍第二十師司令部輜重兵營排長、隊長，後勤主任等職。抗日戰爭爆發後，任陸軍第一軍（軍長胡宗南兼）第七十八師（師長李文）步兵第四六七團（團長許良玉）第二營營長，隨部參加淞滬會戰，1937 年 8 月 30 日在蘊藻濱一線抗擊日軍時被炮彈擊中陣亡。[286]

商世昌（1904－？）四川青神人。廣州黃埔中央軍事政治學校第五期炮兵科畢業。1926 年 3 月考入廣州黃埔中央軍事政治學校第五期炮兵科學習，1927 年 8 月畢業。歷任國民革命軍陸軍炮兵團排長、連長、營長、團長等職。抗日戰爭勝利後，任集團軍總司令部炮兵指揮所副主任。1945 年 10 月獲頒忠勤勳章。1946 年 4 月被國民政府軍事委員會銓敘廳頒令敘任陸軍炮兵上校。

曹思讓（1904－1927）別字克恭，四川達縣人。廣州黃埔中央軍事政治學校第五期步兵科畢業。1926 年 3 月考入廣州黃埔中央軍事政治學校第五期步兵科學習，1927 年 8 月畢業。1927 年 8 月 15 日因病在南京三山醫院逝世。[287]

曹思讓

蕭烈（1904－？）別字振宇，四川宜賓人。廣州黃埔中央軍事政治學校第五期炮兵科畢業。1926 年 3 月入黃埔軍校入伍生隊受訓，1926 年 11 月入廣州黃埔中央軍事政治學校第五期炮兵科學習，1927 年 8 月畢業。分發國民革

蕭烈

[286] 中國文史出版社《原國民黨將領抗日戰爭親歷記－八一三淞滬抗戰》第 279 頁。

[287] 中國第二歷史檔案館供稿，華東工學院編輯出版部影印，檔案出版社 1989 年 7 月《黃埔軍校史稿》第八冊（本校先烈）第 277 頁第六期烈士芳名表記載 1927 年 8 月 15 日在南京三山醫院病亡。

命軍總司令部供職，1927 年 8 月與同學張介臣籌備南京國民革命軍總司令部密查組，任密查組（組長胡靖安）副組長，該機構後被視作最早的特務組織。胡靖安轉任侍從室副官後，其任密查組組長。[288] 其間因母病重返回四川，初識戴笠並向上海戒嚴司令楊虎介紹，入戒嚴司令部當副官，戴笠遂以密查組最初成員開始情報特務工作。[289] 此後其脫離該組織，派任國民革命軍步兵團政治指導員，川軍步兵團團長等職。其間與鄭玉冰結婚（四川宜賓人，1926 年加入中國共產主義青年團，與趙一曼系同學）。後任黔北綏靖主任公署參謀長，中國國民黨重慶市特別黨部執行委員，中國國民黨第三十八軍特別黨部書記長等職。抗日戰爭爆發後，任四川省第六區保安司令部司令官，四川省政府顧問，兼任四川中江縣縣長，邛崍縣縣長、江津縣縣長等職。抗日戰爭勝利後，委派陸軍第四十軍（軍長李振清）獨立旅旅長。1945 年 10 月獲頒忠勤勳章。後任軍事委員會西安行營高級參謀。1946 年 5 月獲頒勝利勳章。1947 年夏與中共黨員、中國民主同盟中央委員周宗瓊建立聯繫。[290]1948 年 1 月任陸軍第七十二軍（軍長郭汝瑰）第三十四師司令部參謀長，西南軍政長官公署高級參謀。1949 年 5 月任四川敍瀘警備司令（郭汝瑰兼）部參謀長，統轄四川瀘州、宜賓、樂山、資中四個專區和自貢市，上至新津下至合江共 33 個縣。1949 年 10 月任第二十二兵團（司令官郭汝瑰）第七十二軍（軍長郭汝瑰兼）教導第二師師長，兼任四川省第六區（宜賓）最高戒嚴司令部司令官、陸軍第七十二軍軍政幹部學校（校長郭汝瑰兼）籌備主任。1949 年 12 月 11 日在四川宜賓參加起義，[291] 起義後即行整編，取消兵團番號，任中國人民解放軍第七十二軍

---

[288] 中國文史出版社《文史資料存稿選編－軍事機構》上冊第 68 頁。

[289] 中國文史出版社《文史資料存稿選編－軍事機構》上冊第 71 頁。

[290] 中國人民解放軍歷史資料叢書編審委員會：「中國人民解放軍歷史資料叢書」，解放軍出版社 1996 年 1 月《解放戰爭時期國民黨軍起義投誠－川黔滇康藏地區》第 567 頁。

[291] 中國人民解放軍歷史資料叢書編審委員會：「中國人民解放軍歷史資料叢書」，解放軍出版社 1996 年 1 月《解放戰爭時期國民黨軍起義投誠－川黔滇康藏地區》第 817 頁。

（軍長郭汝瑰）教導師師長，負責維持宜賓地區社會治安。1950年3月任中國人民解放軍川南軍區司令部高級參謀，川南行政專員公署公路局局長等職。「文化大革命」中受到衝擊與迫害。1982年1月任四川省人民政府參事室參事，當選為四川省政協委員、常務委員，民革四川省祖國統一工作委員會委員，四川省黃埔軍校同學會顧問等職。著有《國民革命軍總司令部密查組概況》（1989年撰文，載於中國文史出版社《文史資料存稿選編－軍事機構》上冊）、《確保敘瀘與宜賓起義》、《宜賓起義回顧》（1985年撰文，載於中國人民解放軍歷史資料叢書編審委員會：「中國人民解放軍歷史資料叢書」，解放軍出版社1996年1月《解放戰爭時期國民黨軍起義投誠－川黔滇康藏地區》第561頁）、《從重慶潰退到什邡起義》等。

黃裳（1901－？）別號元及，四川富順人。成都高等師範學校附屬中學、廣州黃埔中央軍事政治學校第五期步兵科、南京中央陸軍軍官學校戰術研究班、德國陸軍兵工學校畢業。1926年3月入黃埔軍校入伍生隊受訓，1926年11月入廣州黃埔中央軍事政治學校第五期步兵科學習，1927年8月畢業。隨部參加北伐戰爭，歷任國民革命軍陸軍步兵營排長、連長、參謀等職。1928年奉派赴德國留學，入陸軍兵工學校學習兩年。1930年夏回國，任陸海空軍總司令部兵工處副處長，1931年12月至1932年6月任濟南兵工廠廠長。後任南京國民政府軍政部兵工署處長。1936年2月7日被國民政府軍事委員會銓敘廳敘任陸軍少將。1937年5月21日被國民政府軍事委員會銓敘廳敘任陸軍中將。抗日戰爭爆發後，續任南京國民政府軍政部兵工署處長，隨軍遷移重慶後，任國民政府軍政部兵工署副署長等職。抗日戰爭勝利後，1945年10月獲頒忠勤勳章。任國民政府軍政部兵工署副監。1946年2月退役。

黃永淮（1902－1943）別號泗光，四川安嶽縣龍台場人。鄉立高等小學堂、安嶽縣立舊制中學、廣州黃埔中央軍事政治學校第五期步兵科畢業。幼年在本鄉讀小學，1922年考入安嶽縣舊制中學第十二班學習，中學畢業後，

黃永淮

隻身南下廣州投考黃埔軍校。1926 年 3 月入黃埔軍校入伍生隊受訓，1926 年 11 月入廣州黃埔中央軍事政治學校第五期步兵科學習，1927 年 8 月畢業。隨部參加北伐戰爭，歷任國民革命軍第一軍第二十一師步兵連見習。1928 年任南京國民政府警衛團排長、副連長，1931 年 10 月任第五軍第八十八師第五二四團第三營第一連連長，隨部參加「一・二八」淞滬抗日戰事。戰後任陸軍第八十八師第二六二旅第五二四團第三營營長，隨部駐防四川豐都地區。1936 年 12 月任陸軍第八十八師第二六二旅第五二四團團長。1935 年 6 月 21 日敘任陸軍步兵少校。1937 年 5 月 15 日敘任陸軍步兵中校。抗日戰爭爆發後，任陸軍第八十八師抗日幹部訓練班教務處處長，隨部參加淞滬會戰，在作戰中負重傷。痊癒後任中央訓練團兵役幹部訓練班（主任李如蒼）教育處處長。1939 年 10 月任第三十一集團軍總司令（湯恩伯）部高級參謀，1942 年 6 月任第三十一集團軍（總司令湯恩伯）暫編第十五軍（軍長劉昌義）新編第二十九師（師長呂公良）副師長，率部在中原地區抗擊日軍。1942 年 7 月被國民政府軍事委員會銓敘廳敘任陸軍步兵上校。1943 年冬在許昌戰役中，與新編第二十九師師長呂公良率部與日軍血戰，幾次突圍均未成功，負重傷後因避免被俘受辱，遂飲彈自戕殉國。1944 年 10 月被國民政府追贈陸軍少將銜。

黃安祿（1907 － ？）別字奠基，四川永川人。廣州黃埔中央軍事政治學校第五期工兵科畢業。1926 年 3 月考入廣州黃埔中央軍事政治學校第五期工兵科學習，1927 年 8 月畢業。1927 年 8 月與蕭烈、張介臣等籌備國民革命軍總

黃安祿

司令部密查組，任密查組（組長胡靖安）總務股（股長徐自強）成員，該機構後被視作最早的特務組織。[292] 歷任國民革命軍陸軍工兵團連長、營長、副團長、高級參謀等職。

---

[292] 中國文史出版社《文史資料存稿選編－軍事機構》上冊第 68 頁記載。

黃劍夫

　　黃劍夫（1905 － 1969）別字登泰，四川江津人。廣州黃埔中央軍事政治學校第五期步兵科、陸軍大學參謀班第二期畢業。1926 年 3 月入黃埔軍校入伍生隊受訓，1926 年 11 月入廣州黃埔中央軍事政治學校第五期步兵科學習，1927 年 8 月畢業。隨部參加北伐戰爭，歷任國民革命軍第一軍第二十二師步兵營排長。1929 年部隊編遣後，任縮編後的陸軍第一師第二旅（旅長胡宗南）第三團第二連副連長，1930 年春任陸軍第一師第二旅司令部中尉服務員等職。1932 年任陸軍第一師（師長胡宗南）司令部參謀，後任所屬獨立第十二旅司令部警衛連連長。1936 年 6 月奉派入陸軍大學參謀班第二期學習，1937 年 8 月畢業。1935 年 7 月 8 日敘任陸軍步兵少校。抗日戰爭爆發後，任陸軍第一軍第一師司令部參謀主任，隨部參加淞滬會戰。後任中央陸軍軍官學校第七分校學員總隊總隊長，陸軍大學參謀班西北班兵學教官等職。1939 年任陸軍第七十六軍第一九六師步兵第五八八團團長，1943 年 1 月任陸軍第十六軍（軍長李正先）第一〇九師（師長朱先墀）副師長等職。抗日戰爭勝利後，任陸軍第十六軍第一〇九師（師長嚴映皋）副師長。1945 年 10 月獲頒忠勤勳章。1946 年 5 月獲頒勝利勳章。1946 年 10 月任陸軍第十六軍（軍長袁樸）第一〇九師師長。1948 年 8 月接馮龍任陸軍第十六軍（軍長袁樸兼）第二十二師師長。1948 年 9 月 22 日被國民政府軍事委員會銓敘廳敘任陸軍少將。1949 年 1 月在北平和平解放前，隨李文、石覺、袁樸等脫離部隊返回南京。1949 年 3 月任西安綏靖主任公署陸軍第七十六軍（軍長薛敏泉）第三三六師師長，後任重建後的陸軍第七十六軍（軍長薛敏泉）副軍長，該軍於 1949 年 12 月底在四川被人民解放軍殲滅。1950 年 1 月在四川閬中率部起義。[293] 中華人民共和國成立後，任中國人民解放軍南京軍事學院教員等職。轉業地方工作後，任四川省江津縣政協副主席。「文化大革命」

---

[293] 中國人民解放軍歷史資料叢書編審委員會：「中國人民解放軍歷史資料叢書」，解放軍出版社 1996 年 1 月《解放戰爭時期國民黨軍起義投誠－川黔滇康藏地區》第 824 頁。

期間受到殘酷迫害，1969 年 1 月絕食自殺，1978 年獲平反恢復名譽。著有《第十六軍 1946 年進攻犯懷來附近的經過》〔1964 年 2 月 10 日撰文，載於中國文史出版社《文史資料存稿選編－全面內戰》上冊〕、《第十六軍雄縣咎崗、板家窩村戰鬥經過》〔1964 年 2 月撰文，載於中國文史出版社《文史資料存稿選編－全面內戰》上冊〕、《我對胡宗南瞭解的片斷》〔1964 年 8 月 1 日撰文，載於中國文史出版社《文史資料存稿選編－軍事派系》下冊〕、《我在荊沙一帶同紅六軍作戰的經過》（載於中國文史出版社《圍剿邊區革命根據地親歷記》）、《我所經歷的靈寶戰役》（載於中國文史出版社《原國民黨將領抗日戰爭親歷記－中原抗戰》）、《從康莊突圍到北平接受和平改編》（載於中國文史出版社《原國民黨將領的回憶－平津戰役親歷記》）等。

傅淵（1906 － ？）別號德淵，四川金堂人。廣州黃埔中央軍事政治學校第五期炮兵科、中央政治學校第二期高級班、中央訓練團黨政班第二十四期畢業。1926 年 3 月入黃埔軍校入伍生隊受訓，1926 年 11 月入廣州黃埔中央軍事政治學校第五期炮兵科學習，1927 年 8 月畢業。隨部參加北伐戰爭，歷任國民革命軍排長、連政治指導員，團政治訓練主任等職。抗日戰爭爆發後，任陸軍步兵師政治部宣傳科科長。1940 年任成都中央陸軍軍官學校第二總隊政治訓練室政治指導員，總隊部政治訓練主任，政治訓練室主任。1944 年 6 月任成都中央陸軍軍官學校總務處管理科科長等職。抗日戰爭勝利後，1945 年 10 月獲頒忠勤勳章。1946 年 5 月獲頒勝利勳章。1948 年 6 月任成都中央陸軍軍官學校本部管理科科長，1949 年任中央陸軍軍官學校總務處副處長等職。

傅鏡芳（1902 － 1953）又名鏡方，別字應藻，別號亭溪，四川安嶽人。廣州黃埔中央軍事政治學校第五期步兵科、陸軍大學將官班乙級第四期畢業。1926 年 3 月入黃埔軍校入伍生隊受訓，1926 年 11 月入廣州黃埔中央軍事政治學校第五期步兵科學習，1927 年 8 月畢業。隨部參加

傅鏡芳

北伐戰爭及中原大戰，歷任國民革命軍陸軍步兵營排長、連長、副營長等職。1935 年 6 月 17 日敘任陸軍步兵少校。1936 年 7 月 28 日晉任陸軍步兵中校。抗日戰爭爆發後，任陸軍第十三軍（軍長湯恩伯兼）第四師（師長王萬齡）第十旅（旅長陳大慶）步兵第十九團營長、團長，率部在平綏路東段抗日作戰。1939 年任陸軍第八十五軍（軍長王仲廉）第四師（師長陳大慶）第十旅副旅長、旅長，率部參加隨棗會戰。1940 年 7 月被國民政府軍事委員會銓敘廳敘任陸軍步兵上校。任陸軍第九十八軍（軍長劉希程）第四十二師（師長王宏業、彭克定、李德生）副師長，一度代理師長職，率部參加晉南會戰、桂柳會戰諸役。1944 年 12 月 26 日第九十八軍及該師同時裁撤，[294] 轉任補充兵訓練分處處長。抗日戰爭勝利後，1945 年 10 月獲頒忠勤勳章。1946 年 5 月獲頒勝利勳章。1947 年 11 月入陸軍大學乙級將官班第四期學習，1948 年 11 月畢業。1949 年任重建後的陸軍第四十四軍（軍長陳春霖）副軍長，所部後在四川被殲或投誠。1949 年 12 月脫離部隊回鄉，1950 年 3 月向中國人民解放軍成都市軍事管制委員會報到，1952 年因案逮捕入獄，1953 年 5 月於保外就醫期間因病逝世。

程有秋（1900－1976）別字堯雁，別號堯臣，四川隆昌人。廣州黃埔中央軍事政治學校第五期政治科、陸軍大學正則班第十六期畢業。1926 年 3 月入黃埔軍校入伍生隊受訓，1926 年 11 月入廣州黃埔中央軍事政治學校第五期政治科學習，1927 年 8 月畢業。隨部參加北伐戰爭，歷任國民革命軍陸軍步兵營排長、連長、副營長等。1931 年任軍政部科員，後任營長、參謀等職。1935 年 7 月 3 日敘任陸軍步兵少校。1937 年 9 月 8 日晉任陸軍步兵中校。1938 年 5 月考入陸軍大學正則班學習，1940 年 9 月畢業。任軍政部科長，步兵團團長、副旅長，陸軍第一〇〇軍司令部副參謀長，貴州鎮（遠）獨（山）師管區司令部副司令官，第二十四集團軍總司令部副參謀長等職。1943 年 4 月被國民政府軍事委員會銓敘廳敘任

---

[294] 曹劍浪著：解放軍出版社 2010 年 1 月《中國國民黨軍簡史》第 1187 頁。

陸軍步兵上校。後任陸軍第一〇〇軍第六十三師（師長）副師長。抗日戰爭勝利後，1945 年 10 月獲頒忠勤勳章。1946 年 5 月獲頒勝利勳章。1946年 6 月任陸軍整編第八十三師整編第六十三旅旅長。1947 年任徐州「剿匪」總司令部鄭州指揮所高級參謀，1947 年 10 月任陸軍總司令部徐州指揮所第一處處長。1948 年初任陸軍整編第八十三師整編第十九旅旅長等職。1948 年 9 月 22 日被國民政府軍事委員會銓敘廳敘任陸軍少將。任陸軍總司令部第三署（署長徐志勖）第一處處長等職。後任陸軍司令部第三署副署長兼第三處處長等職。1949 年到臺灣，任臺灣國防部第三廳副廳長。1961 年 10 月任臺灣陸軍總司令部副參謀長，1964 年 9 月任國防部人事行政局局長，1967 年 12 月任國防部軍官福利總處處長等職。1978 年 1月退役。1976 年 10 月因病逝世。

蔡北樞（1903 － 1928）別字智修，四川梁山人。廣州黃埔中央軍事政治學校第五期步兵科畢業。1926 年 3 月考入廣州黃埔中央軍事政治學校第五期步兵科學習，1927年 8 月畢業。歷任國民革命軍陸軍步兵連見習、排長，1928 年 6 月在江蘇南京作戰陣亡。[295]

蔡北樞

譚心（1908 －？）別字覺民，別號作鑫，四川威遠人。威遠縣立中學、成都高等師範學校預科。廣州黃埔中央軍事政治學校第五期工兵期、陸軍大學特別班第四期畢業。中央訓練團將官班結業。1926 年 3 月入黃埔軍校入伍生隊受訓，1926 年 11 月入廣州黃埔中央軍事政治學校第五期工兵科學習，1927 年 8 月畢業。隨部參加北伐戰爭，歷任國民革命軍陸軍工兵團排長、連長，後任陸軍步兵團營長、團長、參謀長等職。抗日戰爭爆發後，1938 年 8 月任陸軍第一四〇師司令部參謀長，率部參加武漢會戰。1939 年 8 月被國民政府軍事委員會銓敘廳頒令敘任陸軍工兵上

---

[295] 中國第二歷史檔案館供稿，華東工學院編輯出版部影印，檔案出版社 1989 年 7 月《黃埔軍校史稿》第八冊（本校先烈）第 273 頁第六期烈士芳名表記載 1928 年 6月在江蘇南京陣亡。

校。1941 年任重慶衛戍總司令部參謀處作戰科科長等職。抗日戰爭勝利後，1945 年 10 月獲頒忠勤勳章。1946 年 5 月獲頒勝利勳章。任陸軍整編第七十二師司令部參謀長，1946 年 6 月入中央訓練團將官班受訓，1946 年 8 月畢業。1948 年春恢復軍編制後，任陸軍第七十二軍（軍長餘錦源）副軍長。1948 年 9 月 22 日被國民政府軍事委員會銓敘廳頒令敘任陸軍少將。1948 年 12 月任陸軍第一一六軍軍長，率部在淮海戰場對人民解放軍作戰。1949 年 1 月 10 日在河南永城東北地區與軍長餘錦源，率部放下武器向人民解放軍投誠，[296] 後入中國人民解放軍華東軍區政治部解放軍官訓練團學習。中華人民共和國成立後，轉業地方工作，任四川省人民政府文史研究館研究員等職。

潘厚章（1906－？）四川資中人。廣州黃埔中央軍事政治學校第五期步兵科畢業，中央軍官訓練團第一期結業。1926 年 3 月考入廣州黃埔中央軍事政治學校第五期步兵科學習，1927 年 8 月畢業。歷任國民革命軍陸軍步兵團排長、連長。抗日戰爭爆發後，隨軍參加抗日戰役，任陸軍第九十九師步兵第五十八團第三營少校營長。1938 年 5 月奉派入中央軍官訓練團第一期第二大隊第五中隊學員隊受訓，1938 年 7 月結業。歷任國民革命軍陸軍步兵團副團長、團長等職。

潘厚章

樊巨川（1906－？）四川簡陽人。廣州黃埔中央軍事政治學校第五期政治科畢業。1926 年 3 月考入廣州黃埔中央軍事政治學校第五期政治科學習，1927 年 8 月畢業。歷任國民革命軍陸軍步兵團排長、連長、營長、團長等職。1935 年 5 月 28 日敘任陸軍步兵中校。1940 年 7 月被國民政府軍事委員會銓敘廳頒令敘任陸軍步兵上校。

---

[296] 中國人民解放軍歷史資料叢書編審委員會：中國人民解放軍歷史資料叢書，解放軍出版社 1995 年 7 月《解放戰爭時期國民黨軍起義投誠－魯豫地區》第 695 頁。

部分學員照片：33 名。

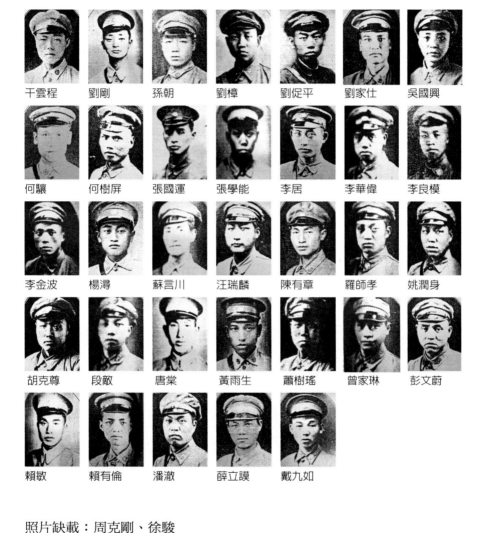

干雲程　劉剛　孫朝　劉樟　劉促平　劉家仕　吳國興

何驤　何樹屏　張國運　張學能　李居　李華偉　李良模

李金波　楊潯　蘇言川　汪瑞麟　陳有章　羅師孝　姚潤身

胡克尊　段敵　唐棠　黃雨生　蕭樹瑤　曾家琳　彭文蔚

賴敏　賴有倫　潘澈　薛立謨　戴九如

照片缺載：周克剛、徐駿

　　根據上表及資料所載情況，擔任軍級以上職務人員有 13 名，師級人員有 18 名，兩項相加合計為 12.4%，累計有 30 人曾任國民革命軍高級軍官，1 人是中共高級人員。

具體分析有以下情況：郭汝瑰是川籍第五期生最著名者，歷經黃埔、日本士官、陸軍大學初中高級軍事學歷，學過工兵、會開飛機、做過陸軍大學教官和研究員，還從初級軍官幹起，歷經營長、參謀、師和軍司令部參謀長，乃至師、軍長、國防部廳長、兵團司令官，可謂軍事教育、參謀、指揮全才，晚年著述並出版抗戰軍事史學專著。兵工專才陳修和、黃棠，分別留學法、德國高等兵工學校，前者畢生從事兵器工業生產，當過兵工學校教官、訓練班主任和兵工總廠廠長，培養了大批兵工技術人員，為抗戰時兵器軍械供給有過貢獻；後者為兵器工業高級管理官員，曾任兵工總廠廠長和軍政部兵工署副署長等職，抗戰前已升任中將，是第五期生獲任中將第一人。陳介生、徐中齊長期從事軍隊黨務，是國民革命軍高級政工人員，也是第五期生少數幾名任過國民參政會參政員、中國國民黨中央執行委員和立法委員之一。其他知名將領有唐雨岩、陳春霖、黃劍夫、譚心等。

四、湖北籍第五期生情況簡述

湖北歷有較為完備的軍事教育基礎，南下投考第五期的學子，比較前四期有了增長。

表 27　湖北籍學員歷任各級軍職數量比例一覽表

職級	中國國民黨	人數	%
肄業或尚未見從軍任官記載	余雲滋、張展綸、陳介軒、居國平、胡文醒、夏教之、曾紹武、程　鈺、賴家鐸、潘祖廉、黃中強、熊宗陸、楊　濤、陳又均、梅魁武、龔大風、蔡鳳翔、熊　武、甘平卿、黃平強、毛炳蔚、鄧連升、向　瞳、吳湘帆、張　著、徐　寅、蔣亞東、楊　超、劉支廷、朱紹武、朱青年、張開雲、周振華、胡從新、王維能、劉之順、劉秀峰、劉鐵錚、匡天一、向澤民、張書成、李應時、楊逢春、譚念生、萬啓民、向世貴、龔心如、王明性、田撫民、張種民、李振坤、李輝甲、鄭文蔚、鄭振華、柳　營、蕭仁清、紀　震、夏　辰、翁浚明、蔡　蔚、丁　任、周臨夷、洪峙昊、郝雲鵬、毛　翔、季步青、程裕光、毛鼎新、王建國、鄧均平、葉明恒、何宗周、何朗青、張　瑾、張中興、張佩琳、張賡勳、李濟蒼、楊元森、汪步青、陳志雄、周　逐、範純士、胡化民、胡恢漢、胡輝遠、唐耀華、高雲程、高步瀛、黃映赤、黃賓一、曾定一、廖　弼、廖明浩、潘義齋、戴鳳翔、	184	79.3

	沈　瑜、田鍾璜、張　烈、鄒顯卿、姚輝武、胡執三、陶虞卿、鄂城義、楊夢醒、黃竹軒、王超群、楊鳳集、周英傑、田錫恩、汪　誠、陳迪光、梅作楨、梅慧予、藍文勝、李敦華、李超凡、鄭鼎新、葉　蕃、葉啓心、劉　瑜、朱　准、王　師、許　超、許洪養、楊　藝、陳松柏、李繼新、王定九、蕭鏡玄、魯承福、趙潤生、陳代新、熊毓靈、季韋佩、孫克勤、陳鳴善、蔡天祜、劉士英、劉兆沛、劉兆泉、阮　潮、張慕陶、鄧餘年、蕭鑄陶、龍　飛、餘正明、張　錚、張本誠、汪　堅、陳紫芝、林英俊、施　博、柳成英、聞　思、邱長民、陳儀章、單　棟、黃中英、韓先覺、李加堅、李登門、李殿魁、陳洪疇、單　達、胡皇齘、殷　輅、傅體憲、傅握權、程翱如、王濟旆、廖維漢、劉權五、張世英、鄭雲龍、徐鳳川、任國駿、胡鼎新、熊漢生、張為梁、查　葦、黃　嶽、黃近文、王星熹		
排連營級	潘國鈞、嚴則林、劉墨歐、胡文祥、傅三禾、傅大禾、甘射侯、江　聲、張勝武、周　道、周永公、姚隆棠、榮赤忱、徐鐵身、彭國蕃、楊傲霜、曾　鄀、石毓華、呂兆熊、王　植、吳基業、胡子翔、包　容、張憲良	24	10.35
團旅級	何懋周、甄紹武、楊正道、劉樹梓、鄭佩生、胡玉陔、陳鴻濂、田文朵、李念勳、陳先覺、舒化日	11	4.74
師級	王載揚（錦文）、干國勳、陳　俊、周　藩、趙一雪、曾幹庭、嚴映皋、張　傑	8	3.45
軍級以上	胡冠天、嚴　翃、周　流、黃恢亞、彭孟緝	5	2.16
合計		232	100

部分知名學員簡介：（44 名）

干國勳

　　干國勳（1907 － 1983）別字雨階，湖北廣濟人。廣濟縣立農科中學、廣州黃埔中央軍事政治學校第五期政治科、南京中央陸軍軍官學校軍官團、日本戶山陸軍步兵學校、日本東京明治大學政治經濟系畢（肄）業。生於 1907 年 10 月 4 日。幼時私塾啓蒙，繼入縣立農科中學畢業。

1926 年 3 月南下廣州，入廣州黃埔中央軍事政治學校黃埔軍校第五期政治科學習，1927 年 7 月畢業。其入伍生時隨部參加北伐戰爭，[297]1927 年 4 月任中國國民黨蘇州「清黨委員會」主席，吳縣臨時行政委員會主任委員（即縣長），工會組織統一委員會主任委員等職。1928 年奉派入國民革命軍總司

---

[297] 臺灣《傳記文學》第三十五卷第三期，幹國勳著：《關於所謂「復興社」的真實情況》記載。

令部軍官團受訓，結訓後奉派日本戶山陸軍步兵學校學習，1929 年入日本東京明治大學就學，1930 年回國。1931 年 5 月任南京中央陸軍軍官學校第九期第一總隊主任訓育員，後任宣傳隊隊長，營政治指導員等職。1931 年夏任軍事委員會上校銜參謀，奉派兼任平津熱河各部隊特派視察員。1931 年 11 月初參與蔣介石在南京召集並主持、以黃埔一期生領銜的多次談話，系「中華民族復興社」創建初期的十幾名主要成員之一，其與彭孟緝、易德明是僅有的三名第五期生。因參與其間人選均由蔣介石親自召集，被認為是「中華民族復興社」忠實重要骨幹。[298]1932 年 3 月 9 日參加在南京黃埔路勵志社召開的「中華民族復興社」第一次代表大會，被推選為「中華民族復興社」中央監察會候補監察，[299] 兼任「中華民族復興社」湖北省暨武漢地區負責人。[300] 參與發起三民主義力行社，任力行社幹事，「革命青年同志會」常務幹事兼組織處處長，[301]「中華民族復興社」湖北分社書記等職。抗日戰爭爆發後，歷任軍事委員會駐熱河平津各部隊黨務特派員，援韓軍事顧問團團長，陸軍第八軍政治部副主任，中央通信兵學校政治部主任，軍事委員會高級參謀，中央戰地黨政指導委員會黨務組組長、委員兼組長。抗日戰爭勝利後，參與接收與受降事宜。1945 年 10 月獲頒忠勤勳章。1946 年 5 月獲頒勝利勳章。1946 年 5 月被國民政府軍事委員會銓敘廳敘任陸軍步兵上校，1946 年 7 月退役。1946 年 11 月 15 日被推選為湖北省出席（制憲）國民大會代表，當選為國民大會憲政實施促進委員會常務委員等。1949 年到臺灣，續任國民大會代表，兼任「光復大陸設計研究委員會」委員，臺灣湖北同鄉會理事，臺灣黃埔軍校第五期學員聯誼會幹事，中華戰略學會成員等。1983 年 5 月 6 日因病在臺北榮民總醫院逝世。

---

[298] 文聞編：中國文史出版社 2004 年 1 月《我所知道的復興社》第 2 頁。

[299] 文聞編：中國文史出版社 2004 年 1 月《我所知道的復興社》第 54 頁。

[300] 文聞編：中國文史出版社 2004 年 1 月《我所知道的復興社》第 5 頁。

[301] 臺灣《傳記文學》第三十五卷第三期，幹國勳著：《關於所謂「復興社」的真實情況》記載。

王植

　　王植（1904－1932）別字瑞槐，湖北黃陂人。廣州
黃埔中央軍事政治學校第五期工兵科畢業。1926 年 3 月考
入廣州黃埔中央軍事政治學校第五期工兵科學習，1927 年
8 月畢業。歷任國民革命軍陸軍工兵連見習、排長、副連
長、連長，1932 年 5 月 26 日在江西新淦作戰陣亡。[302]

　　王載揚（1905－？）原名錦文，[303] 後改名載揚，原轄籍貫湖北，[304]
登記籍貫江西安義，[305]1905 年 2 月生於江西南昌縣一個農戶家庭。[306] 廣州
黃埔中央軍事政治學校第五期步科畢業。1926 年 3 月入黃埔軍校入伍生
隊受訓，1926 年 11 月入廣州黃埔中央軍事政治學校第五期炮兵科，1927
年 8 月畢業，分發國民革命軍第三軍服務，歷任國民革命軍第三軍司令部
特務團排長、連長、營長，隨部參加北伐戰爭。1929 年部隊編遣後，任
津浦鐵路警備司令部少校副官主任。1933 年任上海特別市政府保安處幹
部教導隊中校軍事教官，1935 年 12 月任陸軍第八十七師步兵第七〇一團
團長。抗日戰爭爆發後，隨陸軍第八十七師參加淞滬會戰及南京保衛戰。
1938 年 12 月任江西省政府保安處參謀科科長，1939 年 10 用任浙江省國
民抗日自衛團總司令部聯防委員會主任，1942 年 12 月任第三戰區敵後抗
日遊擊挺進總指揮部第三遊擊縱隊司令部司令官。抗日戰爭勝利後，1945
年 10 月獲頒忠勤勳章。1946 年 5 月獲頒勝利勳章。1946 年 6 月任國防部
少將銜高級參謀，兼任行政院參事及美援運用委員會運輸處處長。後辭
職，1949 年 1 月由上海轉移廣州繼赴香港，1949 年 2 月參加民革在香港

[302] 中國第二歷史檔案館供稿，華東工學院編輯出版部影印，檔案出版社 1989 年 7 月
　　《黃埔軍校史稿》第八冊（本校先烈）第 281 頁第五期烈士芳名表記載 1932 年 5
　　月 26 日在江西新淦陣亡。
[303] 湖南省檔案館校編、湖南人民出版社《黃埔軍校同學錄》記載。
[304] 湖南省檔案館校編、湖南人民出版社《黃埔軍校同學錄》記載。
[305] 上海市黃埔軍校同學會 1990 年 8 月編印《上海市黃埔軍校同學會會員通訊錄》第
　　2 頁。
[306]《王載揚（錦文）自傳》（其後人提供筆者收藏）。

組織的起義行動。1950 年上香港返回北京。晚年寓居上海市山陰路一五六弄 30 號住所，1996 年 9 月仍健在。

包容（1903 － 1928）別字會文，湖北蒲圻人。廣州黃埔中央軍事政治學校第五期步兵科畢業。1926 年 3 月考入廣州黃埔中央軍事政治學校第五期步兵科學習，1927 年 8 月畢業。任國民革命軍第九軍第二十一師第二團第七連見習、副排長，北伐台兒莊時負重傷，1928 年 6 月 8 日在徐州犧牲。[307]

甘射侯（1905 － 1928）別字翼卿，湖北沔陽人。廣州黃埔中央軍事政治學校第五期步兵科畢業。1926 年 3 月考入廣州黃埔中央軍事政治學校第五期步兵科學習，1927 年 8 月畢業。任國民革命軍第一軍第二十二師補充團第四連少尉排長，1928 年 4 月 2 日負傷，同年 4 月 14 日在柳泉車站犧牲。[308]

田文采（1904 － 1938）原名文采，別號耕之、繼勳，湖北津市人。廣州黃埔中央軍事政治學校第五期步科畢業。1926 年 3 月入黃埔軍校入伍生隊受訓，1926 年 11 月入廣州黃埔中央軍事政治學校第五期步兵科學習，1927 年 8 月畢業。隨部參加北伐戰爭，曾入廬山軍官訓練團及星子特訓班受訓。歷任國民革命軍排、連長，少校營附等職。抗日戰爭爆發後，任陸軍第十八軍第九十八師第二九四旅第五八七團第二營營長，陸軍第十三師第三十七旅第七十三團團長。1938 年 6 月在武漢會戰週邊戰與日軍作戰時陣亡。

---

[307] ①龔樂群編纂：南京中央陸軍軍官學校 1934 年印行《中央陸軍軍官學校追悼北伐陣亡將士特刊－黃埔血史》記載；②中國第二歷史檔案館供稿，華東工學院編輯出版部影印，檔案出版社 1989 年 7 月《黃埔軍校史稿》第六冊《各期陣亡學生姓名表》第 272 － 275 頁第五期名單記載；③中國第二歷史檔案館供稿，華東工學院編輯出版部影印，檔案出版社 1989 年 7 月《黃埔軍校史稿》第八冊（本校先烈）第 274 頁第五期烈士芳名表記載 1928 年 6 月 8 日在江蘇徐州陣亡。

[308] ①龔樂群編纂：南京中央陸軍軍官學校 1934 年印行《中央陸軍軍官學校追悼北伐陣亡將士特刊－黃埔血史》記載；②中國第二歷史檔案館供稿，華東工學院編輯出版部影印，檔案出版社 1989 年 7 月《黃埔軍校史稿》第八冊（本校先烈）第 269 頁第五期烈士芳名表記載 1928 年 4 月 11 日在山東柳泉陣亡。

石毓華（1902－1930）別字曙嵐，湖北麻城人。廣州黃埔中央軍事政治學校第五期步兵科畢業。1926年3月考入廣州黃埔中央軍事政治學校第五期步兵科學習，1927年8月畢業。歷任國民革命軍陸軍步兵連見習、排長、副連長，1930年9月14日在河南登封作戰陣亡。[309]

劉樹梓（1906－？）湖北沔陽人。廣州黃埔中央軍事政治學校第五期政治科畢業。1926年3月入黃埔軍校入伍生隊受訓，1926年11月入廣州黃埔中央軍事政治學校第五期政治科學習，1927年8月畢業。隨部參加北伐戰爭，歷任國民革命軍陸軍步兵團排長、連長、營長、團長等職。抗日戰爭勝利後，1945年10月獲頒忠勤勳章。1946年2月被國民政府軍事委員會銓敘廳頒令敘任陸軍步兵上校。1946年5月獲頒勝利勳章。1948年12月任國民政府總統府侍衛室少將銜侍衛長，1949年春到臺灣。

劉塈歐（1907－1928）別字碧忱，別號揚名，湖北漢川人。廣州黃埔中央軍事政治學校第五期步兵科畢業。1926年3月考入廣州黃埔中央軍事政治學校第五期步兵科學習，1927年8月畢業。任國民革命軍第一軍第二十二師第三團第一營步兵第三連見習、少尉排長，1928年4月31日在山東韓莊衝鋒作戰時陣亡。[310]

江聲

江聲（1905－？）別字石磐，湖北沔陽人。廣州黃埔中央軍事政治學校第五期步兵科畢業。1926年3月考入廣

---

[309] 中國第二歷史檔案館供稿，華東工學院編輯出版部影印，檔案出版社1989年7月《黃埔軍校史稿》第八冊（本校先烈）第271頁第五期烈士芳名表記載1930年9月14日在河南登封陣亡。

[310] ①龔樂群編纂：南京中央陸軍軍官學校1934年印行《中央陸軍軍官學校追悼北伐陣亡將士特刊－黃埔血史》記載；②中國第二歷史檔案館供稿，華東工學院編輯出版部影印，檔案出版社1989年7月《黃埔軍校史稿》第六冊《各期陣亡學生姓名表》第272－275頁第五期名單記載；③中國第二歷史檔案館供稿，華東工學院編輯出版部影印，檔案出版社1989年7月《黃埔軍校史稿》第八冊（本校先烈）第94頁有烈士傳略；中國第二歷史檔案館供稿，華東工學院編輯出版部影印，檔案出版社1989年7月《黃埔軍校史稿》第八冊（本校先烈）第275頁第五期烈士芳名表記載1928年4月31日在山東運河六十子陣亡。

州黃埔中央軍事政治學校第五期步兵科學習，1927 年 8 月畢業。歷任國民革命軍陸軍步兵團排長、連長、營長。抗日戰爭爆發後，隨軍校遷移西南地區，任成都中央陸軍軍官學校第十七期軍校第一總隊輸送學教官等職。

呂兆熊

呂兆熊（1903 － 1930）湖北黃岡人。廣州黃埔中央軍事政治學校第五期步兵科畢業。1926 年 3 月考入廣州黃埔中央軍事政治學校第五期步兵科學習，1927 年 8 月畢業。任國民革命軍第九軍第十四師第四十一團第五連排長，1927 年 12 月在徐州戰役負傷。[311] 痊癒後任陸軍第十四師第四十一團第二營第六連連長，1930 年 12 月作戰陣亡。[312]

嚴翊

嚴翊（1903 － 1967）原名又涵，[313] 後改名翊。湖北石首人。廣州黃埔中央軍事政治學校第五期炮兵科畢業。1926 年 3 月入黃埔軍校入伍生隊受訓，1926 年 11 月入廣州黃埔中央軍事政治學校第五期炮兵科學習，1927 年 8 月畢業。隨部參加北伐戰爭，歷任國民革命軍中央警衛軍第一旅排、連長。1931 年任第五軍第八十七師第二五九旅司令部警衛連連長，隨部參加「一·二八」淞滬抗戰。後奉派入川軍部隊任職，1935 年任陸軍第四十一軍（軍長孫震）第四師（師長王銘章）第十一旅（旅長李均陶、童澄）第二十二團（團長塞國珍）第二營營長，隨部參加對紅軍第四方面軍的「圍剿」戰事。抗日戰爭爆發後，任陸軍第一二二師第七三一團第一營營長，隨部參加徐州會戰。1938 年任第八十七師第二五九旅步兵團營附、第九營營長、獨立團副團長等職。任陸軍第八十八師補充團副

[311] 龔樂群編纂：南京中央陸軍軍官學校 1934 年印行《中央陸軍軍官學校追悼北伐陣亡將士特刊－黃埔血史》記載。

[312] 中國第二歷史檔案館供稿，華東工學院編輯出版部影印，檔案出版社 1989 年 7 月《黃埔軍校史稿》第六冊《各期陣亡學生姓名表》第 272 － 275 頁第五期名單記載。

[313] 湖南省檔案館校編、湖南人民出版社《黃埔軍校同學錄》記載。

團長、團長，第二五二旅第五二六團團長，陸軍第七十二軍獨立第二旅副
旅長，第二十八集團軍預備第二師副師長、師長，率部參加貴州獨山防守
戰。1945 年 4 月被國民政府軍事委員會銓敘廳敘任陸軍炮兵上校。抗日戰
爭勝利後，1945 年 10 月獲頒忠勤勳章。1946 年 5 月獲頒勝利勳章。1946
年 6 月任陸軍整編第四十一師（師長曾甦元）整編第一二四旅（旅長劉公
台）副旅長，1947 年 11 月接劉公台任陸軍整編第一二四旅旅長。1948 年
春恢復為軍編制後，任陸軍第四十一軍（軍長胡臨聰）第一二四師師長、
代理副軍長，率部在華東地區與人民解放軍作戰。1949 年 1 月 10 日所部
在淮海戰役被人民解放軍全殲，其經教育後釋放，續任重建後的陸軍第四
十一軍軍長，不久接楊熙宇任陸軍第四十七軍軍長。1949 年 12 月 26 日
隨第十六兵團副司令官曾甦元起義。[314]1950 年 1 月因所屬部隊兵變，受牽
連被捕入獄。後被判處十年徒刑，刑滿後接受勞動教育，[315]1963 年 4 月 9
日獲特釋釋放。分配北京市與親屬寓居，1967 年 12 月因病在北京逝世。
著有《記田頌堯第二十九軍堵擊紅四方面軍的情況》（載於中國文史出版
社《文史資料存稿選編－十年內戰》）、《第一二四師的掙紮和潰滅》（載於
中國文史出版社《原國民黨將領回憶記－淮海戰役親歷記》）、《淮海戰役
點滴材料》等。

　　嚴則林（1903 － 1932）湖北漢口人。廣州黃埔中央軍事政治學校第
五期政治科畢業。1926 年 3 月考入廣州黃埔中央軍事政治學校第五期政
治科學習，1927 年 8 月畢業。歷任國民革命軍陸軍步兵連見習、政治訓
練員、政治指導員、團黨部常務幹事，1932 年 10 月 29 日在湖北新集作
戰陣亡。[316]

---

[314] 中國人民解放軍歷史資料叢書編審委員會：「中國人民解放軍歷史資料叢書」，解
　　放軍出版社 1996 年 1 月《解放戰爭時期國民黨軍起義投誠－川黔滇康藏地區》第
　　817 頁。

[315] 臺北知兵堂出版社 2009 年 1 月印行《國民革命軍軍史－軍級單位戰史》（二）第
　　142 頁。

[316] 中國第二歷史檔案館供稿，華東工學院編輯出版部影印，檔案出版社 1989 年 7 月

　　嚴映皋（1901－1994）別字德俊，湖北潛江人。廣州黃埔中央軍事政治學校第五期步科畢業。生於 1901 年 12 月 2 日。1926 年 3 月入黃埔軍校入伍生隊受訓，1926 年 11 月入廣州黃埔中央軍事政治學校第五期步兵科學習，1927 年 8 月畢業。分發國民革命軍第一軍第二十二師司令部任見習官、排長，隨部參加北伐戰爭。後任國民革命軍第一軍獨立旅警衛連連長，陸軍第一軍第一師第二團第一營副營長等職。1935 年 6 月 17 日敘任陸軍步兵少校。抗日戰爭爆發後，第一軍第（軍長胡宗南兼）七十八師（師長李文）第四六七團（團長許良玉）第二營營長，隨部參加淞滬會戰，在蘊藻濱一線與日軍激戰月餘。因該師在抗日作戰中營長以下官兵傷亡達百分之八十，戰後任陸軍第七十八師第四六七團團長，率部參加武漢會戰。戰後隨部在陝西整訓，1938 年秋任中央陸軍軍官學校第七分校（西安分校）學員總隊大隊長，西北戰時黨政工作幹部訓練團教育處副處長，後任陸軍第七十八師副師長。1942 年 10 月接楊顯任第三十四集團軍第八十軍（軍長王文彥）新編第二十三師師長，率部參加豫東會戰諸役。1945 年 4 月被國民政府軍事委員會銓敘廳敘任陸軍步兵上校。抗日戰爭勝利後，任陸軍第三十四集團軍第二十七師師長。1945 年 10 月獲頒忠勤勳章。1946 年 2 月接朱光墀任華北「剿匪」總司令部陸軍第十六軍（軍長袁樸）第一〇九師師長，率部在華北地區與人民解放軍作戰。1946 年 5 月獲頒勝利勳章。所部於 1947 年 10 月在清風店地區被人民解放軍殲滅一部。1948 年 9 月 22 日被國民政府軍事委員會銓敘廳敘任陸軍少將。1949 年 1 月參加北平和平起義。中華人民共和國成立後，任上海市虹口區第一至四屆政協委員，第五、六屆常委，民革上海市委員會候補委員、顧問，上海市黃埔軍校同學會名譽理事等職。晚年寓居上海市峨嵋路一一四弄 7 號三樓住所，1994 年 11 月 10 日因病在上海逝世。著有《與蘊藻浜陣地共存亡》（載於中國文史出版社《原國民黨將領抗日戰爭親歷記－八一三淞滬

《黃埔軍校史稿》第八冊（本校先烈）第 281 頁第五期烈士芳名表記載 1932 年 10 月 29 日在湖北新集陣亡。

抗戰》）等。

何懋周（1903 － ？）湖北人。廣州黃埔中央軍事政治學校第五期政治科畢業。1926 年 3 月考入廣州黃埔中央軍事政治學校第五期政治科學習，1927 年 8 月畢業。歷任國民革命軍陸軍步兵團排長、連長、營長、團長等職。抗日戰爭勝利後，1945 年 10 月獲頒忠勤勳章。任陸軍獨立步兵旅副旅長。1946 年 5 月被國民政府軍事委員會銓敘廳頒令敘任陸軍步兵上校。

吳基業（1906 － 1930）別字精固，湖北黃陂人。廣州黃埔中央軍事政治學校第五期步兵科畢業。1926 年 3 月考入廣州黃埔中央軍事政治學校第五期步兵科學習，1927 年 8 月畢業。歷任南京中央陸軍軍官學校本部教導團第一營第二連見習、排長、連長，1930 年 7 月 7 日在山東曹縣張菜園作戰陣亡。[317]

張傑（1908 － ？）又作潔，別字恒烈，湖北應城人。廣州黃埔中央軍事政治學校第五期步兵科畢業。1926 年 3 月入黃埔軍校入伍生隊受訓，1926 年 11 月入廣州黃埔中央軍事政治學校第五期步兵科學習，1927 年 8 月畢業。隨部參加北伐戰爭，歷任國民革命軍陸軍第十三師步兵營排

張傑

長、連長、營長等職。抗日戰爭爆發後，任陸軍第十三師第三十八旅步兵第一一一團團長，陸軍第七十五軍司令部參謀處處長等職。率部參加抗日戰事。抗日戰爭勝利後，1945 年 10 月獲頒忠勤勳章。1946 年 5 月獲頒勝利勳章。1946 年 6 月任陸軍整編第七十五師司令部副參謀長。1947 年 8 月 3 日任陸軍整編第七十五師整編第十三旅旅長，1947 年 9 月接王仕翹任重建後的陸軍整編第六十六師（師長李仲辛、羅賢達）整編第一

---

[317] 中國第二歷史檔案館供稿，華東工學院編輯出版部影印，檔案出版社 1989 年 7 月《黃埔軍校史稿》第八冊（本校先烈）第 104 頁有烈士傳略；中國第二歷史檔案館供稿，華東工學院編輯出版部影印，檔案出版社 1989 年 7 月《黃埔軍校史稿》第八冊（本校先烈）第 271 頁第五期烈士芳名表記載 1930 年 7 月 7 日在山東曹縣陣亡。

九九旅旅長，率部與人民解放軍在中原地區作戰。1948 年 3 月廣州黃埔中央軍事政治學校陸軍步兵上校。1948 年 6 月 21 日在開封被人民解放軍俘虜。

張憲良（1905 － 1931）別字乃弓，湖北蘄春人。廣州黃埔中央軍事政治學校第五期步兵科畢業。幼年受教於當地名儒高緩卿、拔貢田曉崧等，傳授醫道商機。1925 年夏南下廣東，先入廣州黃埔陸軍軍官學校入伍生隊受訓。

張憲良

1926 年 3 月考入廣州黃埔中央軍事政治學校第五期步兵科學習，1927 年 8 月畢業。歷任國民革命軍總司令部見習，江陰炮臺司令部排長，國民革命軍第一軍第一師第三團第一營第三連連長，獨立第十六旅特務營營附，陸軍新編第十三師第四團第六連連長，隨軍參加第二期北伐中韓莊戰役、吉安戰役。1931 年春返回原籍省親，鄉人發起留其維護當地治安，任蘄春縣常備第七中隊中隊長，1931 年 12 月 12 日在蘄春與紅軍第十四軍作戰陣亡。[318]

張勝武（1904 － 1930）別字大堂，湖北沔陽人。廣州黃埔中央軍事政治學校第五期步兵科畢業。1926 年 3 月考入廣州黃埔中央軍事政治學校第五期步兵科學習，1927 年 8 月畢業。任國民革命軍第九軍第三師第七團第六連中尉排長，1927 年 12 月在金山馬口作戰負傷。[319] 痊癒後任陸軍第三師第六團步兵連連長，1930 年 5 月 29 日在河南蘭封作戰陣亡。[320]

---

[318] 中國第二歷史檔案館供稿，華東工學院編輯出版部影印，檔案出版社 1989 年 7 月《黃埔軍校史稿》第八冊（本校先烈）第 107 頁有烈士傳略；中國第二歷史檔案館供稿，華東工學院編輯出版部影印，檔案出版社 1989 年 7 月《黃埔軍校史稿》第八冊（本校先烈）第 277 頁第五期烈士芳名表記載 1931 年 12 月 12 日在湖北蘄春陣亡。

[319] 冀樂群編纂：南京中央陸軍軍官學校 1934 年印行《中央陸軍軍官學校追悼北伐陣亡將士特刊－黃埔血史》記載。

[320] 中國第二歷史檔案館供稿，華東工學院編輯出版部影印，檔案出版社 1989 年 7 月《黃埔軍校史稿》第八冊（本校先烈）第 272 頁第五期烈士芳名表記載 1930 年 5 月 29 日在河南蘭封陣亡。

　　張慕陶（1905－？）湖北鄂城人。廣州黃埔中央軍事政治學校第五期工兵科畢業。1926 年 3 月考入廣州黃埔中央軍事政治學校第五期工兵科學習，1927 年 8 月畢業。歷任國民革命軍陸軍工兵團排長、連長、營長、團長等職。1945 年 4 月被國民政府軍事委員會銓敘廳頒令敘任陸軍工兵上校。

張慕陶

　　李念勳（1905－？）別字冠武，湖北麻城人。廣州黃埔中央軍事政治學校第五期步兵科畢業。1926 年 3 月考入廣州黃埔中央軍事政治學校第五期步兵科學習，1927 年 8 月畢業。歷任國民革命軍陸軍步兵團排長、連長、營長、團長等

李念勳

職。1935 年 6 月 19 日敘任陸軍步兵少校。抗日戰爭勝利後，1945 年 10 月獲頒忠勤勳章。1946 年 5 月獲頒勝利勳章。任陸軍新編師副師長。1947 年 3 月被國民政府軍事委員會銓敘廳頒令敘任陸軍步兵上校。

　　楊正道（1907－？）別字虛齋，湖北公安人。廣州黃埔中央軍事政治學校第五期步兵科畢業。1926 年 3 月入黃埔軍校入伍生隊受訓，1926 年 11 月入廣州黃埔中央軍事政治學校第五期步兵科學習，1927 年 8 月畢業。隨部參加北伐戰爭，1928 年奉派入國民革命軍總司令部軍官團受訓。後任國民革命軍初級軍職。抗日戰爭爆發後，任陸軍第一軍第一師司令部參謀，西安戰時幹部訓練團教官，中央陸軍軍官學校第二十一期西安督訓處上校戰術教官。抗日戰爭勝利後，任中央陸軍軍官學校西安督訓處上校軍事教官。[321]

　　楊傲霜（1904－1927）別字廣柏，湖北京山人。廣州黃埔中央軍事政治學校第五期步兵科肄業。1926 年 3 月考入廣州黃埔中央軍事政治學校第五期步兵科學習，在學期間應徵入伍，隨軍參加北伐戰爭，任國民革命軍陸軍步兵連見習，1927 年 12 月 11 日在安徽作戰陣亡。[322]

---

[321] 湖南省檔案館校編、湖南人民出版社《黃埔軍校同學錄》記載。
[322] 中國第二歷史檔案館供稿，華東工學院編輯出版部影印，檔案出版社 1989 年 7 月

陳俊（1906－？）別號光鏞，湖北漢川人。廣州黃埔中央軍事政治學校第五期經理科畢業。1926 年 3 月入黃埔軍校入伍生隊受訓，1926 年 11 月入廣州黃埔中央軍事政治學校第五期經理科學習，1927 年 8 月畢業。隨部參加北伐戰爭，分發國民革命軍第一軍第二師輜重兵隊，任見習、排長、連長，隨部參加北伐戰爭和中原大戰。抗日戰爭爆發後，任陸軍第四十五軍（軍長鄧錫侯）第一二八師（師長鄧錫侯兼）第三八二團第一營營長、副團長，隨部參加抗日戰事。1943 年任第五戰區第一二八師（師長王勁哉）步兵第三八二團團長。1945 年 4 月被國民政府軍事委員會銓敘廳敘任陸軍輜重兵上校。抗日戰爭勝利後，1945 年 10 月獲頒忠勤勳章。1946 年 5 月獲頒勝利勳章。後任陸軍整編第四十二師（師長楊德亮、趙錫光）整編第一二八旅旅長，1949 年 9 月 25 日率部在新疆起義。[323]後任中國人民解放軍第二十二兵團第九軍第二十七師師長，中國人民解放軍新疆生產建設兵團後勤部管理處處長等職。

陳俊

陳先覺（1907－？）別字幹夫，湖北黃陂人。廣州黃埔中央軍事政治學校第五期步兵科畢業。1926 年 3 月入黃埔軍校入伍生隊，1926 年 11 月入廣州黃埔中央軍事政治學校第五期步兵科學習，1927 年 8 月畢業。隨部參加北伐戰爭和中原大戰。抗日戰爭爆發後，任陸軍第一九七師第六七〇旅第一一三九團團長、副旅長。1938 年 5 月奉派入中央軍官訓練團第一期第三大隊第十一中隊學員隊受訓，1938 年 7 月結業。1938 年 10 月被國民政府軍事委員會銓敘廳敘任陸軍步兵上校。後任陸軍獨立旅旅

陳先覺

《黃埔軍校史稿》第六冊《各期陣亡學生姓名表》第 272－275 頁第五期名單記載；中國第二歷史檔案館供稿，華東工學院編輯出版部影印，檔案出版社 1989 年 7 月《黃埔軍校史稿》第八冊（本校先烈）第 275 頁第五期烈士芳名表記載 1927 年 12 月 11 日在安徽陣亡。

[323] 中國人民解放軍第一野戰軍戰史編審委員會：解放軍出版社 1995 年 5 月《中國人民解放軍第一野戰軍戰史》第 535 頁。

長，陸軍第一九七師副師長等職。

陳鴻濂（1904 －？）別字鴻廉，湖北宣城人。廣州黃
埔中央軍事政治學校第五期步兵科畢業。1926 年 3 月考入
廣州黃埔中央軍事政治學校第五期步兵科學習，1927 年 8
月畢業。歷任國民革命軍第一軍第二十二師第六十六團步
兵連排長、連長、副營長，隨軍參加龍潭戰役。1928 年
陳鴻濂
12 月任陸軍第一師司令部參謀，1929 年 2 月 3 日被推選為中國國民黨陸
軍第一師特別黨部監察委員。1937 年 7 月 29 日任命陸軍步兵中校。

周流（1908 － 1984）別字學炳，別號浚源，湖北沔陽人。廣州黃埔
中央軍事政治學校第五期步兵科畢業。盧山中央訓練團將校班新聞系畢
業。1926 年 3 月入黃埔軍校入伍生隊受訓，1926 年 11 月入廣州黃埔中央
軍事政治學校第五期步兵科學習，1927 年 8 月畢業。隨部參加北伐戰爭，
歷任國民革命軍排長、連長、營長等職。1935 年 7 月 13 日敘任陸軍步兵
少校。抗日戰爭爆發後，任陸軍步兵團團長，陸軍步兵師副師長。1946 年
5 月被國民政府軍事委員會銓敘廳敘任陸軍步兵上校。抗日戰爭勝利後，
1945 年 10 月獲頒忠勤勳章。任陸軍步兵師師長。1946 年 5 月獲頒勝利勳
章。1949 年春任重建後的東南綏靖主任公署第七兵團司令部副司令官，浦
口警備司令部司令官，福州城防司令部司令官等職；1949 年到臺灣。[324]

周藩（1907 － 1998）別字向之，湖北沔陽人。廣州黃埔中央軍事政
治學校第五期經理科畢業。1926 年 3 月入黃埔軍校入伍生隊受訓，1926
年 11 月入廣州黃埔中央軍事政治學校第五期步兵科學習，
1927 年 8 月畢業。隨部參加北伐戰爭，歷任國民革命軍陸
軍步兵營排長、連長、營長等職。抗日戰爭爆發後，任陸
軍第八軍（軍長何紹周、李彌）榮譽第一師（汪波）第二
團團長，率部參加中國遠征軍滇西反攻作戰和中國遠征軍
周藩

---

[324] 湖北省地方誌編纂委員會辦公室編纂：光明日報出版社 1989 年 9 月《湖北省志－
　　人物志稿》第 1730 頁。

第二次入緬抗日戰事。抗日戰爭勝利後，任陸軍榮譽第一師（師長王伯勳）第二團團長。1945 年 10 月獲頒忠勤勳章。率部赴山東青島受降及接收事宜。1946 年 5 月獲頒勝利勳章。1946 年 7 月任陸軍榮譽第一師（師長汪波）代理副師長，率部在山東與人民解放軍作戰。1948 年任徐州「剿匪」總司令部第十三兵團（司令官李彌）陸軍第九軍（軍長黃淑）第三師師長，1949 年 1 月在淮海戰役中被人民解放軍俘虜。入中國人民解放軍華東軍區政治部聯絡部解放軍官教育團學習和改造。中華人民共和國成立後，入功德林戰犯管理所學習與改造，1975 年 3 月 23 獲特赦釋放，被安置在湖南省政協文史資料研究委員會工作。[325] 後任湖南省第五屆政協委員，1984 年 3 月任湖南省人民政府參事室參事，1998 年 2 月因病在長沙逝世。著有《第八軍搶佔膠濟鐵路的情況》（1962 年撰文，載於中國文史出版社《文史資料存稿選編－全面內戰》上冊）、《1946 年 6 月至 11 月間第八軍對膠東的進攻》（1963 年 4 月 19 日撰文，載於中國文史出版社《文史資料存稿選編－全面內戰》上冊）、《龍陵痛殲日寇親歷記》、《李彌化裝潛逃概述》（載於中國文史出版社《原國民黨將領的回憶－淮海戰役親歷記》296 頁有照片）等。

周永公（1906 － 1930）別字花萼，湖北沔陽人。廣州黃埔中央軍事政治學校第五期步兵科畢業。1926 年 3 月考入廣州黃埔中央軍事政治學校第五期步兵科學習，1927 年 8 月畢業。歷任國民革命軍陸軍步兵連見排長、副連長，1930 年 7 月 1 日在河南東山樓作戰陣亡。[326]

鄭佩生（1904 －？）別字浩然，湖北沔陽人。廣州黃埔中央軍事政治學校第五期步兵科畢業。1926 年 3 月考入廣州黃埔中央軍事政治學校第五期步兵科學習，1927 年 8 月

鄭佩生

[325] 任海生編著：華文出版社 1995 年 12 月《共和國特赦戰犯始末》第 132 頁。
[326] 中國第二歷史檔案館供稿，華東工學院編輯出版部影印，檔案出版社 1989 年 7 月《黃埔軍校史稿》第八冊（本校先烈）第 273 頁第五期烈士芳名表記載 1930 年 7 月 1 日在河南東山樓陣亡。

畢業。歷任國民革命軍陸軍步兵團排長、連長、營長、團長等職。1945 年 4 月被國民政府軍事委員會銓敘廳頒令敘任陸軍步兵上校。

姚蔭棠

姚蔭棠（1905 － 1931）別字慕召，湖北沔陽人。廣州黃埔中央軍事政治學校第五期步兵科畢業。1926 年 3 月考入廣州黃埔中央軍事政治學校第五期步兵科學習，1927 年 8 月畢業。歷任國民革命軍陸軍步兵連見習、排長、連長，1931 年 5 月 9 日在江西宜豐作戰陣亡。[327]

胡子翱（1904 － 1930）別字又湖，湖北新堤人。廣州黃埔中央軍事政治學校第五期工兵科畢業。1926 年 3 月考入廣州黃埔中央軍事政治學校第五期工兵科學習，1927 年 8 月畢業。歷任國民革命軍陸軍工兵連見習、排長、副連長，1930 年 6 月 6 日在河南蘭封作戰陣亡。[328]

胡文祥

胡文祥（1907 － 1927）湖北石首人。廣州黃埔中央軍事政治學校第五期步兵科畢業。1926 年 3 月考入廣州黃埔中央軍事政治學校第五期步兵科學習，1927 年 8 月畢業。任國民革命軍第一軍第二十二師第六十四團第八連見習官，1927 年 8 月 26 日在江蘇龍潭作戰陣亡。[329]

---

[327] 中國第二歷史檔案館供稿，華東工學院編輯出版部影印，檔案出版社 1989 年 7 月《黃埔軍校史稿》第八冊（本校先烈）第 277 頁第五期烈士芳名表記載 1931 年 5 月 9 日在江西宜豐陣亡。

[328] 中國第二歷史檔案館供稿，華東工學院編輯出版部影印，檔案出版社 1989 年 7 月《黃埔軍校史稿》第八冊（本校先烈）第 276 頁第五期烈士芳名表記載 1930 年 6 月 6 日在河南蘭封陣亡。

[329] ①龔樂群編纂：南京中央陸軍軍官學校 1934 年印行《中央陸軍軍官學校追悼北伐陣亡將士特刊－黃埔血史》記載；②中國第二歷史檔案館供稿，華東工學院編輯出版部影印，檔案出版社 1989 年 7 月《黃埔軍校史稿》第八冊（本校先烈）第 282 頁第五期烈士芳名表記載 1927 年 8 月 26 日在江蘇龍潭陣亡；③中國第二歷史檔案館供稿，華東工學院編輯出版部影印，檔案出版社 1989 年 7 月《黃埔軍校史稿》第六冊《各期陣亡學生姓名表》第 272 － 275 頁第五期名單記載。

　　胡玉陔（1904－？）別字建新，湖北沔陽人。廣州
黃埔中央軍事政治學校第五期步兵科畢業。1926 年 3 月
考入廣州黃埔中央軍事政治學校第五期步兵科學習，1927
年 8 月畢業。歷任國民革命軍陸軍步兵團排長、連長、營
長、團長等職。抗日戰爭勝利後，1945 年 10 月獲頒忠勤
胡玉陔
勳章。1946 年 5 月獲頒勝利勳章。任陸軍新編師副師長。
1947 年 3 月被國民政府軍事委員會銓敘廳頒令敘任陸軍步
兵上校。

　　胡冠天（1902－？）別號曉晴，湖北大冶人。廣州黃
埔中央軍事政治學校第五期步兵科畢業。1926 年 3 月入黃
埔軍校入伍生隊受訓，1926 年 11 月入廣州黃埔中央軍事
政治學校第五期步兵科學習，1927 年 8 月畢業。隨部參
胡冠天
加北伐戰爭，歷任國民革命軍陸軍步兵團排長、連長、營
長、團長等職。1935 年 6 月 21 日敘任陸軍步兵少校。抗日戰爭爆發後，
任陸軍第十三軍（軍長湯恩伯）第八十九師副師長，率部參加徐州會戰、
台兒莊戰役、隨棗會戰、豫南會戰諸役。抗日戰爭勝利後，任第三方面軍
司令長官部高級參謀。1945 年 10 月獲頒忠勤勳章。1946 年 5 月獲頒勝利
勳章。1947 年 10 月任陸軍第十三軍（軍長石覺）第八十九師師長。1948
年任華北「剿匪」總司令部第九兵團（司令官石覺）第十三軍（駱振韶）
副軍長，1949 年 1 月於第十三軍在北平參加起義時，與軍長駱振韶、參
謀長全瑛等脫離部隊，乘飛機返回南京。[330]

　　趙一雪（1907－？）湖北沔陽人。沔陽縣立第一高等小學校、沔陽
縣立第一中學、武漢隨營軍官學校畢業，廣州黃埔中央軍事政治學校第
五期政治科肄業，[331] 南京中央陸軍軍官學校員警憲兵研究班、日本東亞學

[330] 曹劍浪著：解放軍出版社 2010 年 1 月《中國國民黨軍簡史》下冊第 1695 頁。
[331] 湖南省檔案館校編、湖南人民出版社《黃埔軍校同學錄》無載。現據：中國人民政
　　治協商會議廣東省委員會文史資料研究委員會　廣東革命歷史博物館合編：廣東人

校、日本陸軍成城預備學校、日本陸軍士官學校第二十八期野戰炮兵科畢業。父沅浦，日本東京高等師範學校理化部畢業，曾任汭陽縣立高等小學校校長、汭北區田賦徵收主任。幼年私塾啟蒙，少時考入汭陽縣立第一高等小學校就讀，1923 年考入汭陽縣立第一中學，1926 年畢業，後武漢隨營軍官學校學習並從軍。1926 年春由其叔父趙鐵公（時任國民革命軍第四十六軍直屬炮兵團團長）舉薦，南下廣州投考黃埔軍校。1926 年 4 月編入入伍生部第二團第三營第九連，[332] 入伍第三天，隨第三營開赴虎門附近太平墟駐防，曾擔負看守關押於虎門上橫檔的熊克武、吳鐵城、歐陽格等人。[333]1926 年 10 月返回黃埔軍校本部升學，正式成為廣州黃埔中央軍事政治學校第五期第一學生隊學員，與彭孟緝同學。1927 年 4 月 15 日廣州「清黨」時在軍校關押，1927 年 10 月由虎門監獄轉送到廣州市公安局看守所關押。1927 年 12 月 11 日被廣州起義軍教導團開牢釋放，並發給步槍與子彈，隨部參加了 12 月 12 日戰事。後隨教導團一個營經黃花崗轉移花縣，在行軍途中棄槍逃脫。[334] 後輾轉返回湖北，1928 年入南京中央陸軍軍官學校員警憲兵研究班學習，畢業後經湖北老鄉舉薦投靠何成浚部。1932 年春至 1935 年春任軍事委員會駐鄂（漢口）綏靖主任（何成浚）公署副官、少校參謀，後由何成浚保薦獲準帶職赴日本留學。1935 年春入東京東亞學校補習日文，1935 年 12 月考入日本陸軍成城預備學校就讀，

民出版社 1982 年 11 月（《廣東文史資料》第三十七輯）《黃埔軍校回憶錄專輯》第 192 頁本人撰寫文章記載。

[332] 中國人民政治協商會議廣東省委員會文史資料研究委員會　廣東革命歷史博物館合編：廣東人民出版社 1982 年 11 月（《廣東文史資料》第三十七輯）《黃埔軍校回憶錄專輯》第 192 頁。

[333] 中國人民政治協商會議廣東省委員會文史資料研究委員會　廣東革命歷史博物館合編：廣東人民出版社 1982 年 11 月（《廣東文史資料》第三十七輯）《黃埔軍校回憶錄專輯》第 192 頁。

[334] 中國人民政治協商會議廣東省委員會文史資料研究委員會、廣東革命歷史博物館合編：廣東人民出版社 1982 年 11 月（《廣東文史資料》第三十七輯）《黃埔軍校回憶錄專輯》第 196 頁。

1936 年 5 月考入日本陸軍士官學校中華學生隊第二十八期炮兵科學習，
1937 年 6 月入日本陸軍近衛炮兵聯隊實習，抗日戰爭爆發後，奉調回國。
1937 年 7 月 8 日任命陸軍步兵少校。曾任中央陸軍炮兵學校教官，武漢衛
戍總司令部參謀。武漢會戰後滯留日軍佔領區，1942 年 9 月 1 日任偽南京
國民政府軍事委員會駐武漢綏靖主任（葉蓬）公署（參謀長郭爾珍、楊揆
一）參謀處處長，[335]1943 年 2 月 5 日至 4 月 30 日任偽南京國民政府軍事委
員會參贊武官公署少將參贊武官。[336]1944 年春任偽華東第二方面軍總指揮
（孫良誠）部副參謀長，少將高級參謀兼直屬炮兵團團長。[337] 抗日戰爭勝
利後，所部被重慶國民政府軍事委員會改編，任暫編（蘇北）第二路軍總
司令（孫良誠部）部少將高級參謀、副參謀長，後任參謀長，負責配合接
收與維持事宜。1946 年 1 月部隊再度改編，任徐州綏靖主任公署暫編第五
縱隊司令（孫良誠）部參謀長，率部駐防安徽滁縣地區。1947 年春所部改
變番號，任國防部保安第一縱隊司令（孫良誠）部（參謀長杜輔庭）副參
謀長，1947 年 10 月再改編，任陸軍暫編第二十五師（師長王清瀚）司令
部參謀長。1948 年 10 月任陸軍第一〇七軍（軍長孫良誠兼）司令部（參
謀長杜輔庭）高級參謀兼副參謀長，所部後向人民解放軍投誠。1949 年 5
月入中國人民解放軍第三野戰軍蘇州解放軍官訓練團第二隊學習改造。中
華人民共和國成立後，於山東禹城戰犯管理所。1975 年 3 月 19 日獲特赦
獲釋。[338]1975 年 4 月 5 日與另九名特赦人員獲得批准離境赴臺灣，4 月 14
日到香港，逗留期間受到海內外關注，因其在台叔叔早已退休有接濟困
難，赴台行程受阻，1975 年 9 月 2 日經深圳返回內地，受到中央及廣東
省委統戰部等有關單位負責人迎接，當天乘機赴北京，9 月 4 日中共中央

---

[335] 郭卿友主編：甘肅人民出版社1990年12月《中華民國時期軍政職官志》第1963頁。
[336] 郭卿友主編：甘肅人民出版社1990年12月《中華民國時期軍政職官志》第1963頁。
[337] 1962 年 6 月 29 日撰文《漢奸孫良誠的下場》，載于中國文史出版社《文史資料存稿
選編－軍政人物》上冊。
[338] 任海生著：華文出版社 1995 年 12 月《共和國特赦戰犯始末》第 126 頁。

統戰部舉行座談會，歡迎其與張海商、楊南邨歸來，後被安置上海市政協工作。著有《汪偽政治部情報局內幕》（1962 年撰文，載於中國文史出版社《文史資料存稿選編－日偽政權》）、《軍委會特種情報所內幕》（1964 年撰文，載於中國文史出版社《文史資料存稿選編－特務組織》下冊）、《留學日本士官學校的回憶》（1963 年 5 月撰文，載於中國文史出版社《文史資料存稿選編－軍事機構》下冊）、《漢奸孫良誠的下場》（1962 年 6 月 29日撰文，載於中國文史出版社《文史資料存稿選編－軍政人物》上冊）、《黃埔軍校「清黨」的我見》（載於中國人民政治協商會議廣東省委員會文史資料研究委員會、廣東革命歷史博物館合編：廣東人民出版社 1982 年11 月（《廣東文史資料》第三十七輯）《黃埔軍校回憶錄專輯》192 頁）等。

黃恢亞（1904 － 1973）原名潮，[339] 別字恢亞，別號仲文，後以字行，湖北沔陽人。廣州黃埔中央軍事政治學校第五期步兵科、陸軍大學將官班乙級第三期畢業，中央訓練團將官班結業。1926 年 3 月入黃埔軍校入伍生隊受訓，1926 年 11 月入廣州黃埔中央軍事政治學校第五期步兵科學習，1927年 8 月畢業。隨部參加北伐戰爭，歷任國民革命軍陸軍步兵營排長、連長等職。1935 年任中央陸軍軍官學校洛陽分校第一總隊第二大隊第二中隊中校指導員，後任陸軍步兵團營長、團附等職。1936 年 8 月 29 日敘任陸軍步兵少校。抗日戰爭爆發後，任陸軍步兵團團長，步兵旅副旅長、旅長等職。1943 年秋任第二十八集團軍（總司令李仙洲）第九十二軍（軍長侯鏡如）第二十一師（師長聶松溪）副師長，1943 年 3 月任陸軍第二十一師師長，率部參加南昌戰役、棗宜會戰、豫南會戰、第二次長沙會戰、湘西會戰諸役。1945 年 1 月被國民政府軍事委員會銓敘廳敘任陸軍步兵上校。抗日戰爭勝利後，任第二十八集團軍總司令部高級參謀等職。1946 年 6 月奉派入中央訓練團將官班受訓，登記為少將學員，1946 年 8 月結業。1947 年 2 月入陸

黃恢亞

---

[339] 據湖南省檔案館校編、湖南人民出版社《黃埔軍校同學錄》記載。

軍大學乙級將官班學習，1948 年 4 月畢業。任華中「剿匪」總司令部鄂南綏靖區司令部副司令官，1949 年任陸軍第十五軍（軍長劉平）副軍長等職。

曾鄩（1904 － 1927）別字巨臣，湖北京山人。廣州黃埔中央軍事政治學校第五期步兵科肄業。1926 年 3 月考入廣州黃埔中央軍事政治學校第五期步兵科學習，在學期間應徵入伍，隨軍參加北伐戰爭，任國民革命軍陸軍步兵連見習，1927 年 10 月 11 日在江蘇南京作戰陣亡。[340]

曾幹庭（1903 －？）別號忠武，別字幹廷，湖北沔陽人。沔陽縣立初級小學、縣立中學畢業，武昌中華大學預科肄業，廣州黃埔中央軍事政治學校第五期步兵科畢業。1925 年冬加入中國共產黨。1926 年夏奉黨組織派赴廣州黃埔軍校學習。[341] 廣州黃埔中央軍事政治學校第五期步兵科畢業後，任國民革命軍第一軍第二十二師第六十六團第一營第二連第一排代理排長，1927 年 8 月參加龍潭戰役並負傷。[342] 後南下廣東投軍，1927 年 12 月參加廣州起義的準備工作，時任中共廣東省委軍委幹部，[343] 後任軍委委員兼工人糾察隊軍訓總教官。[344] 起義後負責向俘虜做宣傳工作。1927 年 12 月 13 日黃錦輝（軍委負責人）指令其穿便衣到長堤偵察敵情，並向失去聯繫的起義部隊傳達向花縣撤退的命令。1927 年 12 月 14 日晚奉中共廣東省委軍委負責人黃錦輝令，[345] 於 1927 年 12 月 14 日晚離開廣州轉移到香港，1928 年 1 月 4 日撰寫《曾幹庭參加廣州暴動的工作報告》[346] 交時在

---

[340] 中國第二歷史檔案館供稿，華東工學院編輯出版部影印，檔案出版社 1989 年 7 月《黃埔軍校史稿》第八冊（本校先烈）第 279 頁第五期烈士芳名表記載 1927 年 10 月 11 日在江蘇南京陣亡。

[341] 陳予歡編著：廣州出版社 1998 年 9 月《黃埔軍校將帥錄》第 1489 頁。

[342]《中央陸軍軍官學校追悼北伐陣亡將士特刊－黃埔血史》記載。

[343] 載於中共中央黨史資料徵集委員會、中共廣東省委黨史資料徵集委員會、廣東革命歷史博物館編：中共黨史資料出版社 1988 年 5 月《廣州起義》第 202 頁。

[344] 姚仁雋編：長征出版社 1987 年 7 月《南昌、秋收、廣州起義人名錄》第 137 頁。

[345] 中共中央黨史資料徵集委員會、中共廣東省委黨史資料徵集委員會、廣東革命歷史博物館編：中共黨史資料出版社 1988 年 5 月《廣州起義》第 204 頁。

[346] 中共中央黨史資料徵集委員會、中共廣東省委黨史資料徵集委員會、廣東革命歷史博物館編：中共黨史資料出版社 1988 年 5 月《廣州起義》第 202 頁。

香港的中共廣東省委。後脫離中共，投效國民革命軍，歷任陸軍步兵團連長、營長、副團長等職。抗日戰爭爆發後，任陸軍步兵團團長，守備旅副旅長，率部參加淞滬會戰、武漢會戰諸役。1938 年 11 月被國民政府軍事委員會銓敘廳敘任陸軍步兵上校（曾幹廷）。抗日戰爭勝利後，任陸軍步兵旅旅長。1945 年 10 月獲頒忠勤勳章。任師管區司令部副司令官等職。1946 年 5 月獲頒勝利勳章。1946 年 6 月奉派入中央訓練團將官班受訓，登記為少將學員，1946 年 8 月結業。

彭孟緝

彭孟緝（1908 － 1997）原名明熙，別字真如，別號念先，湖北武昌人。湖北漢陽文德書院、廣州中山大學文學系、廣州黃埔中央軍事政治學校第五期炮兵科、日本陸軍野戰炮兵學校畢業。1908 年 9 月 12 日生於武昌一個官宦家庭。其父蘇青早年追隨孫中山先生參加國民革命，先後任大元帥府秘書及國民政府文書局局長。其初讀於漢陽文德書院，畢業後南下廣州，入讀中山大學中國文學系。1926 年 3 月考入黃埔軍校入伍生總隊，1926 年 11 月正式升入廣州黃埔中央軍事政治學校第五期，初為政治科，[347] 後入炮兵科，[348]1927 年 7 月畢業。繼入日本野戰炮兵學校深造，1931 年秋回國，任南京湯山中央炮兵學校主任教官。1931 年 11 月初參與蔣介石在南京召集並主持、以黃埔一期生領銜的多次談話，系「中華民族復興社」創建初期的十幾名主要成員之一，其與干國勳是僅有的兩名第五期生。1932 年 3 月「中華民族復興社」成立，任中央幹事會候補幹事，[349] 兼該社週邊組織「革命軍人同志會」幹事會（書記桂永清）幹事，又兼任「中華復興社」炮兵學校分社（書記洪士奇）幹事。1933 年任炮兵第一旅第一團第一營營長，1934 年 6 月任軍事委員會軍官訓練班教官，1934 年 12 月任陸軍炮兵學校教官，1935 年 12 月任陸軍炮兵學校

---

[347] 湖南省檔案館校編、湖南人民出版社《黃埔軍校同學錄》第 196 頁記載。

[348] 劉紹唐主編：《民國人物小傳》傳記文學第七十三卷第五期第 132 頁記載。

[349] 文聞編：中國文史出版社 2004 年 1 月《我所知道的復興社》第 8 頁。

幹部訓練班代理主任，重炮兵訓練班主任。1936 年 4 月任陸軍炮兵學校重炮兵團團長，1937 年 2 月任軍政部直轄機械化重炮團（即炮兵第十團）團長，為國民革命軍機械化炮兵之創始。1936 年 3 月 21 日敘任陸軍炮兵中校。1937 年 5 月 6 日晉任陸軍炮兵上校。抗日戰爭爆發後，率部參加淞滬會戰，駐防上海參加抗日戰事。1938 年 4 月任炮兵第七旅副旅長，兼任炮兵第十團團長。1938 年 4 月 27 日被國民政府軍事委員會銓敘廳敘任陸軍少將。1940 年 8 月任陸軍野戰重炮兵第一旅副旅長。1941 年 11 月任軍政部西安炮兵第一補充兵訓練處處長，1943 年 1 月任野戰重炮兵第一旅旅長。1944 年 1 月兼任第四戰區司令長官部炮兵指揮部指揮官、黔桂湘邊區總司令部炮兵指揮部指揮官，率部參加貴陽、柳州及第三次長沙會戰。1944 年 12 月任陸軍總司令部炮兵指揮部指揮官。抗日戰爭勝利後，隨陸軍總司令部何應欽赴南京，主持日軍炮兵部隊受降與接收事宜。1945 年 10 月 10 日獲頒忠勤勳章。1946 年 2 月獲頒美國銅標自由勳章。1946 年 3 月奉調臺灣，任高雄要塞司令部司令官，兼任臺灣南部防衛司令部司令官、臺灣南部綏靖司令部司令官。1946 年 5 月獲頒勝利勳章。1947 年 5 月任臺灣省警備總司令部總司令，1948 年 1 月 1 日獲頒四等雲麾勳章。1948 年 9 月 22 日被國民政府軍事委員會銓敘廳敘任陸軍中將。1949 年 1 月 18 日陳誠兼任臺灣省警備總司令部總司令，其任副總司令。1949 年 12 月兼任臺灣省政府委員，1950 年 1 月任臺灣省保安司令（省政府主席吳國楨兼任）部副司令官。1950 年 3 月 1 日獲頒三等雲麾勳章。1950 年 3 月 17 日兼任臺灣省「反共保民」動員委員會（主任委員吳國楨）副主任委員，1950 年 7 月獲頒四等寶鼎勳章。後兼任臺灣省政府保安處處長，圓山軍官訓練團教育長，臺灣革命實踐研究院主任及附設幹部訓練班主任。1952 年 5 月奉調入臺灣國防大學（由陸軍大學改稱）學習，1952 年 7 月兼任臺北衛戍司令部司令官。1952 年 10 月當選為中國國民黨第七屆中央委員。1953 年 1 月加陸軍上將銜。1953 年 7 月任臺灣「國防部」（參謀總長周至柔）副參謀總長，1953 年 8 月任代理參謀總長。1954 年 12 月獲頒二等寶鼎勳章。1955 年 6 月實

任參謀總長並晉升陸軍二級上將。1957 年 6 月改任臺灣陸軍總司令兼臺灣防衛總司令部總司令。1957 年 10 月當選為中國國民黨第八屆中央委員。1959 年 6 月敘任陸軍一級上將,繼王叔銘任參謀總長。1960 年 9 月起連任中國國民黨第八屆三至五中全會中央常務委員。1960 年 10 月兼任臺灣國防部(部長俞大維)聯合作戰計畫委員會主任委員。1963 年 11 月起連任中國國民黨第九屆一至三中全會中央常務委員。1965 年 6 月繼周至柔任總統府參軍長,繼續兼任國防部聯合作戰計畫委員會主任委員,其間獲頒青天白日勳章。1966 年 9 月 12 日任駐泰國,1969 年 2 月 19 日任駐日本大使。1969 年 3 月續任中國國民黨第十屆中央委員。1972 年 9 月任總統府戰略顧問委員會陸軍一級上將委員。1974 年曾入臺灣大學歷史研究所博士班就讀。1976 年 11 月當選為國民黨第十一屆中央委員,1981 年 3 月當選為中國國民黨第十二屆中央委員。1988 年 7 月當選為中國國民黨第十三屆中央評議委員會主席團主席。1993 年 8 月當選為中國國民黨第十四屆中央評議委員。1997 年 12 月 19 日因病在臺北逝世。1998 年 1 月 16 日頒發中華民國褒揚令稱譽:「參與東征、北伐、戡亂、抗日諸役,尤於淞滬保衛戰、長沙三次大會戰中,衝鋒陷陣,屢建奇功」。[350] 其子彭蔭剛(中國國民黨第十三屆候補中央委員)與香港船王董浩雲之女董小萍結婚,是中華人民共和國全國政協副主席董建華胞妹。

舒化日(1905 - ?)別字歐宗,湖北蒲圻人。廣州黃埔中央軍事政治學校第五期步兵科畢業。1926 年 3 月考入廣州黃埔中央軍事政治學校第五期步兵科學習,1927 年 8 月畢業。歷任國民革命軍陸軍步兵團排長、連長、營長、團長等職。1936 年 3 月 21 日敘任陸軍炮兵中校。1937 年 5 月 6 日晉任陸軍炮兵上校。中華人民共和國成立後,寓居雲南省個舊市糧食局家屬宿舍。[351] 二十世紀八十年代參與雲南省黃埔軍校同學會活動。

---

[350] 胡健國主編:臺灣中華民國國史館 2002 年 0 月編印《中華民國褒揚令集》續編第七冊第 223 頁。

[351] 雲南省黃埔軍校同學會編:1993 年 9 月印行《雲南省黃埔軍校同學會會員通訊錄》

　　甄紹武（1905 － ？）湖北人。廣州黃埔中央軍事政治學校第五期政治科畢業。1926 年 3 月考入廣州黃埔中央軍事政治學校第五期政治科學習，1927 年 8 月畢業。歷任國民革命軍陸軍步兵團排長、連長、營長、團長等職。1945 年 4 月被國民政府軍事委員會銓敍廳頒令敍任陸軍步兵上校。

　　廖弼（1906 － ？）別字翊卿，湖北沔陽人。廣州黃埔中央軍事政治學校第五期步兵科畢業。1926 年 3 月考入廣州黃埔中央軍事政治學校第五期步兵科學習，在學期間參與軍校中國國民黨黨務，1926 年 12 月被推選為中國國民黨黃埔軍校宣傳委員會委員，1927 年 8 月畢業。分發國民革命軍第一軍第二師黨代表辦公室見習，後任團政治指導員，陸軍步兵師特別黨部特派員。抗日戰爭爆發後，任陸軍步兵師政治部副主任、主任等職。

潘國鈞

　　潘國鈞（1901 － 1930）別字龍文，湖北天門人。廣州黃埔中央軍事政治學校第五期步兵科畢業。1926 年 3 月考入廣州黃埔中央軍事政治學校第五期步兵科學習，1927 年 8 月畢業。歷任國民革命軍陸軍步兵連見習、排長、連長，1930 年 12 月 27 日在江蘇上海近郊作戰陣亡。[352]

部分學員照片：35 名

鄧均平　　毛鼎新　　王師　　　王星熹　　王維能　　龍飛　　　田錫恩

記載。

[352] 中國第二歷史檔案館供稿，華東工學院編輯出版部影印，檔案出版社 1989 年 7 月《黃埔軍校史稿》第八冊（本校先烈）第 273 頁第五期烈士芳名表記載 1930 年 12 月 27 日在江蘇上海陣亡。

劉瑜　　劉權五　　朱紹武　　阮潮　　張中興　　張佩琳　　李應時

李濟蒼　　李振坤　　李輝甲　　楊藝　　陳儀章　　陳松柏　　單棟

范純士　　姚輝武　　胡執三　　胡恢漢　　趙潤生　　查葦　　徐寅

高雲程　　黃平強　　黃近文　　黃實一　　龔心如　　傅大禾　　熊宗睦

　　如同上表及資料所載情況：湖北省籍擔任軍級人員有 5 名，師級人員有 7 名，兩項相加達到總數的 5.17%，累計有 12 人。

　　具體考量有如下情況：彭孟緝是該省第五期生最著名者，是國民革命軍機械化炮兵創始人，抗戰前即任炮兵學校教官、訓練班主任及機械化重炮兵團團長，培養一大批炮兵人才，其後歷任炮兵部隊重要職務，曾主持日軍炮兵部隊受降與接收事宜，到臺灣後歷任黨政軍高層要職，是第五期生在台官位最高者。其他知名將領有嚴翊、嚴映皋、周藩、黃恢亞等。干國勳作為國民革命軍高級政工人員，到臺灣後撰寫一批有價值的親歷史料，向後人披露了二十世紀三十年代許多鮮為人知史實。

五、浙江籍第五期生情況簡述

　　浙江自天公開物即為中華文明富庶之地，名人輩出遙領風騷於清末民國數十年。黃埔軍校自創辦始，就與浙人結下難解之緣。浙江人投考第五期人數居多。

表 28　浙江籍學員歷任各級軍職數量比例一覽表

職級	中國國民黨	人數	%
肄業或尚未見從軍任官記載	王培星、嚴不猛、張宗緒、沈　韜、陳　誠、陳　勉（浙江人，炮兵科）、林　芳、徐師競、秦京康、郭　焱、黃洪友、金曾煥、何霆威、樓振鐸、上官欽、車朝龍、齊曉東、陸國光、陸紹淵、陳　勉（步兵科）、陳樹屏、袁悟農、錢炳魁、裘育興、馬超群、王　浩、王萬根、盧　審、盧喚民、吳成秸、張廷偉、張昌文、張維生、陳征祥、傅祖訓、傅聰聱、斯　傑、樓　聱、樓一屬、王　雄、吳博施、王國章、龔煥文、丁卓儒、楊頌卿、劉醒夫、沈　翶、鄭濟時、龔志新、葛瑞維、詹化球、王中堅、何成功、應汝夏、周　遐、林　珍、鄭元龍、薑子騫、呂文郁、朱　企、朱　明、高浩然、陳　霆、金　濤、遊　傑、毛雲從、徐振宏、韋以琦、朱國偉、蕭鋤平、魏志超、湯　淳、陳　彪、葉沛然、葉景新、張　閭、楊人俊、邱獻辰、季春雷、徐師競、詹國雄、幹　盾、夏懋勳、尹任武、王興泮、朱文彪、沈良梅、周　岳、徐　楷、袁一中、謝哲琨、方　知、嚴不猛、徐震宇、林　皋、石餘法、張鑑宗、芮國英、王　肇、周志堅、金作醫、酈振南、黃如常、黃寅亮、斯學敏、孫尊三、林啓人、袁兆瑛、潘光射、王　馨、呂　晨、吳亦東、陳漢章、鄭建中、胡邦植、唐　翌、魯　衡、李　稠、王　複、朱文蔚、陳　勉（浙江裏安人，炮兵科）、歐陽春、柴良才、李鐵夫、葉志祥	125	75.76
排連營級	李俠農、陳　社、金　斌、劉雋毅、駱朝宗、茅志剛、張彝謨、華國中、朱耀章、張清塵、張鴻鵠、孫家楣、李維民、丁佐漢、	14	8.49
團旅級	范　廉、張　光、蔣　聲、鄒子勻、鄭　綱、徐步瀾、陳慶尚、王　凱、姚仲禮、鄭全山、應遠溥、邵　斌、林映東、金　雯、徐　敏、黃福階、薛志剛	17	10.3
師級	葉會西、沈開基、鄭育英、周伯道、戚永年、陳宏謨、尚　望	7	4.24
軍級以上	陳克非、徐志勗	2	1.21
合計		165	100

部分知名學員簡介：（39 名）

丁佐漢（1906 － 1928）浙江新昌人。廣州黃埔中央軍事政治學校第五期炮兵科畢業。1926 年 3 月考入廣州黃埔中央軍事政治學校第五期炮兵科學習，1927 年 8 月畢業。任國民革命軍陸軍炮兵連見習、副排長，1928 年 12 月 2 日在南京近郊作戰陣亡。[353]

王凱（1906 －？）別字克成，浙江永嘉人。廣州黃埔中央軍事政治學校第五期工兵科畢業。1926 年 3 月考入廣州黃埔中央軍事政治學校第五期工兵科學習，1927 年 8 月畢業。歷任國民革命軍陸軍工兵團排長、連長、營長、團長等職。抗日戰爭勝利後，任集團軍總司令部工兵指揮部副主任。1945 年 10 月獲頒忠勤勳章。1946 年 5 月被國民政府軍事委員會銓敘廳頒令敘任陸軍工兵上校。

王凱

葉會西（1907 － 1976）別字永蓁，別號葉榛、葉蓁，浙江樂清人。廣州黃埔中央軍事政治學校第五期炮兵科肄業。[354] 陸軍大學將官班乙級第四期畢業。生於 1907 年 6 月 2 日。1914 年入本縣盤穀小學堂讀書，繼入浙江省立第十師範學校附屬小學學習，後入浙江省立第十中學就讀，1925 年畢業。1926 年 3 月南下廣州，考入廣州黃埔中央軍事政治學校第五期炮兵科學習。後隨部參加北伐戰爭，1927 年入浙江警備師任見習、排長，繼任浙江省防軍連長、第一路軍總指揮部營長、參謀等職。1934 年 10 月任陸軍第八十八師司令部參謀，後任南京中央陸軍軍官學校中央教導總隊部少校參謀。1936 年保送乙種參謀業務訓練班第一期受訓，結業後返回

---

[353] 中國第二歷史檔案館供稿，華東工學院編輯出版部影印，檔案出版社 1989 年 7 月《黃埔軍校史稿》第八冊（本校先烈）第 279 頁第五期烈士芳名表記載 1928 年 12 月 2 日在江蘇南京陣亡。

[354] 臺灣中華民國國史館 2006 年 3 月印行《國史館現藏民國人物傳記史料彙編》第二十九輯第 576 頁傳記載。

原部隊。1937 年 2 月 9 日敘任陸軍炮兵少校。抗日戰爭爆發後，隨中央陸軍軍官學校教導總隊參加淞滬會戰、南京保衛戰。1938 年任軍事委員會戰時黨政工作幹部訓練團第一團教育處第一科科長，兼任軍官教育隊隊長。1939 年奉派入中央訓練團黨政班第五期受訓，1940 年春任軍事委員會戰時黨政工作幹部訓練團第一團學員總隊總隊長，1941 年 9 月任國民政府軍政部上校銜專勤附員襄辦人事業務。1942 年奉派入中央陸軍炮兵學校戰術研究班第五期受訓，畢業後分發炮兵部隊供職，1943 年 2 月任第六戰區第三十三集團軍（總司令馮治安）第五十九軍（軍長黃維綱、劉振三）司令部直屬炮兵團團長，1945 年任陸軍第五十九軍司令部炮兵指揮部指揮官。抗日戰爭勝利後，任軍政部專員。1945 年 10 月獲頒忠勤勳章。1946 年 5 月獲頒勝利勳章。1947 年 11 月入陸軍大學將官班乙級第四期學習，1948 年 11 月畢業。1949 年 3 月任重建後的陸軍第九軍（軍長徐志勖）第一六六師師長，率部南下駐防福州地區。1949 年 12 月率部駐守金門島，所部被編入第五軍序列。1950 年 2 月任金門防衛司令部副參謀長，1950 年 6 月奉派入中央訓練團第一期受訓，繼入高級班受訓。1952 年任臺灣陸軍第五十四軍副軍長，1952 年 12 月再入臺灣革命實踐研究院黨政軍聯合作戰研究班第一期受訓，1954 年入臺灣「國防大學」聯合作戰系第三期受訓，結訓後任臺灣國防部聯合作戰委員會委員。1958 年奉派赴金門襄助司令官胡璉，後回任聯合作戰委員會供職。1964 年 12 月以陸軍少將官階退役。[355] 後任臺灣「交通部」電信總局顧問，1976 年 9 月 21 日因車禍被撞傷，延至 10 月 7 日逝世。[356] 著有《通俗戰爭論》、《軍事哲學之革命戰爭觀》、《來台返金日記》、《張沖小傳》，文學評論結集有《禦寇文集》、《綠意集》等。

劉儁毅（1905 － 1930）別字克威，浙江義烏人。廣州黃埔中央軍事

---

[355] 臺灣中華民國國史館 2006 年 3 月印行《國史館現藏民國人物傳記史料彙編》第二十九輯第 577 頁傳記載。

[356] 劉國銘主編：春秋出版社 1989 年 3 月《中華民國國民政府軍政職官人物志》第 881 頁「臺灣知名要人死亡名單」載。

政治學校第五期步兵科畢業。1926 年 3 月考入廣州黃埔中央軍事政治學校第五期步兵科學習，1927 年 8 月畢業。任國民革命軍陸軍步兵連見習、排長、副連長，1930 年 6 月 29 日在河南民權作戰陣亡。[357]

　　朱耀章（1901 － 1932）又名耀彰，別字錦文，別號雪僧，浙江浦東[358]人，另載浙江浦江[359]人。本鄉浦陽學堂肄業，廣州黃埔中央軍事政治學校第五期步兵科畢業。出生於畫家家庭，少年時就讀於浦陽學堂，因家境貧寒而輟學，隨父學畫藝。1926 年 3 月入黃埔軍校入伍生隊受訓，

朱耀章

1926 年 11 月入廣州黃埔中央軍事政治學校第五期步兵科學習，1927 年 8 月畢業。隨部參加北伐戰爭，歷任國民革命軍第一軍第二十二師步兵營排、連長，隨部參加龍潭戰役。後入國民革命軍總司令部軍官團第一期受訓，1928 年夏任南京中央陸軍軍官學校第六期校本部訓練部教官，是第五期生擔任教官第一人。1929 年任國民政府警衛軍第一師第一團少校團附，1930 年任陸軍教導第一師司令部少校參謀，陸軍第五軍第八十七師（師長張治中兼）第二五九旅（旅長孫元良）第五一七團（團長張世希）第一營營長。1932 年「一・二八」淞滬抗日戰事發生後，代表全旅 188 名官佐向國民政府請纓抗日，2 月 14 日請纓獲準，隨部進駐上海前沿陣地。2 月 18 日接替第十九路軍部分防務，駐軍宋廟行鎮防線，2 月 20 日日軍發起進攻，率全營官兵奮起迎戰，與日寇進行肉搏戰，多次打退敵人進攻。3 月 2 日第五一七團移防婁塘鎮，其率一營駐守朱家橋，日軍發動猛烈進攻，因寡不敵眾，午後四時陣地左翼被日軍突破。3 月 3 日部隊奉命突圍，其身先士卒，直撲日軍前沿陣地，身中七彈壯烈殉國。犧牲後被

---

[357] 中國第二歷史檔案館供稿，華東工學院編輯出版部影印，檔案出版社 1989 年 7 月《黃埔軍校史稿》第八冊（本校先烈）第 271 頁第五期烈士芳名表記載 1930 年 6 月 29 日在河南民權陣亡。

[358] 湖南省檔案館校編、湖南人民出版社《黃埔軍校同學錄》記載。

[359] 中華人民共和國民政部編纂：范寶俊　朱建華主編：黑龍江人民出版社 1993 年 10 月《中華英烈大辭典》《中華英烈大辭典》第 506 頁。

追晉陸軍步兵中校，遺體安葬南京靈穀寺烈士墓，張治中及生前友好官佐送了挽聯和花圈。1963 年 10 月被浙江省人民政府追認為革命烈士。[360]

華國中（1906 － 1927）別字鼎球，浙江青田人。廣州黃埔中央軍事政治學校第五期步兵科畢業。1926 年 3 月考入廣州黃埔中央軍事政治學校第五期步兵科學習，1927 年 8 月畢業。國民革命軍第一軍第一師第二團步兵連見習，1927 年 11 月在安徽鳳陽作戰陣亡。[361]

鄔子勻（1905 －？）別字中堅，浙江寧海人。廣州黃埔中央軍事政治學校第五期工兵科畢業。1926 年 3 月考入廣州黃埔中央軍事政治學校第五期工兵科學習，1927 年 8 月畢業。歷任國民革命軍陸軍工兵團排長、連長、營長、團長等職。1935 年 7 月 19 日敘任陸軍工兵少校。1936 年 4 月 10 月晉任陸軍工兵中校。1943 年 7 月被國民政府軍事委員會銓敘廳頒令敘任陸軍工兵上校。

孫家楣（1902 － 1927）浙江富陽人。廣州黃埔中央軍事政治學校第五期經理科肄業。1926 年 3 月考入廣州黃埔中央軍事政治學校第五期經理科學習，在學期間於 1927 年 5 月 5 日在廣州黃埔平岡作戰陣亡。[362]

張光（1907 －？）別字少順，浙江東陽人。廣州黃埔中央軍事政治學校第五期炮兵科畢業。1926 年 3 月入黃埔軍校入伍生隊受訓，1926 年 11 月入廣州黃埔中央軍事政治學校第五期炮兵科學習，1927 年 8 月畢

---

[360] 中華人民共和國民政部組織編纂，範寶俊　朱建華主編：黑龍江人民出版社 1993 年 10 月《中華英烈大辭典》第 506 頁記載。

[361] ①冀樂群編纂：南京中央陸軍軍官學校 1934 年印行《中央陸軍軍官學校追悼北伐陣亡將士特刊－黃埔血史》記載；②中國第二歷史檔案館供稿，華東工學院編輯出版部影印，檔案出版社 1989 年 7 月《黃埔軍校史稿》第六冊《各期陣亡學生姓名表》第 272 － 275 頁第五期名單記載；③中國第二歷史檔案館供稿，華東工學院編輯出版部影印，檔案出版社 1989 年 7 月《黃埔軍校史稿》第八冊（本校先烈）第 272 頁第五期烈士芳名表記載 1927 年 11 月在安徽蚌埠陣亡。

[362] 中國第二歷史檔案館供稿，華東工學院編輯出版部影印，檔案出版社 1989 年 7 月《黃埔軍校史稿》第八冊（本校先烈）第 279 頁第五期烈士芳名表記載 1927 年 5 月 5 日在廣州黃埔平岡陣亡。

業。隨部參加北伐戰爭，歷任國民革命軍陸軍炮兵營排
長、連長、副營長等職。1937 年 5 月 20 日晉任陸軍炮兵
少校。抗日戰爭爆發後，任第三戰區浙江省抗日自衛總隊
（總隊長趙龍文）部參謀主任，後任該總隊第二支隊支隊
長。1939 年春任錢塘江南岸行動總隊（總隊長趙龍文）副
總隊長，後任總隊長。

張光

張清塵（1906 －？）別字景祺，別號風伯，浙江諸暨
人。廣州黃埔中央軍事政治學校第五期工兵科畢業，中央
軍官訓練團第一期結業。1926 年 3 月考入廣州黃埔中央軍
事政治學校第五期工兵科學習，1927 年 8 月畢業。歷任國
民革命軍陸軍工兵團排長、連長、副營長。抗日戰爭爆發

張清塵

後，任陸軍預備第十師步兵第三十七團第一營少校營長，隨部參加淞滬會
戰、南京保衛戰。1938 年 5 月奉派入中央軍官訓練團第一期第三大隊第
九中隊學員隊受訓，1938 年 7 月結業。後任陸軍第十預備師第三十七團
副團長、團長等職。

張鴻鵠（1906 －？）別字鴻毅，浙江諸暨人。廣州黃埔中央軍事政
治學校第五期步兵科畢業，中央軍官訓練團第一期結業。1926 年 3 月考
入廣州黃埔中央軍事政治學校第五期步兵科學習，1927 年 8 月畢業。歷
任國民革命軍陸軍第九師步兵團排長、連長、營長。抗日戰爭爆發後，任
陸軍第九師第五十團少校團附，隨部參加抗日戰役。1938 年 5 月奉派入
中央軍官訓練團第一期第一大隊第二中隊學員隊受訓，1938 年 7 月結業。
後任陸軍第九師步兵第五十團副團長、團長等職。

張彝謨（1906 － 1937）又名彝模，別字誼延，浙江東陽人。廣州黃
埔中央軍事政治學校第五期經理科畢業。1926 年 3 月入黃埔軍校入伍生
隊受訓，1926 年 11 月入廣州黃埔中央軍事政治學校第五期經理科學習，
1927 年 8 月畢業。隨部參加北伐戰爭，歷任國民革命軍陸軍輜重兵營排
長、連長、副營長。1935 年 7 月 13 日敘任陸軍步兵少校。抗日戰爭爆發

後，任陸軍第七十四軍（軍長俞濟時）第五十八師（師長馮聖法）第一七四旅（旅長吳祖光）司令部直屬輜重兵營營長，隨部參加淞滬會戰，率部防守川沙縣防禦陣地，1937 年 9 月 18 日在蘇村與日軍激戰中，頭部中彈後犧牲。[363]

李俠農（1904 － 1932）浙江人。廣州黃埔中央軍事政治學校第五期工兵科畢業。1926 年 3 月考入廣州黃埔中央軍事政治學校第五期工兵科學習，1927 年 8 月畢業。任國民革命軍陸軍步兵連見習、排長、副連長，1932 年 11 月 14 日在浙江作戰陣亡。[364]

李維民（1902 － 1928）別字冀平，浙江縉雲人。廣州黃埔中央軍事政治學校第五期步兵科畢業。1926 年 3 月考入廣州黃埔中央軍事政治學校第五期步兵科學習，1927 年 8 月畢業。任國民革命軍陸軍步兵連見習、副排長，1928 年 5 月 4 日在安徽六安作戰陣亡。[365]

沈開基（1902 － 1987）別號文明，浙江奉化人。廣州黃埔中央軍事政治學校第五期步兵科畢業。1926 年 3 月入黃埔軍校入伍生隊受訓，1926 年 11 月入廣州黃埔中央軍事政治學校第五期步兵科學習，1927 年 8 月畢業。隨部參加北伐戰爭和抗日戰爭，歷任國民革命軍排、連、營、

沈開基

團、旅長等職。抗日戰爭勝利後，1945 年 10 月獲頒忠勤勳章。1946 年 5 月獲頒勝利勳章。1946 年 6 月任陸軍整編第二十六師（師長）司令部參謀長。1948 年夏整編師改編為軍後，仍任參謀長。1948 年 12 月在河南

---

[363] 上海市政協文史資料委員會編：上海古籍出版社《上海文史資料存稿彙編－抗戰史料》第 71 頁。

[364] 中國第二歷史檔案館供稿，華東工學院編輯出版部影印，檔案出版社 1989 年 7 月《黃埔軍校史稿》第八冊（本校先烈）第 281 頁第五期烈士芳名表記載 1932 年 11 月 14 日在浙江陣亡。

[365] 中國第二歷史檔案館供稿，華東工學院編輯出版部影印，檔案出版社 1989 年 7 月《黃埔軍校史稿》第八冊（本校先烈）第 278 頁第五期烈士芳名表記載 1928 年 5 月 4 日在安徽六安陣亡。

許昌被人民解放軍俘虜，獲釋後轉赴香港，後赴臺灣定居。1987 年 4 月 4 日因病逝世。

應遠溥（1906 － 1980）別號仁傑，浙江黃岩人。廣州黃埔中央軍事政治學校第五期步兵科、中央交通輜重兵學校高級班第七期畢業。1926 年 3 月入黃埔軍校入伍生隊受訓，1926 年 11 月入廣州黃埔中央軍事政治學校第五期步兵科學習，1927 年 8 月畢業。隨部參加北伐戰爭，歷任國民革命軍排、連、副營長等職。抗日戰爭爆發後，任軍政部直屬交通輜重兵第一團第一營營長、副團長、團長。1945 年 1 月被國民政府軍事委員會銓敘廳敘任陸軍步兵上校。任交通處處長、高級參謀等職。抗日戰爭勝利後，任聯合後方勤務總司令部直屬輜重兵輓馬第一團團長等職。1945 年 10 月獲頒忠勤勳章。1946 年 5 月獲頒勝利勳章。1947 年 4 月奉派入中央軍官訓練團第三期第二中隊學員隊受訓，1947 年 6 月結訓。後任聯合後方勤務總司令部高級參謀，兼任交通輜重兵總隊總隊長等職。1949 年到臺灣，1964 年 10 月以陸軍少將退役。

邵斌（1904 －？）浙江黃岩人。廣州黃埔中央軍事政治學校第五期步兵科畢業，中央訓練團黨政班第十六期結業。1926 年 3 月入黃埔軍校入伍生隊受訓，1926 年 11 月入廣州黃埔中央軍事政治學校第五期步兵科學習，1927 年 8 月畢業。隨部參加北伐戰爭，歷任國民革命軍排、連、營長。後任南京中央陸軍軍官學校第十三期第二學員總隊副總隊長。1936 年 3 月 27 日敘任陸軍步兵少校。1937 年 5 月 15 日敘任陸軍步兵中校。抗日戰爭爆發後，隨軍校遷移西南地區，續任中央陸軍軍官學校第十四期第二總隊總隊附，第十七期第二總隊上校副總隊長。1944 年任軍政部第十三新兵補訓處副處長。1945 年 7 月被國民政府軍事委員會銓敘廳敘任陸軍步兵上校。抗日戰爭勝利後，1945 年 10 月獲頒忠勤勳章。1946 年 5 月獲頒勝利勳章。1946 年春任浙江省青年服務總隊少將總隊長，後任國防部部附。1949 年到臺灣。

陳社（1904 － 1933）浙江杭縣人。廣州黃埔中央軍事政治學校第五

期政治科畢業。1926 年 3 月考入廣州黃埔中央軍事政治學校第五期政治科學習，1927 年 8 月畢業。任國民革命軍陸軍步兵連見習、排長、副連長、參謀，1933 年 6 月 28 日在浙江杭州作戰陣亡。[366]

陳慶尚（1904 － 1949）別字公心，別號炳如，浙江永康人。廣州黃埔中央軍事政治學校第五期步兵科、陸軍大學將官班乙級第四期畢業。1926 年 3 月入黃埔軍校入伍生隊受訓，1926 年 11 月入廣州黃埔中央軍事政治學校第五期步兵科學習，1927 年 8 月畢業。隨部參加北伐戰爭，歷任國民革命軍陸軍步兵團排長、連長、營長，隨部參加北伐戰爭及中原大戰諸役。1932 年春加入「中華民族復興社」，先後入「中華民族復興社」特務處、軍事委員會調查統計局供職。抗日戰爭爆發後，1942 年 12 月任第三戰區蘇浙皖邊區貨管處副處長，後派任軍事委員會調查統計局江西站站長等職。抗日戰爭勝利後，1945 年 10 月獲頒忠勤勳章。1946 年 5 月獲頒勝利勳章。1946 年 6 月任國防部附員等職。1947 年 11 月入陸軍大學乙級將官班學習，1948 年 11 月畢業。1949 年 3 月任國防部青年救國團浙東義勇總隊司令官，1949 年 11 月 2 日在浙江麗水被人民解放軍俘虜，後被處決。

陳克非（1903 － 1968）原名建秀，別字鍾靈，別號惟毓，浙江天臺人。廣州黃埔中央軍事政治學校第五期政治科、陸軍大學將官訓練班第二期畢業。1903 年 5 月 10 日生於天臺縣一個耕讀家庭。1926 年 3 月入黃埔軍校入伍生隊受訓，1926 年 11 月入廣州黃埔中央軍事政治學校第五期政治科學習，1927 年 8 月畢業。分發國民革命軍第一軍第九師任步兵團排長，隨部參加第二期北伐戰爭。1929 年部隊編遣後，任縮編後的陸軍第九師步兵連連長，隨部參加中原大戰。1931 年任陸軍第九師第五十一團第一營營長，隨部參加對江西紅軍及根據地的「圍剿」作戰。1934 年

---

[366] 中國第二歷史檔案館供稿，華東工學院編輯出版部影印，檔案出版社 1989 年 7 月《黃埔軍校史稿》第八冊（本校先烈）第 276 頁第五期烈士芳名表記載 1933 年 6 月 28 日在浙江杭州陣亡。

任陸軍第九師（師長李延年）第二十六旅司令部參謀主任，1936 年 10 月任第九師第二十六旅第五十一團副團長。1935 年 6 月 18 日敍任陸軍步兵少校。1936 年 10 月 2 日晉任陸軍步兵中校。抗日戰爭爆發後，任陸軍第二軍第九師第二十五旅第四十九團團長，率部參加徐州會戰、武漢會戰。1938 年 12 月任陸軍第九師司令部參謀長，1939 年任陸軍第二軍（軍長李延年）第九師（師長鄭作民）第二十五旅旅長，率部參加昆侖關戰役。1940 年任陸軍第二軍（軍長李延年）第九師（師長鄭作民）副師長，1941 年兼任湖南澧（縣）慈（利）師管區司令部司令官，率部參加桂南會戰、棗宜會戰、第二次長沙會戰諸役，1943 年參加中國遠征軍赴印緬抗日作戰。1944 年 10 月接張金廷任陸軍第二軍（軍長王淩雲）第九師師長，率部參加緬北戰役、滇西戰役。1945 年 4 月被國民政府軍事委員會銓敍廳敍任陸軍步兵上校。抗日戰爭勝利後，1945 年 10 月獲頒忠勤勳章。率部由雲南赴中原地區參加受降與接收事宜。1946 年 5 月獲頒勝利勳章。1946 年 6 月任陸軍整編第九師（師長王淩雲兼、張金廷）整編第九旅旅長，率部在中原地區與人民解放軍作戰。1948 年 3 月任陸軍第十五軍（軍長）副軍長，代理軍長，1948 年 6 月接王淩雲任陸軍第二軍軍長，統轄陸軍第九師（師長尹作幹、蔣治英）、第七十六師（師長劉平、張桐森）等部。1948 年 9 月 22 日被國民政府軍事委員會銓敍廳敍任陸軍少將。1948 年 12 月兼任湖北荆（州）沙（市）警備司令部司令官，1949 年 9 月任西南軍政長官公署第二十兵團司令部司令官，統轄陸軍第二軍（軍長陳克非兼）、第一一八軍（軍長方暾）、第一二四軍（軍長顧葆裕）等部。1949 年 12 月 24 日在四川郫縣率領第二十兵團一部及第十四兵團餘部共 12000 人起義。中華人民共和國成立後，任中國人民解放軍中南軍區司令部高級參謀，中國人民解放軍第五十軍（軍長曾澤生）第一副軍長。1950 年 3 月任中南軍政委員會參事室參事，1954 年任武漢市人民政府參事室參事，1961 年 8 月任湖北省人民政府參事室（主任江炳靈）副主任，湖北省政協委員、常務委員，民革湖北省委員會常務委員。1956 年 2 月當

選為民革第三屆中央候補委員，1958 年 11 月當選為民革第四屆中央候補委員，1959 年 4 月當選為第三屆全國政協委員，1964 年 12 月當選為第四屆全國政協委員。1968 年 9 月在「文化大革命」中被迫害致死，1979 年 12 月獲平反恢復名譽。著有《我從鄂西潰退入川到起義的經過》（1961 年撰文，載於中國文史出版社《文史資料選輯》第二十三輯、中國人民解放軍歷史資料叢書編審委員會：「中國人民解放軍歷史資料叢書」，解放軍出版社 1996 年 1 月《解放戰爭時期國民黨軍起義投誠－川黔滇康藏地區》第 599 頁）、《關於〈我在西南的掙紮和被殲滅經過〉的一點說明》（載於中國文史出版社《文史資料選輯》第五十五輯）、《光榮的抉擇》等。

陳宏謨（1906 － 1952）原名名斌，別字嘉猷，原載籍貫四川內江，生於浙江溫嶺。廣州黃埔中央軍事政治學校第五期炮兵科、中央政治學校第一期畢業。1926 年 3 月入黃埔軍校入伍生隊受訓，1926 年 11 月入廣州黃埔中央軍事政治學校第五期炮兵科學習，1927 年 8 月畢業。隨部參加北伐戰爭，歷任國民革命軍炮兵營排長、連長，少校副官、中校團附。1932 年加入「中華民族復興社」。1933 年 7 月任河南省保安團少校大隊長。1935 年 5 月任四川省第二區保安司令部主任參謀，兼任保安第三團代理團長，1937 年 1 月任南京中央陸軍軍官學校特別訓練班上校大隊長。抗日戰爭爆發後，隨部參加抗日戰事。1938 年 7 月任軍事委員會奉派駐第十八集團軍總司令部聯絡參謀、高級參謀，1941 年 10 月參與發起延安黃埔同學會，與徐向前、郭化若、宋時輪等被選為主席團成員，任同學會理事。後為第十八集團軍駐渝辦事處攜帶 300 萬元款項到陝北，被撤職查辦。1943 年 2 月任軍事委員會辦公廳參議科科長，1945 年 4 月被國民政府軍事委員會銓敘廳敘任陸軍炮兵上校。抗日戰爭勝利後，1945 年 10 月獲頒忠勤勳章。1946 年 1 月任軍事委員會參謀本部第二廳第三處第九科科長。1946 年 5 月獲頒勝利勳章。1946 年 10 月任四川巴縣團管區司令部司令官。1949 年 7 月任川南師管區司令部司令官。1949 年 9 月任西南軍政長官公署第十五兵團陸軍第三六四師師長，率部與人民解放軍作

戰。1949 年 12 月 23 日隨羅廣文部在四川郫縣起義。[367]1950 年 4 月 1 日參加中國人民解放軍西南軍政大學高級研究班學習，1951 年 1 月結業，分配任中國人民解放軍西南軍區司令部高級參謀室高級參謀。1952 年被逮捕入獄，後被判處死刑。1983 年 4 月撤銷原判獲得平反，恢復起義人員名譽。

周伯道

　　周伯道（1905 － ？）別字博濤，別號伯濤，浙江諸暨人。廣州黃埔中央軍事政治學校第五期政治科、陸軍大學將官班乙級第三期畢業。1926 年 3 月考入廣州黃埔中央軍事政治學校第五期工兵科工兵大隊學習，在學期間轉入政治科政治大隊學習，1927 年 8 月畢業。歷任國民革命軍陸軍步兵連政治指導員，陸軍步兵團政訓主任、營長、團長。抗日戰爭爆發後，任陸軍第八十九軍（軍長顧錫九）司令部參謀長，後任浙江浙西師管區司令部副司令官。抗日戰爭勝利後，任浙江省保安旅副旅長。1946 年 5 月被國民政府軍事委員會銓敘廳敘任陸軍工兵上校。1947 年 2 月入陸軍大學乙級將官班學習，1948 年 4 月畢業。任浙江省第五區「清剿」司令部副司令官。1949 年到臺灣，任臺灣陸軍第二六九師副師長、師長，陸軍第八軍司令部參謀長、副軍長、軍長。1963 年 12 月以陸軍中將銜退役。

　　范廉（1906 － ？）別字伯泉，別號彥生，原載籍貫湖南益陽，生於浙江天臺。廣州黃埔中央軍事政治學校第五期步兵科畢業。1926 年 3 月入黃埔軍校入伍生受訓，1926 年 11 月入廣州黃埔中央軍事政治學校第五期步兵科學習，1927 年 8 月畢業。隨部參加北伐戰爭，歷任陸軍步兵營排長、連長、營長。抗日戰爭爆發後，歷任陸軍步兵團團長，師司令部參謀長，高級參謀等職。1945 年 1 月被國民政府軍事委員會銓敘廳敘任陸軍步兵上校。抗日戰爭勝利後，任守備區司令部副司令官。1945 年 10 月獲頒忠勤勳章。1946 年 5 月獲頒勝利勳章。1946 年 6 月奉派入中央訓練

---

[367] 中國人民解放軍歷史資料叢書編審委員會：「中國人民解放軍歷史資料叢書」，解放軍出版社 1996 年 1 月《解放戰爭時期國民黨軍起義投誠－川黔滇康藏地區》第 815 頁。

團將官班受訓，登記為少將學員，1946 年 8 月結業。

林映東（1907－？）別字志照，原載籍貫浙江溫州，另載浙江青田人。廣州黃埔中央軍事政治學校第五期步兵科畢業。1926 年 3 月入黃埔軍校入伍生隊受訓，1926 年 11 月入廣州黃埔中央軍事政治學校第五期步兵科學習，1927 年 8 月畢業。隨部參加北伐戰爭，歷任國民革命軍陸軍步兵營排長、連長、副營長等職。1935 年 6 月 20 日敘任陸軍步兵少校。抗日戰爭爆發後，任陸軍第十八軍第十一師第三十二旅第六十六團中校團附，隨部參加淞滬會戰。1938 年 5 月奉派入中央軍官訓練團第一期第一大隊第二中隊學員隊受訓，1938 年 7 月結業。任陸軍步兵師司令部步兵指揮部指揮官。抗日戰爭勝利後，1945 年 10 月獲頒忠勤勳章。1946 年 5 月獲頒勝利勳章。1946 年 11 月被國民政府軍事委員會銓敘廳頒令敘任陸軍步兵上校。

金雯（1906－1942）別號叔章，浙江永嘉人。廣州黃埔中央軍事政治學校第五期步兵科、杭州筧橋中央航空學校第一期畢業。本鄉高等小學堂就讀，後考入浙江省立第十中學學習，畢業後南下廣州。1926 年 3 月入黃埔軍校入伍生隊受訓，1926 年 11 月入廣州黃埔中央軍事政治學

金雯

校第五期步兵科學習，1927 年 8 月畢業。隨部參加北伐戰爭，歷任國民革命軍陸軍第十四師排長，第九軍第四十團第二營第八連副連長，1927 年 11 月在安徽鳳陽作戰負傷。[368] 後轉學空軍入航空學校學習，畢業後歷任空軍第三隊飛行員，杭州筧橋中央航空學校教官，空軍第六隊副隊長、隊長。1937 年 9 月 7 日晉任空軍上尉。抗日戰爭爆發後，任空軍第二大隊副大隊長、少校大隊長，第六大隊大隊長。1941 年 12 月再任第二大隊中校大隊長，率空軍第二大隊參加第三次長沙會戰。1942 年 1 月 16 日自桂林返南寧經貴州黎平時撞山遇難。國民政府軍事委員會追贈空軍上校

---

[368] 1934 年印行《中央陸軍軍官學校追悼北伐陣亡將士特刊－黃埔血史》記載。

（比敘陸軍少將銜）。

　　金斌（1899 － 1927）浙江人。廣州黃埔中央軍事政治學校第五期政治科肄業。1926 年 3 月考入廣州黃埔中央軍事政治學校第五期政治科學習，在學期間隨軍校政治大隊北上武昌，1927 年 1 月入中央軍事政治學校武漢分校政治科續學，1927 年 4 月 13 日在兩黨紛爭中遇害身亡。[369]

　　鄭綱（1905 － 1978）浙江寧海人。廣州黃埔中央軍事政治學校第五期步兵科畢業。1926 年 3 月入黃埔軍校入伍生隊受訓，1926 年 11 月入廣州黃埔中央軍事政治學校第五期政治科學習，1927 年 8 月畢業。隨部參加北伐戰爭，歷任國民革命軍第一師排、連長，教導第二師交通隊隊長等職。抗日戰爭勝利後，任國民革命軍總司令部兵站總監部第十二分站少校督導員，軍政部駐衢州辦事處運輸處副處長，軍政部直屬第十交通輜重兵團副團長、團長等職，抗日戰爭勝利後，1945 上 10 月獲頒忠勤勳章。1946 年 1 月任聯合後方勤務總司令部漢口第二補給區司令部交通處處長，1946 年 5 月獲頒勝利勳章。後任國防部少將部員。1946 年 7 月退役，任浙江永嘉縣警察局局長。1949 年 5 月率部向人民解放軍投誠，後返鄉定居。

　　鄭全山（1903 － 1999）又名有藏，別字有常，清定法師俗名鄭全山，祖籍浙江南田，生於浙江三門。廣州黃埔中央軍事政治學校第五期步兵科肄業。[370]1903 年（清光緒二十九年）12 月 16 日出生於浙江三門縣高棍鄉一個名門望族家庭。其父為清末秀才，家世信佛。其幼承庭訓，7 歲

---

[369] ①《中央陸軍軍官學校史稿》第六冊 272 － 275 頁記載入第五期被共產黨殘殺學生姓名表；②中國第二歷史檔案館供稿，華東工學院編輯出版部影印，檔案出版社 1989 年 7 月《黃埔軍校史稿》第六冊《各期陣亡學生姓名表》第 272 － 275 頁第五期名單記載；③中國第二歷史檔案館供稿，華東工學院編輯出版部影印，檔案出版社 1989 年 7 月《黃埔軍校史稿》第八冊（本校先烈）第 280 頁第五期烈士芳名表記載 1927 年 4 月 13 日在湖北武昌陣亡。

[370] 湖南省檔案館校編、湖南人民出版社《黃埔軍校同學錄》無載。現據鄭全山本人回憶自述記載。

即開始念誦佛經，入邑中私塾發蒙，後入縣立高等小學、縣立中學讀書，熟讀四書五經及諸子百家著述，從其父接受佛教教義。1922 年中學畢業後，南下廣州考入廣東大學哲學系，在學期間加入中國國民黨。1925 年畢業，因品學兼優留校任教。1926 年 3 月考入廣州黃埔中央軍事政治學校第五期步兵科學習，1927 年 8 月畢業。北上南京入中國國民黨中央政治訓練班學習，後任南京中央步兵學校教官，南京中央陸軍軍官學校教導總隊第二旅營長、副團長，陸軍整理分處第五組副主任等職。抗日戰爭爆發後，任第四戰區司令長官部幹部訓練團訓育處副處長、政治部副主任，新兵整訓處專員等職。1939 年任峨眉山中央訓練團政訓主任，將校團少將銜主任教官。1941 年 12 月入陸軍大學特別班第六期學習，1943 年 12 月畢業。後入重慶南岸獅子山慈雲寺為僧，立「清定法師」，後為堂主。1944 年在成都昭覺寺為僧，後為該寺主持。中華人民共和國成立後，遷移上海金剛道場傳頌教義。1955 年 9 月在肅反運動中因「歷史問題」逮捕，關押於上海提籃橋監獄。1957 年經上海市中級人民法院審判，被判處無期徒刑。1975 年 3 月 19 日獲特赦釋放，1979 年經上海市中級人民法院重新審理決定為其平反恢復名譽，撤銷 1957 年原判。中國佛教協會會長趙樸初稱其：「清定法師是我國一位不可多得的高僧，你們應該將他請回寺院。」1985 年 12 月重返闊別四十餘載的昭覺寺任主持。1987 年 2 月在中國佛教協會第五屆代表大會被選為常務理事。1987 年 4 月在昭覺寺升座，出任第十七代方丈。1987 年 6 月在四川省佛教協會第四屆代表大會被選為常務理事。1988 年 7 月永光法師圓寂，其接任成都市佛教協會會長。1987 年 10 月被選為成都市政協常務委員，其間被推選為成都市黃埔軍校同學會副會長，四川省黃埔軍校同學會（會長郭汝瑰）顧問。1989 年 8 月下旬參加由中國佛教協會副會長明法師擔任團長的赴美弘法團。其在佛教理論方面具有很高的造詣，在國內外有較大的影響，是宗教界傑出的代表人士，曾任昭覺寺佛學院院長。1994 年 6 月在成都參加黃埔軍校成立七十周年紀念活動，1995 年 4 月親臨廣州黃埔軍校參觀留影。1999

年 6 月 22 日 20 時 20 分在成都安祥舍報。1999 年 7 月 2 日在昭覺寺藏經樓前舉行清定法師追悼大會，中共中央統戰部辦公廳、國務院宗教事務局、四川省委辦公廳、省人大常委會、省政府、省政協均送了花圈。全國政協副主席、中國佛教學會會長趙樸初發唁電雲：「驚悉清定大師安祥舍報，寂音傳來，曷勝哀悼！上師顯學密行，一如仙露明珠；毗尼嚴淨，勝似松風水月。人天眼滅，眾生痛失皈依；正覺圓成，法輪務祈常轉。惟不捨眾生，乘願再來，不違本誓，回向娑婆。遙仰西天，不盡依依，特電哀唁，謹申追慕」。

鄭育英（1904 － 1966）別字小波，浙江南田人。廣州黃埔中央軍事政治學校第五期政治科畢業。1926 年 3 月入黃埔軍校入伍生隊受訓，1926 年 11 月入廣州黃埔中央軍事政治學校第五期政治科學習，1927 年 8 月畢業。隨部參加北伐戰爭，歷任國民革命軍排、連、營長等職。抗日戰爭爆發後，歷任軍事委員會軍事訓練部科長、秘書，軍政幹部訓練處處長，補充團上校團長，中央陸軍軍官學校第十七期政治科主任教官。1943 年 11 月任中央警官學校政治部主任，兼警官學校政治總教官。1945 年 1 月改任中央警官學校政治訓練處處長、代理教育長等職。抗日戰爭勝利後，任第十七綏靖區司令部交通勤務處處長，海軍總司令部部附等職。1949 年春曾策動舊屬起義。中華人民共和國成立後，任中央人民政府公安部參事室參事，公安幹部學校教員等職。

尚望（1904 － ？）別號渭父，別字陶舜，浙江縉雲人。廣州黃埔中央軍事政治學校第五期步兵科、美國陸軍諜報學校畢業。1926 年 3 月入黃埔軍校入伍生隊受訓，1926 年 11 月入廣州黃埔中央軍事政治學校第五期步兵科學習，1927 年 8 月畢業。隨部參加北伐戰爭，歷任國民革命軍排、連、營長，上海大同大學軍事訓練室教官，1937 年 1 月任陸軍第七十九師第四七〇團團長。1935 年 6 月 20 日敘任陸軍步兵少校。1936 年 6 月 8 日晉任陸軍步兵中校。抗日戰爭爆發後，隨部參加抗日戰事。1938 年 5 月奉派入中央軍官訓練團第一期第一大隊第二中隊學員隊受訓，1938

年 7 月結業。後任軍事委員會調查統計局上校參謀，忠義救國軍總指揮部總參議、參謀長，軍事委員會調查統計局本部機要室主任秘書，軍事委員會別動軍司令（周偉龍）部參謀長，中美特種技術合作所上海辦事處軍事組組長。1945 年 4 月被國民政府軍事委員會銓敍廳敍任陸軍步兵上校。抗日戰爭勝利後，1947 年留美回國後，任國防部保密局資料室主任，交通警察總局福州辦事處主任等職。1949 年秋到臺灣，任國防部保密局（後改為情報局）設計委員。1959 年 12 月退役。

　　姚仲禮（1906－？）浙江臨海人。廣州黃埔中央軍事政治學校第五期炮兵科畢業。1926 年 3 月考入廣州黃埔中央軍事政治學校第五期炮兵科學習，1927 年 8 月畢業。歷任國民革命軍陸軍炮兵團排長、連長、營長、團長等職。抗日戰爭勝利後，1945 年 10 月獲頒忠勤勳章。任衢州綏靖主任公署炮兵指揮部主任。1946 年 5 月獲頒勝利勳章。1948 年 1 月被國民政府軍事委員會銓敍廳頒令敍任陸軍炮兵上校。

　　駱朝宗（1899－1932）別字於海，浙江義烏縣北鄉西翰莊人。浙江省立第一中學、金華省立工業專科學校、廣州黃埔中央軍事政治學校第五期炮兵科畢業。幼年私塾啟蒙，少時入本鄉楂林之漢高等小學就讀，畢業考入浙江省立第一中學，1923 年畢業。返回原籍任楂林之漢高等小

駱朝宗

學教員，推選為義烏縣學生聯合會理事長，中國國民黨義烏縣特別黨部籌備員。1925 年奉派到廣州，1926 年 3 月入廣州黃埔中央軍事政治學校第五期炮兵科學習，北伐誓師後隨軍參戰，經歷湖北汀泗橋、賀勝橋之役、武昌戰役，1927 年 8 月補行畢業手續。分發任國民革命軍總司令部政治訓練部科員，1927 年 10 月隨軍參加江西狗子山戰役。1927 年 11 月任國民革命軍總司令部補充第一團監護營第三連中尉副連長，隨軍參加南昌牛行、樂化車站之役，1928 年 4 月隨部參加韓莊戰役、山東臨城、藤縣戰役，後又參加泰安之役，1929 年 5 月任補充第一團第一營第三連連上尉連長。1929 年 9 月任浙江警衛第一旅第一團連長，隨部參加湖北襄陽

老河口討伐戰役。1930 年 1 月任中央警衛旅第一團第一營第三連連長，1930 年 5 月隨部參加中原大戰，1931 年 1 月任中央警衛師步兵第二旅司令部少校參謀。1931 年 10 月任陸軍第五軍第八十八師第五二八團第一營第二連連長，1932 年 1 月隨軍參加「一‧二八」淞滬抗戰，1932 年 2 月22 日在廟行之役與日軍作戰殉國。[371]

　　徐敏（1905 － ？）浙江裏安人。廣州黃埔中央軍事政治學校第五期炮兵科畢業。1926 年 3 月考入廣州黃埔中央軍事政治學校第五期炮兵科學習，1927 年 8 月畢業。歷任國民革命軍陸軍炮兵團排長、連長、營長、團長等職。1939 年 8 月被國民政府軍事委員會銓敘廳頒令敘任陸軍炮兵上校。

　　徐志勗（1907 － 1984）別字志勖，浙江永嘉縣枬溪楓林鎮人。永嘉縣立第八高等小學、永嘉省立第十中學、廣州黃埔中央軍事政治學校第五期步兵科、陸軍大學正則班第十期畢業。父定趨，畢業於杭州優級師範學校，曾當選為省議會議員，母胡氏。1921 年畢業於永嘉縣立第八高

徐志勗

等小學，即考入浙江永嘉省立第十中學就讀，1925 年秋畢業。遂南下赴廣東，1926 年 3 月考入廣州黃埔中央軍事政治學校第五期步兵科步兵隊學習，1927 年 8 月畢業。歷任國民革命軍陸軍步兵團排長、連長、營長等職，隨部參加北伐戰爭及中原大戰。1932 年 4 月考入陸軍大學正則班學習，1935 年 4 月畢業。任軍政部駐武漢陸軍整理處（處長陳誠兼）軍官教導團中校連附，後任陸軍第十八軍（軍長陳誠）第十四師（師長霍揆彰）司令部參謀主任，隨部參加對浙贛皖邊區紅軍及根據地的「圍剿」作戰。1936 年 3 月任南京中央陸軍軍官學校教官。1936 年 6 月 16 日被國民政府軍事委員會銓敘廳敘任陸軍步兵少校。1937 年 1 月任南京中央陸軍軍官學校第十三期入伍生團團附等職。1936 年 6 月 16 日敘任陸軍步兵少

---

[371] 中國第二歷史檔案館供稿，華東工學院編輯出版部影印，檔案出版社 1989 年 7 月《黃埔軍校史稿》第八冊（本校先烈）第 101 頁有烈士傳略。

校。抗日戰爭爆發後，調任軍事委員會第一部作戰組參謀。1938 年 1 月任軍事委員會軍令部第一廳作戰課課長，1938 年 6 月任陸軍第七十九師（師長陳安寶）司令部參謀長，率部參加武漢會戰。1938 年 8 月任陸軍第二十九軍（軍長陳安寶）司令部參謀長，率部參加南昌戰役。1939 年 5 月所部與日軍作戰損失慘重，軍長陳安寶殉國，戰後仍任陸軍第二十九軍（軍長劉雨卿）司令部參謀長。1939 年 9 月被國民政府軍事委員會銓敘廳敘任陸軍步兵上校。1939 年 10 月任陸軍第八十六軍（軍長俞濟時）司令部參謀長，率部參加 1939 年冬季對日軍作戰。1940 年 3 月任第三戰區第三十二集團軍總司令（上官雲相）部參謀長，率部在「皖南事變」前後對新四軍軍部及所屬部隊的「圍剿」作戰。1942 年 10 月任第十集團軍總司令（王敬久）部參謀長，率部參加浙贛會戰。1943 年 1 月任陸軍第六十三師（師長趙錫田）副師長，率部參加常德會戰，期間曾赴桂林東南幹部訓練團受訓。1944 年 6 月 3 日接趙錫田任陸軍第一〇〇軍（軍長李天霞）第六十三師師長，率部參加長衡會戰、桂柳會戰諸役。1945 年春率部參加湘西會戰，率部在芷江縣布板溪地區全殲日軍第一一六師團第一6 月任陸軍整編第八十三師（師長李天霞）整編第六十三旅旅長，率部在山東對人民解放軍作戰。1947 年 10 月任陸軍總司令部第三署署長，一度兼任徐州「剿匪」總司令部副參謀長。1948 年 1 月獲頒四等寶鼎勳章。1948 年 9 月 22 日被國民政府軍事委員會銓敘廳敘任陸軍少將。1949 年 2 月任重建後的陸軍第九軍〇九聯隊，擊斃聯隊長瀧寺保三郎以下三千餘日軍官兵，戰後獲軍事委員會委員長蔣介石頒發陸海空武功狀。抗日戰爭勝利後，1945 年 10 月獲頒忠勤勳章。1946 年 5 月獲頒勝利勳章。1946 年 5 月所部第一〇〇軍改編為整編第八十三師，1946 年軍長，統轄陸軍第三師（師長田仲達）、第一六六師（師長葉會西）、第二五三師（師長李牧良）等部，率部在上海、浙江等地對人民解放軍作戰。1949 年 7 月任第二十二兵團司令（李良榮）部副司令官，1949 年 8 月率部撤退臺灣。任總統府戰略顧問委員會高級參謀，1967 年 10 月退役。1984 年 2 月 21 日

因病在臺北三軍總醫院逝世。

徐步瀾

徐步瀾（1907－？）別字正濤，浙江寧海人。廣州黃埔中央軍事政治學校第五期工兵科畢業。1926 年 3 月入黃埔軍校入伍生受訓，1926 年 11 月入廣州黃埔中央軍事政治學校第五期工兵科學習，1927 年 8 月畢業。隨部參加北伐戰爭，任國民革命軍陸軍工兵連排長、連長，陸軍步兵團營長等職。抗日戰爭爆發後，任陸軍步兵團團長，陸軍步兵師司令部參謀長、副師長等職。抗日戰爭勝利後，任高級參謀。1945 年 10 月獲頒忠勤勳章。1946 年 5 月獲頒勝利勳章。1946 年 6 月奉派入中央訓練團將官班受訓，登記為少將學員，1946 年 8 月結業。

黃福階（1907－？）別字光楣，別號覺健，浙江褰安人。廣州黃埔中央軍事政治學校第五期步兵科畢業。1926 年 3 月入黃埔軍校入伍生隊受訓，1926 年 11 月入廣州黃埔中央軍事政治學校第五期步兵科學習，1927 年 8 月畢業。隨部參加北伐戰爭，1927 年奉派入國民革命軍總司令部軍官團受訓。抗日戰爭爆發後，任成都中央陸軍軍官學校第十六期第三大隊第八隊中校隊長，中央陸軍軍官學校第十九期練習團副團長等職。

戚永年（1903－1967）別號更生，別字逸民，浙江諸暨縣柱峰鄉馬店村人。諸暨縣立中學、廣州黃埔中央軍事政治學校第五期步兵科畢業。1926 年 3 月入黃埔軍校入伍生隊受訓，1926 年 11 月入廣州黃埔中央軍事政治學校第五期政治科學習，1927 年 8 月畢業。隨部參加北伐戰爭，歷任國民革命軍第一軍第二師步兵連排長。1929 年起任浙江省保安第三團連長、營長，1934 年任浙江省保安第七團副團長，1935 年任陸軍第五十八師（師長俞濟時）第一一六旅（旅長吳繼光）補充團團長。1936 年 12 月 26 日敘任陸軍步兵中校。抗日戰爭爆發後，任陸軍第五十八師（師長俞濟時、馮聖法）第一一四旅（旅長何淩霄）第三四三團團長，率部參加淞滬會戰、南京保衛戰。1938 年 1 月任陸軍第七十四軍（軍長俞濟時）第五十八師（師長馮聖法）第一一六旅代理旅長，1939 年任陸軍第四十

六師副旅長、旅長，率部參加南昌戰役。後任陸軍新編第二十三師（師長盛逢堯）副師長，第三戰區司令長官部高級參謀。1942 年 1 月被國民政府軍事委員會銓敘廳敘任陸軍步兵上校。抗日戰爭勝利後，1945 年 10 月獲頒忠勤勳章。入駐杭州軍政部第三軍官總隊受訓。1946 年 5 月獲頒勝利勳章。1946 年 7 月退役，返回原籍任諸暨縣在鄉軍官會主任。不久獲準歸役，任浙江省保安司令部高級參謀，兼任保安第六團團長。1947 年 11 月 21 日被國民政府軍事委員會銓敘廳敘任陸軍少將。1948 年冬在臨海參加起義，繼入中國人民解放軍第三野戰軍政治部高級班學習。中華人民共和國成立後，1950 年春結業後復員返鄉，任浙江諸暨縣第一屆政協副主席，第二至四屆政協委員。後任浙江省第一、二屆政協委員。1967 年 3 月因病在原籍鄉間逝世。[372]

蔣聲（1904 － ？）別字女信，浙江東陽人。廣州黃埔中央軍事政治學校第五期炮兵科畢業。1926 年 3 月考入廣州黃埔中央軍事政治學校第五期炮兵科學習，1927 年 8 月畢業。歷任國民革命軍陸軍炮兵團排長、連長、營長、團長等職。抗日戰爭勝利後，任淞滬警備司令部炮兵指揮所主任。1945 年 10 月獲頒忠勤勳章。1946 年 5 月獲頒勝利勳章。1948 年 2 月被國民政府軍事委員會銓敘廳頒令敘任陸軍炮兵上校。

薛志剛（1904 － ？）別字心悟，浙江裏安人。廣州黃埔中央軍事政治學校第五期步兵科畢業。1926 年 3 月考入廣州黃埔中央軍事政治學校第五期步兵科學習，1927 年 8 月畢業。歷任國民革命軍陸軍步兵團排長、連長、營長、團長等職。1945 年 4 月被國民政府軍事委員會銓敘廳頒令敘任陸軍步兵上校。

薛志剛

---

[372] 汪木倫　王苗夫主編：團結出版社 2006 年 5 月《中國國民黨諸暨籍百卅將領錄》第 242 頁。

部分學員照片：27 名

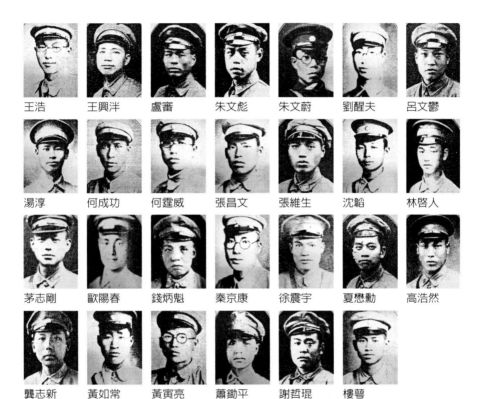

王浩	王興泮	盧審	朱文彪	朱文蔚	劉醒夫	呂文鬱
湯淳	何成功	何霆威	張昌文	張維生	沈韜	林啓人
茅志剛	歐陽春	錢炳魁	秦京康	徐震宇	夏懋勳	高浩然
龔志新	黃如常	黃寅亮	蕭鋤平	謝哲琨	樓萼	

　　據史料顯示，浙江籍人與黃埔軍校曆有聯繫。具體分析上表情況，軍級以上人員有 2 名，師級人員有 7 名，兩項相加達到 5.45%，總計有 9 人曾任高級軍職，佔有總數百分比明顯低於前四期。

　　考量浙江省籍將領，主要有如下情況：比較著名的將領有陳克非、徐志勖，率部參加所在戰區著名會戰戰役，取得戰功贏得聲譽。金雯是第五期個別轉學航空學員，是抗戰犧牲的知名空軍軍官。鄭全山由高級軍官歸皈佛教寺主的經歷頗為奇特。朱耀章、駱朝宗、張彝謨是抗戰殉國知名軍官。

六、江西籍第五期生情況簡述

江西為華南內陸腹地，歷史上享有聲譽。陸續有江西籍青年學子投考黃埔軍校前四期，第五期較前略有增加。

表 29　江西籍學員歷任各級軍職數量比例一覽表

職級	中國國民黨	中共	人數	%
肄業或尚未見從軍任官記載	吳覺然、黃逸民、曾秉衡、譚　宣、王天雄、呂晉達、朱自南、羅大煜、郭　奎、黃鳴九、遊聯廷、宋國華、毛　麟、葉桂生、朱　埜、楊國瑞、林蔭翹、況耀華、李作實、楊　輝、蕭書城、藍善樹、程光宇、史繼誠、丁蘊玉、樂震球、危震亞、許　鵬、盧鎮江、劉兆鼎、何克靜、龍法筍、周鎮中、劉宗秀、勞若曙、李　迪、周發峻、鍾效曾、黃　強、周子珩、王仲平、劉約三、龔友民、鍾紹顏、花誠勉、李少斌、甘登穀、楊　輝、李國梁、張效良、蘇　榮、胡　鼎、鍾　烈、彭煥祺、葉志凱、劉靖遠、張子翱、張濟溥、周定邦、江雲濤、丁國柱、王　駿、沈　埜、胡國梁、韓士傑、賴鳴天、熊　楫、鄭國傑、萬良楷、文霞軒、劉覺乙、徐　杦、盧之雄、易有珍、劉乃鼎、於沛賽、匡兆成、鍾志洋、歐陽植、鍾漢青、黃錫禧、楊　景、鍾振華、文　斌、龍基烈、劉　誠、劉　勤、何慕葛、張理德、張源教、李斯德、陳垂嵩、陳治平、周　凱、周義之、歐陽佐、鍾　翳、鍾煥霓、黃戀炯、彭　鶚、廖芴修、廖士饒、李　荃、陳史園、賴德潤、陶　逸、葉映中、劉　鈺、劉繼漢、郭達元、劉軔雲、胡慶銜、謝庸鑫、徐從龍、孫振武、林宗海、黃　榮、蔡　勳、羅拔群、		119	74.84
排連營級	楊金鐸、喻　如、彭友新、陳建中、徐唯一、寧醒民、朱渭濱、張健兒、孔　健、文太炎、彭樹勛、糜　勇、蔣政明、劉善祥		14	8.81
團旅級	朱仿予、梅學孚、諸葛彬、汪岑梅、劉治寰、李道泰、劉崢、楊　生、吳師偉、周　勉、歐陽欽、古田才、謝崇瑲、謝家珣		14	8.81
師級	方溇瑕、喻耀離、周志誠、陳天池、王夢古、李　濟、鍾煥臻、袁滋榮	楊實人	9	5.66
軍級以上	蕭炳寅、李志鵬		2	1.88
合計	157	1	158	100

部分知名學員簡介：（42 名）

　　文太炎（1902 － 1930）江西萍鄉人。廣州黃埔中央軍事政治學校第五期工兵科畢業。1926 年 3 月考入廣州黃埔中央軍事政治學校第五期工兵科學習，1927 年 8 月畢業。歷任國民革命軍陸軍工兵連見習、排長，1930 年 4 月 17 日在安徽宿松作戰陣亡。[373]

　　方滌瑕（1904 － 1951）別號秀泉，原籍湖北黃梅，生於江西九江。廣州黃埔中央軍事政治學校第五期步兵科、陸軍大學將官班乙級第四期畢業。1926 年 3 月入黃埔軍校入伍生隊受訓，1926 年 11 月入廣州黃埔中央軍事政治學校第五期步兵科學習，1927 年 8 月畢業。隨部參加北

方滌瑕

伐戰爭，歷任國民革命軍總司令部憲兵團排長、連長，1931 年 12 月任憲兵第一團第二營營長。1932 年 3 月加入「中華民族復興社」，為「中華民族復興社」創建初期的骨幹成員之一。後任憲兵第二團副團長等職。1935 年 6 月 22 日敘任陸軍步兵少校。1936 年 3 月 26 日由陸軍步兵少校轉任陸軍憲兵少校。1936 年 10 月 2 日晉任陸軍憲兵中校。抗日戰爭爆發後，任憲兵第八團團長。1938 年 6 月被國民政府軍事委員會銓敘廳敘任陸軍憲兵上校。後隨部遷移西南地區，任中央憲兵司令部警務處處長。抗日戰爭勝利後，任中央憲兵司令部少將銜研究員，後任憲兵司令部參謀長等職。1947 年 11 月入陸軍大學乙級將官班學習，1948 年 9 月 22 日被國民政府軍事委員會銓敘廳敘任陸軍少將，1948 年 11 月畢業。任中央憲兵司令部西南區司令部司令官等職。1949 年 12 月 27 日與憲兵司令部代理司令官吳天鶴率部 7219 人在成都起義。[374]1950 年 1 月入中國人民解放軍西

---

[373] 中國第二歷史檔案館供稿，華東工學院編輯出版部影印，檔案出版社 1989 年 7 月《黃埔軍校史稿》第八冊（本校先烈）第 270 頁第五期烈士芳名表記載 1930 年 4 月 17 日在安徽宿松陣亡。

[374] 中國人民解放軍歷史資料叢書編審委員會：「中國人民解放軍歷史資料叢書」，解

南軍政大學高級研究班學習，1951 年因案被捕，後在「鎮反運動」中被處決。二十世紀八十年代獲平反。

王夢古

　　王夢古（1899 － 1970）別字孟穀，江西萍鄉人。廣州黃埔中央軍事政治學校第五期政治科畢業。1926 年 3 月入黃埔軍校入伍生隊受訓，1926 年 11 月入廣州黃埔中央軍事政治學校第五期政治科學習，1927 年 8 月畢業。隨部參加北伐戰爭，歷任國民革命軍陸軍步兵連排長、連長，黃埔同學會南京總會調查處登記科少校副官，贛州師管區司令部中校科長、副司令官。1931 年 11 月被推選為軍隊出席中國國民黨第四次全國代表大會代表，1935 年 11 月被推選為中國國民黨第五次全國代表大會代表。抗日戰爭爆發後，任福州綏靖主任公署警備師司令部參謀長，福建省保安第五旅旅長，第三戰區司令長官部副官處處長。1939 年 4 月 20 日至 1940 年 10 月 19 日任福建省第四區行政督察專員，兼任該區保安司令部司令官。1944 年 12 月任國民政府行政院兵役部少將銜參事。抗日戰爭勝利後，仍任兵役部參事，兵役部裁撤後免職。1945 年 10 月獲頒忠勤勳章。1946 年 5 月獲頒勝利勳章。1946 年 11 月被國民政府軍事委員會銓敘廳敘任陸軍步兵上校。1946 年 11 月 15 日被推選為江西省出席（制憲）國民大會代表，並任國民大會憲政實施促進委員會考察委員會委員。1949 年到臺灣，續任國民大會代表。1970 年 10 月 2 日因病在臺北逝世。

　　孔健（1904 － 1930）別字強民，江西萍鄉人。廣州黃埔中央軍事政治學校第五期步兵科畢業。1926 年 3 月考入廣州黃埔中央軍事政治學校第五期步兵科學習，1927 年 8 月畢業。歷任國民革命軍陸軍步兵連見習、副排長，1930 年 7 月 20 日在湖南禹縣作戰陣亡。[375]

放軍出版社 1996 年 1 月《解放戰爭時期國民黨軍起義投誠－川黔滇康藏地區》第811 頁。
[375] 中國第二歷史檔案館供稿，華東工學院編輯出版部影印，檔案出版社 1989 年 7 月《黃埔軍校史稿》第八冊（本校先烈）第 270 頁第五期烈士芳名表記載 1930 年 7

　　古田才（1904－？）別字見龍，江西遂川人。廣州黃埔中央軍事政治學校第五期步兵科畢業。1926年3月考入廣州黃埔中央軍事政治學校第五期步兵科學習，1927年8月畢業。歷任國民革命軍陸軍步兵團排長、連長、營長、團長等職。1935年6月21日敘任陸軍步兵少校。1945年7月被國民政府軍事委員會銓敘廳頒令敘任陸軍步兵上校。

　　寧醒民（1904－1930）江西修水人。廣州黃埔中央軍事政治學校第五期步兵科畢業。1926年3月考入廣州黃埔中央軍事政治學校第五期步兵科學習，1927年8月畢業。歷任國民革命軍陸軍步兵連見習、排長、副連長，1930年4月15日在江西修水作戰陣亡。[376]

　　劉峥（1905－？）別字筱山，江西武寧人。廣州黃埔中央軍事政治學校第五期工兵科畢業。1926年3月考入廣州黃埔中央軍事政治學校第五期工兵科學習，1927年8月畢業。歷任國民革命軍陸軍工兵團排長、連長、營長、團長等職。抗日戰爭勝利後，1945年10月獲頒忠勤勳章。任綏靖區司令部工兵指揮部副主任。1946年5月獲頒勝利勳章。1948年3月被國民政府軍事委員會銓敘廳頒令敘任陸軍工兵上校。

　　劉治寰（1904－？）別字惠如，江西興國人。廣州黃埔中央軍事政治學校第五期政治科畢業，中央軍官訓練團第一期結業。1926年3月考入廣州黃埔中央軍事政治學校第五期政治科學習，1927年8月畢業。歷任國民革命軍陸軍步兵團排長、連長、副營長。1935年6月21日敘任陸軍步兵少校。抗日戰爭爆發後，任陸軍第九十六師步兵第五七三團中校團附，隨部參加抗日戰役。1938年5月奉派入中央軍官訓練團第一期第一大隊第三中隊學員隊受訓，1938年7月結業。任陸軍第九十六師步兵第五七一團團長等職。

月20日在河南禹縣陣亡。

[376] 中國第二歷史檔案館供稿，華東工學院編輯出版部影印，檔案出版社1989年7月《黃埔軍校史稿》第八冊（本校先烈）第272頁第五期烈士芳名表記載1930年4月15日在江西修水陣亡。

　　劉善祥（1903 － 1930）別字真民，原籍江西新喻，生於貴州麻哈縣。廣州黃埔中央軍事政治學校第五期步兵科畢業。幼年喪父，全憑母親賴氏撫育成長。1926 年 3 月考入廣州黃埔中央軍事政治學校第五期步兵科學習，1927 年 8 月畢業。分發國民革命軍陸軍步兵連見習，即隨軍參加龍潭戰役。後任陸軍第九師第十八旅第三十六團步兵連排長，隨軍北上參加中原大戰。1930 年 6 月 19 日在河南毛崗戰役作戰陣亡。[377]

朱仿予

　　朱仿予（1907 －？）別字映東，江西九江人。廣州黃埔中央軍事政治學校第五期步兵科畢業。1926 年 3 月入黃埔軍校入伍生隊受訓，1926 年 11 月入廣州黃埔中央軍事政治學校第五期步兵科學習，1927 年 8 月畢業。隨部參加北伐戰爭，入南京國民革命軍總司令部軍官團受訓，任杭州黃埔學生訓練團政治訓練員，黃埔同學會調查科科員等職。1932 年 1 月參與「中華民族復興社」創建初期活動，參加在南京黃埔路勵志社召開的第一次代表大會，並任「中華民族復興社」中央幹事會調查員暨南京分社調查員，[378] 負責審查申請入社人員政治履歷。後任「中華民族復興社」檢察會調查員[379] 等職。1936 年 9 月 8 日敘任陸軍步兵少校。抗日戰爭爆發後，在三青團中央團部任職。

　　朱渭濱（1905 － 1930）別字濱，江西修水人。廣州黃埔中央軍事政治學校第五期工兵科畢業。1926 年 3 月考入廣州黃埔中央軍事政治學校第五期工兵科學習，1927 年 8 月畢業。任國民革命軍陸軍工兵連見習、排長，1930 年 9 月 1 日在江西南昌作戰陣亡。[380]

---

[377] 中國第二歷史檔案館供稿，華東工學院編輯出版部影印，檔案出版社 1989 年 7 月《黃埔軍校史稿》第八冊（本校先烈）第 98 頁有烈士傳略；中國第二歷史檔案館供稿，華東工學院編輯出版部影印，檔案出版社 1989 年 7 月《黃埔軍校史稿》第八冊（本校先烈）第 271 頁第五期烈士芳名表記載 1930 年 6 月 19 日在河南毛崗陣亡。

[378] 文聞編：中國文史出版社 2004 年 1 月《我所知道的復興社》第 5 頁。

[379] 文聞編：中國文史出版社 2004 年 1 月《我所知道的復興社》第 12 頁。

[380] 中國第二歷史檔案館供稿，華東工學院編輯出版部影印，檔案出版社 1989 年 7 月

　　吳師偉（1908－？）別字思偉，江西貴溪人。廣州黃埔中央軍事政治學校第五期炮兵科、陸軍大學正則班第十六期畢業，中央軍官訓練團第三期結業。1926 年 3 月入黃埔軍校入伍生隊受訓，1926 年 11 月入廣州黃埔中央軍事政治學校第五期炮兵科學習，1927 年 8 月畢業。隨部參加北伐戰爭，歷任國民革命軍陸軍炮兵營排長、連長。抗日戰爭爆發後，任陸軍獨立炮兵團副營長。1938 年 5 月考入陸軍大學正則班學習，1940 年 9 月畢業。後任陸軍機械化運輸團團長，1941 年任中央機械化學校練習團團長。1944 年任陸軍汽車運輸指揮所參謀長。抗日戰爭勝利後，任軍政部直屬陸軍輜重汽車兵第十團團長。1945 年 10 月獲頒忠勤勳章。1946 年 5 月獲頒勝利勳章。1947 年 4 月入中央軍官訓練團第三期第三中隊學員隊受訓，1947 年 6 月結業。

　　李濟（1906－？）又名度平，江西萍鄉人。廣州黃埔中央軍事政治學校第五期步兵科畢業。1926 年 3 月入黃埔軍校入伍生隊受訓，1926 年 11 月入廣州黃埔中央軍事政治學校第五期步兵科學習，1927 年 8 月畢業。隨部參加北伐戰爭，歷任國民革命軍陸軍步兵團排長、連長、副營長等職。1936 年 9 月 8 日敘任陸軍步兵少校。1933 年起任河南省保安司令部第三團中校團附、團長等職。抗日戰爭爆發後，任陸軍第三十軍司令部參謀主任，軍事委員會西北遊擊幹部訓練班教育副官，第三十一集團軍第二十九軍司令部參謀處處長，陸軍第九十一師司令部參謀處處長，蘇魯豫皖邊區遊擊總指揮部高級參謀，臨泉指揮所參謀長，第十九集團軍總司令部參謀長等職。抗日戰爭勝利後，1945 年 10 月獲頒忠勤勳章。1946 年 5 月獲頒勝利勳章。1947 年 10 月任第七綏靖區司令部副參謀長，陸軍第五十一軍第一一三師師長等職。

　　李志鵬（1908－1968）別字程九，江西於都人。[381] 廣州黃埔中央軍

　　《黃埔軍校史稿》第八冊（本校先烈）第 275 頁第五期烈士芳名表記載 1930 年 9 月 1 日在江西南昌陣亡。

[381] 湖南省檔案館校編、湖南人民出版社《黃埔軍校同學錄》記載為江西雩都。

事政治學校第五期步兵科畢業，中央軍官訓練團第一期將官研究班、陸軍大學將官班甲級第二期、中央軍官訓練團第三期結業。1908 年 12 月 25 日生於雩都縣一個耕讀家庭。1926 年 3 月入黃埔軍校入伍生隊受訓，1926 年 11 月入廣州黃埔中央軍事政治學校第五期步兵科學習，1927 年 8 月畢業。隨部參加北伐戰爭，任國民革命軍第一軍第二十一師排長，1927 年 12 月入南京國民革命軍總司令部軍官團受訓。後任中央教導第二師步兵營排長、副連長，第五軍第八十八師第二六四旅第五一八團連長、營附。1931 年 12 月任陸軍第五軍第八十七師（師長張治中兼）第二五九旅（旅長孫元良）步兵第五一八團（團長石祖德）第二營營長，率部參加「一‧二八」淞滬抗日戰事。後任陸軍第三十六師第一〇六旅步兵第二一二團團長、副旅長等職。1935 年 5 月 18 日任陸軍步兵中校。1937 年 11 月 4 日晉任陸軍步兵上校。抗日戰爭爆發後，任陸軍第三十六師（師長宋希濂兼）步兵第一〇六旅旅長等職。1938 年 5 月入中央軍官訓練團第一期將官研究班學員隊受訓，1938 年 7 月結業。1939 年秋任成都中央陸軍軍官學校第七分校第十七期學生第九總隊總隊長。後任陸軍第三十六師（師長陳瑞河）副師長等職。後加入中國遠征軍。先後參加「一‧二八」淞滬抗戰、八一三淞滬抗戰、武漢會戰、遠征印緬抗戰諸役。1945 年 3 月保送陸軍大學甲級將官班學習，1945 年 6 月畢業。抗日戰爭勝利後，任陸軍第三十六師師長、第五十四軍副軍長等職。1946 年 4 月入中央軍官訓練團第三期第一中隊學員隊受訓，1946 年 6 月結業。1945 年 10 月獲頒忠勤勳章。1946 年 5 月獲頒勝利勳章。1946 年 6 月任陸軍整編第五十四師師長，後任陸軍第二十三軍軍長，贛南師管區司令部司令官等職。1948 年 9 月 22 日被國民政府軍事委員會銓敘廳敘任陸軍少將。1950 年到臺灣，1968 年 12 月 25 日因病在臺北逝世。

李道泰（1904 － ？）別字毅行，江西宜春人。廣州黃埔中央軍事政治學校第五期步兵科畢業。1926 年 3 月考入廣州黃埔中央軍事政治學校第五期步兵科學習，1927 年 8 月畢業。歷任國民革命軍陸軍步兵團排長、

連長、營長、團長等職。1935 年 7 月 3 日敘任陸軍步兵少校。1947 年 5 月被國民政府軍事委員會銓敘廳頒令敘任陸軍步兵上校。

楊生（1905 － 1941）別號性瑤，江西南昌人。廣州黃埔中央軍事政治學校第五期步兵科畢業。1926 年 3 月入黃埔軍校入伍生隊受訓，1926 年 11 月入廣州黃埔中央軍事政治學校第五期步兵科學習，1927 年 8 月畢業。隨部參加北伐戰爭，歷任國民革命軍第十八師排、連、營長，團政訓主任等職。抗日戰爭爆發後，任潯（州）（上）饒師管區司令部副司令官，湘贛鄂邊遊擊挺進軍總指揮部南潯挺進縱隊第二支隊司令部參謀長，率部參加上高會戰。1941 年 7 月 13 日在南昌羅家崗與日軍作戰中殉國。[382]

楊實人（1906 －？）曾用名石人，江西高安人。三聯村初級小學、高安縣立第一高等小學、南昌第二中學畢業，廣州黃埔中央軍事政治學校第五期入伍生炮兵隊肄業，[383] 延安中共中央黨校第二部畢業。1906 年 5 月 19 日生於江西高安縣筠陽鄉三聯村一個農戶家庭。本村私塾啟蒙，繼入本村初級小學就讀，1920 年至 1922 年 6 月在高安縣立第一高等小學校讀書，1922 年 8 月至 1926 年 6 月在南昌第二中學學習，1926 年 3 月在南昌第二中學讀書時經聶思坤介紹加入中國社會主義青年團。後南下廣東，1926 年 6 月入廣州黃埔中央軍事政治學校入伍生團炮兵隊受訓，受訓期間集體加入中國國民黨。[384] 北伐戰爭開始後，隨軍校炮兵科大隊赴武漢，1927 年 2 月在武漢中央軍事政治學校經龍子仁介紹加入中共（無候補期）。[385]1927 年 8 月武漢中央軍事政治學校第五期炮兵科畢業，分發國民革命軍第二方面軍第十一軍（軍長陳銘樞）炮兵團見習、排長。1927 年 9 月至 1928 年 5 月在杭州、上海過流浪生活，後返回江西，1928 年 8 月至 12 月任豐城

[382] 范寶俊　朱建華主編：中華人民共和國民政部編纂：黑龍江人民出版社 1993 年 10 月《中華英烈大辭典》第 798 頁。

[383] 湖南省檔案館校編、湖南人民出版社《黃埔軍校同學錄》無載。現據本人自傳，《上海市黃埔軍校同學會會員通訊錄》記載。

[384] 楊實人本人 1996 年 8 月 12 日親筆填寫中共中央組織部印製《幹部履歷表》。

[385] 楊實人本人 1996 年 8 月 12 日親筆填寫中共中央組織部印製《幹部履歷表》。

縣梘橋小學教員。1929 年春入北平中國大學讀書，1930 年 5 月在北平因
組織反軍閥混戰群眾示威遊行時第一次被捕入獄，關押於東北軍北平行轅
軍法處看守所，1930 年 8 月由學校保釋出獄。1930 年 8 月至 12 月任中共
北平市委職工部秘書，1931 年 1 月至 6 月任中共北平市委（書記劉錫五）
秘書長。1931 年 6 月在北平第二次被捕入獄，關押於草嵐子胡同軍人反
省院，被判處有期徒刑七年，1933 年 1 月因傳閱獄中黨支部檔被看守發
現，受到獄中黨支部留黨察看三個月處分。1935 年 5 月由於參加獄中絕
食鬥爭患重病，保外就醫出獄。1935 年 5 月至 1936 年 6 月在江西高安縣
家中養病，1936 年 8 月至 1937 年 6 月任高安縣城私立珠湖小學教員。抗
日戰爭爆發後，1937 年 8 月到武漢中共八路軍辦事處幹部訓練班參加學
習，1937 年 10 月結業。1937 年 10 月至 1938 年 3 月在南昌中共新四軍辦
事處指示下開展群眾抗日救亡活動。1938 年 4 月至 8 月在江西省地方政
治講習所（所長夏征農）工作。1938 年 9 月至延安，任中共中央組織部
幹部科（科長王鶴壽）幹事。1939 年 9 月至 1941 年 4 月任延安陝北公學
（校長李維漢）秘書長，1941 年 4 月至 8 月任中共中央社會部（部長陳
雲兼）幹部科科長。1941 年 9 月至 1943 年 11 月任中共陝西綏德地委（書
記習仲勳）組織部副部長，1943 年 11 月至 1945 年 6 月在延安中共中央
黨校第二部（主任王鶴壽）學習。抗日戰爭勝利後，派赴東北開展工作。
1945 年 11 月至 1946 年 1 月任中共吉林省委組織部（部長白棟材）幹部
科科長，1946 年 1 月至 6 月任中共吉林省九台縣委書記。1946 年 6 月至
9 月任中共吉北地委（書記李夢齡）委員，1947 年 1 月至 1948 年 2 月任
中共中央東北局城市工作部（部長李立三兼）第二室副主任。1948 年 2
月至 10 月任中共長春市工作委員會書記，1948 年 10 月至 1949 年 4 月任
中共長春市委（書記曹瑛）委員兼組織部部長。後隨軍南下，1949 年 6
月任中共江西省九江市委書記，1949 年 9 月任中共江西贛西南區黨委秘
書長。中華人民共和國成立後，1950 年 2 月至 12 月任南昌市人民政府
（市長劉俊秀）副市長。1951 年 1 月至 5 月任中共中央政策研究室（主

任廖魯言）城市組組長，1951 年 5 月至 1952 年 5 月任中共中央對外聯絡部（部長王稼祥兼）副秘書長。1952 年 5 月至 1955 年 8 月任交通部海運總局代局長，1955 年 8 月至 1957 年 2 月任國務院出國人員管理局副局長，1957 年 2 月至 8 月任中央僑務委員會（主任廖承志兼）辦公廳主任。1957 年 8 月至 1960 年 12 月任中國科學院辦公廳代主任，1960 年 12 月至 1966 年 6 月任上海市人民政府（市長曹荻秋）副秘書長。「文化大革命」期間受到迫害。1975 年 10 月至 1979 年 4 月任中共上海市靜安區委顧問，1979 年 4 月至 1983 年 12 月任中共上海市紀律檢查委員會委員，1983 年 12 月按副市長級離休。1985 年被推選為上海市黃埔軍校同學會（會長宋瑞珂）第一副會長。

楊金鐸（1902 － 1930）別字醒民，江西人。廣州黃埔中央軍事政治學校第五期工兵科畢業。1926 年 3 月考入廣州黃埔中央軍事政治學校第五期工兵科學習，1927 年 8 月畢業。歷任國民革命軍陸軍工兵連見習、排長，1930 年 5 月 23 日在河南蘭封作戰陣亡。[386]

汪岑梅（1903 －？）別字占春，江西樂平人。廣州黃埔中央軍事政治學校第五期政治科畢業。1926 年 3 月入黃埔軍校入伍生隊受訓，1926 年 11 月入廣州黃埔中央軍事政治學校第五期政治科學習，1927 年 8 月畢業。隨部參加北伐戰爭，歷任國民革命軍第十五軍政治部副官、政訓員，中國國民黨江西省黨部黨務指導員，江西省政府建設廳科長，中國國民黨中央陸軍軍官學校洛陽分校特別黨部辦公室副主任等職。抗日戰爭爆發後，任陸軍第七十一軍政治部中校秘書，第一戰區政治部戰地黨政指導委員會辦公室上校主任，第三戰區司令長官部政治部上校督導員，兼任中國國民黨第三戰區政治部特別黨部書記長。[387]1944 年春任第三戰區政治部少

---

[386] 中國第二歷史檔案館供稿，華東工學院編輯出版部影印，檔案出版社 1989 年 7 月《黃埔軍校史稿》第八冊（本校先烈）第 272 頁第五期烈士芳名表記載 1930 年 5 月 23 日在河南蘭封陣亡。

[387] 江西上饒政協文史資料研究委員會編纂：《國民黨第三戰區司令長官部紀實》記載。

將督察官。抗日戰爭勝利後，1946 年起任徐州綏靖主任公署陸軍第二點檢組少將組員、幹部訓練隊少將副隊長，陸軍整編第五十八師司令部新聞處處長。1947 年 6 月退役，任江蘇海門縣縣長。後辭職返鄉定居。

陳天池（1901－？）江西贛州人。廣州黃埔中央軍事政治學校第五期工兵科畢業。1926 年 3 月入黃埔軍校入伍生隊受訓，1926 年 11 月入廣州黃埔中央軍事政治學校第五期工兵科學習，1927 年 8 月畢業。隨部參加北伐戰爭，歷任國民革命軍陸軍步兵團排長、連長、營長。1937 年 8 月 6 日晉任陸軍工兵少校。抗日戰爭爆發後，任陸軍步兵團長，陸軍步兵師司令部參謀長、副師長，率部參加抗日戰役。抗日戰爭勝利後，1945 年 10 月獲頒忠勤勳章。任陸軍新編師師長。1947 年 3 月 15 日被國民政府軍事委員會銓敘廳頒令敘任陸軍少將。

陳史園（1905－1928）別字萍真，江西雩都人。廣州黃埔中央軍事政治學校第五期步兵科畢業。1926 年 3 月考入廣州黃埔中央軍事政治學校第五期步兵科學習，1927 年 8 月畢業。任國民革命軍第九軍第三師第二團機關槍連少尉排長，1928 年 4 月 10 日在山東王母山台兒莊作戰陣亡。[388]

陳建中（1904－1928）別字化新，江西玉山人。廣州黃埔中央軍事政治學校第五期步兵科肄業。1926 年 3 月考入廣州黃埔中央軍事政治學校第五期步兵科學習，1927 年肄業。任國民革命軍陸軍步兵連見習，1928 年 4 月在山東藤縣作戰陣亡。[389]

---

[388] ①冀樂群編纂：南京中央陸軍軍官學校 1934 年印行《中央陸軍軍官學校追悼北伐陣亡將士特刊－黃埔血史》記載；②中國第二歷史檔案館供稿，華東工學院編輯出版部影印，檔案出版社 1989 年 7 月《黃埔軍校史稿》第八冊（本校先烈）第 102 頁有烈士傳略；③中國第二歷史檔案館供稿，華東工學院編輯出版部影印，檔案出版社 1989 年 7 月《黃埔軍校史稿》第八冊（本校先烈）第 274 頁第五期烈士芳名表記載 1928 年 4 月 10 日在山東台兒莊陣亡；④中國第二歷史檔案館供稿，華東工學院編輯出版部影印，檔案出版社 1989 年 7 月《黃埔軍校史稿》第六冊《各期陣亡學生姓名表》第 272－275 頁第五期名單。

[389] 中國第二歷史檔案館供稿，華東工學院編輯出版部影印，檔案出版社 1989 年 7 月《黃埔軍校史稿》第八冊（本校先烈）第 275 頁第五期烈士芳名表記載 1928 年 4

　　周勉（1904－？）別字志明，江西萍鄉人。廣州黃埔中央軍事政治學校第五期步兵科畢業。1926 年 3 月考入廣州黃埔中央軍事政治學校第五期步兵科學習，1927 年 8 月畢業。歷任國民革命軍陸軍步兵團排長、連長、營長、團長等職。抗日戰爭勝利後，1945 年 10 月獲頒忠勤勳章。1946 年 5 月被國民政府軍事委員會銓敘廳頒令敘任陸軍步兵上校。

　　周志誠（1900－？）別字志城，江西上饒人。廣州黃埔中央軍事政治學校第五期步兵科畢業。中央軍官訓練團將校班第七期畢業。1926 年 3 月入黃埔軍校入伍生隊受訓，1926 年 11 月入廣州黃埔中央軍事政治學校第五期步兵科學習，1927 年 8 月畢業。隨部參加北伐戰爭，歷任國民革命軍第八十師排長、連長、營長、中校參謀等職。抗日戰爭爆發後，任第六戰區野戰補訓第六團副團長、團長，遊擊挺進第二縱隊司令部參謀主任、參謀長，新編第二十六師司令部參謀長、副師長。1943 年 7 月被國民政府軍事委員會銓敘廳敘任陸軍步兵上校。抗日戰爭勝利後，1946 年 6 月奉派入中央訓練團將官班，登記為少將學員，1946 年 8 月結業。1947 年 11 月被國民政府軍事委員會銓敘廳敘任陸軍少將。1948 年任國防部少將部員，聯合後方勤務總司令部少將軍需監等職。

　　羅拔群（1904－1930）別字中堅，江西贛縣人。廣州黃埔中央軍事政治學校第五期步兵科畢業。1926 年 3 月考入廣州黃埔中央軍事政治學校第五期步兵科學習，1927 年 8 月畢業。歷任國民革命軍陸軍步兵連見習、排長、副連長。1930 年 5 月北上河南參加中原大戰作戰陣亡。[390]

　　歐陽欽（1907－？）別號佩哲，江西萍鄉人。廣州黃埔中央軍事政治學校第五期步兵科畢業。1926 年 3 月入黃埔軍校入伍生隊受訓，1926 年 11 月入廣州黃埔中央軍事政治學校第五期步兵科學習，1927 年 8 月畢業。隨部參加北伐戰爭，歷任國民革命軍初級軍職。抗日戰爭爆發後，任

月在山東藤縣陣亡。

[390] 臺北《黃埔建國文集》編纂委員會編纂：臺北實踐出版社 1985 年 6 月《黃埔軍魂》第 578 頁記載「討逆平亂殉國英雄姓名表」。

陸軍補充兵訓練分處步兵團營長、副團長，指揮所副主任、高級參謀等職。抗日戰爭勝利後，1945 年 10 月獲頒忠勤勳章。1946 年 5 月獲頒勝利勳章。1948 年任國防部預備幹部局第一處副處長。1949 年任國防部預備幹部總隊總隊長等職。

鍾煥臻（1904 － ？）別號駢白，江西萍鄉人。黃埔軍校第一期生鍾煥全、鍾煥群族弟。廣州黃埔中央軍事政治學校第五期政治科畢業。1926 年 3 月入黃埔軍校入伍生隊受訓，1926 年 11 月入廣州黃埔中央軍事政治學校第五期政治科學習，1927 年 8 月畢業。隨部參加北伐戰爭，後隨軍校遷移南京，任南京中央陸軍軍官學校第六期政治訓練處《黨軍日報》社事務員，第七期校本部政治訓練處訓育股少校股長等職。抗日戰爭爆發後，任陸軍第一二一師副師長兼政治部主任，率部參加抗日戰事。抗日戰爭勝利後，1945 年 10 月獲頒忠勤勳章。1946 年 5 月獲頒勝利勳章。任國防部新聞局少將督察專員。1946 年 5 月奉派入中央軍官訓練團第二期受訓，並任訓育組第四中隊指導員，1946 年 7 月結業。1946 年 11 月被國民政府軍事委員會銓敘廳敘任陸軍步兵上校。1948 年 9 月 22 日被國民政府軍事委員會銓敘廳敘任陸軍少將。

徐唯一（1903 － 1930）江西玉山人。廣州黃埔中央軍事政治學校第五期政治科畢業。1926 年 3 月考入廣州黃埔中央軍事政治學校第五期政治科學習，1927 年 8 月畢業。歷任國民革命軍陸軍連見習、排長、副連長，1930 年 1 月作戰陣亡。[391]

袁滋榮（1905 － ？）別字潤芳，江西萍鄉縣瀏公市人。廣州黃埔中央軍事政治學校第五期炮兵科、陸軍大學正則班第十一期畢業，中央訓練團將官班結業。1926 年 3 月入黃埔軍校入伍生隊受訓，1926 年 11 月入廣州黃埔中央軍事政治學校第五期政治科學習，1927 年 8 月畢業。隨

袁滋榮

---

[391] 中國第二歷史檔案館供稿，華東工學院編輯出版部影印，檔案出版社 1989 年 7 月《黃埔軍校史稿》第六冊《各期陣亡學生姓名表》第 272 － 275 頁第五期名單。

部參加北伐戰爭，歷任國民革命軍陸軍步兵團排長、連長、副營長等職。1936 年 12 月 30 日敘任陸軍炮兵少校。1937 年 5 月 15 日敘任陸軍炮兵中校。1932 年 12 月考入陸軍大學正則班學習，1935 年 12 月畢業。歷任陸軍步兵團團長等職。1945 年 7 月被國民政府軍事委員會銓敘廳敘任陸軍炮兵上校。任南京警備司令部參謀處第一科科長等職。抗日戰爭勝利後，任陸軍步兵師司令部參謀長，副師長等職。1946 年 1 月奉派入中央訓練團將官班受訓，登記為少將學員，1946 年 3 月結業。

諸葛彬（1907 －？）別字質文，江西上饒人。廣州黃埔中央軍事政治學校第五期工兵科畢業。1926 年 3 月入黃埔軍校入伍生隊受訓，1926 年 11 月入廣州黃埔中央軍事政治學校第五期炮兵科學習，1927 年 8 月畢業。隨部參加北伐戰爭，後曾留學德國。1937 年 1 月 6 日敘任陸軍步兵少校。抗日戰爭爆發後，任第三戰區司令長官部政治部少將銜督察官。1945 年 7 月被國民政府軍事委員會銓敘廳敘任陸軍工兵上校。

蕭炳寅（1904 － 1957）別字綏亞，江西萍鄉人。廣州黃埔中央軍事政治學校第五期政治科、陸軍大學正則班第十一期畢業，中央軍官訓練團第一期結業。1926 年 3 月入黃埔軍校入伍生隊受訓，1926 年 11 月入廣州黃埔中央軍事政治學校第五期政治科學習，1927 年 8 月畢業。隨部參加北伐戰爭，歷任國民革命軍第一軍第十四師步兵團排長、連長、副營長等職。1929 年 2 月 24 日被推選為中國國民黨第三十二師特別黨部候補執行委員。1932 年 12 月考入陸軍大學正則班學習，1935 年 12 月畢業。返回原部隊，續任陸軍第十四師司令部參謀、補充團團附等職。1937 年 2 月 3 日敘任陸軍步兵少校。抗日戰爭爆發後，任陸軍第十四師（師長霍揆彰）步兵第八十團中校團附，隨部參加淞滬會戰。1938 年 5 月奉派入中央軍官訓練團第一期一大隊四中隊學員隊受訓，1938 年 7 月結業，返回原部隊續任原職。後任陸軍第十四師（師長陳烈）步兵第七十九團團長，後任第三戰區司令長官部幹部訓練團教導總隊大隊長、陸軍預備第十師第三

蕭炳寅

十二團團長，率部參加衡陽保衛戰。1945 年 1 月被國民政府軍事委員會銓敘廳敘任陸軍步兵上校。後任陸軍第五十五師（師長武泉遠）司令部參謀主任、副師長，兼任該師政治部主任等職。抗日戰爭勝利後，任陸軍整編第六十六師（師長）整編第一九九旅旅長，後任陸軍整編第七十五師（師長）副師長，兼任該師政治訓練處處長等職。1948 年 9 月 22 日被國民政府軍事委員會銓敘廳敘任陸軍少將。1949 年 2 月任陸軍第七十九軍（軍長龔傳文）副軍長，1949 年 11 月在鄂西戰役中於湖北鹹豐被人民解放軍俘虜。後在轉移中逃脫，1949 年 12 月到臺灣，1957 年 5 月 12 日因病在臺灣逝世。[392]

梅學孚（1904－？）江西九江人。廣州黃埔中央軍事政治學校第五期工兵科畢業。1926 年 3 月考入廣州黃埔中央軍事政治學校第五期工兵科學習，1927 年 8 月畢業。歷任國民革命軍陸軍工兵團排長、連長、營長、團長等職。1935 年 6 月 25 日敘任陸軍工兵少校。1937 年 5 月 15 日敘任陸軍工兵中校。1945 年 4 月被國民政府軍事委員會銓敘廳頒令敘任陸軍工兵上校。

龔友民（1904－？）別字宜人，江西安義人。廣州黃埔中央軍事政治學校第五期步兵科畢業。1926 年 3 月考入廣州黃埔中央軍事政治學校第五期步兵科學習，在學期間參與軍校中國國民黨黨務，1926 年 12 月被推選為中國國民黨廣州黃埔中央軍事政治學校宣傳委員會委員，1927 年

龔友民

8 月畢業。任國民革命軍總司令部總政治部宣傳大隊分隊長，補充團政治指導員，中國國民黨陸軍新編第一師特別黨部執行委員。1934 年 12 月任軍事委員會南昌行營政治訓練分處副主任等職。1936 年 4 月 22 日敘任陸軍步兵少校。

---

[392] 劉國銘主編：春秋出版社 1989 年 3 月《中華民國國民政府軍政職官人物志》第 879 頁「臺灣知名要人死亡名單」記載。

彭友新（1905 － 1929）別字仲伯，江西永新縣西鄉梅花村人。廣州黃埔中央軍事政治學校第五期步兵科畢業。1926 年 3 月考入廣州黃埔中央軍事政治學校第五期步兵科學習，1927 年 8 月畢業。歷任國民革命軍陸軍第八師步兵團見習、排長、連長，1929 年秋隨軍討伐粵軍張發奎部，1929 月 12 月 12 日在廣東石角圩李溪河畔作戰陣亡。[393]

彭樹勛（1904 － 1930）別字蔭蒼，江西萍鄉人。廣州黃埔中央軍事政治學校第五期步兵科畢業。1926 年 3 月考入廣州黃埔中央軍事政治學校第五期步兵科學習，1927 年 8 月畢業。歷任國民革命軍陸軍步兵連見習、排長，1930 年 8 月 12 日在山東肥城作戰陣亡。[394]

喻如（1903 － 1928）別字集庵、日生，別號隨智，江西萬載縣藏溪鄉清溪村人。清溪村高等小學堂、萬載縣立龍河中學、廣州黃埔中央軍事政治學校第五期步兵科畢業。父母早年病亡，靠叔母彭氏撫養成長，少時考入清溪村高等小學堂就讀，畢業考入萬載縣立龍河中學學習，後因家貧輟學。1925 年秋聞知黃埔軍校招生，得友人介紹資助，赴上海投考通過初試，其間被淞滬警備司令部偵察隊以「通匪」嫌疑拘留三日，後獲保釋出獄，攜同學南下廣東，錯過考試時間，入黃埔軍校第五期入伍生團受訓。1926 年 3 月考入廣州黃埔中央軍事政治學校第五期步兵科學習，1927 年 8 月畢業。任國民革命軍第一軍第十四師第四十一團第六連見習官，1927 年 8 月 27 日龍潭戰役負傷，被孫傳芳部軍隊逮捕後槍決。[395]

---

[393] 中國第二歷史檔案館供稿，華東工學院編輯出版部影印，檔案出版社 1989 年 7 月《黃埔軍校史稿》第八冊（本校先烈）第 100 頁有烈士傳略。中國第二歷史檔案館供稿，華東工學院編輯出版部影印，檔案出版社 1989 年 7 月《黃埔軍校史稿》第八冊（本校先烈）第 277 頁第五期烈士芳名表記載 1929 年 12 月 12 日在廣東石角圩李溪河畔陣亡。

[394] 中國第二歷史檔案館供稿，華東工學院編輯出版部影印，檔案出版社 1989 年 7 月《黃埔軍校史稿》第八冊（本校先烈）第 271 頁第五期烈士芳名表記載 1930 年 8 月 12 日在山東肥城陣亡。

[395] ①龔樂群編纂：南京中央陸軍軍官學校 1934 年印行《中央陸軍軍官學校追悼北伐陣亡將士特刊－黃埔血史》記載；②中國第二歷史檔案館供稿，華東工學院編輯出

喻耀離（1902－1985）別號純青，別字陽照，譜名
煥新，江西萬載縣羅城鄉藏溪村人。萬載縣立龍河中學
堂、廣州黃埔中央軍事政治學校第五期工兵科、軍事委員
會諜報參謀人員訓練班、南京中央軍校軍官教育團特訓班
第一期畢業。1902 年 5 月 24 日生於萬載縣羅城鄉藏溪村

喻耀離

一個鄉紳家庭。幼年入本村啟蒙館就讀四年，繼入讀經館學習三年，再入
本縣區立龍州高等小學堂就讀，後考入萬載縣立龍河中學堂學習。[396]1926
年考入廣州黃埔中央軍事政治學校第五期學習，在學期間由連長方天介紹
加入中國國民黨，1927 年畢業。任廣州黃埔國民革命軍軍官學校第六期
第二總隊區隊附，後隨部參加北伐戰爭。歷任國民革命軍第四軍第十師步
兵連排長，1928 年任國民革命軍第一軍第十四師第四十團第一營連長。
1930 年任中央教導第三師第一旅第二團第一營營長等職。1932 年奉派入
軍事委員會諜報參謀人員訓練班受訓，結業後，1933 年 1 月起任南昌「剿
匪」總司令部參謀處參謀，軍事委員會南昌行營聯絡參謀，南昌綏靖主
任公署參謀處諜報參謀。後任南昌行營新聞郵電檢查所所長，武漢行營
新聞郵電檢查所所長。1935 年任軍事委員會委員長侍從室特務隊隊長，
1936 年任西安省會警察局分局局長。1937 年 1 月任上海招商局護航總隊
總隊長，兼任軍事委員會調查統計局上海水陸交通總站站長。抗日戰爭爆
發後，所部改編戰時機構，先後任淞滬警備總司令部巡警大隊大隊長，軍
事委員會後勤部員警護衛大隊大隊長，率部參加淞滬會戰。戰後率部撤退

版部影印，檔案出版社 1989 年 7 月《黃埔軍校史稿》第六冊《各期陣亡學生姓名
表》第 272 － 275 頁第五期名單記載；③中國第二歷史檔案館供稿，華東工學院編
輯出版部影印，檔案出版社 1989 年 7 月《黃埔軍校史稿》第八冊（本校先烈）第
103 頁有烈士傳略；④中國第二歷史檔案館供稿，華東工學院編輯出版部影印，檔
案出版社 1989 年 7 月《黃埔軍校史稿》第八冊（本校先烈）第 275 頁第五期烈士
芳名表記載 1927 年 8 月在江蘇龍潭陣亡。
[396] 臺北《黃埔建國文集》編纂委員會編纂：臺北實踐出版社 1985 年 6 月《黃埔軍魂》
第 486 頁。

江西整編，1940 年 11 月任軍事委員會運輸統制局監察處吉安（江西）水陸交通檢查所所長。1942 年 2 月任國民政府財政部派駐江西緝私處副處長、處長等職。1945 年夏起任國民政府財政部派駐江西緝私專員。抗日戰爭勝利後，任江西省保安司令部少將參議。1945 年 10 月獲頒忠勤勳章。1946 年 5 月獲頒勝利勳章。1948 年 2 月任華中「剿匪」總司令部第十六綏靖區司令部第二處處長，隨部駐防湖北鹹寧地區，其間兼任江西《捷報》報社社長。1949 年 2 月陸軍總司令部統編第十七縱隊司令部副司令官，1949 年夏所部改編後任湘鄂贛邊區「人民反共自衛救國軍」第一軍副軍長，兼該軍第五縱隊司令部司令官等職。1949 年秋到臺灣，任國防部少將高級參謀兼情報局設計委員。遞補國民大會代表。聘任「憲政督導委員會」和「憲政研討委員會」委員，「光復大陸設計研究委員會」委員等職。晚年寓居臺北市郊中和鄉間，1985 年 4 月 24 日在臺北逝世[397]，另載 5 月 10 日逝世。[398]

謝家珣（1904 － 1932）別字美東，江西贛縣人。廣州黃埔中央軍事政治學校第五期步兵科畢業。1926 年 3 月考入廣州黃埔中央軍事政治學校第五期步兵科學習，1927 年 8 月畢業。歷任國民革命軍陸軍步兵連見習、排長，教導第二師補充團步兵連副連長、連長，隨部參加中原大戰。1931 年 12 月任陸軍第五軍第八十七師（師長張治中兼）第二五九旅（旅長孫元良）第五一八團（團長石祖德）第一營營長，隨軍參加 1932 年「一·二八」淞滬抗日戰事。[399]

謝崇瑋（1904 －？）別號劍文，原載籍貫江西贛州，[400] 另載江西南康人。廣州黃埔中央軍事政治學校第五期炮兵科、南京中央陸軍軍官學校

---

[397] 胡健國編著：臺北國史館 2003 年 12 月印行《近代華人生卒簡歷表》第 329 頁記載在臺北逝世，另載 5 月 10 日逝世。

[398] 徐友春主編：河北人民出版社 2007 年 1 月《民國人物大辭典》第 1980 頁記載。

[399] 臺北《黃埔建國文集》編纂委員會編纂：臺北實踐出版社 1985 年 6 月《黃埔軍魂》第 584 頁記載抗日戰爭殉國英雄姓名表。

[400] 湖南省檔案館校編、湖南人民出版社《黃埔軍校同學錄》記載。

戰術研究班、廬山中央訓練團署期班、陸軍大學戰術研究班第二期畢業。
1926 年 3 月入黃埔軍校入伍生隊受訓，1926 年 11 月入廣州黃埔中央軍
事政治學校第五期炮兵科學習，1927 年 8 月畢業。隨部參加北伐戰爭。
1928 年入南京中央陸軍軍官學校供職，1930 年 10 月任南京中央陸軍軍官
學校步兵科第八期第二總隊第二大隊部上尉副官。後任教導第二師司令部
參謀，1933 年加入「中華民族復興社」，任該社江西辦事處總務組組長。
1936 年任軍事委員會別動總隊第三旅政訓處處長。抗日戰爭爆發後，隨
部參加抗日戰事。1940 年 4 月任成都中央陸軍軍官學校第十七期第一總
隊中校總隊附，1945 年 1 月任成都中央陸軍軍官學校戰術教官組組長。
抗日戰爭勝利後，仍在中央陸軍軍官學校任職，1947 年 12 月任成都中央
陸軍軍官學校戰術教官組少將組長。1949 年 12 月隨中央陸軍軍官學校第
二十三期第一、三學員總隊起義。

謝庸盦（1906 － ？）別字複初，江西瑞金人。廣州黃
埔中央軍事政治學校第五期步兵科畢業。1926 年 3 月考入
廣州黃埔中央軍事政治學校第五期步兵科學習，在學期間
參與軍校中國國民黨黨務，1926 年 12 月被推選為中國國
民黨黃埔軍校宣傳委員會委員，1927 年 8 月畢業。歷任北

謝庸盦

伐東路軍總指揮部政治部宣傳科科員，南京警備司令部特別黨部執行委
員，軍事委員會政治訓練處科長。抗日戰爭爆發後，任陸軍第四十九師政
治部副主任、主任等職。

賴德潤（1904 － 1939）別字廣齋，江西雩都人。廣州黃埔中央軍事
政治學校第五期步兵科畢業。1926 年 3 月考入廣州黃埔中央軍事政治學
校第五期步兵科學習，1927 年 8 月畢業。歷任國民革命軍陸軍步兵團排
長、連長、營長、團長等職。1937 年 5 月 31 日敘任陸軍步兵少校。[401]

廉勇（1903 － 1927）別字世麗，江西萍鄉人。廣州黃埔中央軍事政

---

[401] 臺北《黃埔建國文集》編纂委員會編纂：臺北實踐出版社 1985 年 6 月《黃埔軍魂》
584 頁記載抗日戰爭殉國英雄姓名表。

治學校第五期步兵科畢業。1926 年 3 月考入廣州黃埔中央軍事政治學校第五期步兵科學習，1927 年 8 月畢業。任國民革命軍第一軍第二十一師第六十三團步兵連見習、排長，1927 年 10 月 12 月在徐州玉山作戰陣亡。[402]

部分學員照片：23 名

丁國柱　　葉志凱　　樂震球　　匡兆成　　劉覺乙　　何慕葛　　張濟溥

李荃　　李作賓　　林宗海　　鄭國傑　　羅大熖　　胡慶衙　　胡國梁

鍾紹顏　　徐從龍　　郭奎　　黃鳴九　　黃錫禧　　彭鄂　　藍善樹

熊楫　　廖笏修

---

[402] ①冀樂群編纂：南京中央陸軍軍官學校 1934 年印行《中央陸軍軍官學校追悼北伐陣亡將士特刊－黃埔血史》記載；②中國第二歷史檔案館供稿，華東工學院編輯出版部影印，檔案出版社 1989 年 7 月《黃埔軍校史稿》第八冊（本校先烈）第 272 頁第五期烈士芳名表記載 1927 年 10 月 12 日在江蘇玉山陣亡；③中國第二歷史檔案館供稿，華東工學院編輯出版部影印，檔案出版社 1989 年 7 月《黃埔軍校史稿》第六冊《各期陣亡學生姓名表》第 272 － 275 頁第五期名單。

江西與廣東接壤，多受南粵風氣影響。如上表及資料所示，軍級以上人員有 3 名，師級人員有 9 名，兩項相加達 7.54%，有 11 人位居國民革命軍將領，1 名為中共高級人員。

比較出名的將領有：李志鵬、蕭炳寅，率部參與多次抗日著名戰役。喻耀離為軍統高級人員。

七、貴州籍第五期生情況簡述

貴州省遠離清末民國軍政軸心，何應欽等在廣東崛起後，陸續有黔人投考黃埔軍校。

表 30　貴州籍學員歷任各級軍職數量比例一覽表

職級	中國國民黨	中共	人數	%
肄業或尚末見從軍任官記載	陸　滿、韓祖烈、簡孝純、陳祖制、譚尚謨、陳正乾、蔣安華、王仲樵、劉漢超、張維龍、楊親群、範介鈞、俞天受、婁毓禮、封瑤章、項光偉、塗白楊、秦護農、詹龍光、蔡國良、霍為邦、王文光、彭祥瑛、羅　化、顏亨書、齊法周、李厚如、劉　鐵、姚　戡、梁　孟、白成奎、李奎光、國之貴、賈正朝、賈斯可、葉　黌、龍彥超、周持中、金幼新、趙一新、王德馨、鄧廷蔚、袁家鏡、何永正、楊國楷、劉文昭、田有秋、劉建熹、楊仲文、陳　謙、馮德寬、趙志熹、楊百珊、郝問蒼		54	65.06
排連營級	劉　浩、張維箕、徐登栻、鄧克敏、白嗣俊、高　銘、宋正蒼、胡秉彝		8	9.64
團旅級	陳　肅、蔣德釗、張　樞、柳樹人、農瑞耆、楊家騮、劉之澤、劉眉生、趙範生		9	10.84
師級	魯醒群、諶　湛、徐幼常、田　琳、楊顯涵、鄭　正		6	7.23
軍級以上	胡一、韓文源、吳峻人、張　濤、陳　華	楊至成	6	7.23
合計	82	1	83	100

部分知名學員簡介：（26 名）

田琳（1905 －？）貴州郎岱人。廣州黃埔中央軍事政治學校第五期步兵科畢業。1926 年 3 月入黃埔軍校入伍生隊受訓，1926 年 11 月入廣州黃埔中央軍事政治學校第五期炮兵科學習，1927 年 8 月畢業。隨部參加

北伐戰爭，歷任國民革命軍陸軍步兵營排長、連長、營長等職。抗日戰爭爆發後，任陸軍步兵旅團長、副旅長，率部參加抗日戰事。抗日戰爭勝利後，1945 年 10 月獲頒忠勤勳章。1946 年 5 月獲頒勝利勳章。1948 年任陸軍第三軍（軍長許良玉）第二五四師（陳崗陵）副師長等職。所部於 1949 年 12 月在川西新津、邛崍地區被人民解放軍殲滅。

白嗣俊

白嗣俊（1907 － 1930）別字靜懷，貴州安順人。廣州黃埔中央軍事政治學校第五期步兵科畢業。1926 年 3 月考入廣州黃埔中央軍事政治學校第五期步兵科學習，1927 年 8 月畢業。任國民革命軍陸軍步兵連見習、排長，1930 年 6 月 13 日在河南賀村作戰陣亡。[403]

劉之澤（1904 －？）別字去白，貴州貴陽人。廣州黃埔中央軍事政治學校第五期步兵科畢業。1926 年 3 月考入廣州黃埔中央軍事政治學校第五期步兵科學習，1927 年 8 月畢業。歷任國民革命軍陸軍步兵團排長、連長、營長、團長等職。1943 年 2 月被國民政府軍事委員會銓敘廳頒令敘任陸軍步兵上校。

劉眉生

劉眉生（1905 － 1937）別字天覩，貴州遵義縣南白鄉人。遵義縣立中學、遵義模範高等學堂畢業，廣州黃埔中央軍事政治學校第五期步兵科肄業，[404] 中央步兵學校研究班畢業。1905 年 3 月 26 日生於遵義南白鄉一個農戶家庭。早年入南白鄉高等小學堂就讀，後考入遵義縣立中學學習，畢業後考入遵義模範高等學堂讀書，1923 年畢業，繼考入設貴州赤水縣的貴州陸軍崇武學校學習，畢業後從軍。隨滇軍後南下廣東，1926

---

[403] 中國第二歷史檔案館供稿，華東工學院編輯出版部影印，檔案出版社 1989 年 7 月《黃埔軍校史稿》第八冊（本校先烈）第 270 頁第五期烈士芳名表記載 1930 年 6 月 13 日在河南賀村陣亡。

[404] 湖南省檔案館校編、湖南人民出版社《黃埔軍校同學錄》無載；現據：楊牧　袁偉良主編：河南人民出版社 2005 年 5 月《黃埔軍校名人傳》第 1602 頁記載。

年 3 月入黃埔軍校入伍生隊受訓，1926 年 11 月入廣州黃埔中央軍事政治
學校第五期步兵科學習，1927 年肄業。隨部參加北伐戰爭，歷任國民革
命軍第二師排長、連長，1928 年隨軍參加第二期北伐戰爭。1929 年隨李
仲公返回貴州，任黨務視察員，後入黔軍猶國才部謝國安團任副營長，後
任營長。1932 年春任貴陽城防司令部參謀主任，1932 年 12 月任黔軍侯漢
佑部周仁甫團第一營中校營長，兼任貴州省立第三中學軍訓教官，1934
年任黔軍侯漢佑部軍官大隊大隊長。後考入南京中央陸軍步兵學校研究班
學習，畢業後分配任江西九江縣光華中學任軍訓教官。1935 年 9 月任第
八十五師（師長陳鐵）第五〇五團第二營營長，率部駐防四川忠縣地區。
1936 年 3 月任陸軍第八十五師（師長）第二五三旅第五一〇團副團長，
1936 年 12 月 12 日敘任陸軍步兵少校。1937 年春任該團代理團長，率部
駐防南京浦鎮地區。抗日戰爭爆發後，任陸軍第十四軍（軍長衛立煌）第
八十五師第二五三旅第五一〇團團長，隨部參加忻口會戰，1937 年 10 月
28 日在洪山防守戰鬥中陣亡，國民政府追贈陸軍少將。[405]

　　農瑞耆（1907 － ？）別字中堅，原載籍貫貴州羅斛，[406]另載貴州羅甸
人。廣州黃埔中央軍事政治學校第五期步兵科畢業。1926 年 3 月入黃埔
軍校入伍生隊受訓，1926 年 11 月入廣州黃埔中央軍事政治學校第五期步
兵科學習，1927 年 8 月畢業。隨部參加北伐戰爭，任國民革命軍初級軍
職。1936 年 3 月 27 日敘任陸軍步兵少校。1936 年 12 月 31 日任陸軍第十
師第二十八旅步兵第五十六團第一營營長。抗日戰爭爆發後，任陸軍預備
第二師第五團中校團附，隨部參加抗日戰事。1938 年 5 月奉派入中央軍
官訓練團第一期第一大隊第四中隊學員隊受訓，1938 年 7 月結業。

　　吳峻人（1903 － 1960）原名俊人，[407]別字峭穀，貴州松桃縣三陽鄉
人。廣州黃埔中央軍事政治學校第五期工兵科、南京中央陸軍軍官學校

---

[405] 楊牧　袁偉良主編：河南人民出版社 2005 年 5 月《黃埔軍校名人傳》第 1602 頁。
[406] 湖南省檔案館校編、湖南人民出版社《黃埔軍校同學錄》記載。
[407] 湖南省檔案館校編、湖南人民出版社《黃埔軍校同學錄》記載。

高等教育班第一期、陸軍大學將官班乙級第三期畢業，中
央訓練團將官班結業。1926 年 3 月入黃埔軍校入伍生隊受
訓，1926 年 11 月入廣州黃埔中央軍事政治學校第五期工
兵科學習，1927 年 8 月畢業。任國民革命軍第一軍第三師

吳峻人

（師長顧祝同）第七團（團長陳鐵）第二營排長，隨部參
加北伐戰爭。1928 年 7 月部隊編遣，任縮編後的第一集團軍陸軍第二師
（師長顧祝同）第五旅（旅長涂思宗）第十團（團長蔡炳炎）第二營機
槍連排長，隨部參加第二期北伐戰爭。1930 年 5 月任陸軍第五旅（旅長
黃傑）第十團（團長鄭洞國）第二營機槍連連長，隨部參加中原大戰。
1931 年 3 月任國民政府警衛第二師（師長俞濟時）第四旅（旅長蔣伏生）
第七團（團長施覺民）第二營營長。1931 年 6 月所部改稱陸軍第八十八
師（師長俞濟時），任該師第二六四旅（旅長錢倫體）第五二七團（團長
施覺民）第二營營長，隨部參加「一・二八」淞滬抗戰。1934 年 6 月任
陸軍第五軍第八十八師（師長俞濟時）司令部直屬工兵營營長。1936 年
6 月 25 日被國民政府軍事委員會銓敘廳頒令敘任陸軍工兵少校。1936 年
8 月任陸軍第八十五師（師長陳鐵）第二五三旅（旅長陳鴻遠）第五〇六
團（團長糜藕池）團附。1937 年 5 月 15 日被國民政府軍事委員會銓敘廳
頒令敘任陸軍工兵中校。抗日戰爭爆發後，1937 年 10 月任陸軍第八十五
師第二五五旅（旅長郝家駿）第五一〇團團長，率部參加淞滬會戰、南京
保衛戰諸役。1938 年 4 月任中央陸軍工兵學校（教育長林伯森）教官。
1939 年 8 月 2 日被國民政府軍事委員會銓敘廳頒令敘任陸軍工兵上校。
1941 年 1 月任第一戰區遊擊挺進總指揮部第二縱隊司令部司令官，兼任
特別黨部執行委員。抗日戰爭勝利後，1945 年 9 月任陸軍總司令部第三
方面軍司令長官（湯恩伯）部高級參謀。1945 年 10 月獲頒忠勤勳章。
1945 年 11 月任軍政部第四軍官總隊（總隊長餘錦源）總隊附。1946 年 6
月入中央訓練團將官班受訓，1946 年 8 月結業。1946 年 5 月獲頒勝利勳章。
1946 年 6 月任國防部（部長白崇禧）部員，1946 年 11 月調任中央警官學

校第三分校（主任余錦源）甲級警官班（主任何樹道）學員總隊（總隊長許伯洲）副總隊長等職。1947 年 2 月入陸軍大學乙級將官班學習，1948 年 4 月畢業。派任國防部（部長白崇禧）監察局（局長彭位仁）第一處（處長柳昕）監察官，1949 年 2 月任陸軍第一二四軍（軍長趙援）司令部參謀長。1949 年 10 月任陸軍第一二四軍（軍長顧葆裕）副軍長，11 月任陸軍第一二四軍代理軍長（一說正式任命軍長）等職。1949 年 12 月 25 日率部在四川新繁通電起義。[408]1950 年 1 月入中國人民解放軍川西軍區司令部高級研究班學習，1950 年 5 月轉入中國人民解放軍西南軍政大學高級研究班學習。1952 年 8 月轉業後返鄉任教。1956 年 10 月派任貴州省松桃縣政協秘書，1957 年 3 月當選為松桃縣政協副主席兼秘書等職。後任貴州省人民政府參事室參事，1958 年 1 月被錯劃為「右派分子」。1960 年 12 月因病在貴州松桃逝世，1979 年 12 月獲得平反恢復名譽。

張樞（1904 － ？）又名紹衡，原載籍貫貴州安順，[409]另載貴州興義人。廣州黃埔中央軍事政治學校第五期步兵科、美駐印戰術學校第三期畢業。1926 年 3 月考入廣州黃埔中央軍事政治學校第五期步兵科學習，1927 年 8 月畢業。歷任國民革命軍陸軍步兵團排長、連長、營長、團長等職。1937 年 9 月 8 日晉任陸軍步兵少校。抗日戰爭勝利後，任成都中央陸軍軍官學校第二十三期教育處步兵科上校戰術教官。

張樞

張濤（1909 － 1972）別字文淵，貴州綏陽人。廣州黃埔中央軍事政治學校第五期步兵科、南京中央陸軍軍官學校高等教育班第二期畢業。1926 年 3 月入黃埔軍校入伍

張濤

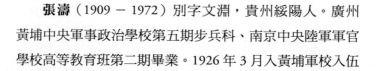

---

[408] 中國人民解放軍歷史資料叢書編審委員會：「中國人民解放軍歷史資料叢書」，解放軍出版社 1996 年 1 月《解放戰爭時期國民黨軍起義投誠－川黔滇康藏地區》第 816 頁。

[409] 湖南省檔案館校編、湖南人民出版社《黃埔軍校同學錄》記載。

生隊受訓，1926 年 11 月入廣州黃埔中央軍事政治學校第五期步兵科學習，1927 年 8 月畢業。隨部參加北伐戰爭，歷任國民革命軍排、連、營長等職。1936 年 12 月 11 日敘任陸軍步兵少校。1932 年奉派入南京中央陸軍軍官學校高等教育班學習，1933 年畢業。抗日戰爭爆發後，任陸軍第一四〇師補充團團長、副師長。1944 年秋任軍政部部長何應欽侍從副官。抗日戰爭勝利後，1945 年 10 月獲頒忠勤勳章。1946 年 5 月獲頒勝利勳章。1946 年任軍事委員會重慶行營（後為行轅）警衛團團長。1947 年 4 月奉派入中央軍官訓練團第三期第二中隊學員隊受訓，1947 年 6 月結業。後任陸軍第三二八師師長，陸軍第八十九軍（重建）副軍長、軍長等職。1949 年 12 月 7 日於貴州晉安通電起義。後任貴州省人民政府委員，貴州省人民政府體育運動委員會副主任，民革貴州省委會副主任委員等職。

　　楊至成（1903－1967）原名序清，貴州三穗縣木界村人。廣州黃埔中央軍事政治學校第五期政治科肄業，[410] 貴州省立農業中學、蘇聯伏龍芝軍事學院畢業。1903 年 11 月 30 日生於貴州三穗縣木界村一個富裕大戶人家。七歲開始就讀私塾。1921 年貴州省立農業中學畢業，1923 年在重慶入川滇黔聯軍，任軍需官。1926 年春隨聯軍南下廣州，後考入廣州黃埔中央軍事政治學校第五期學習，同年經周逸群介紹加入中國共產主義青年團。[411]1927 年隨軍校遷移武漢，在武漢中央軍事政治學校轉入中共。[412]1927 年 7 月隨部參加討伐鄂軍夏鬥寅部戰事，戰後任國民革命軍第二方面軍第二十軍第三師步兵連政治指導員，1927 年 8 月參加南昌起義。

楊至成

[410] 湖南省檔案館校編、湖南人民出版社《黃埔軍校同學錄》無載；現據：中國人民解放軍軍事科學院軍事百科部編：山西人民出版社 2005 年 4 月《開國將帥》第 85 頁記載。

[411] 中國人民解放軍軍事科學院軍事百科部編：山西人民出版社 2005 年 4 月《開國將帥》第 85 頁。

[412] 中國人民解放軍軍事科學院軍事百科部編：山西人民出版社 2005 年 4 月《開國將帥》第 85 頁。

1928 年春參加湘南起義，在作戰中腿部負傷。1928 年 4 月隨部上井岡山，任工農革命軍第四軍第二十八團第一營四連連長，在作戰中腹部負傷。養傷期間任留守處主任，負責傷病員管理事宜。1929 年 1 月任紅四軍軍部副官長，隨部向贛南、閩西進軍。1930 年夏起任紅軍第十二軍軍部副官長，紅軍中央軍事政治學校校務部部長，中央革命軍事委員會總經理部兼紅軍總兵站主任，總供給部部長兼政委，先後組織建立了江西根據地「赤色郵政」以及紅軍內部有線電話網和無線電通訊聯絡，建立了槍械、彈藥、被服、紡織、衛生材料等二十餘個工廠，建立和健全了軍需、軍械等項管理制度，保障了紅軍的物資供應，還創辦了紅軍後勤學校。1934 年在江西根據地遭受「左傾」錯誤打擊，被降為供應部科員。1934 年 10 月隨紅軍第一方面軍長征，1935 年 1 月任中央軍委先遣工作團主任。到陝北後，任軍委採辦處主任，紅軍陝甘支隊後方部部長，軍委後勤部部長兼紅一方面軍後勤部長，隨部參加紅軍東征和西征戰役。1936 年 12 月任紅軍第一、二、四方面軍總司令部兵站部部長，軍委總兵站部部長兼紅軍前方總指揮部後勤部部長。抗日戰爭爆發後，任中共中央軍委總供給部部長，兼任黃河兩延（延長、延川）衛戍司令部司令員，抗日軍政大學校務部部長。1938 年冬因積勞成疾赴蘇聯治病，1939 年起先後入蘇共遠東局黨校、伏龍芝軍事學院學習，曾參加共產國際監察委員會會議。1941 年蘇德戰爭爆發後，與劉亞樓、盧冬生等準備經蒙古回國，因邊境遭受日軍嚴密封鎖，被迫滯留烏蘭巴托，靠賣苦力甚至討飯為生，歷盡艱辛。1946年 1 月回到東北，任東北人民自治軍（後改稱東北民主聯軍）總司令部後勤部政委，組織領導後勤工作，建立後勤學校和組織軍工生產。1948 年任東北野戰軍總司令部軍需部部長，組織擴建軍需工廠、兵站、醫院和倉庫，為部隊進行遼瀋、平津戰役提供物質保障。1949 年隨第四野戰軍南下，任中國人民解放軍華中軍區和中南軍區軍需部部長。中華人民共和國成立後，任中國人民解放軍中南軍區後勤部部長，中南軍政委員會輕工業部部長，中國人民解放軍中南軍區司令部第一副參謀長兼後勤部部長。

1955 年任中國人民解放軍武裝力量監察部副部長，1955 年 9 月 27 日被授予中國人民解放軍上將軍銜。1958 年任中國人民解放軍軍事科學院副院長兼院務部部長，1962 年任中國人民解放軍高等軍事學院副院長。是中華人民共和國第二、三屆國防委員會委員，第三屆全國人大常委。1967 年 2 月 3 日因病在北京逝世。著有《艱苦轉戰》（載於解放軍出版社《星火燎原》）等。

楊顯涵（1908 － ？）別號浚源，貴州遵義人。廣州黃埔中央軍事政治學校第五期步兵科畢業，中央憲兵學校高等班肄業，中央訓練團警憲研究班畢業。1926 年 3 月入黃埔軍校入伍生隊受訓，1926 年 11 月入廣州黃埔中央軍事政治學校第五期步兵科學習，1927 年 8 月畢業。隨部參加北伐戰爭，歷任國民革命軍中央教導第二師排、連長，憲兵第九團第三營連長，第五團營長，軍政部中校參謀等職。1936 年 4 月 22 日敘任陸軍憲兵少校。抗日戰爭爆發後，任憲兵第十一團團長，憲兵學校軍士大隊中隊長等職。1945 年 4 月敘任陸軍步兵上校。任軍政部部長何應欽的少將隨從副官。抗日戰爭勝利後，任憲兵司令部警備處副處長等職。1945 年 10 月獲頒忠勤勳章。1946 年 5 月獲頒勝利勳章。1949 年到臺灣，任臺灣民防指揮部副指揮官，憲兵司令部副參謀長。1960 年起任台中警備司令部司令官兼台中師管區司令部司令官，憲兵司令部副司令官。1966 年 10 月以陸軍中將退役。

楊家驤（1904 － 1938）別字季良，貴州荔波人。廣州黃埔中央軍事政治學校第五期步兵科、南京中央陸軍軍官學校高等教育班第四期畢業。1904 年 9 月 25 日生於荔波縣方村鄉交進村一個農民家庭。1922 年考入黔軍袁祖銘部軍士教導隊見習，後任第一師第四旅第八團班長、司務長、排長。1926 年 3 月入黃埔軍校入伍生隊受訓，1926 年 11 月入廣州黃埔中央軍事政治學校第五期步兵科學習，1927 年 8 月畢業。隨部參加北伐戰爭，1928 年任國民革命軍陸軍第九師第四十九旅步兵團排長、連長、

楊家驤

少校團附。1932 年起任軍政部特務團少校營長。1935 年入南京中央陸軍軍官學校高等教育班學習，1936 年畢業。1935 年 6 月 22 日敘任陸軍步兵少校。分配任陸軍第三十七軍第六十師第三五七團團附。1936 年 10 月任陸軍第六十師第三〇八旅第三六〇團中校團附等職。抗日戰爭爆發後，隨部參加淞滬會戰。後任陸軍第六十師第三〇八旅第三六〇團團長，率部在溧陽、廣德一帶抗擊日軍，曾在金雞嶺浴血奮戰七晝夜，沖出敵軍包圍圈。後兼任抗日聯軍第四支隊指揮官。1938 年 9 月 25 日在收復麒麟峰戰鬥中，身先士卒與日軍肉搏，率部斃敵四百餘人，生俘四人，並奪取機關槍十八挺，三八式步槍一百多枝。與日軍作戰中胸部中彈殉國。國民政府追贈陸軍少將。[413] 其遺骨從南昌運回荔波，沿途各大城市都召開隆重追悼會。1941 年 1 月在中山公園內建成條石砌成圓形墳，直徑為 2.5 米，墓碑為長方立柱形，高 1.8 米，寬厚各 60 釐米。碑文正面為「抗戰陣亡追贈陸軍少將楊家驪將軍墓」，側面為將軍年表及親屬名字。中華人民共和國成立後遷葬於方村鄉交進村故里。1992 年貴州省人民政府批準為革命烈士，並向家屬頒發《革命烈士證書》。[414]

陳華（1908－1993）別字麗洲，貴州黎平人。廣州黃埔中央軍事政治學校第五期步兵科、陸軍大學將官班乙級第二期畢業，中央訓練團黨政班第六期結業。1926 年 3 月入黃埔軍校入伍生隊受訓，1926 年 11 月入廣州黃埔中央軍事政治學校第五期步兵科學習，1927 年 8 月畢業。隨部參加北伐戰爭，歷任國民革命軍步兵營排長、連長、營長等職。1935 年 6 月 19 日敘任陸軍步兵少校。抗日戰爭爆發後，任陸軍第十四軍（軍長李默庵）第十師第二十九旅第五十八團團長，率部參加忻口會戰。後任陸軍第九十七軍步兵團團長，步兵師司令部參謀長，率部參加武漢會戰、湖南

---

[413] 黨德信　楊玉文主編：解放軍出版社 1987 年 8 月《抗日戰爭國民黨陣亡將領錄》第 319 頁。

[414] 中華人民共和國民政部組織編纂：范寶俊　朱建華主編：黑龍江人民出版社 1993 年 10 月《中華英烈大辭典》第 857 頁記載。

會戰諸役。1945 年 1 月被國民政府軍事委員會銓敘廳頒令敘任陸軍步兵上校。抗日戰爭勝利後，1945 年 10 月獲頒忠勤勳章。1946 年 5 月獲頒勝利勳章。1946 年春入陸軍大學乙級將官班學習，1947 年 4 月畢業。1948年任陸軍第九十七軍（軍長倪祖耀）司令部參謀長，陸軍第四十九軍（軍長鄭庭笈）副軍長。1948 年 11 月任陸軍第九十軍（軍長周士瀛）第六十一師師長，率部在陝西與人民解放軍作戰。後任第七兵團（司令官裴昌會）陸軍第九十軍（軍長陳子幹）副軍長等職。1949 年 12 月 25 日在成都參加起義，接受人民解放軍改編。中華人民共和國成立後，任中國人民解放軍西南軍區川東軍區萬縣軍分區第二副司令員，中國人民解放軍（重慶）第二步兵學校戰役系編寫組組長。1956 年轉業地方工作後定居重慶市，任重慶市人民政府參事室參事。1981 年 3 月任重慶市人民政府參事室副主任，四川省政協委員，重慶市政協常委，民革重慶市委會常務委員，四川省黃埔軍校同學會理事等職。1993 年 12 月 10 日（一說 11 月 10日）因病在重慶逝世。著有《第九十軍第六十一師在秦嶺左側的防禦和撤退川西》〔1963 年撰文，載於中國文史出版社《文史資料存稿選編－全面內戰》下冊〕、《陸大將官班乙級第二期的回憶》〔1980 年 5 月撰文，載於中國文史出版社《文史資料存稿選編－軍事機構》下冊〕、《第五十八團在小白水的戰鬥》（載於中國文史出版社《原國民黨將領抗日戰爭親歷記－晉綏抗戰》）、《第九十軍第六十一師參加扶郿戰役紀實》（載於中國文史出版社《原國民黨將領解放戰爭中的西北戰場親歷記》）、《對李振〈起義前的幾點回憶〉的訂正》（載於中國文史出版社《文史資料選輯》第三十四輯）等。

　　陳肅（1908 －？）別號嘉萃，貴州鎮遠人。廣州黃埔中央軍事政治學校第五期步兵科畢業。1926 年 3 月入黃埔軍校入伍生隊受訓，1926 年11 月入廣州黃埔中央軍事政治學校第五期經理科學習，1927 年 8 月畢業。在學期間與邱行湘、郭衡、陳肅、王榮華等十二名第五期生乘「民生」軍艦擔負廣東沿海地區巡邏。該班十二人後擔負護送十萬白銀軍費

從廣州趕赴韶關後進入湖南，為北伐軍總司令部所用。[415] 隨部參加北伐戰爭，任國民革命軍第一軍司令部何應欽隨從副官。抗日戰爭爆發後，任陸軍第三十七軍第一四〇師司令部輜重兵營營長，1938 年 11 月任陸軍第三十七軍（軍長黃國梁）第一四〇師（師長甯士毅）司令部參謀主任，率部參加徐州會戰。1939 年任陸軍第三十七軍（軍長關麟征、陳沛）第一四〇師（師長甯士毅）第八三五團團長，率部參加武漢會戰、南昌會戰、長沙會戰諸役。抗日戰爭勝利後，1945 年 10 月獲頒忠勤勳章。1945 年 10 月任天津警備司令部副官處處長，1946 年 5 月獲頒勝利勳章。後任國民政府交通部交通警察第六總隊總隊長，1949 年 12 月在四川樂山起義。後因所部叛變被逮捕入獄，1975 年 3 月 19 日獲刑滿釋放，[416] 後安排在貴州省鎮遠縣畜牧局工作。

鄭正（1907－？）別字道南，別號運一，貴州遵義人。廣州黃埔中央軍事政治學校第五期步兵科畢業。1926 年 3 月入黃埔軍校入伍生受訓，1926 年 11 月入廣州黃埔中央軍事政治學校第五期步兵科學習，1927 年 8 月畢業。隨部參加北伐戰爭。抗日戰爭爆發後，任補充兵訓練分處科長、處長，運輸局局長，辦事處主任等職。1945 年 4 月被國民政府軍事委員會銓敘廳頒令敘任陸軍步兵上校。抗日戰爭勝利後，任後方勤務部部附，參議。1946 年 5 月奉派入中央訓練團將官班受訓，登記為少將學員，1946 年 8 月結業。

胡一（1903－1954）別號惟一，原載籍貫貴州安順，[417] 另載四川綦江人。廣州黃埔中央軍事政治學校第五期政治科、陸軍大學正則班第十一期畢業。1926 年 3 月入黃埔軍校入伍生隊受訓，1926 年 11 月入廣州黃

---

[415] 中國人民政治協商會議廣東省委員會文史資料研究委員會　廣東革命歷史博物館合編：廣東人民出版社 1982 年 11 月《黃埔軍校回憶錄專輯》第 197 頁《回憶在黃埔軍校的年代》。

[416] 任海生著：華文出版社 1995 年 12 月《共和國特赦戰犯始末》第 127 頁。

[417] 湖南省檔案館校編、湖南人民出版社《黃埔軍校同學錄》記載。

埔中央軍事政治學校第五期步兵科學習，1927年8月畢業。
隨部參加北伐戰爭，歷任國民革命軍陸軍第十八軍第十一
師步兵團排長、連長、營長等職。先後隨部參加對江西紅
軍及根據地的第一至三次「圍剿」作戰。1932年12月考
入陸軍大學正則班學習，1935年12月畢業。返回原部隊

胡一

第十八軍，任第十一師（師長黃維）司令部參謀處代理作戰主任，第十八
軍（軍長羅卓英）司令部參謀處作戰科副科長等職。1936年9月8日敘
任陸軍步兵少校。1937年2月9日晉任陸軍步兵中校。抗日戰爭爆發後，
任第三戰區第九集團軍第九十八師（師長夏楚中）第二九二旅步兵第五
八四團團長，第九十八師（師長王甲本）司令部參謀主任等職。1942年
1月被國民政府軍事委員會銓敘廳頒令敘任陸軍步兵上校。後任陸軍第十
八軍（軍長方天）第十一師（師長方靖）副師長，四川涪陵師管區司令部
司令官，陸軍第七十九軍（軍長王甲本）第九十八師師長等職。1948年9
月22日被國民政府軍事委員會銓敘廳敘任陸軍少將。1949年夏任陸軍第
七十九軍（軍長龔傳文）副軍長等職，1949年12月返回四川樂山養傷。
同月第七十九軍在四川什邡起義後，其得知消息於1950年1月趕回部隊，
繼續擔任起義後的陸軍第七十九軍（軍長龔傳文）副軍長等職。後部隊被
改編，1951年春入中國人民解放軍西南軍政大學高級研究班學習，1952
年初因案被捕入獄，1954年5月被判處有期徒刑5年，1954年12月因病
在監獄逝世。1982年春經四川省高級人民法院復查，重新審理撤銷原判，
重新頒發起義人員證書。

　　胡秉彝（1906－？）別字德餘，貴州榕口人。廣州黃埔中央軍事政
治學校第五期步兵科畢業。1926年3月考入廣州黃埔中央軍事政治學校
第五期步兵科學習，1927年8月畢業。分發國民革命軍政治大隊見習，
後由中央軍事政治學校武漢分校轉赴南京，任南京中央陸軍軍官學校第六
期第一總隊步兵第一大隊第一中隊中尉區隊附（有照片）。後任陸軍步兵
團連長、營長。抗日戰爭爆發後，任陸軍獨立旅補充團副團長、團長、副

旅長等職。

趙範生（1907－？）貴州黎平人。廣州黃埔中央軍事政治學校第五期炮兵科畢業。1926 年 3 月入黃埔軍校入伍生團受訓，1926 年 11 月入廣州黃埔中央軍事政治學校第五期炮兵科學習，1927 年時為中共黨員，[418]，是該期炮兵第二大隊第八中隊第三十區隊政治小組組長，1927 年 4 月 18 日廣州黃埔軍校「清黨」時全體學員集合列隊，區隊長宣傳命令：「共產黨員一律站出來，其餘原地不動」，其作為共產黨員首先站出來，[419] 其後脫離中共組織關係。1928 年 1 月入國民革命軍總司令部軍官團受訓。後任杭州黃埔失散學生訓練班教員，政治訓練處政訓員等職。1932 年 1 月初參與蔣介石在南京召集並主持、以黃埔一期生領銜的多次談話，系「中華民族復興社」創建初期成員之一，其與干國勳、彭孟緝是少數幾名五期生之一。因參與其間人選均由蔣介石親自召集，被認為是「中華民族復興社」忠實重要骨幹。[420]1932 年 3 月 9 日參加在南京黃埔路勵志社召開的「中華民族復興社」第一次代表大會，被推選為「中華民族復興社」候補幹事。[421] 後任「中華民族復興社」週邊組織「革命青年同志會」候補幹事[422] 和「民族運動委員會」（主任委員干國勳）委員、「中國童子軍勵進社」（主任委員干國勳）委員。[423]1932 年 7 月兼任「中華民族復興會」週邊組織「國民軍事教育組」主任委員。[424] 後任「中華民族復興社」中央幹

---

[418] 鄭庭笈撰文《黃埔五期「清黨」的回憶》，載于中國文史出版社《文史資料選輯》第 9 輯。

[419] 廣東革命歷史博物館編：廣東人民出版社 1982 年 2 月《黃埔軍校史料》第 449 頁。

[420] 文聞編：中國文史出版社 2004 年 1 月《我所知道的復興社》第 2 頁。

[421] 全國政協文史資料委員會編纂，中國文史出版社 2002 年 8 月《文史資料存稿選編－特工組織》上冊第 313 頁記載。

[422] 臺灣《傳記文學》第三十五卷第三期，干國勳著：《關於所謂「復興社」的真實情況》記載。

[423] 臺灣《傳記文學》第三十五卷第三期，干國勳著：《關於所謂「復興社」的真實情況》記載。

[424] 臺灣《傳記文學》第三十五卷第三期，干國勳著：《關於所謂「復興社」的真實情況》記載。

事會幹事。[425]1932 年秋任南京童子軍訓練班（主任滕傑）副主任，兼任中華童子軍總會秘書。[426] 後任軍事委員會政治訓練研究班（主任劉健群）政治指導員、大隊長[427] 等職。抗日戰爭爆發後，在三青團中央團部任職。

柳樹人（1906 － 1942）別號仲華，貴州安順人。高等小學堂、貴陽省立第二中學、廣州黃埔中央軍事政治學校第五期步科畢業。1926 年 3 月入黃埔軍校入伍生隊受訓，1926 年 11 月入廣州黃埔中央軍事政治學校第五期步兵科學習，1927 年 8 月畢業。隨部參加北伐戰爭，歷任國民革命軍排、連長，機械化兵學校學員總隊中隊長，軍事委員會直屬交通兵第一團第一營營長。抗日戰爭爆發後，任陸軍第五軍第二〇〇師步兵第五九九團副團長、團長。先後參加淞滬會戰、武漢會戰、昆侖關會戰及遠征印緬抗戰。1942 年 5 月18 日在緬北臘戌與日軍作戰時，與師長戴安瀾、第六〇〇團團長劉傑同時犧牲。1942 年秋被軍事委員會追贈陸軍少將銜。[428]

柳樹人

俞天受（1904 －？）別字篤生，貴州安順縣大箭道人。廣州黃埔中央軍事政治學校第五期步兵科、陸軍大學正則班第十期畢業。1926 年 3 月考入廣州黃埔中央軍事政治學校第五期步兵科學習，1927 年 8 月畢業。歷任國民革命軍陸軍步兵團排長、連長、參謀。1932 年 4 月考入陸軍大學正則班學習，1935 年 4 月畢業。任陸軍步兵旅司令部參謀、參謀主任。1936 年 12 月 30 日敘任陸軍步兵少校。抗日戰爭爆發後，任陸軍第五十二師司令部參謀處處長、參謀長等職。

俞天受

[425] 文聞編：中國文史出版社 2004 年 1 月《我所知道的復興社》第 8 頁。

[426] 文聞編：中國文史出版社 2004 年 1 月《我所知道的復興社》第 8 頁。

[427] 臺灣《傳記文學》第三十五卷第三期，幹國勳著：《關於所謂「復興社」的真實情況》。

[428] 范寶俊　朱建華主編：中華人民共和國民政部編纂：黑龍江人民出版社 1993 年 10 月《中華英烈大辭典》第 1886 頁。

徐幼常（1902 － 1984）別字倫敘，貴州黃平[429]人。廣州黃埔中央軍事政治學校第五期經理科、中央陸軍步兵學校射擊班、陸軍大學特別班第五期畢業。1926 年 3 月入黃埔軍校入伍生隊受訓，1926 年 11 月入廣州黃埔中央軍事政治學校第五期經理科學習，1927 年 8 月畢業。隨部參加北伐戰爭及中原大戰諸役，歷任國民革命軍陸軍步兵團排長、連長、營長、團長。1935 年 6 月 20 日敘任陸軍步兵少校。抗日戰爭爆發後，任陸軍第五十二軍司令部高級參謀，1938 年隨部參加台兒莊戰役。1940 年 7 月入陸軍大學特別班學習，1942 年 7 月畢業。1944 年任中央陸軍軍官學校高等教育班第十期班主任等職。1945 年 4 月被國民政府軍事委員會銓敘廳頒令敘任陸軍步兵上校。1945 年 8 月任陸軍第三十八軍第五十五師副師長等職。抗日戰爭勝利後，任成都中央陸軍軍官學校校本部第二十一期預備班主任，中央陸軍軍官學校北平軍官訓練班（後改稱第一軍官訓練班）班主任等職。1949 年 1 月在北平參加起義，1949 年 6 月受中共委派四川從事策反工作，1949 年 11 月任成都中央陸軍軍官學校教育處高級教官，後任第二十二期第一總隊學員總隊總隊長等職。1949 年 12 月 23 日率領中央陸軍軍官學校第一、第三學員總隊在成都起義。[430] 中

徐幼常

華人民共和國成立後，轉業地方工作，任成都市政協委員、常務委員，1956 年任成都市人民政府參事室參事，1978 年 10 月任成都市人民政府參事室副主任，民革成都市委員會常務委員，民革中央團結委員等職。1984 年 2 月5 日因病在成都逝世。

徐登杖（1904 － 1927）貴州石阡人。廣州黃埔中央軍事政治學校第五期步兵科畢業。1926 年 3 月考入廣州黃埔中央軍事政治學校第五期步兵科學習，1927 年 8 月畢業。

徐登杖

[429] 湖南省檔案館校編、湖南人民出版社《黃埔軍校同學錄》記載為貴州獨山。

[430] 中國人民解放軍歷史資料叢書編審委員會：中國人民解放軍歷史資料叢書，解放軍出版社 1996 年 1 月《解放戰爭時期國民黨軍起義投誠－川黔滇康藏地區》。

分發國民革命軍陸軍步兵連見習，1927 年 8 月 28 日在江蘇龍潭戰役作戰陣亡。[431]

高銘（1901 － 1930）別字扶工，貴州貴陽人。廣州黃埔中央軍事政治學校第五期步兵科畢業。1926 年 3 月考入廣州黃埔中央軍事政治學校第五期步兵科學習，1927 年 8 月畢業。任國民革命軍陸軍步兵連見習、排長，1930 年 5 月 13 日在河南蘭封作戰陣亡。[432]

諶湛（1907 － ？）別號俊賢。貴州織金人。廣州黃埔中央軍事政治學校第五期步兵科畢業。1926 年 3 月入黃埔軍校入伍生隊受訓，1926 年 11 月入廣州黃埔中央軍事政治學校第五期步兵科學習，1927 年 8 月畢業。隨部參加北伐戰爭，歷任國民革命軍陸軍步兵團排長、連長、營長、

諶湛

團長等職。1935 年 6 月 20 日敘任陸軍步兵少校。抗日戰爭爆發後，任陸軍第八十三師（師長）副師長。1945 年 4 月被國民政府軍事委員會銓敘廳頒令敘任陸軍步兵上校。抗日戰爭勝利後，1945 年 10 月獲頒忠勤勳章。1946 年 5 月獲頒勝利勳章。1946 年 6 月任陸軍整編第三十師（師長）整編第八十三旅旅長，後任陸軍第八十三師師長等職。1948 年 9 月 22 日被國民政府軍事委員會銓敘廳頒令敘任陸軍少將。

韓文源（1904 － 1995）別字雲濤，貴州安順人。安順縣立中學、貴州省立師範學校、廣州黃埔中央軍事政治學校第五期炮兵科、陸軍大學正則班第九期畢業。1904 年 6 月 12 日生於安順縣一個農戶家庭。1926 年 3

---

[431] 中國第二歷史檔案館供稿，華東工學院編輯出版部影印，檔案出版社 1989 年 7 月《黃埔軍校史稿》第六冊《各期陣亡學生姓名表》第 272 － 275 頁第五期名單記載；中國第二歷史檔案館供稿，華東工學院編輯出版部影印，檔案出版社 1989 年 7 月《黃埔軍校史稿》第八冊（本校先烈）第 278 頁第五期烈士芳名表記載 1927 年 8 月 28 日在江蘇龍潭陣亡。

[432] 中國第二歷史檔案館供稿，華東工學院編輯出版部影印，檔案出版社 1989 年 7 月《黃埔軍校史稿》第八冊（本校先烈）第 276 頁第五期烈士芳名表記載 1930 年 5 月 13 日在河南蘭封陣亡。

韓文源

月入黃埔軍校入伍生隊受訓，1926 年 11 月入廣州黃埔中央軍事政治學校第五期炮兵科學習，1927 年 8 月畢業。分發中央序列部隊，任國民革命軍陸軍第十四師步兵第四十二團部參謀，隨部參加龍潭戰役。後任國民革命軍第九軍（軍長顧祝同）司令部參謀處參謀，隨部參加第二次北伐戰爭。1928 年 9 月部隊編遣，任縮編後的第一集團軍陸軍第二師（師長顧祝同）第四旅（旅長黃國梁）直屬機關槍隊隊長等職。後獲第一集團軍總司令部舉薦，1928 年 12 月考入陸軍大學正則班學習，1931 年 10 月畢業。應邀任陸軍第十八軍（軍長陳誠）司令部參謀處參謀，作戰科科長等職。後任陸軍第十八軍（軍長陳誠）第五十二師（師長李明）步兵第三〇八團團長，率部參加對江西紅軍及根據地的「圍剿」作戰，所部被紅軍圍殲，於潰敗中脫逃。戰後任贛粵閩湘邊區「剿匪」第三路軍總指揮（陳誠）部參謀處作戰科科長，1934 年任前敵總指揮（陳誠）部參謀處處長，隨部參加對江西紅軍及根據地的第四、第五次「圍剿」作戰。1934 年 10 月任訓練總監部武昌陸軍整理處（處長陳誠兼）高級參謀。1935 年 5 月 29 日被國民政府軍事委員會銓敘廳頒令敘任陸軍步兵中校。1935 年 6 月任軍事委員會宜昌行轅（參謀長陳誠兼）第一處處長等職。1936 年 1 月任財政部稅警總團（總團長黃傑）步兵第二團團長，率部駐防江蘇贛榆地區。1936 年 10 月被國民政府軍事委員會銓敘廳頒令敘任陸軍步兵上校。1936 年 12 月任浙江金華師管區司令部司令官，1937 年春任福建建延師管區司令部司令官等職。抗日戰爭爆發後，隨軍遷移西南地區，任四川渝酉師管區司令部司令官。1940 年冬調任軍政部第三十二補充訓練處處長，負責新兵征補與訓練事宜。補充訓練處裁撤後，1945 年春任軍事委員會高級參謀。抗日戰爭勝利後，1945 年 10 月獲頒忠勤勳章。1946 年 1 月任鄭州綏靖主任（劉峙）公署（參謀長趙子立）副參謀長等職。1946 年 5 月獲頒勝利勳章。1947 年春任陸軍總司令部鄭州指揮部（主任顧祝同兼）副參謀長、代理參謀長等職。1948 年 9 月 22 日被國民政府軍事委員會銓

敘廳頒令敘任陸軍少將。1948 年 12 月任川鄂邊綏靖主任（孫震）公署副主任，率部駐軍宜昌地區，1949 年春兼任大竹指揮所主任等職。1949 年到臺灣，1950 年 4 月任總統府戰略顧問委員會辦公室主任，1951 年奉派入臺灣革命實踐研究院第十二期受訓。1952 年 3 月敘任陸軍中將。1962 年春奉派入臺灣國防研究院第四期受訓，1963 年任總統府戰略顧問委員會戰略顧問，仍兼任辦公室主任等職。1966 年 1 月退役。1995 年 5 月 15 日在臺北榮民總醫院因病逝世。著有《陸軍大學第九期修學述憶》〔載於《中華民國陸軍大學沿革史》（含同學錄），楊學房、朱秉一主編，臺灣三軍大學 1990 年出版〕等。

蔣德釗（1907 －？）別字秋生，貴州關嶺人。廣州黃埔中央軍事政治學校第五期步兵科畢業。1926 年 3 月入黃埔軍校入伍生隊受訓，1926 年 11 月入廣州黃埔中央軍事政治學校第五期步兵科學習，1927 年 8 月畢業。歷任國民革命軍陸軍步兵營排長、連長、營長等職。抗日戰爭爆發後，任陸軍步兵團團長，守備區司令部副司令官等職。抗日戰爭勝利後，任陸軍第九十二師司令部參謀處處長。1945 年 10 月獲頒忠勤勳章。1946 年 5 月獲頒勝利勳章、1946 年 6 月任陸軍整編第六十九師（師長）整編第九十二旅第二七四團團長，率部與人民解放軍作戰。1947 年 4 月奉派入軍官訓練團第三期第四中隊學員隊受訓，1947 年 6 月結業。

魯醒群（1904 －？）別字靖民，貴州龍安人。廣州黃埔中央軍事政治學校第五期步兵科畢業。1926 年 3 月入黃埔軍校入伍生隊受訓，1926 年 11 月入廣州黃埔中央軍事政治學校第五期步兵科學習，1927 年 8 月畢業。分發國民革命軍見習，隨部參加北伐戰爭。歷任國民革命軍初級軍職。抗日戰爭爆發後，任陸軍步兵旅營長、團長、副旅長等職。1945 年 1 月被國民政府軍事委員會銓敘廳頒令敘任陸軍步兵上校。抗日戰爭勝利後，任陸軍步兵師旅長、副師長、師長等職。1948 年 1 月 28 日被國民政府軍事委員會銓敘廳頒令敘任陸軍少將。

部分學員照片：11 名。

王德馨　鄧克敏　陳謙　陳正乾　婁毓禮　項光偉　賈正朝

袁家鏡　秦護農　蔡國良　顏亨書

照片從缺：劉建熹、宋正蒼

　　如上表及簡介所載情況：擔任軍級人員有 6 名，師級人員 6 名，兩項相加占該省學員總數 14.46%。

　　考量上述黔人名人資訊，主要有以下情況：比較著名將領有韓文源、吳峻人、胡一、陳華，率部參與抗戰時期多次戰役。楊至成是中國人民解放軍後勤供給機構開拓者與領導人之一。劉眉生、楊家騮、柳樹人是抗戰殉國知名將校。趙範生是由中共黨員蛻變為中國國民黨高級黨務政工人員。

八、福建籍第五期生情況簡述

　　福建是我國航海、遠洋船務及海軍發祥地之一。閩人投考黃埔軍校向來數量不多。

表 31　福建籍學員歷任各級軍職數量比例一覽表

職級	中國國民黨	人數	%
肄業或尚未見從軍任官記載	劉蔚南、林祖康、葛萱清、藍　超、丘堯勳、張如桂、王啓聰、李國雄、遊公俠、馬　良、吳瑞華、範永剛、賴平章、張靖球、彭鴻章、謝國雄、陳長追、鄧耀哉、溫仲偉、張志鴻、劉明源、江門山、張濟華、張履餘、羅永漢、羅廷徐、李濟時、修　園、顏萬川、陳子游、林光烈、黃鐵雄、陳鴻奇、林中烈、葉子山、周　霆、周冠雲、林震東、曾永模、童　沂、魏中奇、鄭植芳	42	74.14
排連營級	林康宗、葛夔中、闕憲焜、陳永南、羅濟南、真綱鳴	6	10.35
團旅級	史正榮、黃則明、馮　超、許世欽、林錫鈞、郭　斌	6	8.62
師級	陳文杞	1	1.72
軍級以上	戴仲玉、陳東生、范誦堯	3	5.17
合計		58	100

部分知名學員簡介：（16 名）

　　馮超（1905 － ?）別字雲亭，福建順昌人。廣州黃埔中央軍事政治學校第五期步兵科畢業。1926 年 3 月考入廣州黃埔中央軍事政治學校第五期步兵科學習，1927 年 8 月畢業。歷任國民革命軍陸軍步兵團排長、連長、營長、團長等職。1936 年 3 月被國民政府軍事委員會銓敘廳頒令敘任陸軍步兵上校。

　　史正榮（1904 － ?）福建上杭人。廣州黃埔中央軍事政治學校第五期政治科畢業。1926 年 3 月考入廣州黃埔中央軍事政治學校第五期政治科學習，1927 年 8 月畢業。歷任國民革命軍陸軍步兵團排長、連長、營長、團長等職。1940 年 12 月被國民政府軍事委員會銓敘廳頒令敘任陸軍步兵上校。

　　許世欽（1904 － ?）福建廈門人。廣州黃埔中央軍事政治學校第五期炮兵科畢業。1926 年 3 月考入廣州黃埔中央軍事政治學校第五期炮兵科學習，1927 年 8 月畢業。歷任國民革命軍陸軍炮兵團排長、連長、營長。後任南京中央陸軍軍官學校第十期第一總隊戰車教官，第十一期第二總隊中校戰車教官等職。1935 年 6 月 25 日敘任陸軍炮兵少校。

陳文杞（1904－1941）福建莆田縣常太鄉人。莆田縣立中學、廣州黃埔中央軍事政治學校第五期步兵科畢業。1904年11月生於莆田縣常太鄉岐尾村一個農戶家庭。少年私塾啟蒙，後入鄉立高等小學堂就讀，繼入莆田中學學習，1926年南下廣東。1926年3月考入黃埔軍校第五

陳文杞

期入伍生部，1926年11月入廣州黃埔中央軍事政治學校第五期工兵科，1927年8月畢業，隨部參加北伐戰爭，任國民革命軍第一軍第二十二師見習官、排長，第一師第一旅第一團副連長，南京中央陸軍軍官學校軍官團副大隊長，陸軍第八十五師（師長陳鐵）司令部參謀主任，教導團團長等職。抗日戰爭爆發後，因求戰心切，放棄已考取的陸軍大學特別班第四期生學籍，奔赴抗日前線。任第一戰區第八十軍（軍長孔令恂）新編第二十七師（師長王竣）司令部參謀長，率部參加綏遠抗戰。1940年春，與師長王竣、副師長梁希賢一起率部到中條山開展抗日遊擊鬥爭。1941年5月9日在中條山戰役台寨村陣地指揮對日軍作戰中殉國。戰後國民政府頒令表彰，並在其家鄉忠烈祠內立主牌紀念。[433]

陳東生（1907－?）別號日如，福建永定人。廣州黃埔中央軍事政治學校第五期步兵科畢業。1926年3月入黃埔軍校入伍生隊受訓，1926年11月入廣州黃埔中央軍事政治學校第五期步兵科學習，1927年8月畢業。隨部參加北伐戰爭，任國民革命軍團供給主任，師軍需處主任。1936年5月18日敘任陸軍步兵中校。1937年6月19日晉任陸軍步兵上校。抗日戰爭爆發後，任第十九集團軍總司令部軍需處處長。1938年9月26日任接陳隱冀任軍政部兵工署（署長俞大維）軍械司司長，[434]1940年12月任軍事委員會後方勤務部軍械處處長等職。1945年2月20日敘任陸軍少將。

[433] 劉晨主編：團結出版社2007年6月《中國抗日將領犧牲錄（1931－1945）》第263頁。

[434] 戚厚傑　劉順發　王楠編著：河北人民出版社，2001年1月《國民革命軍沿革實錄》記載。

抗日戰爭勝利後，1945 年 10 月獲頒忠勤勳章。1946 年 5 月獲頒勝利勳章。
1948 年 11 月 14 日任福建省政府委員兼財政廳廳長。[435]

陳永南

陳永南（1900 － 1930）別字道吾，福建連城人。廣
州黃埔中央軍事政治學校第五期步兵科畢業。1926 年 3 月
考入廣州黃埔中央軍事政治學校第五期步兵科學習，1927
年 8 月畢業。歷任國民革命軍陸軍步兵連見習、副排長、
排長、副連長，1930 年 12 月 6 日在福建連城作戰陣亡。[436]

羅濟南（1908 － 1927）別字少融，福建連城縣莒溪鄉人。連城縣莒溪
鄉高等小學畢業，連城縣立中學肄業，廣州黃埔中央軍事政治學校第五期
步兵科畢業。幼年私塾啟蒙，少時考入莒溪鄉高等小學堂就讀，1923 年秋
畢業。繼考入連城縣立中學學習，未及畢業即投筆從戎，赴廣東投考黃埔
陸軍軍官學校，先入入伍生隊受訓，1926 年 3 月考入廣州黃埔中央軍事政
治學校第五期步兵科學習，1927 年 8 月畢業。任國民革命軍第一軍第一師
步兵連見習，1927 年 8 月 26 日在江蘇龍潭作戰陣亡。[437]

林康宗

林康宗（1901 － 1927）別字協和，福建上杭人。廣
州黃埔中央軍事政治學校第五期步兵科畢業。1926 年 3 月
考入廣州黃埔中央軍事政治學校第五期步兵科學習，1927
年 8 月畢業。任國民革命軍陸軍步兵連見習、副排長，
1927 年 10 月 22 日在江蘇鎮江作戰陣亡。[438]

---

[435] 郭卿友主編：甘肅人民出版社《中華民國國民政府軍政職官志》上冊記載。

[436] 中國第二歷史檔案館供稿，華東工學院編輯出版部影印，檔案出版社 1989 年 7 月
《黃埔軍校史稿》第八冊（本校先烈）第 277 頁第五期烈士芳名表記載 1930 年 12
月 6 日在福建連城陣亡。

[437] 中國第二歷史檔案館供稿，華東工學院編輯出版部影印，檔案出版社 1989 年 7 月
《黃埔軍校史稿》第八冊（本校先烈）第 95 頁有羅濟南傳略；中國第二歷史檔案
館供稿，華東工學院編輯出版部影印，檔案出版社 1989 年 7 月《黃埔軍校史稿》
第八冊（本校先烈）無載。

[438] 中國第二歷史檔案館供稿，華東工學院編輯出版部影印，檔案出版社 1989 年 7 月
《黃埔軍校史稿》第八冊（本校先烈）第 280 頁第五期烈士芳名表記載 1927 年 10

　　林錫鈞（1905－？）別字醒儂，福建龍海人。廈門集
美師範學校、廣州黃埔中央軍事政治學校第五期軍官訓練
班、臺灣革命實踐研究院聯戰班、三軍大學第四期結業。
1926 年 3 月入黃埔軍校入伍生隊受訓，1926 年 11 月入廣
州黃埔中央軍事政治學校第五期步兵科學習，1927 年 8 月

林錫鈞

畢業。隨部參加北伐戰爭，歷任國民革命軍北伐東路軍第一師排長，南京
衛戍司令部憲兵排長、連長，憲兵第七團第一營營長等職。1935 年 6 月
26 日敘任陸軍工兵少校。1936 年 3 月 26 日奉命轉任陸軍憲兵少校。1937
年 9 月 8 日晉任陸軍憲兵中校。抗日戰爭爆發後，任憲兵第七團副團長、
團長，重慶衛戍總司令部憲兵團長、稽查處副處長。1945 年 4 月敘任陸
軍憲兵上校。1945 年起任南京區憲兵司令部司令官，福建省政府顧問，
成都警備司令部及川鄂黔滇邊綏靖公署憲兵第二團團長等職。1949 年到
臺灣，任臺灣省保安司令部政治部少將主任。1961 年退役，任臺灣商業
總會及中小型企業協會理事等。

　　范誦堯（1905－？）別字重平，福建邵武人。廣州黃埔中央軍事政
治學校第五期步兵科、陸軍大學正則班第十期畢業。1926 年 3 月入黃埔
軍校入伍生隊受訓，1926 年 11 月入廣州黃埔中央軍事政治學校第五期步
兵科學習，1927 年 8 月畢業。隨部參加北伐戰爭，任國民革命軍第一軍
第二師步兵連見習、排長，第二十二師步兵團連長，陸軍第一師第一旅
教導營營長等職。1932 年 1 月參與「中華民族復興會」創建早期活動。
1932 年 4 月考入陸軍大學正則班學習，在校期間兼任「中華民族復興社」
陸軍大學校分社負責人，1935 年 4 月畢業。任陸軍第一軍司令部參謀。
1936 年 9 月 24 日敘任陸軍步兵中校。1937 年 6 月 9 日晉任陸軍步兵上校。
抗日戰爭爆發後，任第十七軍團司令部參謀處參謀、科長，第八戰區副司
令長官（胡宗南）部參謀處第一科科長，甘肅省保安第一團團長，陸軍第

月 22 日在江蘇鎮江陣亡。

四十八師司令部參謀長等職。抗日戰爭勝利後，1945 年 10 月獲頒忠勤勳章。1946 年 5 月獲頒勝利勳章。後任第九十一軍（軍長王晉）司令部參謀長，後奉派赴臺灣接收，任前進指揮所參謀長、主任等職。1948 年 9 月 22 日被國民政府軍事委員會銓敘廳敘任陸軍少將。任重慶綏靖主任公署參謀長等職。後任福建綏靖主任（朱紹良）公署參謀長，再赴臺灣後任東南軍政長官（陳儀）公署參謀長，陸軍步兵軍副軍長，臺灣警備總司令部副參謀長、參謀長，臺北警備司令部司令官等職。後任三軍聯合演習研究室主任，臺灣國防戰略計畫委員會委員等職。1967 年任「國家安全會議」戰地政務委員會委員。1976 年任總統府戰略顧問委員會顧問等職。

郭斌（1905 － 1973）原名柏興，別字國賓，別號七裏，福建龍岩人。福建省立第九中學肄業，南洋公學、廣州黃埔中央軍事政治學校第五期步兵科畢業。1905 年 5 月 24 日生於龍岩縣外山鄉下寨村一個耕讀家庭。1924 年夏赴廣東汕頭投考黃埔軍校，因旅途延誤錯過考期，入軍校駐惠萊招生分處做文書工作。1925 年春由招生分處介紹入黃埔軍校教導第二團第二營第六連充上等兵，隨軍參加第一次東征作戰之棉湖大捷。同年 10 月再隨部參加第二次東征戰事，入敢死隊參與攻克惠州城激戰，戰後所在連 116 人僅餘 18 人生還，其負重傷入廣州陸軍醫院治療。痊癒後參加黃埔軍校第五期生考試，因顧慮考不上，遂同時投考雲南講武堂及國民革命軍第四軍軍官學校，放榜時三校錄取，毅然入廣州黃埔中央軍事政治學校第五期學習。1927 年 7 月隨軍校遷移南京，畢業後分發國民革命軍第二十二師第六十五團第一營第三連充見習官，同年 8 月隨部參加龍潭戰役，在棲霞山一帶敵激戰數日，戰後全連僅生還七人，其再度負重傷。痊癒後隨部參加第二期北伐戰事，在韓莊激戰中第三次負傷。痊癒後，任縮編後的陸軍第一師第二旅第四團第一營第三連排長，1929 年 3 月任陸軍第一師第二旅（旅長胡宗南兼）第五團第一營第三連連長，隨部參加對桂系、西北軍和湘軍的戰事，1929 年 10 月升任第一營營長。1930 年

郭斌

5月隨部參加中原大戰，在民權車站攻堅戰中胸部再負重傷，入徐州陸軍醫院治療。後請假回原籍鄉間休養，痊癒後，任龍岩縣地方民團總團部副總團長。1933年夏經胡宗南介紹結識戴笠，入中華民族復興社南京總社事務股工作。1933年10月任杭州警官學校政治特派員（戴笠）辦公室副官，1935年1月任中華民族復興社南京總社事務股股長，後任軍事委員會諜報參謀訓練班（主任鄭介民）副官。1935年7月9日敘任陸軍步兵少校。抗日戰爭爆發後，1937年9月任軍事委員會調查統計局漢口辦事處科長，兼任漢口行營調查室第三科科長。1940年秋奉命攜眷赴香港，開展對日軍情報工作，以九龍柯士甸路「客來門酒店」為據點，擴充情報工作站。1941年香港淪陷後，率站人員返回重慶，1942年5月奉派巡察東南各省軍事情報工作。1942年11月任調查統計局政治設計委員會設計委員（少將銜），兼任國民政府財政部貨運管理局總務處處長。其間協助戴笠參與「中美特種技術合作所」籌備事宜，任該所總務組組長。1943年11月奉派隨林蔚護衛蔣介石赴埃及參加開羅會議，見證親睹中國以大國地位與羅斯福總統、邱吉爾首相會談協商全過程。抗日戰爭勝利後，奉派赴上海，任調查統計局上海辦事處總務組組長，參與上海肅奸與接收敵逆產事宜。1946年3月起任國防部少將部員，陝西寶雞警備司令部稽查處處長。1946年11月被國民政府軍事委員會銓敘廳敘任陸軍步兵上校。1948年1月任武漢警備司令部副官處處長，華北「剿匪」總司令部第一兵團司令部副官處處長，1948年5月辭職，攜眷經長沙赴廣州，再乘船到臺灣，任國防部保密局設計委員會少將委員。1954年退役，聘任臺灣省公路局顧問，1973年10月因鼻咽癌在臺灣大學醫院逝世。著有《郭斌回憶錄》等。

真綱鳴（1906－1930）原載綱鳴，[439] 又名剛智，別字犧鐸，福建蒲城人。廣州黃埔中央軍事政治學校第五期工兵科畢業。1926年3月考入

---

[439] 湖南省檔案館校編、湖南人民出版社《黃埔軍校同學錄》記載。

廣州黃埔中央軍事政治學校第五期工兵科學習，1927 年 8 月畢業。任國民革命軍陸軍工兵連見習、排長，1930 年 8 月 3 日在山東泰安作戰陣亡。（中國第二歷史檔案館供稿，華東工學院編輯出版部影印，檔案出版社 1989 年 7 月《黃埔軍校史稿》第八冊（本校先烈）第 272 頁第五期烈士芳名表記載 1930 年 8 月 3 日在山東泰安陣亡，記載為真剛智。）

黃則明（1907 －？）別字則民，福建南安人。廣州黃埔中央軍事政治學校第五期步兵科、南京中央陸軍軍官學校戰術研究班第七期畢業。1926 年 3 月入黃埔軍校入伍生隊受訓，1926 年 11 月入廣州黃埔中央軍事政治學校第五期步兵科學習，1927 年 8 月畢業。隨部參加北伐戰爭，任國民革命軍初級軍官。1930 年 10 月任南京中央陸軍軍官學校第八期第二總隊部上尉副官，後奉派入南京中央陸軍軍官學校戰術研究班受訓。1935 年 7 月 9 日敘任陸軍步兵少校。抗日戰爭爆發後，隨軍校遷移西南，1945 年 1 月任成都中央陸軍軍官學校第二十一期中校戰術教官等職。抗日戰爭勝利後，任成都中央陸軍軍官學校第二十二期第一總隊中校戰術教官，第二十二期第二總隊步兵科上校戰術教官，第二十三期校本部教育處步兵科上校戰術教官等職。

黃則明

葛夔中（1903 － 1929）別字士豪，福建上杭人。廣州黃埔中央軍事政治學校第五期步兵科畢業。1926 年 3 月考入廣州黃埔中央軍事政治學校第五期步兵科學習，1927 年 8 月畢業。任國民革命軍陸軍步兵連見習、排長，1929 年 8 月 28 日在福建永定作戰陣亡。[440]

葛夔中

闕憲焜（1906 － 1927）別字門南，福建永定人。永定縣立第一中學、廣州黃埔中央軍事政治學校第五期步兵科畢業。1925 年在永定縣立

---

[440] 中國第二歷史檔案館供稿，華東工學院編輯出版部影印，檔案出版社 1989 年 7 月《黃埔軍校史稿》第八冊（本校先烈）第 273 頁第五期烈士芳名表記載 1929 年 8 月 28 日在福建永定陣亡。

闕憲焜

第一中學畢業後，赴廣東投考黃埔陸軍軍官學校，先入入
伍生隊受訓，1926 年 3 月考入廣州黃埔中央軍事政治學校
第五期步兵科學習，1927 年 8 月畢業。任國民革命軍第九
軍第十四師第四十一團第二營第七連見習官，1927 年 8 月
28 日隨軍赴江蘇鎮江縣上當鄉討伐當地匪霸，作戰時頭部
中彈當即陣亡。[441]

戴仲玉

戴仲玉（1909 － 1986）福建長汀人。福建省立第七
中學畢業，廣州黃埔中央軍事政治學校第五期步兵科肄
業，[442] 南京中央陸軍軍官學校政治訓練研究班第一期、中
央訓練團黨政高級班、臺灣革命實踐研究院畢業。1909 年
11 月 29 日生於長汀縣一個商紳家庭。[443] 鄉立私塾啟蒙，
鄉立高等小學堂、福建省立第七中學畢業。1926 年 3 月考入廣州黃埔中
央軍事政治學校第五期步兵科，[444]1927 年肄業。分發國民革命軍第一軍第
三師見習，隨部參加北伐戰爭。歷任國民革命軍第四十九師第一四五旅第
二九〇團步兵連排長、連長，隨部參加中原大戰。1931 年任陸軍第四十
九師第一四五旅第二九一團團附、第一營營長，隨部參加對江西紅軍及
根據地的「圍剿」作戰。1932 年 10 月奉派入南京中央陸軍軍官學校政治

---

[441] ①冀樂群編纂：南京中央陸軍軍官學校 1934 年印行《中央陸軍軍官學校追悼北伐
陣亡將士特刊－黃埔血史》記載；②中國第二歷史檔案館供稿，華東工學院編輯出
版部影印，檔案出版社 1989 年 7 月《黃埔軍校史稿》第六冊《各期陣亡學生姓名
表》第 272 － 275 頁第五期名單記載；③中國第二歷史檔案館供稿，華東工學院編
輯出版部影印，檔案出版社 1989 年 7 月《黃埔軍校史稿》第八冊（本校先烈）第
95 頁有闕憲焜傳記；④中國第二歷史檔案館供稿，華東工學院編輯出版部影印，檔
案出版社 1989 年 7 月《黃埔軍校史稿》第八冊（本校先烈）第 274 頁第五期烈士
芳名表記載 1927 年 8 月 28 日在江蘇龍潭陣亡。

[442] 湖南省檔案館校編、湖南人民出版社《黃埔軍校同學錄》無載；現據：臺灣中國名
人傳記中心印行《中華民國現代名人錄（1983 － 1984）》第 1654 頁記載；劉紹唐
主編：傳記文學出版社 1989 年 11 月印行《民國人物小傳》第十一輯第 361 頁記載。

[443] 劉紹唐主編：傳記文學出版社 1989 年 11 月印行《民國人物小傳》第十一輯第 361 頁。

[444] 劉紹唐主編：傳記文學出版社 1989 年 11 月印行《民國人物小傳》第十一輯第 361 頁。

訓練研究班第一期受訓，1932 年 11 月加入「中華民族復興社」和「力行社」，1933 年 3 月結業。1933 年 8 月任陸軍第二十九師政治部政治訓練員，「中華民族復興社」福建支社書記等職。抗日戰爭爆發後，1937 年 10 月任時為福建戰時省會的永安縣縣長，1938 年 5 月任處於抗日前線的龍溪縣縣長，後任建甌縣縣長，至 1940 年 9 月免職。其間還兼任福建省幹部訓練所教育長、所長，主持全省戰時教職師資、聯保主任（即鄉鎮長）集中訓練兩年，先後受訓人員共千餘人。1939 年 3 月還受命籌建福建省臨時參議會，任秘書長至 1940 年 7 月。1940 年 8 月任福建省軍管區司令部徵募處處長，1941 年 12 月奉派赴重慶，任國家總動員委員會委員，其間奉派入中央訓練團黨政高級班受訓，1945 年 4 月免職。抗日戰爭勝利後，1945 年 10 月獲頒忠勤勳章。1946 年 1 月任軍事委員會參議，1946 年 2 月任三青團福建支團幹事長，當選為三青團第二屆中央幹事會幹事。1946 年 5 月獲頒勝利勳章。1946 年 11 月 15 日被推選福建省出席（制憲）國民大會代表。1947 年 7 月被推選為黨團合一後的中國國民黨第六屆中央執行委員。1947 年 10 月任中國國民黨福建省黨部副主任委員。1947 年 11 月 19 日調任軍政部財務署軍需監，同日被國民政府軍事委員會銓敘廳敘任陸軍少將。1949 年 8 月任中國國民黨福建省黨部主任委員。1949 年 9 月到臺灣，1949 年 10 月任遷移臺灣後的「國民政府」中央僑務委員會委員，「光復大陸設計研究委員會」委員及國民大會憲政研討委員會委員。1954 年 2 月任中國國民黨中央委員會第三組副主任，襄理海外黨務。1955 年 2 月任設立於金門的「福建省政府」委員、主席，1956 年兼任行政院戶口普查處副普查長。1958 年「八一三」炮戰期間，主持將金門戰地老弱婦孺 6518 人遷移臺灣，籌組成立金門遷台民眾臨時輔導委員會，籌畫專款負責安置定居和介紹就業。其間兼任設於臺灣的華僑救國聯合會常務理事及中國僑政學會常務理事等職。1962 年兼任私立東海中學董事長。先後被推選為國民大會第一屆第三、四、五各次會議主席委員及黨團工作召集人。1969 年 4 月當選為中國國民黨第十屆中央候補委員，1976

年仍為立法院立法委員。[445]1976 年 11 月當選為中國國民黨第十一屆中央評議委員會委員。1980 年奉派兼任設於臺灣的福建省選舉委員會主任委員及僑選增額立法委員及監察委員遴選工作委員會委員等職。1981 年 4 月當選為中國國民黨第十二屆中央評議委員會委員。1982 年任臺灣三民主義統一中國大同盟執行委員會委員。1986 年 5 月 21 日因病在臺北逝世。[446] 著有《居安一得》、《閩園心影》（均在臺灣出版印行）等。

部分學員照片：13 名。

王啓聰　　丘堯勳　　葉子山　　劉蔚南　　張如桂　　張履餘　　陳鴻奇

羅永漢　　羅廷徐　　林光烈　　黃鐵雄　　顏萬川　　魏中奇

延續前四期，福建仍為黃埔軍校入學較少省份。

如上表以及資料所示，擔任軍級職務人員 3 名，師級人員 1 名，兩項相加合計為 6.89%，累計將領有 4 人。具體考量有如下情況：戴仲玉是軍隊政工與黨務高級人員，赴台後仍歷任官職。陳東生是國民革命軍軍械軍需高級官員。陳文杞是知名抗日殉國將領。

---

[445] 劉國銘主編：春秋出版社 1989 年 3 月《中華民國國民政府軍政職官人物志》第 816 頁。

[446] 劉國銘主編：春秋出版社 1989 年 3 月《中華民國國民政府軍政職官人物志》第 885 頁「臺灣知名要人死亡名單」記載。

九、江蘇籍第五期生情況簡述

江蘇是近代民族工業及現代文明科技發祥地。江蘇省籍入讀黃埔軍校第五期，延續了這方面人才優勢。

表32　江蘇籍學員歷任各級軍職數量比例一覽表

職級	中國國民黨	人數	%
肄業或尚未見從軍任官記載	張譜庚、陶　唐、程雨亭、朱聘賢、張　翼、徐佩雲、王定一、丁　鎔、丘俠子、陳克敏、楊　和、卞泰孫、陶明鵬、陳　翰、周碧濤、史渭清、陸　傑、徐　源、陳邦英、劉振雄、沈占鰲、朱雲飛、徐俊良、蔡贊祺、朱守恭、沈　鵬、徐君若、程蘭田、楊積愷、童良駿、王文華、胡覬如、姚宜民、狄維城、胡赤民、王　雷、陳　權、吳　豪、李　燊、郭孝言	40	74.07
排連營級	王任寰、李宗舜、王新民、胡漢昌	4	7.41
團旅級	王醒民、邱　岳、陶建芳、葉　島、蔡　沂	5	9.26
師級	陳治平、胡　震	2	3.7
軍級以上	張乃鑫、邱行湘、杲春湧、單　棟	4	5.56
合計		55	100

部分知名學員簡介：（13 名）

王新民（1905 － 1930）別字秋聲，江蘇徐州人。廣州黃埔中央軍事政治學校第五期步兵科畢業。1926 年 3 月考入廣州黃埔中央軍事政治學校第五期步兵科學習，1927 年 8 月畢業。歷任國民革命軍陸軍步兵連見習、排長、副連長，1930 年 8 月 4 日在河南睢州作戰陣亡。[447]

王醒民（1905 －？）別字夢霞，別號少游，原載籍貫江蘇上海，[448] 另載江蘇南匯人。[449] 廣州黃埔中央軍事政治學校第五期政治科畢業。1926 年 3 月考入廣州黃埔中央軍事政治學校第五期政治科學習，1927 年 8 月畢

---

[447] 中國第二歷史檔案館供稿，華東工學院編輯出版部影印，檔案出版社 1989 年 7 月《黃埔軍校史稿》第八冊（本校先烈）第 270 頁第五期烈士芳名表記載 1930 年 8 月 4 日在河南睢州陣亡。

[448] 湖南省檔案館校編、湖南人民出版社《黃埔軍校同學錄》記載。

[449]《中央訓練團將官班學員通訊錄》記載。

業。歷任國民革命軍陸軍步兵團排長、連長、營長。抗日戰爭爆發後，任陸軍步兵團副團長，陸軍步兵旅司令部參謀主任，率部參加抗日戰役。抗日戰爭勝利後，任陸軍步兵師司令部參謀長。1945 年 10 月獲頒忠勤勳章。1946 年 1 月奉派入中央訓練團將官班受訓，登記為少將學員，1946 年 3 月結業。任綏靖區司令部派駐南京辦事處主任等職。

葉島（1909－？）又名史生，江蘇金山人。廣州黃埔中央軍事政治學校第五期工兵科學員。[450]1909 年 4 月生於金山縣城一個農戶家庭。1925 年初進吳淞同濟大學附屬工廠藝徒班，1925 年 7 月加入中國社會主義青年團。1926 年 5 月到廣州，考入黃埔軍校入伍生第二團第十二連受訓，1926 年 11 月入伍期滿入廣州黃埔中央軍事政治學校第五期工兵科學習，不久隨校遷移武漢。1927 年 5 月隨部參加討伐夏鬥寅部作戰，左腿負傷。1927 年 7 月被隨軍撤離武漢至九江，因腿傷沒痊癒，未能隨部南下，後轉告上海就醫。此後脫離團組織關係，曾任農村小學教員，後考取公費的江蘇省立教育學院攻讀四年，1932 年起長期在江蘇城鄉和上海等地任小學、中學教員。1949 年 5 月上海解放後，繼續任教參加革命工作。中華人民共和國成立後，仍在上海任教，曾任虹口區人民政府文教科科長，閘北區人民政府體育運動委員會主任，上海市閘北區第二中學校長等職。1985 年離職休養。1986 年秋起被推選為上海市黃埔軍校同學會理事、名譽理事。晚年寓居上海市山陰路一四五弄 9 號住所，1996 年 8 月 7 日親筆撰寫自傳，提交筆者收藏。

張乃鑫（1905－？）別字乃新，江蘇漣水人。廣州黃埔中央軍事政治學校第五期步兵科畢業。1926 年 3 月入黃埔軍校入伍生隊受訓，1926 年 11 月入廣州黃埔中央軍事政治學校第五期步兵科學習，1927 年 8 月畢業。隨部參加北伐戰爭，任國民革命軍第一軍第三師步兵團排長，1930 年任陸軍第四師（師長冷欣）第十師步兵團連長，隨部參加中原大戰。

---

[450] 湖南省檔案館校編，湖南人民出版社《黃埔軍校同學錄》無載。現據：葉島本人撰寫自傳記載。

1931 年任軍事委員會東南特別訓練班預備隊隊長，中央陸軍步兵學校少校教官，1937 年 3 月任陸軍預備第三師（師長冷欣）補充團第一營營長。抗日戰爭爆發後，任陸軍預備第三師（師長冷欣）補充團副團長，1938 年任陸軍第五十二師（師長唐雲山、劉秉哲）步兵第一九一團團長，後任陸軍第五十二師政治部主任，1940 年所部參與對中共新編第四軍軍部「圍剿」作戰。1942 年 10 月任陸軍第五十二師（師長劉秉哲）副師長，1943 年 12 月接劉秉哲任陸軍第五十二師師長，率部駐防贛皖邊區，隸屬第三戰區第二十三集團軍（總司令唐式遵，由副總司令陶廣直接指揮第二十八軍）第二十八軍（軍長陶柳）指揮序列。1945 年率部駐防安徽甯國地區。[451] 抗日戰爭勝利後，仍任陸軍第二十八軍（軍長李良榮）第五十二師師長，率部駐防徐州以南地區。1945 年 10 月獲頒忠勤勳章。1946 年 5 月獲頒勝利勳章。1946 年 6 月任陸軍整編第二十八師（師長李良榮）第五十二旅旅長，率部駐軍江蘇徐州，在淮北、蘇北地區與人民解放軍作戰，參與泰蒙戰役、孟良崮戰役，1947 年 12 月免職。任陸軍總司令（顧祝同）部附員，後任陸軍第一〇六軍（軍長王修身）副軍長，隸屬第十七兵團（司令官侯鏡如）指揮序列，率部參加長江江防戰役與人民解放軍作戰。戰後所部南下參與福建戰役，駐防平潭島與人民解放軍作戰，所部餘部後撤退臺灣。[452]

邱嶽（1907－？）別字步雲，江蘇上海人。廣州黃埔中央軍事政治學校第五期步兵科畢業。1926 年 3 月考入廣州黃埔中央軍事政治學校第五期步兵科學習，1927 年 8 月畢業。歷任國民革命軍陸軍步兵團排長、連長、營長、團長等職。抗日戰爭勝利後，1945 年 10 月獲頒忠勤勳章。1946 年 1 月奉派入中央訓練團受訓。1946 年 5 月獲頒勝利勳章。任陸軍新編師副師長。1948 年 2 月被國民政府軍事委員會銓敘廳頒令敘任陸軍步兵上校。

[451] 曹劍浪著：解放軍出版社 2010 年 1 月《中國國民黨軍簡史》第 1273 頁。
[452] 曹劍浪著：解放軍出版社 2010 年 1 月《中國國民黨軍簡史》第 1831 頁。

邱行湘

　　邱行湘（1908 － 1996）別字遼峰，江蘇溧陽縣南渡鎮邱家橋人。廣州黃埔中央軍事政治學校第五期步兵科畢業。1926 年 3 月入黃埔軍校入伍生隊受訓，在學期間與郭衡、陳蕭、王榮華等十二名第五期生乘「民生」軍艦擔負廣東沿海地區巡邏。該班十二人後擔負護送十萬白銀軍費[453]從廣州趕赴韶關後進入湖南，為北伐軍總司令部所用。1926 年 11 月入廣州黃埔中央軍事政治學校第五期步兵科學習，1927 年 8 月畢業。歷任國民革命軍第一軍警衛團排長，陸海空軍總司令部警衛司令部警衛隊隊長、上尉副官，陸軍第十八軍司令部少校副官、特務營營長。1934 年 10 月任陸軍第九十九師（師長郭思演）第二九五旅（旅長周化南）步兵第五九〇團第一營營長，隨部在貴州參加對紅軍第二、六軍團的追堵作戰。1935 年 10 月任陸軍第九十九師第二九五旅第五九〇團中校副團長，率部駐防貴陽。1936 年任陸軍第九十九師（師長傅仲芳）司令部參謀主任等職。1936 年 12 月 26 日敍任陸軍步兵少校。抗日戰爭爆發後，任軍政部補充第一團團長。後任陸軍第十八軍第六十七師（師長莫與碩）第二〇一旅（旅長楊勃）第四〇二團團長，率部參加武漢會戰，在貴池、青陽一線阻擊日軍航運。1938 年 11 月任陸軍第十八軍第六十七師（師長莫與碩）第二〇一旅（旅長楊勃）副旅長，第六戰區直屬特務第二團團長兼恩施警備司令部司令官，奉命拱衛日軍西進要塞屏障，率部參加宜昌戰役。1942 年春任第六戰區長江上游江防軍（總司令吳奇偉）陸軍第三十二軍第五師（師長劉雲瀚）副師長兼政治部主任，率部參加鄂西會戰之石牌要塞保衛戰，戰後統計該師營長以下官兵陣亡 508 人，傷 300 餘人，1943 年 5 月 31 日由其主持在石牌要塞之饅頭嘴山上建立一座巍峨的國民革命軍陸軍第五師烈士

[453] 中國人民政治協商會議廣東省委員會文史資料研究委員會　廣東革命歷史博物館合編：廣東人民出版社 1982 年 11 月《黃埔軍校回憶錄專輯》第 197 頁《回憶在黃埔軍校的年代》記載。

紀念塔。1943 年 12 月任第六戰區司令長官部暨中國遠征軍司令長官（陳誠）部副官處處長等職。1944 年夏返任第六戰區第三十二軍（軍長唐永良）第五師（師長李則芬）副師長，率部參加湘西會戰之武陽殲滅戰。1945 年 7 月被國民政府軍事委員會銓敘廳敘任陸軍步兵上校。抗日戰爭勝利後，1945 年 10 月獲頒忠勤勳章。1946 年 5 月獲頒勝利勳章。1946 年 5 月奉派入中央軍官訓練團第二期第二中隊受訓，並任分隊長，1946 年 7 月結業。1946 年 12 月接李則芬任陸軍第九十四軍（軍長牟廷芳）第五師師長，奉命以第五師師長兼任秦榆警備司令部司令官。1947 年 10 月任青年軍整編第二〇六師師長，兼任洛陽警備司令部司令官，統轄第一旅（旅長餘有壬、趙雲飛）、第二旅（旅長盛鍾嶽）等部，隸屬陸軍總司令部鄭州指揮所（主任孫震，副主任張世希）指揮序列。1948 年 3 月 13 日在洛陽戰役被人民解放軍俘虜，後入中國人民解放軍第二野戰軍政治部解放軍官教育團學習與改造，後入漳河解放軍官訓練班學習。中華人民共和國成立後，在戰犯管理所學習與改造，曾任第一學習小組組長，1959 年 12 月 4 日獲特赦釋放。安排江蘇省政協文史資料與研究委員會任文史專員（月工資三十五元），定居南京市漢府街五十一號寓所。1961 年起當選為江蘇省政協第五、六屆委員，江蘇省孫中山研究會理事，南京市黃埔軍校同學會理事、江蘇省黃埔軍校同學會理事等職。1996 年 12 月 8 日因病在南京逝世。著有《隨陳誠十九年所見》（載於中國文史出版社《中華文史資料文庫》第二卷）、《隨羅卓英血戰淞滬記略》（載於中國文史出版社《中華文史資料文庫》第四卷）、《洛陽戰役蔣軍就殲紀實》（1961 年 5 月 10 日撰文，載於中國文史出版社《文史資料選輯》第 17 輯）、《石牌要塞保衛戰》（載於中國文史出版社《原國民黨將領抗日戰爭親歷記－武漢會戰》）、《洛陽戰役青年軍就殲紀實》（載於中國文史出版社《中華文史資料文庫》第六卷）、《第二九五旅在貴州追堵紅二、六軍團》（載於中國文史出版社《原國民黨將領的回憶－圍追堵截紅軍長征親歷記》下冊）、《貴池、青陽阻擊日軍航運戰鬥經過》（載於中國文史出版社《原國民黨將領

抗日戰爭親歷記－武漢會戰》)、《武陽殲滅戰》(載於中國文史出版社《原
國民黨將領抗日戰爭親歷記－湖南四大會戰》)、《轉戰長陽，屢挫日軍》、
《武陽之捷開湘西會戰勝利之先聲》、《初戰告捷》、《挺進江南》、《回憶在
黃埔軍校的年代》(載於中國人民政治協商會議廣東省委員會文史資料研
究委員會、廣東革命歷史博物館合編：廣東人民出版社 1982 年 11 月《黃
埔軍校回憶錄專輯》197 頁)等。其姪子黃濟人以其作品為藍本撰寫紀實
文學《將軍決戰豈止在戰場》等。

　　陳治平（1898 － 1949）又名資平、鐵龍，別字文正，別號惕廬，
江蘇淮安縣楚州宋集鄉人。廣州黃埔中央軍事政治學校第五期步兵科學
員，[454] 軍事委員會政治人員訓練班第一期、中央訓練團縣市行政人員訓練
班第三期結業。原名文正，初以字行世，改名惕廬，曾用名張華甫。出生
於貧苦農民家庭。幼讀私塾，先後入淮安縣立第三高等小學、南京國文專
修館、南京蠶桑學校就讀，畢業後到淮安縣立乙種農業學校（校址在橫溝
寺）任教。1924 年夏加入中國國民黨，同年冬到廣州，入黃埔軍校當入
伍生，數月後因病返回淮安。繼續在淮安縣立乙種農業學校教書。1926
年 6 月再赴廣州黃埔中央軍事政治學校第五期步兵科學習，後任入伍生第
二團文書。1926 年 11 月返回家鄉後結識在中國國民黨江蘇省黨部工作的
中共黨員侯紹裘等，同年 11 月在上海經侯紹裘介紹加入中共。[455] 後奉派
返回淮安縣北鄉和漣水縣東南鄉村，串聯進步青年組織「讀書會」，宣傳
國民革命。1927 年 4、5 月間與楊克等以中國國民黨江蘇省特派員身份到
淮安組織農民協會，後因被引起懷疑被迫出走。1927 年 8、9 月間被中共
江蘇省委派遣淮安，秘密組建中共黨組織，在橫溝寺鄉村發展學員。1927

---

[454] 湖南省檔案館校編、湖南人民出版社《黃埔軍校同學錄》無載；現據：1994 年 7 月
　　 8 日《作家文摘》刊載陳治平傳記；中共中央黨史研究室第一研究部編著：上海人
　　 民出版社 2007 年 10 月《中國共產黨第一至六次全國代表大會代表名錄》第 40 頁
　　 記載。
[455] 中共中央黨史研究室第一研究部編著：上海人民出版社 2007 年 10 月《中國共產黨
　　 第一至六次全國代表大會代表名錄》第 40 頁。

年 9 月任中共江蘇淮安特支書記，[456]1927 年 10 月初與中國國民黨漣水縣
黨部農工商運動委員會常務委員張獻建立聯繫，利用其關係並以中國國民
黨漣水縣黨部名義開辦黨務訓練班，以培養國民黨幹部為名傳播馬列主義，
發展中共黨員。1927 年 11 月創建漣水縣首個中共支部－漣水特別支部，[457]
其任書記。1927 年 12 月至 1928 年 3 月任中共淮安縣委書記，[458]1928
年 2 月 10 日至 12 日，中共淮安縣委和中共淮陰特委在淮安北鄉以橫溝寺
為中心，組織農民武裝暴動，宣佈成立淮安縣蘇維埃政府，其被推選為
主席，[459]是江蘇省最早的中共蘇維埃政權。1927 年 12 月至 1928 年 3 月任
中共江蘇淮鹽特委負責人，[460]下轄中共淮陰、淮安、漣水、泗陽等縣黨組
織。暴動失敗後，輾轉到上海，1928 年 5 月作為中共江蘇省委正式代表，
奉派赴蘇聯莫斯科參加中共第六次全國代表大會，代號為 43 號，會議期
間參加組織委員會、農民土地問題委員會、蘇維埃委員會和軍事委員會工
作。[461]回國後任中共江蘇省委巡視員，1928 年 10 月至 1929 年 1 月任中共
淮鹽特委書記，[462]1928 年 10 月至 12 月兼任中共淮鹽特委農民運動委員會
委員。[463]1929 年 6 月至 9 月任中共徐州（銅山）臨時縣委書記，[464]1929 年
9 月至 1930 年 3 月任中共徐州（銅山）縣委書記，[465]1930 年 3 月至 7 月

---

[456] 中共江蘇省委組織部　中共江蘇省委黨史工作委員會　江蘇省檔案館：南京出版社
1993 年 9 月《中國共產黨江蘇省組織史資料》第 105 頁。

[457] 中共中央黨史研究室第一研究部編著：上海人民出版社 2007 年 10 月《中國共產黨
第一至六次全國代表大會代表名錄》第 40 頁。

[458] 中共江蘇省委組織部　中共江蘇省委黨史工作委員會　江蘇省檔案館：南京出版社
1993 年 9 月《中國共產黨江蘇省組織史資料》第 105 頁。

[459] 同前書第 105 頁。

[460] 同前書第 103 頁。

[461] 中共中央黨史研究室第一研究部編著：上海人民出版社 2007 年 10 月《中國共產黨
第一至六次全國代表大會代表名錄》第 40 頁。

[462] 中共江蘇省委組織部　中共江蘇省委黨史工作委員會　江蘇省檔案館：南京出版社
1993 年 9 月《中國共產黨江蘇省組織史資料》第 103 頁。

[463] 同前書第 104 頁。

[464] 同前書第 111 頁。

[465] 同前書第 111 頁。

任中共徐海蚌特委書記，[466]1930 年 7 月 20 日左右，中共徐海蚌特委改為徐海蚌土地革命總行動委員會，[467] 以其為軍委負責人，原特委所屬各縣亦先後改為縣行動委員會，為加強各地農民武裝暴動的組織領導，特委擬將各地農民武裝合編為中國工農紅軍第十五軍，其任軍長，[468] 下轄三個師，由於遭受「圍剿」，徐海蚌總行委領導的各縣行委暴動均告失敗，紅十五軍也未建成，遂撤銷番號。[469]1930 年 10 月至 11 月任中共徐海蚌特委書記。[470]1931 年 1 月 17 日任中共江蘇省委常委，[471] 兼任中共江蘇省委農民運動委員會負責人。[472] 還曾任中共徐州特委書記，中共江蘇省委農民運動委員會書記，1931 年 2 月至 6 月任中共上海市閘北區委員會書記。[473]1931年 6 月任中共江蘇省委職工部部長，1931 年 9 月接李碩勳任中共江蘇省委軍委書記。[474]1931 年 11 月作為中共江蘇省委巡視員到南京，成立中共南京特別委員會。[475]1932 年秋奉中共中央命赴河南重建省委，其於 1932年 8 月 19 日抵達開封，重新組成中共河南省委，其任書記，[476]1932 年 9月因叛徒出賣於開封被捕，被押至武漢後自首告密，[477] 致使中共淮、鹽、

---

[466] 同前書第 111 頁。

[467] 同前書第 110 頁。

[468] 同前書第 110 頁。

[469] 同前書第 110 頁。

[470] 同前書第 111 頁。

[471] 同前書第 82 頁。

[472] 同前書第 82 頁。

[473] 中共中央黨史研究室第一研究部編著：上海人民出版社 2007 年 10 月《中國共產黨第一至六次全國代表大會代表名錄》第 40 頁。

[474] 中共江蘇省委組織部　中共江蘇省委黨史工作委員會　江蘇省檔案館：南京出版社 1993 年 9 月《中國共產黨江蘇省組織史資料》第 83 頁。

[475] 中共中央黨史研究室第一研究部編著：上海人民出版社 2007 年 10 月《中國共產黨第一至六次全國代表大會代表名錄》第 40 頁。

[476] 中共河南省委組織部　中共河南省委黨史研究室　河南省檔案館：中共黨史出版社 1996 年 12 月《中國共產黨河南省組織史資料》第一卷第 55　61 頁。

[477] 中共河南省委組織部　中共河南省委黨史研究室　河南省檔案館：中共黨史出版社 1996 年 12 月《中國共產黨河南省組織史資料》第一卷第 55 頁。

徐、海、蚌地下組織遭受嚴重破壞。1933 年 1 月 1 日被中共中央開除黨
籍。[478] 後改名陳惕廬，參加中統特務組織，任中國國民黨中央組織部調查
科南京實驗區副區長，中央執行委員會調查統計局南京區區長，中國國民
黨青島特別市黨部主任委員，中國國民黨貴州省黨部執行委員兼組織部部
長、副主任委員、主任委員。1945 年 4 月被推選為中國國民黨第六次全
國代表大會特準列席代表。[479] 抗日戰爭勝利後，歷任中國國民黨江蘇省黨
部肅反委員會專員，中國國民黨中央組織部戰地黨務處處長，中國國民黨
中央委員會黨員調查統計局蘇魯豫皖辦事處主任，中央執行委員會調查統
計局臨泉辦事處處長，[480]1946 年 5 月 7 日至 1948 年 6 月 22 日任浙江省政
府（主席沈鴻烈）委員，[481] 兼任浙江省行政幹訓訓練團教育長。其間參與
秘密組織「孫文主義同盟」，被推選為常務委員、組織部部長及上海盟支
部負責人，創設浙江農村文化促進會及中國農工通訊社，聯絡政界上層人
士進行聯共反蔣（介石）活動。1948 年秋接受中共中央華中工作委員會
敵工部的聯絡任務，先後參與策動國民政府警衛師及江陰要塞守軍起義，
策應渡江戰役和上海戰役。1949 年 3 月 28 日在上海被捕，1949 年 5 月
11 日被槍殺於上海閘北宋教仁公園。1950 年秋被上海市人民政府追認為
革命烈士。[482]

杲春湧（1908 － 1980）別字村庸，江蘇邳縣人。廣州黃埔中央軍事
政治學校第五期步兵科、陸軍步兵學校高級班第十期、陸軍大學將官班乙
級第四期畢業。生於 1908 年 12 月 3 日。幼年入私塾讀書，十歲能作文，

---

[478] 中共中央黨史研究室第一研究部編著：上海人民出版社 2007 年 10 月《中國共產黨
　　第一至六次全國代表大會代表名錄》第 40 頁。

[479] 榮孟源主編：光明日報出版社 1985 年 10 月《中國國民黨歷次代表大會及中央全會
　　資料》第 995 頁。

[480] 劉國銘主編：春秋出版社 1989 年 3 月《中華民國國民政府軍政職官人物志》第
　　693 頁。

[481] 郭卿友主編：甘肅人民出版社 1990 年 12 月《中華民國時期軍政職官志》第 728 頁。

[482] 中共中央黨史研究室第一研究部編著：上海人民出版社 2007 年 10 月《中國共產黨
　　第一至六次全國代表大會代表名錄》第 40 頁。

呆春湧

江蘇徐東中學畢業。1926 年春南下廣州，入廣州黃埔中央軍事政治學校第五期步兵科學習，1927 年 8 月畢業。任國民革命軍第一軍第二師第四團見習，1927 年 8 月隨部參加龍潭戰役。1928 年任陸軍第一師第一旅第一團第一營排長、副連長，參加第二期北伐戰爭。1929 年起任中央教導第二師連長、副營長，1932 年 10 月任陸軍第一師第一旅第一團第三營少校營長。1934 年 2 月調升第一師第一旅第二團中校團附。1935 年 6 月 17 日被國民政府軍事委員會銓敘廳頒令敘任陸軍步兵少校。抗日戰爭爆發後，隨部參加華北抗日戰事。1937 年 9 月任陸軍第十七軍團第一軍（軍長胡宗南兼）第一師第二旅第四團團長。1937 年 12 月 24 日被國民政府軍事委員會銓敘廳敘任陸軍步兵中校。1938 年 2 月調任中央陸軍軍官學校第七分校（西安分校）第十五期第二學員總隊第四大隊大隊長。1939 年 8 月任中央陸軍軍官學校第七分校第十六期第十四學員總隊副總隊長。1941 年 4 月任陸軍第二十七軍（軍長範漢傑）第四十五師（師長李用章）副師長，率部在太行山地區參加抗日戰事，並參加晉南會戰。1942 年 5 月任第八戰區第三十四集團軍（總司令胡宗南兼）第一軍（軍長張卓）第一師（師長李正先兼）副師長。1942 年 8 月 6 日被國民政府軍事委員會銓敘廳敘任陸軍步兵上校。再任中央陸軍軍官學校第七分校第十四學員總隊總隊長，1943 年 6 月 30 日任陸軍第一軍（軍長張卓兼）第一師師長，率部扼守潼關地區。抗日戰爭勝利後，1945 年 9 月 15 日調任第八戰區第三十四集團軍（總司令李文）第一軍（軍長羅列）少將附員。1945 年 10 月 10 日獲頒忠勤勳章。1945 年 11 月任軍政部第十五軍官總隊第二大隊大隊長。1946 年 6 月獲頒勝利勳章。1946 年 8 月任中央訓練團重慶分團第十六軍官總隊總隊長。1947 年 4 月調任西安綏靖主任公署臨潼地區指揮部指揮官。1947 年 11 月入陸軍大學將官班乙級第四期學習，1948 年 11 月畢業。派任陸軍第二十七軍軍長，因病滯留南京。1949 年 2 月移居香港經商。1950 年 1 月抵達臺灣後，派任國防部總政治作戰部第七組少將組長

（一說曾任處長）兼三軍球場主任。1963 年退為備役（一說 1962 年 12 月敘任陸軍少將並退役），後移居巴西營生，參加巴西華僑聯誼活動。後返回臺北定居，1980 年 12 月 4 日因病在臺北逝世。

單棟

單棟（1907 － 1968）別字龍文，別號瑞西，江蘇漣水人。[483] 廣州黃埔中央軍事政治學校第五期工兵科、陸軍大學將官班乙級第四期畢業。第三戰區將校訓練班、珞珈山中央訓練團結業。1926 年 3 月入黃埔軍校入伍生隊受訓，1926 年 11 月入廣州黃埔中央軍事政治學校第五期工兵科學習，1927 年 8 月畢業。隨部參加北伐戰爭，歷任國民革命軍第一軍第三師（師長顧祝同）步兵團排長，第一軍第二十二師司令部特務連連長，步兵團（團長顧錫九）第一營營長、團長等職。抗日戰爭爆發後，任陸軍步兵軍司令部上校參謀，江蘇省保安司令（韓德勤兼）部保安第一縱隊司令部副司令官，1941 年率部參與安徽涇縣圍攻中共新四軍軍部的戰事。1942 年任第三戰區司令長官部野戰總指揮（冷欣兼）部少將參議，第三戰區司令長官（顧祝同）部總務處處長，後任第三戰區幹部訓練團學員總隊總隊長等職。抗日戰爭勝利後，1945 年 10 月獲頒忠勤勳章。入中央訓練團軍官總隊受訓，並任總隊附。1946 年 5 月獲頒勝利勳章。1946 年 12 月任江蘇省保安第一旅旅長等職。1947 年 11 月入陸軍大學乙級將官班學習，1948 年 11 月畢業。任陸軍第一二三軍（軍長顧錫九）第三〇八師師長，1949 年 5 月初任陸軍第一二三軍（軍長顧錫九）代理副軍長等職，率部在上海週邊與人民解放軍作戰。所部在上海戰役被人民解放軍全殲，其單身一人潛逃市區金城飯店躲藏。1949 年 5 月 25 日主動前往中國人民解放軍上海市軍事管制委員會登記報到，5 月 26 日被上海市軍事管制委員會定性為投誠。[484] 入設於蘇州的華東軍區政治部聯絡部解放軍官教育團學

---

[483] 據湖南省檔案館校編、湖南人民出版社《黃埔軍校同學錄》記載為江蘇灌雲人。

[484] 中國人民解放軍歷史資料叢書編審委員會：中國人民解放軍歷史資料叢書，解放軍出版社 1997 年 11 月《解放戰爭時期國民黨軍起義投誠－綜合冊》第 965 頁。

習。中華人民共和國成立後，獲得寬大釋放。不久因案逮捕入獄，關押於撫順戰犯管理所，在押期間於 1968 年病故。[485] 著有《蘇南、皖南反共磨擦事件種種》〔載於中國文史出版社《文史資料存稿選編－抗日戰爭》下冊〕、《蔣軍一二三軍在京滬杭線上被殲經過》（載於中國文史出版社《文史資料選輯》第六十六輯）、《國民黨「清黨」時的點滴回憶》等。

胡震（1907 － ？）別號孟威，江蘇灌雲人。廣州黃埔中央軍事政治學校第五期炮兵科畢業。1926 年 3 月入黃埔軍校入伍生隊受訓，1926 年 11 月入廣州黃埔中央軍事政治學校第五期步兵科學習，1927 年 8 月畢業。隨部參加北伐戰爭，歷任歷任國民革命軍陸軍炮兵團排長、連長。抗日戰爭爆發後，任陸軍步兵團營長、團長，率部參加抗日戰役。國民革命軍陸軍炮兵團排長、連長。抗日戰爭爆發後，任陸軍步兵團營長、團長，率部參加抗日戰役。抗日戰爭勝利後，任湖南省保安司令部高級參謀。1945 年 10 月獲頒忠勤勳章。1946 年 5 月獲頒勝利勳章。後參與編練湖南地方保安團武裝，1949 年 1 月任湖南暫編第二軍第八師師長。1949 年 11 月在湖南麻陽被人民解放軍俘虜。

胡漢昌（1900 － 1932）別字捷夫，原載籍貫江蘇徐州，[486] 另載江蘇睢寧人。[487] 徐州市立王莊國民學校肄業，廣州黃埔中央軍事政治學校第五期步兵科畢業。早年入王文榜創辦的徐州市立王莊國民學校就讀，繼入王莊初級小學堂學習，再由王文榜、胡存仁介紹並資助入南京貧民教養院續學，1925 年秋在上海參加黃埔軍校招生初試。後南下廣東，1926 年 3 月考入廣州黃埔中央軍事政治學校第五期步兵科學習，1927 年 8 月畢業。隨軍校北上南京續辦，分發教導師參加討伐戰事。1930 年夏任陸軍第五十二師步兵連排長、副連長，1931 年聘任睢甯縣員警隊隊長，1932 年 8

[485] 任海生著：華文出版社 1995 年 12 月《共和國特赦戰犯始末》第 128 頁。

[486] 湖南省檔案館校編、湖南人民出版社《黃埔軍校同學錄》記載。

[487] 中國第二歷史檔案館供稿，華東工學院編輯出版部影印，檔案出版社 1989 年 7 月《黃埔軍校史稿》第八冊（本校先烈）第 114 頁胡漢昌傳略記載。

月 20 日在江蘇睢甯剿匪魏友三部作戰時中彈身亡。[488]

陶建芳

　　陶建芳（1906 － 1951）別字覺農，上海人。廣州黃埔中央軍事政治學校第五期步兵科畢業。盧山中央訓練團署期班第一期、南京中央陸軍軍官學校星子特訓班高級部畢業。1926 年 3 月入黃埔軍校入伍生隊受訓，1926 年 11 月入廣州黃埔中央軍事政治學校第五期步兵科學習，1927 年 8 月畢業。隨部參加北伐戰爭，歷任國民革命軍陸軍步兵團排長、連長、營長等職，曾奉派中央訓練團及星子特別訓練班受訓。抗日戰爭爆發後，任浙江省保安司令部第六團團長，蘇浙遊擊總指揮部挺進第三縱隊司令部副司令官，第三戰區司令長官部高級參謀，1941 年兼任中央訓練團第三分團部總務主任等職。抗日戰爭勝利後，參與第三戰區司令長官部主持的受降及接收事宜。1948 年任京滬杭警備總司令部情報處處長。以中共黨員及軍官身份作掩護，[489] 從事地下工作，1949 年參與組織策反事宜。1949 夏隨軍赴臺灣，不久因「中共匪諜」罪名被捕，1951 年 1 月 24 日被槍殺。1998 年 5 月其平反追悼會召開，除眾多花籃挽聯，還有一面由 800 支玫瑰花組成的黨旗，有關機構給予烈士家屬一座小房子及二十萬元撫恤金。[490]

　　蔡沂（1907 －？）別字魯泉，別號佛泉，江蘇宿遷人。廣州黃埔中央軍事政治學校第五期炮兵科畢業。1926 年 3 月入黃埔軍校入伍生隊受訓，1926 年 11 月入廣州黃埔中央軍事政治學校第五期炮兵科學習，1927 年 8 月畢業。隨部參加北伐戰爭，歷任國民革命軍陸軍炮兵營排長、連長、副營長等職。1935 年 6 月 25 日敘任陸軍炮兵少校。抗日戰爭爆發後，任獨立炮兵團營長、副團長。抗日戰爭勝利後，任陸軍步兵軍司令部

---

[488] 中國第二歷史檔案館供稿，華東工學院編輯出版部影印，檔案出版社 1989 年 7 月《黃埔軍校史稿》第八冊（本校先烈）第 281 頁第五期烈士芳名表記載 1932 年 8 月 20 日在江蘇睢寧陣亡。

[489] 山東畫報出版社 2003 年 10 月《老照片》第三十一輯第 144 頁。

[490] 山東畫報出版社 2003 年 10 月《老照片》第三十一輯第 145 頁。

炮兵指揮所參謀長。1945 年 10 月獲頒忠勤勳章。1946 年 5 月獲頒勝利勳章。1946 年 6 月奉派入中央訓練團將官班受訓，登記為少將學員，1946 年 8 月結業。

部分學員照片：11 名。

丁鎔　　王定一　　卞泰孫　　丘俠子　　李宗舜　　楊積愷　　陸傑

陳權　　陳翰　　姚宜民　　徐源

　　江蘇省籍聚集了第五期生部分知名將領。據以上表格及資料所載，擔任軍級以上人員有 3 名，師級人員有 2 名，兩項相加合計 9.26%，累計有 5 名。

　　具體考量有以下情況：知名將領有邱行湘、張乃鑫、單棟等，陳治平曾為中共六大代表，後因策反起義犧牲。

十、廣西籍第五期生情況簡述

　　近代廣西曆與廣東聯繫緊密，兩廣人史上多次攜手進退，共同推進北伐國民革命運動。八桂子弟入學黃埔軍校更是絡繹不絕。

表 33　廣西籍學員歷任各級軍職數量比例一覽表

職級	中國國民黨	人數	%
肄業或尚未見從軍任官記載	楊登岳、劉彩文、潘　誠、甘　琰、歐仲禧、盧澤惠、鄧武烈、唐守約、蔣　山、蔣維世、蔣繼勳、張夏威、石　異、關劍虹、李恒林、刁其銘、覃有志、阮人俊、孫達濱、梁肇熔、覃　敏、韋芳榮、吳師舜、關其慶、李提民、盛　均、蔣智民、熊　猛、譚作枚、李鐵漢、梁少雄、王　道、李邵棠、陳興華、姚受春、莫寶珍、黃賜麟、歐武奇	38	90.48
排連營級	唐國仁	1	2.38
團旅級	陳　宣	1	2.38
師級	譚　興	1	2.38
軍級以上	梁棟新	1	2.38
合計		42	100

部分知名學員簡介：（4 名）

　　陳宣（1905 － ？）廣西博白人。廣州黃埔中央軍事政治學校第五期步兵科畢業。1926 年 3 月考入廣州黃埔中央軍事政治學校第五期步兵科學習，1927 年 8 月畢業。歷任國民革命軍陸軍步兵團排長、連長、營長、團長等職。1945 年 1 月被國民政府軍事委員會銓敘廳頒令敘任陸軍步兵上校。

　　唐國仁（1904 － ？）別字甫昭，廣西柳城人。廣州黃埔中央軍事政治學校第五期步兵科畢業。1926 年 3 月考入廣州黃埔中央軍事政治學校第五期步兵科學習，1927 年 8 月畢業。任國民革命軍第九軍第三師第七團排長，1927 年 12 月在徐州戰役作戰負傷。[491] 痊癒後，歷任陸軍第三師第八團連長、營長、團長等職。

　　梁棟新（1905 － 1973）原名東新，[492] 別字一致，廣西容縣石頭圩甘坤村人。廈門集美舊制中學、廣州黃埔中央軍事政治學校第五期步兵科、

---

[491] 龔樂群編纂：南京中央陸軍軍官學校 1934 年印行《中央陸軍軍官學校追悼北伐陣亡將士特刊－黃埔血史》記載。

[492] 湖南省檔案館校編、湖南人民出版社《黃埔軍校同學錄》記載。

陸軍大學正則班第十期畢業。父景文，以醫術濟世，母潘氏，育五子一女，其居長。幼年從伯父讀經書達五年，後入廈門集美舊制中學就讀，被推選為學生會會長，參加當地學界發起的抵制日貨活動，1925 年畢業，曾與同學在縣城創建平民夜校兩所。1926 年 3 月入黃埔軍校入伍生隊受

梁棟新

訓，1926 年 11 月入廣州黃埔中央軍事政治學校第五期步兵科學習，1927 年 8 月畢業。隨部參加北伐戰爭，歷任國民革命軍第五軍司令部直屬特務營排長，陸軍第三師步兵第九團第一營營附，陸軍第九師第二十五旅司令部參謀，陸軍獨立第十五旅第一團團附等職。1932 年 4 月考入陸軍大學正則班學習，1935 年 4 月畢業。任陸軍第九師（師長李延年）司令部參謀處主任，曾兼任陝西省幹部訓練團學員總隊大隊附，臨潼守備司令部代理司令官。1936 年 3 月 20 日被國民政府軍事委員會銓敘廳敘任陸軍步兵中校。1937 年 5 月 6 日被國民政府軍事委員會銓敘廳敘任陸軍步兵上校。1937 年 6 月任陸軍第九師司令部參謀長。抗日戰爭爆發後，率部參加徐州會戰、鄂東田家鎮戰役。後任陸軍第六軍（軍長甘麗初）司令部參謀長，率部參加桂南昆侖關會戰。1941 年 3 月任陸軍第六軍暫編第五十五師（師長陳勉吾）副師長，率部參加遠征緬甸抗日戰事。1943 年 10 月調任第三十四集團軍總司令（李延年）部參謀長，率部參加豫西靈寶戰役。1945 年 4 月任山東挺進軍總司令（李延年）部參謀長等職。抗日戰爭勝利後，率部挺進濟南，參與日軍受降與接收事宜，兼任日軍戰俘管理處處長等職。1945 年 10 月獲頒忠勤勳章。1946 年 6 月入中央軍官訓練團將官班受訓，1946 年 8 月結業。1946 年 5 月獲頒勝利勳章。1947 年 3 月任徐州綏靖主任公署第二兵團司令（李延年）部參謀長，1948 年春任第九綏靖區司令（李延年）部參謀長，1948 年 10 月任徐州「剿匪」總司令部第六兵團司令（李延年）部參謀長，率部在江蘇、山東等地對人民解放軍作戰。1949 年 3 月任第六兵團司令（李延年）部副司令官，後率部赴臺灣。1950 年任國防部高級參謀，後入臺灣革命實踐研究院第二十二

期受訓，1955 年入陸軍參謀指揮學校受訓，1956 年入臺灣國防大學聯合作戰系第五期受訓。1957 年任臺灣陸軍總司令部作戰計畫研究委員會委員，兼任該會第三組（作戰組）組長。1963 年退役，曾任臺灣郵政總局顧問。[493]1973 年 3 月 15 日因病在臺北逝世。臺灣印行有《記容縣梁棟新將軍》（李長風著）等。

　　譚興（1901 － ？）別號夢覺，廣西天保人。廣州黃埔中央軍事政治學校第五期步兵科畢業。1926 年 3 月入黃埔軍校入伍生隊受訓，1926 年 11 月入廣州黃埔中央軍事政治學校第五期步兵科學習，1927 年 8 月畢業。隨部參加北伐戰爭，歷任國民革命軍陸軍步兵團排長、連長、營長等職。抗日戰爭爆發後，任陸軍第一三一師（師長林賜熙）步兵團團長，率部參加徐州會戰、武漢會戰。1939 年任陸軍第八十四軍（軍長覃連芳）第一七四師（師長張光瑋）副師長，1941 年任第三十九軍（軍長劉和鼎）第五十六師（師長孔海鯤）第五二○旅旅長，率部參加第二、三次長沙會戰諸役。抗日戰爭勝利後退役。

部分學員照片：16 名。

劉彩文　　吳師舜　　張夏威　　李邵棠　　李提民　　陳興華　　歐武奇

姚受春　　唐守治　　莫寶珍　　梁少雄　　梁肇熔　　蔣山　　蔣維世

---

[493] 臺灣中華民國國史館 2006 年 3 月印行《國史館現藏民國人物傳記史料彙編》第二十九輯第 402 頁。

蔣繼勳　　潘誠

　　從上表及資料可見，廣西籍擔任軍級以上人員 1 名，師級人員 1 名，兩項相加累計 4.76%，共有兩名。知名將領有梁棟新、譚新等，

十一、安徽籍第五期生情況簡述

　　安徽歷史上處在軍事戰亂紛爭。「桐城學派」及「徽州文化」，影響安徽弟子陸續南下投考黃埔軍校。

表 34　安徽籍學員歷任各級軍職數量比例一覽表

職級	中國國民黨	人數	%
肄業或尚未見從軍任官記載	陳丹成、趙精一、薑　俊、陳　琦、張仲堯、趙惠風、方體仁、季喚民、程天坦、黃　鼎、韓明遠、王藻香、楊白勳、方治球、王　勁、郭鳴洲、丁鐵夫、張　陶、李曙雯、方清來、張　峻、吳醒吾、吳建中、崔鞠如、蔣光炎、衛皖博、李步先、汪浩然、吳同文	29	72.5
排連營級	胡昭恕、韋允修、熊光華、王醒儂	4	10
團旅級	方濟寬、丁培鑫、谷宗仁、姚劍鳴	4	10
師級	廖運周、王士翹、劉耀南	3	7.5
合計		40	100

部分知名學員簡介：（12 名）

丁培鑫

　　丁培鑫（1907－？）別字愚民，安徽合肥人。廣州黃埔中央軍事政治學校第五期工兵科畢業。1926 年 3 月入黃埔軍校入伍生隊受訓，1926 年 11 月入廣州黃埔中央軍事政治學校第五期工兵科學習，1927 年 8 月畢業。隨部參加北伐戰爭，歷任國民革命軍工兵營排長、連長，步兵團政治指導員。抗日戰爭爆發後，任陸軍步兵團團附，守備區司令部副司令官等職。抗日戰爭

勝利後，1945 年 10 月獲頒忠勤勳章。任軍事委員會軍令部處長。1946 年 5 月獲頒勝利勳章。1946 年 6 月奉派入中央訓練團將官班受訓，登記為少將學員，1946 年 8 月結業。

方濟寬（1905 －？）別字普航，安徽太湖人。廣州黃埔中央軍事政治學校第五期經理科畢業。1926 年 3 月考入廣州黃埔中央軍事政治學校第五期經理科學習，1927 年 8 月畢業。歷任國民革命軍陸軍輜重兵團排長、連長、營長、團長等職。1945 年 4 月被國民政府軍事委員會銓敘廳頒令敘任陸軍輜重兵上校。

王士翹（1905 －？）安徽浦鎮人。廣州黃埔中央軍事政治學校第五期炮兵科畢業。1926 年 3 月入黃埔軍校入伍生隊受訓，1926 年 11 月入廣州黃埔中央軍事政治學校第五期炮兵科學習，1927 年 8 月畢業。隨部參加北伐戰爭，歷任國民革命軍陸軍炮兵營排長、連長、副營長等職。

王士翹

1937 年 3 月 19 日敘任陸軍炮兵少校。抗日戰爭爆發後，任軍政部直屬獨立炮兵團營長、副團長、團長等職。1945 年 4 月被國民政府軍事委員會銓敘廳頒令敘任陸軍炮兵上校。抗日戰爭勝利後，1945 年 10 月獲頒忠勤勳章。1946 年 5 月獲頒勝利勳章。1946 年 8 月接彭戰存任陸軍整編第六十六師（師長宋瑞珂、李仲辛）整編第一九九旅旅長，1947 年 7 月在魯西南與人民解放軍作戰時被俘虜。

王醒儂（1903 － 1929）別字一鳴，安徽婺源人。廣州黃埔中央軍事政治學校第五期步兵科畢業。1926 年 3 月考入廣州黃埔中央軍事政治學校第五期步兵科學習，1927 年 8 月畢業。歷任國民革命軍陸軍步兵連見習、排長，1929 年 12 月 13 日在河南確山作戰陣亡。[494]

---

[494] 中國第二歷史檔案館供稿，華東工學院編輯出版部影印，檔案出版社 1989 年 7 月《黃埔軍校史稿》第八冊（本校先烈）第 270 頁第五期烈士芳名表記載 1929 年 12 月 13 日在河南確山陣亡。

韋允修（1906－1930）別字凝齋，安徽阜陽人。廣州黃埔中央軍事政治學校第五期經理科畢業。1926年3月考入廣州黃埔中央軍事政治學校第五期經理科學習，1927年8月畢業。歷任國民革命軍陸軍步兵團輜重兵連見習、排長，1930年6月11日在河南太康作戰陣亡。[495]

劉耀南（1907－？）又名樞耀，別號華三、光鬥，安徽巢縣人。廣州黃埔中央軍事政治學校第五期工兵科、中央工兵學校第二期軍官班畢業。1926年3月入黃埔軍校入伍生隊受訓，1926年11月入廣州黃埔中央軍事政治學校第五期步兵科學習，1927年8月畢業。隨部參加北伐戰爭，歷任國民革命軍第一軍工兵隊長、工兵連長、營長等職。1935年7月12日敘任陸軍步兵少校。抗日戰爭爆發後，隨部參加抗日戰事。1939年任陸軍獨立第四十旅第二團副團長，陸軍第四師代理副師長兼政治部主任，陸軍第三十四軍政治部主任等職。抗日戰爭勝利後，1945年10月獲頒忠勤勳章。1946年5月獲頒勝利勳章。1946年任徐州「剿匪」總司令部第三綏靖區司令部政工處處長，1947年退役。

谷宗仁（1903－？）安徽含山人。廣州黃埔中央軍事政治學校第五期炮兵科畢業。1926年3月考入廣州黃埔中央軍事政治學校第五期炮兵科學習，1927年8月畢業。歷任國民革命軍陸軍炮兵團排長、連長、營長。1935年6月25日敘任陸軍炮兵少校。1937年5月15日敘任陸軍炮兵中校。抗日戰爭爆發後，任軍政部直屬獨立炮兵團團長，集團軍總司令部炮兵指揮部指揮官等職。1939年10月被國民政府軍事委員會銓敘廳頒令敘任陸軍炮兵上校。後任陸軍步兵師副師長等職。

姚劍鳴（1906－？）別字廣俠，安徽宿松（一說無為）人。廣州黃埔中央軍事政治學校第五期步兵科畢業。1926年3月入黃埔軍校入伍生隊受訓，1926年11月入廣

姚劍鳴

---

[495] 中國第二歷史檔案館供稿，華東工學院編輯出版部影印，檔案出版社1989年7月《黃埔軍校史稿》第八冊（本校先烈）第271頁第五期烈士芳名表記載1930年6月11日在河南太康陣亡。

州黃埔中央軍事政治學校第五期步兵科學習，1927 年 8 月畢業。隨部參加北伐戰爭，任中央陸軍輜重兵學校教官、主任教官、研究委員。抗日戰爭爆發後，任中央騎兵學校張掖分校經理處處長（掛陸軍上校銜），抗日戰爭勝利後退役。

胡昭恕（1901 － 1927）別字仰之，安徽合肥人。廣州黃埔中央軍事政治學校第五期步兵科畢業。1926 年 3 月考入廣州黃埔中央軍事政治學校第五期步兵科學習，1927 年畢業。任國民革命軍第一軍第二十一師第五十九團第九連見習，1927 年 8 月 27 在龍潭戰役作戰陣亡。[496]

崔鞠如（1905 －？）別字菊如，安徽巢縣炯煬河倪家村人，父為書香之家，設崔素吟書室講學。廣州黃埔中央軍事政治學校第五期工兵科畢業。1926 年 3 月考入廣州黃埔中央軍事政治學校第五期工兵科學習，1927 年 8 月畢業。歷任國民革命軍陸軍工兵團排長、連長、營長、團長等職。

崔鞠如

廖運周（1903 － 1996）原名冠洲，別號彙川，安徽鳳台人。河南中州大學肄業，廣州黃埔中央軍事政治學校第五期炮兵科畢業。1903 年 11 月生於安徽淮南縣一個農戶家庭。1926 年考入廣州黃埔中央軍事政治學校第五期學習（其傳記記載入炮兵科），歷任國民革命軍第二方面軍總指揮部直屬炮兵團見習，第十一軍第二十五師第七十五團第一營參謀。1927 年春加入中共。[497]1927 年 8 月隨部參加南昌起義，任起義軍第十一軍第二十五師第七十五團團部參謀、連長。南下潮汕失利後到南京，後奉派入陸

---

[496] ①龔樂群編纂：南京中央陸軍軍官學校 1934 年印行《中央陸軍軍官學校追悼北伐陣亡將士特刊－黃埔血史》記載；②中國第二歷史檔案館供稿，華東工學院編輯出版部影印，檔案出版社 1989 年 7 月《黃埔軍校史稿》第六冊《各期陣亡學生姓名表》第 272 － 275 頁第五期名單記載；③中國第二歷史檔案館供稿，華東工學院編輯出版部影印，檔案出版社 1989 年 7 月《黃埔軍校史稿》第八冊（本校先烈）第 278 頁第五期烈士芳名表記載 1927 年 8 月 27 日在江蘇龍潭陣亡。

[497] 中國人民解放軍軍事科學院軍事百科部編：山西人民出版社 2005 年 4 月《開國將帥》第 846 頁。

軍第三十三軍學兵團從事兵運工作，任團教育副官，陸軍第九十六師司令部參謀，陸軍第四十五師步兵連連長、參謀、副官長等職。1933 年任察哈爾民眾抗日同盟軍第二師第九團團長。1936 年 3 月 23 日敘任陸軍炮兵中校。1933 年 9 月失去中共組織關係。後任獨立第四十六旅第七三八團團長。抗日戰爭爆發後，任陸軍第一一〇師第三二八旅第六五六團團長，陸軍第一一〇師第三三〇旅旅長，第三十一集團軍總司令部幹部訓練班學員大隊大隊長，陸軍第一一〇師（師長）副師長。1940 年 7 月被國民政府軍事委員會銓敘廳頒令敘任陸軍炮兵上校。1942 年 5 月任陸軍第一一〇師師長。1938 年秋恢復中共黨組織關係，逐步在所部建立起中共黨組織。先後參加長城抗戰、正定保衛戰、台兒莊會戰、隨棗會戰、鄂北會戰、豫南會戰諸役。抗日戰爭勝利後，率部進駐華東。1945 年 10 月獲頒忠勤勳章。續任陸軍第一一〇師師長，兼任該師中共地下黨委書記。1946 年 5 月獲頒勝利勳章。1948 年 9 月 22 日被國民政府軍事委員會銓敘廳頒令敘任陸軍少將。1948 年 11 月率該師 5000 余人在蒙城雙堆集起義。所部後改編為第二野戰軍第四兵團第十四軍第四十二師，任師長，率部轉戰中南和大西南。1949 年 9 月作為華東解放區代表出席全國人民政治協商會議第一屆全體會議。中華人民共和國成立後，歷任中國人民解放軍第十四軍第四十二師師長，雲南軍區麗江軍分區司令員，中國人民解放軍高級炮兵學校校長兼黨委書記，吉林省體育運動委員會副主任、黨組副書記兼主任。1955 年 9 月 27 日被授予中國人民解放軍少將軍銜。當選民革第五、六屆中央常務委員，中央監察委員會副主席，第五至七屆全國政協委員，全國黃埔軍校同學會理事等職。1996 年 5 月 11 日因病在北京逝世。著有《「南召慘案」中的一一〇師》、《第一一〇師戰場起義始末》（載於中國文史出版社《原國民黨將領的回憶－淮海戰役親歷記》）、《正定保衛戰》（載於中國文史出版社《中華文史資料文庫》第四卷）、《西峽口抗戰回憶》（載於中國文史出版社《原國民黨將領抗日戰爭親歷記－中原抗戰》）、《台兒莊會戰中的「翼」字軍》（載於中國文史出版社《原國民黨將領抗日戰爭親歷

記－徐州會戰》）、《出敵不意，巧襲制敵》（載於中國文史出版社《原國民黨將領抗日戰爭親歷記－武漢會戰》）等。

　　熊光華（1905 － 1930）別字克己，安徽宿松縣二郎河人。廣州黃埔中央軍事政治學校第五期步兵科畢業。1926 年 3 月考入廣州黃埔中央軍事政治學校第五期步兵科學習，1927 年 8 月畢業。任國民革命軍陸軍第五十二師步兵連見習、排長、連長，1930 年 12 月 23 日在江蘇睢寧作戰陣亡。[498]

部分學員照片：10 名。

方體仁　　張陶　　　張峻　　　李步先　　李曙雯　　姜俊　　　季喚民

郭鳴洲　　韓明遠　　蔣光炎

　　從上表與簡介情況看，任師級人員有 3 名，主要有：起義將領廖運周是該期生最著名安徽人，劉耀南為軍隊高級政工人員，姚劍鳴長期從事輜重兵及騎兵教育。

---

[498] 中國第二歷史檔案館供稿，華東工學院編輯出版部影印，檔案出版社 1989 年 7 月《黃埔軍校史稿》第八冊（本校先烈）第 103 頁有烈士傳略；中國第二歷史檔案館供稿，華東工學院編輯出版部影印，檔案出版社 1989 年 7 月《黃埔軍校史稿》第八冊（本校先烈）第 272 頁第五期烈士芳名表記載 1930 年 12 月 23 日在江蘇睢寧陣亡。

十二、陝西籍第五期生情況簡述

陝西與河南同譽中華文明搖籃，陝西籍學員招生有革命元老于右任的指引，較前四期入學黃埔軍校有所減少。

表35　陝西籍學員歷任各級軍職數量比例一覽表

職級	中國國民黨	中共	人數	%
肄業或尚未見從軍任官記載	張　維、張致遠、董崇道、田載衡、馬重安、王克仁、武致和、梁希文、李嵩藩、侯建中、王毓華、周玉山、魯秉禮、麻志成、趙仲坤、李守敬、楊　筠、皇甫仁、楊　威		19	63.33
排連營級	李琢如、董達夫、馮俠英、柴星垣		4	16.67
團旅級	盧耀峻、李　濂		2	3.33
師級	張介臣、武　緯、梁希賢		3	10
軍級以上	劉孟廉	張宗遜	2	6.67
合計	29	1	30	100

部分知名學員簡介：（11 名）

馮俠英（1904 － 1928）別字劍飛，陝西華縣人。廣州黃埔中央軍事政治學校第五期步兵科畢業。1926 年 3 月考入廣州黃埔中央軍事政治學校第五期步兵科學習，1927年 8 月畢業。任國民革命軍陸軍步兵連見習，1928 年 4 月12 日在山東藤縣作戰陣亡。[499]

馮俠英

盧耀峻（1902 － 1930）又名耀俊，別字逸之，陝西安康人。安康縣立高等小學堂、安康縣立第一中學畢業，北京朝陽大學肄業，廣州黃埔中央軍事政治學校第五期炮

盧耀峻

---

[499] 中國第二歷史檔案館供稿，華東工學院編輯出版部影印，檔案出版社 1989 年 7 月《黃埔軍校史稿》第八冊（本校先烈）第 278 頁第五期烈士芳名表記載 1928 年 4月 12 日在山東藤縣陣亡。

兵科畢業。幼年本鄉私塾啟蒙，少時考入安康縣立高等小學堂就讀，後入安康縣立第一中學學習，畢業後，受親友資助赴北京求學，考入北京朝陽大學學習，未及畢業即南下投考黃埔軍校。1926 年 3 月考入廣州黃埔中央軍事政治學校第五期炮兵科學習，在學時戰局緊急，即分發國民革命軍第一軍入伍生炮兵團第八連見習，隨部參加北伐戰爭，1926 年 10 月 20 日在南昌狗子山作戰負傷。[500] 痊癒後，返回中央軍事政治學校武漢分校續學，因兩黨紛爭，於 1927 年 4 月隻身逃脫。赴南京後續學，1927 年夏與蕭烈、張介臣等籌備國民革命軍總司令部密查組，任密查組（組長胡靖安）偵緝股（股長張介臣）成員，該機構後被視作最早的特務組織。（中國文史出版社《文史資料存稿選編－軍事機構》上冊第 68 頁。）其間與由粵赴甯學員補行第五期畢業手續，分發任南京中央陸軍軍官學校第六期校本部訓練部官佐，後任國民革命軍總司令部密查組第三組少校組長，北伐第一路軍指揮部聯絡參謀，總司令部徵募處第三區第五分區徵兵主任，完成北伐徵兵事宜後。1928 年 12 月調任總司令部營房設計處少校服務員，後任南京中央陸軍軍官學校本部服務員，國民政府軍政部少校副官。1929 年夏任騎兵第二師司令部中校政治訓練員、政治部主任，陝鄂邊防「剿匪」總司令部獨立旅副旅長、代理旅長。[501]1930 年 5 月率部參加中原大戰，1930 年 6 月 13 日在湖北鄖陽縣屬黃龍灘作戰陣亡。軍政部呈報批準以「為國捐軀照戰時陣亡少將條例」予撫恤。[502]

劉孟廉（1907－1950）別字孟濂，陝西華縣人。廣州黃埔中央軍事政治學校第五期工兵科畢業。1926 年 3 月入黃埔軍校入伍生隊受訓，1926

---

[500] 龔樂群編纂：南京中央陸軍軍官學校 1934 年印行《中央陸軍軍官學校追悼北伐陣亡將士特刊－黃埔血史》記載。

[501] 中國第二歷史檔案館供稿，華東工學院編輯出版部影印，檔案出版社 1989 年 7 月《黃埔軍校史稿》第八冊（本校先烈）第 98 頁盧耀峻傳略記載。

[502] 中國第二歷史檔案館供稿，華東工學院編輯出版部影印，檔案出版社 1989 年 7 月《黃埔軍校史稿》第八冊（本校先烈）第 271 頁第五期烈士芳名表記載 1930 年 6 月 13 日在湖北鄖陽陣亡。

年 11 月入廣州黃埔中央軍事政治學校第五期工兵科學習，1927 年 8 月畢業。隨部參加北伐戰爭，後返回陝西供職，1932 年任陝西省保安第二團營長、副團長，1937 年任陝西省保安第四團代理團長等職。抗日戰爭爆發後，任陸軍第一軍第一師司令部上校參謀。1939 年 7 月任中央陸軍軍官學校第七分校（王曲分校）戰術教官，1940 年 3 月任陸軍第十六軍（軍長董釗）第一〇九師（師長胡松林、陳金城）步兵第三二七團團長，1942 年 9 月調任第三十四集團軍（總司令胡宗南兼）第九十軍（軍長李文）第二十八師（師長王應尊）副師長，1943 年 6 月任陸軍第九十六軍（軍長李興中）第一七七師（師長李振西）副師長等職。1945 年 4 月被國民政府軍事委員會銓敘廳頒令敘任陸軍工兵上校。抗日戰爭勝利後，1945 年 10 月獲頒忠勤勳章。1946 年 5 月獲頒勝利勳章。1946 年 6 月任陸軍整編第三十八師（師長張耀明兼）整編第一七七旅（旅長李振西）副旅長，率部駐防河南新鄉地區。1947 年 1 月任陝西省保安第二旅旅長，率部在中原地區與人民解放軍作戰。1948 年 2 月周由之作戰陣亡後，接任陸軍整編第二十七師（師長王應尊）整編第三十一旅旅長，率部在陝西與人民解放軍作戰。1948 年 9 月 22 日被國民政府軍事委員會銓敘廳頒令敘任陸軍少將。1949 年 9 月任陸軍第三十八軍（軍長姚國俊、李振西）副軍長兼第一七七師師長，率部在西南與人民解放軍作戰。1949 年 8 月任陸軍第二十七軍軍長，所部於 1949 年 11 月在四川被人民解放軍殲滅。其率餘部逃脫，1950 年 3 月兼任西南軍政長官公署「反共救國軍」第三路總指揮部總指揮，1950 年 6 月在川西雷馬屏峨地區被人民解放軍俘虜，1950 年 9 月於潛逃途中被擊斃，一說被捕後在四川瀘縣處決。[503]

張介臣（1900 － 1951）原名個臣，[504] 陝西寧陝人。陝西成德中學、陝西省軍官模範團、廣州黃埔中央軍事政治學校第五期炮兵科、日本陸軍騎

---

[503] 臺北《黃埔建國文集》編纂委員會編纂：臺北實踐出版社 1985 年 6 月《黃埔軍魂》第 492 頁。
[504] 湖南省檔案館校編、湖南人民出版社《黃埔軍校同學錄》記載。

張介臣

兵學校畢業。幼時入本鄉私塾啟蒙，繼考入本鄉高等小學堂就讀，後考入陝西成德中學學習。畢業後入陝西省模範軍官團學習並從軍，入陝軍胡景翼部任排長、連長，1924年胡景翼部駐防河南時，任獨立營營長。後胡景翼部國民軍遭吳佩孚部進攻，所部潰敗，遂南下投考黃埔軍校。

1926年3月入黃埔軍校入伍生隊受訓，1926年11月入廣州黃埔中央軍事政治學校第五期炮兵科學習。提前出隊隨部參加北伐戰爭，任入伍生炮兵團第三營連長，上任後即代理營長，參加攻克武昌城戰事。1927年寧漢分裂後，曾在武昌組織暗殺團，因謀炸鄧演達未成被捕入獄。逃脫後赴南京，入國民革命軍總司令部供職，其間與同學蕭烈晉見蔣介石，蔣書其名「個」字多寫一筆，遂從此改名介臣。[505]1927年8月與蕭烈籌備國民革命軍總司令部密查組，任密查組（組長胡靖安）偵緝股股長，該機構後被視作最早的特務組織。胡靖安轉任侍從室副官後，其任密查組（組長蕭烈）副組長。[506]1929年春奉派留學日本，入陸軍騎兵學校學習。1930年回國後，任國民革命軍騎兵第二師司令部幹部訓練班軍官隊隊長。1931年任浙江省保安第六團團長，是第五期生晉任團長第一人，1932年任浙江省保安司令部新（昌）嵊（縣）奉（化）「剿匪」指揮部指揮官。1933年4月任江西省別動總隊副總隊長，1933年10月任國民革命軍最早建制騎兵部隊－騎兵第一旅（旅長李家鼎）副旅長，後任旅長。1935年4月6日被國民政府軍事委員會銓敘廳頒令敘任陸軍少將，亦為第五期生第一人。騎兵部隊一再縮編後離任。抗日戰爭爆發後，自行組織抗日騎兵部隊，任西北抗日義勇軍特別（騎兵）縱隊副司令官。1945年因病賦閑，抗日戰爭勝利後，於1946年7月退役。中華人民共和國成立後，留居西安，1951年12月因病逝世。

張宗遜（1908－1998）陝西渭南縣赤水鎮人。渭南赤水職業學校、

---

[505] 中國文史出版社《文史資料存稿選編－軍事機構》上冊第68頁。
[506] 中國文史出版社《文史資料存稿選編－軍事機構》上冊第68頁。

廣州黃埔中央軍事政治學校第五期入伍生隊肄業。[507]1908
年 2 月 7 日生於陝西渭南縣赤水鎮堰頭村一個農戶家庭。
7 歲起讀私塾，12 歲上小學。1922 年就讀於渭南赤水職業
學校，參加學生反帝愛國運動。1924 年 5 月加入中國社會
主義青年團，同年轉為中共黨員。[508] 經黨組織推薦南下投

張宗遜

考黃埔軍校，1926 年 1 月從陝州赴開封，至黃埔軍校招生辦事處辦好入
學手續，[509] 然後到中共豫陝區委在開封的聯絡處－河南書店辦理轉黨、團
組織關係，繼續科火車到上海，通過在上海大學學習的姚國貞（陝西華縣
人）找到團中央機關，辦好了去黃埔軍校的組織介紹信，再乘船到廣州，
於 1926 年 2 月上旬到黃埔軍校報到，被編入第五期入伍生第二團第二營
第五連學習，[510]1926 年 12 月隨黃埔軍校入伍生隊參加北伐戰爭，1927 年
4 月畢業。[511] 分發國民革命軍第四集團軍第八軍第三師，任該師第九團黨
代表辦公室政治幹事兼第二營政治指導員，後經黨組織安排入第十一軍第
二十四師任新兵訓練處排長，第二方面軍警衛團第三營第十連副連長、連
長。1927 年 9 月隨部參加湘贛邊界秋收起義，任工農革命軍第一師第一
團第三營第十連連長、團部參謀，參加「三灣改編」，1927 年 10 月率部
特務連護送毛澤東等到達井岡山。1927 年 11 月攻打茶陵時負傷，1928 年
5 月任中國工農紅軍第四軍第三十一團連長，參加創建井岡山根據地的鬥

[507] 湖南省檔案館校編、湖南人民出版社《黃埔軍校同學錄》無載；現據：《張宗遜回
憶錄》第 12 頁記載；中國人民解放軍軍事科學院軍事百科部編：山西人民出版社
2005 年 4 月《開國將帥》第 90 頁記載。

[508] 中共中央黨史研究室第一研究部：中共黨史出版社 2004 年 10 月《中國共產黨第七
次全國代表大會代表名錄》193 頁；解放軍出版社 1990 年 10 月《張宗遜回憶錄》
第 13 頁記載。

[509] 張宗遜著：解放軍出版社 1990 年 10 月《張宗遜回憶錄》第 12 頁。

[510] 張宗遜著：解放軍出版社 1990 年 10 月《張宗遜回憶錄》第 12 頁；中共中央黨史
研究室第一研究部：中共黨史出版社 2004 年 10 月《中國共產黨第七次全國代表大
會代表名錄》193 頁記載考入政治科。

[511] 中共中央黨史研究室第一研究部：中共黨史出版社 2004 年 10 月《中國共產黨第七
次全國代表大會代表名錄》第 193 頁。

爭。1929 年 2 月任紅軍第四軍第三縱隊第九支隊副支隊長,同年 4 月至 1930 年 2 月任支隊長,率部轉戰贛南閩西開闢根據地。1930 年 6 月至 10 月任紅軍第一軍團第十二軍代理參謀長,1930 年 10 月至 1932 年 10 月任紅軍第一方面軍第十二軍第三十六師師長、師黨委委員。1932 年 10 月至 1933 年 6 月任紅軍第一方面軍第十二軍軍長。1933 年 6 月部隊縮編後,任紅軍第一方面軍總直屬隊獨立團團長(至 1933 年 11 月)。1933 年 11 月至 1934 年 6 月任紅軍第九軍團第十四師師長,兼廣昌警備司令,1934 年 6 月至 9 月任中國工農紅軍大學校長兼政委。率部參加江西根據地第一至五次反「圍剿」作戰。1934 年 10 月紅軍長征起任中央紅軍第二野戰縱隊參謀長,1934 年 10 月至 1935 年 2 月任紅軍第三軍團第四師師長。與政委黃克誠率部參加強渡湘江作戰,掩護後續部隊脫離險境,1935 年 1 月率部參加攻佔遵義城和奪取婁山關等戰鬥。1935 年 2 月任紅軍第三軍團第十團團長,率部四渡赤水,在第二次攻佔遵義城戰鬥中負重傷,經組織安排到中央休養連療傷並兼任休養連連長。1935 年 7 月至 9 月任紅軍第四方面軍第四軍參謀長,1935 年 10 月至 1936 年 10 月任紅軍大學教育長兼高級指揮科科長,協助校長劉伯承組織教學和實施行政管理,到陝北後任紅軍大學第二分校上級幹部人隊長。1937 年 1 月至 6 月任「中華蘇維埃共和國」中央革命軍事委員會作戰局(又稱第一局)局長、黨支部書記,1937 年 6 月至 7 月兼任警備司令部司令員。抗日戰爭爆發後,1937 年 9 月至 1939 年 4 月任國民革命軍第八路軍第一二〇師第三五八旅旅長,1939 年 9 月至 1940 年 11 月任中共領導的第十八集團軍第一二〇師第三五八旅旅長。1939 年 12 月率部返回晉西北參加鞏固晉綏根據地的鬥爭,1940 年 2 月起任晉西區委軍政委員會委員。1940 年 11 月至 1942 年 8 月任晉西北軍區第三軍分區旅長兼司令員,1942 年 4 月返回延安參加整風運動。1942 年 9 月至 1945 年 7 月任八路軍第一二〇師第三五八旅旅長兼第三軍分區司令員(至 1943 年 6 月)。1945 年 4 月至 6 月作為陝甘寧邊區代表團成員出席中共第七次全國代表大會,當選為中共第七屆中央候

補委員。1945 年 7 月率部重返晉綏前線，抗日戰爭勝利後，1945 年 8 月至 1946 年 3 月任中共中央晉綏分局委員，第十八集團軍第一二〇師暨晉綏軍區副司令員、晉綏野戰軍副司令員（至 1946 年 11 月），晉綏野戰軍第三五八旅旅長（至 1945 年 10 月），協助賀龍等指揮部隊對敵軍發起反攻。1945 年 9 月至 1946 年 3 月任中共呂梁區委書記、晉綏軍區呂梁軍區司令員兼政委。1946 年 2 月任晉綏軍區副司令員、晉綏野戰軍代司令員。1946 年 11 月至 1947 年 2 月任晉綏軍區第一縱隊司令員，1947 年 2 月至 3 月任陝甘寧野戰集團軍司令員兼第一縱隊司令員。1947 年 3 月至 9 月任西北野戰兵團副司令員兼第一縱隊司令員，1947 年 9 月至 1949 年 2 月任西北野戰軍第一副司令員、前線委員會委員。1949 年 2 月至 9 月任中國人民解放軍第一野戰軍第一副司令員，2 月至 6 月兼任中共第一野戰軍前線委員會委員，6 月至 9 月任前委常務委員、中共中央西北局委員。1949 年 8 月蘭州解放後，任中國人民解放軍蘭州軍事管制委員會主任。中華人民共和國成立後，1949 年 10 月至 1954 年 12 月任中共中央西北局委員、中國人民解放軍第一野戰軍第一副司令員、前委常委（至 1949 年 11 月）。1949 年 11 月至 1950 年 5 月任中國人民解放軍第一野戰軍兼西北軍區副司令員、黨委常委，主持西北軍區工作。1949 年 12 月至 1953 年 1 月任西北軍政委員會委員，1950 年 5 月至 1952 年 10 月任中國人民解放軍西北軍區副司令員、常委常委，1951 年 1 月至 1953 年任西北軍區黨委第三書記。1952 年 10 月至 1969 年 12 月任中央軍委副總參謀長，1953 年 1 月至 1955 年 3 月兼任中央軍委軍校部部長，1953 年 2 月至 7 月任軍校部黨委書記。1953 年 1 月至 1954 年 10 月任西北行政委員會委員，1953 年 3 月至 5 月任最高人民檢察署西北分署檢察長。1955 年 4 月至 1957 年 10 月任中央軍委訓練總監部副部長，1955 年 5 月至 1957 年 10 月任中國人民解放軍訓練總監部軍事學院和學校部部長。1955 年 9 月 27 日被授予中國人民解放軍上將軍銜。1956 年 4 月至 1957 年 6 月任訓練總監部黨委副書記，1957 年 6 月至 1958 年 2 月任第二副書記，1961 年 3 月至 1963 年

2 月任第一書記。1960 年 1 月兼任中央軍委軍事訓練研究委員會副主任，
1963 年月至 1966 年 5 月任中國人民解放軍總參謀部軍事訓練部部長、
黨委書記。長期分管軍事院校和訓練，被稱譽為軍事教育家。「文化大革
命」中受到衝擊與迫害，1971 年 1 月獲得平反，出任濟南軍區副司令員。
1973 年 6 月至 1978 年 2 月任中國人民解放軍總後勤部部長。任中華人
民共和國第一至三屆國防委員會委員，第六屆全國政協委員，中共第八
屆中央候補委員，第十屆中央委員。1997 年 9 月特邀參加中共十五大會
議。著有《張宗遜回憶錄》等。1995 年 8 月為《黃埔軍校將帥錄》題詞。
1998 年 9 月 14 日因病在北京逝世。

　　李濂（1904 － 1985）曾用名任升，陝西西安人。黃家村鄉立初級小
學堂、高等小學堂、西安壩橋中學畢業，廣州黃埔中央軍事政治學校第
五期政治科肄業。[512]1904 年 10 月 8 日生於陝西西安壩橋黃家村一個農戶
家庭。幼年入本村初級小學堂就讀，後升入高等小學續讀，繼入中學學
習。1924 年 1 月中學還沒畢業，考入國民軍第二軍軍士教導隊學員隊，
畢業後於 1925 年 1 月任國民軍第三第三師司令部參謀。1925 年秋南下廣
東，隨部參加第二次東征作戰。1926 年考入廣州黃埔中央軍事政治學校
第五期，編入政治科第一大隊第二中隊學習。[513]1926 年隨軍參加北伐戰
爭，1927 年 1 月隨第五期政治科由廣州遷移武漢分校。畢業後，分配到
國民革命軍第八軍任連政治指導員，1927 年 3 月加入中國社會主義青年
團。[514]1927 年 7 月任國民革命軍第十一軍第二十四師新兵營（營長陳浩）
第一連排長，後編入第二方面軍總指揮部警衛團（團長盧德銘）。192 年 7
月底隨警衛團參加湘贛邊界秋收起義，任工農革命軍第一師第一團參謀，
1927 年 9 月隨部進軍井岡山，任第一團第一營第三連排長，參與井岡山

---

[512] 湖南省檔案館校編、湖南人民出版社《黃埔軍校同學錄》無載；現據：穆西彥主
　　編：陝西人民出版社 1991 年 6 月《陝西黃埔名人》第 178 頁記載。

[513] 穆西彥主編：陝西人民出版社 1991 年 6 月《陝西黃埔名人》第 178 頁。

[514] 穆西彥主編：陝西人民出版社 1991 年 6 月《陝西黃埔名人》第 178 頁。

根據地初期創建活動。後任副連長、連長、團副官主任，1928 年 5 月部隊在大龍鎮整訓時加入中共。[515]1929 年 1 月隨工農紅軍第二團向黃洋界出擊，在激戰中被俘，關押於遂川、南昌。在監獄中始終沒暴露身份。1929 年 4 月間在南昌乘轉移時逃脫。後改名李蔔源，1929 年 7 月底回到西安，從此與中共黨組織失去聯繫。1930 年秋經孔從洲介紹，任國民革命軍陸軍第十七師（師長楊虎城兼）暫編營第一連連長，1934 年任陝西警衛旅教導隊區隊長，1937 年任陝西山陽縣國民兵團軍事教練員。抗日戰爭爆發後，任陸軍第一機械化裝甲兵團（團長杜聿明兼）軍械員，1939 年任機械化裝甲兵團汽車營第四連連長，隨部參加抗日戰事。1940 年 5 月奉派入陸軍機械化學校學習，1941 年 4 月畢業，返回陸軍第五軍（軍長杜聿明）供職，隨軍參加遠征緬甸抗日戰事。抗日戰爭勝利後，由雲南邊境轉移貴州安順，再返回西安。1947 年 5 月奉派入中央訓練團國民軍事教育訓練班學習，畢業後分配任長安縣第十二區初級小學校軍事教員。1949 年 5 月西安解放後參加革命工作，1949 年 7 月初隨中國人民解放軍第一野戰軍進駐蘭州，任司令部參謀。中華人民共和國成立後，1950 年 12 月任中國人民解放軍西北軍區後勤運輸部副部長。1953 年 10 月任中國人民解放軍西北軍區後勤部油料部技術處處長，1954 年 10 月任西安公路總局第五工程局機械築路隊修配廠廠長。1956 年 12 月任西安第五工程局安全技術科科長，1960 年 10 月任陝西省運輸局公車科科長。「文化大革命」中受到衝擊與迫害，1985 年 2 月任陝西省人民政府參事室參事等職。

李琢如（1907 － 1930）陝西長安人。廣州黃埔中央軍事政治學校第五期政治科畢業。1926 年 3 月考入廣州黃埔中央軍事政治學校第五期政治科學習，1927 年 8 月畢業。任國民革命軍陸軍第二師補充團第七連見習、排長、連長，隨北伐東路軍轉戰福建、浙江、江蘇、安徽等省。1930 年 6 月隨軍參加中原大戰，1930 年 6 月 11 日在河南商邱歸德戰役作戰陣亡。[516]

---

[515] 穆西彥主編：陝西人民出版社 1991 年 6 月《陝西黃埔名人》第 179 頁。

[516] 中國第二歷史檔案館供稿，華東工學院編輯出版部影印，檔案出版社 1989 年 7 月

　　武緯（1909 － 1971）別字右文，陝西渭南人。廣州黃埔中央軍事政治學校第五期政治科、中央陸軍軍官學校第七分校（西安分校）高等教育班第六期畢業，軍事委員會西北戰時幹部訓練團特訓班結業。1909 年 2 月 14 日出生在一個富裕家庭，其父敬之，曾在四川經商，在原籍及四川新津均置有田業。1916 年就讀本村私塾，後入渭陽中學、富平中學讀書。1925 年在河南經劉守仲介紹加入中國國民黨，同年保送廣州黃埔軍校第四期入伍，因入學考試落選，遂被編入廣州黃埔中央軍事政治學校第五期政治科學習。畢業後參加北伐戰爭，歷任國民革命軍第一軍第二師第六團第五連黨代表，第一軍新編第一師三團政治指導員，國民革命軍總司令部少校參謀。1930 年後任第二十路軍總指揮部副官處中校參謀、特務營營長。1935 年 7 月 15 日敘任陸軍步兵少校。抗日戰爭爆發後，任軍事委員會西北戰時幹部訓練團新兵訓練處副處長、處長，陸軍第二三七旅副旅長，西安市南市區員警分局局長，西安警備司令部督察長等職。抗日戰爭勝利後，1945 年 10 月獲頒忠勤勳章。1946 年起任西安綏靖主任公署警備旅副旅長。1946 年 5 月獲頒勝利勳章。任西安軍官總隊隊附，陝西省保安司令部高級參謀等職。1949 年 1 月任西安警備司令部副司令官，渭（水）潼（關）警備司令部副司令官。1949 年 5 月在渭南率部起義。中華人民共和國成立後，任西安市人民政府參事室參事，西安市政協委員。1971 年 1 月 10 日因病在西安逝世。

　　柴星垣（1905 － ？）陝西蒲城人。廣州黃埔中央軍事政治學校第五期步兵科畢業。1926 年 3 月考入廣州黃埔中央軍事政治學校第五期步兵科學習，1927 年 8 月畢業。參加北伐戰爭曾在馬家岡作戰負傷。[517]

柴星垣

《黃埔軍校史稿》第八冊（本校先烈）第 101 頁有烈士傳略；中國第二歷史檔案館供稿，華東工學院編輯出版部影印，檔案出版社 1989 年 7 月《黃埔軍校史稿》第八冊（本校先烈）第 271 頁第五期烈士芳名表記載 1930 年 6 月 11 日在河南歸德陣亡。

[517] 冀樂群編纂：南京中央陸軍軍官學校 1934 年印行《中央陸軍軍官學校追悼北伐陣

梁希賢（1898－1941）原名夢瑞，別號哲生，陝西同官縣黃堡鄉人。廣州黃埔中央軍事政治學校第五期步兵科畢業。1898 年 11 月生於陝西同官縣黃堡鄉梁家原村一個農戶家庭。少年時就讀同官縣立第一高級小學堂，1920 年考入西安陝西省立第一師範學校學習，1924 年畢業後返

梁希賢

鄉任教員。1925 年底南下廣東，1926 年 3 月入黃埔軍校入伍生隊受訓，1926 年 11 月入廣州黃埔中央軍事政治學校第五期步兵科學習，1927 年 8 月畢業。隨部參加北伐戰爭，1927 年起任國民革命軍第一軍第二十二師排長，1929 年任陸軍第一師第三團第一營第一連連長，隨部參加中原大戰。1933 年任陸軍第一師第二旅第三團第三營營長，1935 年 6 月 17 日敘任陸軍步兵少校。1936 年 10 月任第一軍第一師第二旅第三團團長，率部參加對陝北紅軍及根據地的「圍剿」作戰。1937 年 5 月任陸軍第八師（師長陶峙嶽）副師長，[518] 率部駐防陝西韓城地區。抗日戰爭爆發後，隨部在平漢、同蒲線抗擊日軍，1940 年率部在晉南參加抗日戰事。1940 年 10 月任第一戰區第八十軍（軍長孔令恂）新編第二十七師（師長王竣）副師長，1941 年 5 月 9 日率部參加中條山戰役，在張店台砦村激戰中彈盡援絕，師長王竣、參謀長陳文杞與全師官兵大部陣亡，為不被日軍生俘，遂投黃河殉國。[519]

董達夫（1906－？）陝西石泉人。廣州黃埔中央軍事政治學校第五期炮兵科畢業。1926 年 3 月考入廣州黃埔中央軍事政治學校第五期炮兵科學習，1927 年 8 月畢業。1927 年 8 月與蕭烈、張介臣等籌備國民革命軍總司令部密查組，任密查組（組長胡靖安）偵緝股（股長張介臣）成

亡將士特刊－黃埔血史》記載。

[518] 此職查閱多種軍隊序列無載，暫列待考。

[519] 劉晨主編：團結出版社 2007 年 6 月《中國抗日將領犧牲錄》第 265 頁；中華人民共和國民政部組織編纂：范寶俊　朱建華主編：黑龍江人民出版社 1993 年 10 月《中華英烈大辭典》第 2345 頁記載。

員，該機構後被視作最早的特務組織。[520] 後任特務處情報科科員，軍事委員會開封行營調查室副主任。1935 年 7 月 19 日敘任陸軍炮兵少校。抗日戰爭爆發後，任軍事委員會調查統計局派駐華北辦事處負責人等職。

部分學員照片：6 名。

王毓華　　楊威　　侯建中　　趙仲坤　　梁希文　　麻志成

照片從缺：王克仁

　　根據上述簡介情況考量，擔任軍級以上人員兩名，師級人員兩名，兩項相加累計 16.67%，共有四名將領。主要將領有：張宗遜從紅軍時期起歷任高級指揮崗位，後為中國人民解放軍高級將領及後勤供給領導人；劉孟廉曾任胡宗南部隊知名將領；張介臣是國民革命軍知名騎兵將領，也是最早敘任少將的第五期生；梁希賢是知名抗日殉國將領。

十三、雲南籍第五期生情況簡述

　　辛亥以來革命狂飆多次將雲南推向風口浪尖，滇籍將領陸續赴粵聲援和支持革命運動。雲南青年入學黃埔軍校歷來較少。

---

[520] 中國文史出版社《文史資料存稿選編－軍事機構》上冊第 68 頁記載。

表 36　雲南籍學員歷任各級軍職數量比例一覽表

職級	中國國民黨	人數	%
肄業或尚未見從軍任官記載	徐　鈞、胡占魁、許家雋、陳　正、陳　正、張子余、路應芬、楊本俊、邵開霖、張文炳、孫光庭、段　珍、林春光、楊祖翼、塗德純、張　祜、李希烈、羅汝惠、楊應昌、	19	73.08
排連營級	田澤生、程舉翼、李維藩	3	11.54
師級	張維鵬、張第東、姜弼武	3	11.54
軍級以上	盛家興	1	3.84
合計		26	100

部分知名學員簡介：（6 名）

　　田澤生（1905 － 1930）別字潤民，雲南儀鳳人。廣州黃埔中央軍事政治學校第五期炮兵科畢業。1926 年 3 月考入廣州黃埔中央軍事政治學校第五期炮兵科學習，1927 年 8 月畢業。歷任國民革命軍陸軍炮兵連見習、排長、連長，1930 年 5 月 16 日在河南歸德作戰陣亡。[521]

　　張第東（1909 －？）別號通候，別字宇民，雲南華坪人。雲南省立昆明第一中學、廣州黃埔中央軍事政治學校第五期步兵科、日本明治大學特設專門部政經科畢業。1909 年 4 月 12 日生於華坪縣一個耕讀家庭。早年私塾啟蒙，後考入雲南省立昆明第一中學，1925 年畢業。1926

張第東

年春赴廣州，1926 年 3 月入黃埔軍校入伍生隊受訓，1926 年 11 月入廣州黃埔中央軍事政治學校第五期步兵科學習，1927 年 8 月畢業。隨部參加北伐戰爭，歷任國民革命軍第一軍第二十二師排、連長，第三軍第八師司令部參謀，步兵團營長、副團長。1929 年部隊編遣後赴日本留學，入東京明治大學就讀，1932 年 12 月回國。1933 年 2 月起任軍事委員會華北抗

---

[521] 中國第二歷史檔案館供稿，華東工學院編輯出版部影印，檔案出版社 1989 年 7 月《黃埔軍校史稿》第八冊（本校先烈）第 273 頁第五期烈士芳名表記載 1930 年 5 月 16 日在河南歸德陣亡。

日宣傳總隊第十一大隊第四中隊中校隊長，第五十三軍第一二七師政治訓練處主任，第七十一軍第一一一師政治訓練處主任，1936 年免職。抗日戰爭爆發後，任貴州省政府視察室副主任，後歷任貴州省第二、四、五、六行政區視察專員。1939 年任軍政部軍需學校政治教官。1941 年任中央各軍事學校畢業生調查處雲南分處主任。1945 年任陸軍第六十軍暫編第二十一師政治部主任、副師長，率部赴越南參加受降事宜。抗日戰爭勝利後，任陸軍第六十軍暫編第二十一師副師長。1945 年 10 月獲頒忠勤勳章。1946 年 5 月獲頒勝利勳章。1946 年 4 月隨軍赴東北。1947 年 4 月奉派入中央軍官訓練團第三期第三中隊學員，1947 年 6 月結業。任陸軍第六十軍政工室（主任姜弼武）副主任，1948 年 8 月任陸軍第六十軍政治部主任、代理副軍長。1948 年 10 月在長春隨軍起義。中華人民共和國成立後，轉業地方參加工作，1960 年起任黑龍江省人民政府參事室參事，黑龍江省政協委員、常務委員，黑龍江省政協文史資料徵集和研究委員會副主任，黑龍江省黃埔軍校同學會會長等職。1995 年 10 月為《黃埔軍校將帥錄》題詞。

張維鵬（1907 － 1995）別字運鵬，雲南個舊人。廣州黃埔中央軍事政治學校第五期步兵科畢業，中央訓練團黨政班第二期結業。1914 年考入個舊縣立高等小學堂學習，1919 年考入昆明中學讀書，1923 年畢業，在昆明市供職。1926 年 5 月由雲南街口輾轉越南海防，再由水路

張維鵬

抵達廣州，考入廣州黃埔中央軍事政治學校第五期，分配入步兵科第二大隊第五分隊第十八區隊學習，1927 年 8 月在南京畢業。分發國民革命軍服務，歷任排長、連長、副營長，陸軍步兵旅司令部少校副官等職。1937 年 3 月 11 日敘任陸軍步兵少校。抗日戰爭爆發後，任國立雲南大學軍事訓練室上校教官，軍事訓練大隊大隊長等職。1938 年 5 月奉派入重慶中央訓練團黨政班受訓，並任第四中隊第三分隊第九班班長，集訓結業後，分發雲南個舊縣任保廠（個舊錫業局）大隊副大隊長。1939 年 1 月

任後方勤務總司令部西南運輸處運輸人員訓練所第四大隊大隊長，其間奉命率部開赴滇西芒市、庶放等地擔負美軍軍援物資（約四萬餘噸）的接收警戒。1940 年 7 月滇緬國防公路管理局交通警備大隊副大隊長等職。抗日戰爭勝利後，任陸軍第六十軍（軍長曾澤生）第一八二師（師長白肇學）政治部主任，率部赴越南參與受降接收事宜。1945 年 10 月獲頒忠勤勳章。1946 年 2 月任陸軍第六十軍第一八二師（師長白肇學）副師長，兼任師政治部主任，1946 年 3 月隨部赴東北與人民解放軍作戰。1946 年 5 月獲頒勝利勳章。1948 年 3 月被免職，改任陸軍第六十軍政工室（主任姜弼武）教官，1948 年 5 月任陸軍第六十軍司令部副官處處長，1948 年 10 月 17 日隨部在長春起義。繼派赴中國人民解放軍東北軍區齊齊哈爾軍政大學學習，後入牡丹江青年訓練團受訓。1949 年奉派入中國人民解放軍東北軍區政治部延吉解放軍官教育團學習，再入佳木斯解放軍官教育團受訓。中華人民共和國成立後，分配哈爾濱工作，加入民革黑龍江地方組織。1959 年任黑龍江省人民政府參事室參事，黑龍江省第二屆政協委員等職。1963 年申請調回昆明定居，任雲南省人民政府參事室參事，雲南省第三至六屆政協委員，雲南省黃埔軍校同學會理事等職。1989 年 3 月離職休養，晚年寓居昆明市如安街華興巷二號 202 室寓所。1995 年 2 月因病在昆明逝世。

姜弼武（1906－？）別字忠文，雲南昆明人。廣州黃埔中央軍事政治學校第五期步兵科畢業。1926 年 3 月入黃埔軍校入伍生隊受訓，1926 年 11 月入廣州黃埔中央軍事政治學校第五期步兵科學習，1927 年 8 月畢業。隨部參加北伐戰爭，歷任國民革命軍第三軍第十七師步兵團排長、副連長，國民革命軍第三十八軍第二師步兵營連長，討逆軍第二路軍第二縱隊警衛營營長等職。抗日戰爭爆發後，任新編第三軍補充團副團長，隨部參加抗日戰事。後任第一集團軍總司令部幹部訓練團政治指導員，陸軍第六十軍司令部督察主任等職。抗日戰爭勝利後，隨部赴越南海防參加受降接收事宜。1945 年 10 月獲頒忠勤勳章。1946 年 1 月任陸軍第六十軍政治

部主任。1946 年 5 月獲頒勝利勳章。政工部門改制後，任陸軍第六十軍新聞處處長。1947 年 4 月奉派入中央軍官訓練團第三期第二中隊學員隊受訓，1947 年 6 月結業。返回原部隊，續任東北「剿匪」總司令部陸軍第六十軍政工室主任、政工處處長等職。1948 年 10 月 17 日隨部參加長春起義。[522]

盛家興

盛家興（1904 － 1985）別字仲賓，雲南玉溪人。廣州黃埔中央軍事政治學校第五期政治科、陸軍大學正則班第十期畢業，中央軍官訓練團第二期結業。1904 年 11 月 23 日生於雲南下關一個耕讀家庭。1926 年 3 月入黃埔軍校入伍生隊受訓，1926 年 11 月入廣州黃埔中央軍事政治學校第五期政治科學習，1927 年 8 月畢業。隨部參加北伐戰爭，歷任國民革命軍陸軍步兵團排長、連長、副營長等職，率部參加北伐戰爭。1932 年 4 月考入陸軍大學正則班學習，1935 年 4 月畢業。1936 年 5 月 18 日敘任陸軍步兵中校。1936 年任陸軍大學上校戰術教官等職。抗日戰爭爆發後，任陸軍第六十軍第一八三師司令部參謀長，1938 年率部參加徐州會戰。1939 年任陸軍第七十一軍司令部參謀長，率部在晉東南參加抗日作戰。1940 年 7 月被國民政府軍事委員會銓敘廳頒令敘任陸軍步兵上校。1940 年 9 月任軍事委員會昆明行營第一集團軍總司令（龍雲兼、盧漢）部副參謀長。1941 年 12 月任軍政部第三十六補充訓練處處長。1945 年 3 月任第一方面軍司令長官部參議等職。抗日戰爭勝利後，任陸軍總司令部第一方面軍司令長官部副參謀長等職。1946 年 5 月入中央軍官訓練團第二期第四中隊受訓，並任學員分隊分隊長等職，1946 年 7 月結業，返回原部隊續任原職。1946 年 10 月任陸軍第九十三軍副軍長，率部赴東北對人民解放軍作戰。1948 年 3 月任陸軍第九十三軍軍長。1948 年 9 月 22 日被國民政府軍事委員會銓敘廳頒令敘任陸軍少將。1948 年 10 月 16 日在

---

[522] 中國人民解放軍歷史資料叢書編審委員會：中國人民解放軍歷史資料叢書，解放軍出版社 1996 年 2 月《解放戰爭時期國民黨軍起義投誠－遼吉黑熱地區》第 682 頁。

遼瀋戰役中所部被全殲，於遼寧錦州被人民解放軍俘虜。中華人民共和國成立後，任中國人民解放軍南京軍事學院教員等職。轉業地方工作後，歷任安徽大學圖書館主任，安徽省人民政府參事室參事，安徽省政協常委，民革安徽省委員會常務委員，民革中央團結委員等職。後遷移昆明定居，任雲南省人民政府參事室參事，雲南省政協委員等職。1985 年 5 月 20 日因病在昆明逝世。

　　程舉翼（1905 －？）別字志青，雲南陸良人。廣州黃埔中央軍事政治學校第五期炮兵科畢業。1926 年 3 月考入廣州黃埔中央軍事政治學校第五期炮兵科學習，1927 年 8 月畢業。歷任國民革命軍第一軍第二師第五團炮兵連見習、排長，1927 年 9 月在淞江作戰負傷。[523] 痊癒後，任陸軍第二師司令部直屬炮兵營連長、營長等職。

部分學員照片：5 名

張祜　　　李維藩　　　陳正　　　林春光　　　段珍

　　如同上表與簡介所載：軍級人員有 1 人，師級人員有 3 人，兩項相加合計 15.38%，共有 4 名將領。具體分析起來有以下情況：知名將領張維鵬、張第東、姜弼武均在 1948 年參加起義，盛家興是最早考入陸軍大學的第五期生，中華人民共和國成立後歷任公職。

---

[523] 龔樂群編纂：南京中央陸軍軍官學校 1934 年印行《中央陸軍軍官學校追悼北伐陣亡將士特刊－黃埔血史》記載。

十四、山東籍第五期生情況簡述

　　山東是中國國民黨和中共最早發起組織的省份。在廣東國民革命運動影響下，漸有山東省籍學子投考黃埔軍校，進入第五期學習的山東人，延續了前四期的人才優勢。

表 37　山東籍學員歷任各級軍職數量比例一覽表

職級	中國國民黨	中共	人數	%
肄業或尚未見從軍任官記載	李蒙泉、楊志遠、趙鴻軒、鄭培枬、楊丹亭、楊振明、穀慶春、史瑞祥、胡履祥、範振民		10	50
排連營級	劉振武、王玉嶺、朱赤東		3	15
團旅級	高維民、閻毓棟、胡振甲、隋　金		4	20
師級	陳傳鈞	陳希孔	2	10
軍級以上	聶松溪		1	5
合計	19	1	20	100

部分知名學員簡介：（10 名）

　　王玉嶺（1902 － 1929）別字子峻，山東泰安人。廣州黃埔中央軍事政治學校第五期步兵科畢業。1926 年 3 月考入廣州黃埔中央軍事政治學校第五期步兵科學習，1927 年 8 月畢業。任國民革命軍陸軍步兵連見習、排長、連長，1929 年 7 月 4 日在河南都林鎮作戰陣亡。[524]

　　劉振武（1905 － 1937）別字家平，山東武城人。廣州黃埔中央軍事政治學校第五期步兵科畢業。1926 年 3 月入黃埔軍校入伍生隊受訓，1926 年 11 月入廣州黃埔中央軍事政治學校第五期步兵科學習，1927 年 8 月畢業。隨部

劉振武

---

[524] 中國第二歷史檔案館供稿，華東工學院編輯出版部影印，檔案出版社 1989 年 7 月《黃埔軍校史稿》第八冊（本校先烈）第 278 頁第五期烈士芳名表記載 1929 年 7 月 4 日在河南都林鎮陣亡。

參加北伐戰爭，1935 年 7 月 12 日敘任陸軍步兵少校。抗日戰爭爆發後，任陸軍第七十四軍（軍長俞濟時）第五十一師（師長王耀武）第一五三旅（旅長李天霞）第三〇六團（團長邱維達）第一營營長，隨部參加淞滬會戰。1937 年 9 月 20 日在羅店與日軍作戰犧牲。[525]

朱赤東（1900－1928）別字旭五，山東濰縣人。廣州黃埔中央軍事政治學校第五期步兵科畢業。1926 年 3 月考入廣州黃埔中央軍事政治學校第五期步兵科學習，1927 年 8 月畢業。任國民革命軍陸軍步兵連見習、排長，1928 年 8 月 14 日在山東郊城作戰陣亡。[526]

陳傳鈞（1906－？）別字子衡，山東滕縣人。廣州黃埔中央軍事政治學校第五期步兵科畢業。1926 年 3 月入黃埔軍校入伍生隊受訓，1926 年 11 月入廣州黃埔中央軍事政治學校第五期步兵科學習，1927 年 8 月畢業。隨部參加北伐戰爭，歷任國民革命軍陸軍步兵團排長、連長等職。

陳傳鈞

抗日戰爭爆發後，任陸軍第七十四軍第五十一師第一五三旅（旅長李天霞）第三〇五團（團長張靈甫）第三營副營長，隨部參加淞滬會戰。1937 年 11 月隨部參加南京保衛戰，1937 年 12 月 12 日在南京城外賽虹橋與日軍激戰中負傷。1938 年 3 月痊癒歸隊，任第一五三旅第三〇五團（團長張靈甫兼）第一營營長，1938 年 5 月在豫東會戰碭山阻擊戰中再度負傷。返回原部隊後，任陸軍第七十四軍（王耀武）第五十一師第一五一團團長，1941 年率部參加上高戰役。1945 年 4 月被國民政府軍事委員會銓敘廳頒令敘任陸軍步兵上校。抗日戰爭勝利後，1945 年 10 月獲頒忠勤勳章。1946 年 5 月獲頒勝利勳章。1946 年 6 月任陸軍整編第七十四師（師

---

[525] 上海市政協文史資料委員會編：上海古籍出版社《上海文史資料存稿彙編－抗戰史料》第 76 頁。

[526] 中國第二歷史檔案館供稿，華東工學院編輯出版部影印，檔案出版社 1989 年 7 月《黃埔軍校史稿》第八冊（本校先烈）第 279 頁第五期烈士芳名表記載 1928 年 8 月 14 日在山東郊城陣亡。

長張靈甫）整編第五十一旅（旅長邱維達）副旅長、代理旅長，率部在
山東與人民解放軍作戰。1947 年 5 月 16 日在孟良崮戰役中被人民解放軍
俘虜。

陳希孔（1904 － ？）山東樂陵人。廣州黃埔中央軍事政治學校第五
期肄業。[527]1904 年 12 月生於樂陵縣一個農戶家庭。早年入伍當兵，曾入
孫傳芳部駐江西九江第三團軍士學校學習，結業後任孫傳芳部第二師第六
團第一營第四連第八班班長，隨部駐防江西南昌，1926 年 6 月隨軍在南
昌加入國民革命軍。1926 年冬要從起義人員中挑選一批北方籍青年赴黃
埔軍校深造，遂自告奮勇主動報名投考，1926 年 12 月進入黃埔軍校第五
期軍官政治訓練班學習，[528]1927 年 7、8 月間奉命赴南京，於小營子街軍
校所在地領取「畢業證書」和《同學錄》。畢業後分發北方部隊，任陸軍
第三十一軍步兵團第一營見習官，繼而任步兵連連長。後回家務農，做小
生意。抗日戰爭爆發後，在原籍參加地方抗日武裝，1938 年參加八路軍，
後加入中共。此後一直在人民軍隊工作。中華人民共和國成立後，仍在中
國人民解放軍任職，1965 年離職休養。1983 年為紀念黃埔軍校創建六十
周年撰文《學員生活點滴》，刊載於《第一次國共合作時期的黃埔軍校》
（文史資料出版社 1984 年 5 月）。晚年寓居長沙市東湖老幹部休養所 24
－ 3 棟，二十世紀八十年代參加黃埔軍校同學會聯誼活動。

胡振甲（1905 － 1983）別字鼎三，山東泰安人。縣立
第一高等小學、縣立中學、廣州黃埔中央軍事政治學校第
五期步兵科畢業。父景炎，濟南師範學堂畢業後，清末貢
生，在本縣興辦教育數十年。幼年入縣立第一高等小學，
畢業後考入縣立中學。1924 年秋赴北京求學，1926 年春

胡振甲

---

[527] 湖南省檔案館校編、湖南人民出版社）《黃埔軍校同學錄》記載；現據：其本人撰
寫《學員生活點滴》記載。

[528] 湖南省黃埔軍校同學會編：1990 年 11 月印行《湖南省黃埔軍校同學會會員通訊
錄》第 33 頁。

經丁惟汾介紹南下投考黃埔軍校。1926 年 3 月入黃埔軍校入伍生隊受訓，1926 年 11 月入廣州黃埔中央軍事政治學校第五期步兵科學習，1927 年 8 月畢業。任國民革命軍第三師第九團第四連排長，隨部參加北伐戰爭之龍潭、鳳陽、徐州諸役，作戰中負傷。1928 年任該團副連長、代理連長，與張宗昌部作戰時再度負傷，入南京鼓樓醫院治療。痊癒後任南京中央陸軍軍官學校第七期第一總隊步兵大隊區隊長。1929 年與田善芸結婚。1930 年春任教導第二師第四團連長，隨部參加中原大戰。1930 年 10 月隨蔣伯誠入山東，任山東城武縣公安局局長，1932 年任高唐縣公安局局長，1934 年任濰縣警察局局長。抗日戰爭爆發後，任軍事委員會別動總隊（總隊長康澤）山東膠東別動支隊司令官，兼任山東保安第二團團長，率部參加台兒莊戰役週邊戰事。1943 年 5 月所部改編，任蘇魯戰區遊擊挺進總指揮部第二遊擊挺進縱隊司令官，兼任山東保安第八旅旅長，率部駐防莒縣、諸城地區。抗日戰爭勝利後，所部再度改編，任第二綏靖區司令（王耀武）部保安第一縱隊第三旅旅長，擔負青島週邊防務。1945 年 10 月獲頒忠勤勳章。1946 年 5 月獲頒勝利勳章。1946 年 6 月所部縮編，任國防部監護第十二團團長。1947 年 1 月所部再度整編，任第二綏靖區司令（王耀武）部警備第二旅（旅長杜鼎）副旅長。1947 年 9 月調任第一兵團司令部少將銜交通電訊督修官，統轄工兵第二團及通話兵第一團第三營。1948 年 5 月任國防部保密局山東登萊青地區人民「剿匪」義勇總隊總隊長，1949 年 2 月所部改編，任第十一綏靖區司令（劉安祺）部第一警備總隊副總隊長兼第二團團長，駐防青島地區。1949 年 6 月率部赴臺灣，所部編入陸軍第五十四軍，任該軍第八師副師長兼第二十二團團長。1951 年 1 月任臺灣陸軍第七十一師（師長朱元琮）副師長，1952 年該部改編，任臺灣陸軍第九十三師（師長朱元琮）副師長，1952 年 12 月任師長。1954 年秋任臺灣陸軍第二軍團司令部副參謀長，1958 年 9 月獲頒六星寶星獎章，1959 年 9 月獲頒八星寶星獎章。1960 年 11 月任國防部情

報局第三處處長，先後參與策劃執行大陸沿海突擊事宜十多次，[529] 其間獲頒四等雲麾勳章。1963 年 3 月任東引反共救國軍指揮部少將副指揮官，1964 年 5 月 20 日夫人田善芸病逝後，為照顧子女就學撫養調回臺北。任臺灣陸軍總司令部作戰計畫委員會委員，兼任國防部情報局大陸工作設計委員會委員。1966 年 1 月退役，1983 年 10 月 12 日因病在臺北榮民總醫院逝世。

聶松溪（1906 － 1989）山東聊城人。廣州黃埔中央軍事政治學校第五期經理科、陸軍大學正則班第九期畢業。中央軍官訓練團第三期結業。1906 年 4 月 10 日生於山東省聊城縣城關一個書香富裕家庭。聊城縣立中學畢業後，考入山東礦業專門學校學習，肄業兩年。因反對媒妁

聶松溪

之言的舊式婚姻，南下廣州投考黃埔軍校。1926 年 3 月入黃埔軍校入伍生隊受訓，1926 年 11 月入廣州黃埔中央軍事政治學校第五期經理科學習，1926 年 12 月被推選為黃埔軍校宣傳委員會委員，1927 年 8 月畢業。隨部參加北伐戰爭，任國民革命軍北伐第一路軍總指揮部特務團排長，後任參謀，隨侍何應欽為幕僚。1928 年 12 月考入陸軍大學正則班學習，在學期間與安徽省城名媛張佩芝結婚，1931 年 10 月畢業。任討逆軍第二十二路軍總指揮（梁冠英）部參謀，1932 年 7 月任陸軍第三十一師（師長張印湘）司令部參謀處參謀、處長，隨部參加對鄂豫皖邊區中共紅軍及根據地的「圍剿」作戰。1936 年 3 月 14 日被國民政府軍事委員會銓敘廳頒令敘任陸軍步兵少校。1936 年 6 月任陸軍第二師（師長黃傑）司令部參謀處主任。1936 年 7 月 28 日被國民政府軍事委員會銓敘廳頒令敘任陸軍步兵中校。抗日戰爭爆發後，任陸軍第二十一師（師長李仙洲）司令部參謀長，率部參加忻口會戰。所部擴編後，1938 年 2 月任陸軍第九十二軍（軍長李仙洲）司令部（參謀長蔡棨）副參謀長，率部參加魯南戰役、武漢會

---

[529] 劉紹唐主編：臺北傳記文學出版社《民國人物小傳》第十六輯第 149 頁。

戰。1938 年 6 月 15 日被國民政府軍事委員會銓敘廳頒令敘任陸軍步兵上校。1939 年 12 月任補充旅旅長，警備司令部司令官等職。1940 年 10 月任陸軍第九十二軍（軍長李仙洲）第二十一師（師長侯鏡如）副師長，兼任第九十二軍遊擊幹部訓練班教育長。1942 年 5 月接侯鏡如任陸軍第九十二軍（軍長李仙洲、侯鏡如）第二十一師師長，兼任魯北師管區司令部司令官，率部參加南昌戰役、棗宜會戰、豫南會戰。1943 年 3 月調任軍事委員會委員長（蔣介石）侍從室參謀，1944 年 1 月繼於達任軍事委員會委員長侍從室第二組組長，主管軍事參謀業務。1945 年 2 月 3 日接劉安祺任陸軍第五十七軍軍長，統轄陸軍第八師、第九十七師等部，1945 年 4 月該軍裁撤並免職。抗日戰爭勝利後，任山東省保安司令（省政府主席何思源兼）部副司令官。1945 年 10 月獲頒忠勤勳章。1945 年 12 月任駐防鄭州的第二十五軍官總隊總隊長，負責戰後軍官編遣復員事宜。1946 年 1 月任山東省魯北師管區司令部司令官。1946 年 5 月獲頒勝利勳章。1946 年 3 月任徐州綏靖主任公署第二綏靖區司令（王耀武）部參謀長，1946 年 6 月任第二綏靖區司令部整編第二師師長，統轄整編第二一三旅（旅長胡景瑗）、第五十七旅（旅長杜鼎）等部，率部在山東對人民解放軍作戰。1946 年 11 月 15 日被推選為山東省出席（制憲）國民大會代表。1947 年 4 月奉派入中央軍官訓練團第三期第一中隊學員隊受訓，1947 年 6 月結業。1948 年 3 月 29 日被推選為山東省出席（行憲）第一屆國民大會代表。1948 年 6 月免陸軍整編第二師師長職，任山東省保安司令（省政府主席王耀武兼）部副司令官，山東省綏靖總司令（王耀武）部副總司令。1948 年 9 月 22 日被國民政府軍事委員會銓敘廳頒令敘任陸軍少將。1948 年 9 月 23 日人民解放軍攻打濟南戰役打響後，離開山東省保安司令部躲藏於朋友家中。1948 年 9 月 27 日逕自到中國人民解放軍濟南警備司令部登記報到，繼入華東軍區政治部聯絡部解放軍官訓練團學習，1948 年 11 月 7 日到華東野戰軍前線廣播電臺口頭廣播，現身說法奉勸國民黨

軍政官員，[530]認清形勢幡然醒悟，毅然走到人民陣營。華東野戰軍司令部決定並報經中央批準於 1949 年 1 月將其釋放，為與家人團聚返回南京。1949 年 3 月任國防部高級參謀，1949 年 4 月輾轉蘇州、杭州、南昌及湖南赴廣州，派任第二十一兵團司令（劉安祺）部高級參謀。1949 年秋隨軍到臺灣，曾受林蔚委派赴各地督建防禦工事。1950 年春退役，續任國民大會代表，1954 年任臺灣「光復大陸設計委員會」委員。二十世紀五十年代末期由台中遷移臺北縣新店市中央新村寓居，1989 年 3 月 10 日因病在臺北逝世。

高維民（1905 － ？）別字精三，山東嶧縣人。廣州黃埔中央軍事政治學校第五期步兵科畢業。1926 年 3 月考入廣州黃埔中央軍事政治學校第五期步兵科學習，1927 年 8 月畢業。歷任國民革命軍陸軍步兵團排長、連長、營長、團長等職。935 年 6 月 22 日敘任陸軍步兵少校。1936 年 3 月 26 日轉任陸軍憲兵少校。1945 年 4 月被國民政府軍事委員會銓敘廳頒令敘任陸軍步兵上校。

閻毓棟（1906 － ？）山東臨棗人。廣州黃埔中央軍事政治學校第五期步兵科畢業。1926 年 3 月考入廣州黃埔中央軍事政治學校第五期步兵科學習，1927 年 8 月畢業。歷任國民革命軍陸軍步兵團排長、連長、營長、團長等職。抗日戰爭勝利後，1945 年 10 月獲頒忠勤勳章。1946 年 1 月任師管區司令部副司令官。1946 年 5 月獲頒勝利勳章。1947 年 3 月被國民政府軍事委員會銓敘廳頒令敘任陸軍步兵上校。

隋金（1904 － ？）別字貢三。山東諸城人。廣州黃埔中央軍事政治學校第五期步兵科畢業。1926 年 3 月考入廣州黃埔中央軍事政治學校第五期步兵科學習，1927 年 8 月畢業。歷任國民革命軍陸軍步兵團排長、連長、營長、團長等職。1945 年 9 月被國民政府軍事委員會銓敘廳敘任陸軍步兵上校。

隋金

---

[530] 夏繼誠著：江蘇人民出版社 1997 年 7 月《折戰》記載。

如上表及資料所示：擔任軍級以上人員 1 名，師級人員為 2 名，兩項相加合計占 15%，累計有 3 名曾任高級職務人員。分析情況如下：知名將領有聶松溪、陳傳鈞等，率部參加多次抗日著名戰役。

十五、山西、內蒙古、綏遠、直隸籍及缺載籍貫第五期生情況簡述

相距廣東較遠的山西、內蒙古等省，在前四期招生效應作用下，仍然有部分進步青年，千里迢迢長途跋涉來到廣州。說明廣州作為國民革命革命的策源地，對於邊遠省份仍具感召和影響力。

表 38　山西、內蒙古籍學員歷任各級軍職數量比例一覽表

職級	山西	內蒙古	綏遠	直隸	缺載籍貫	人數	占 %
肄業或尚未見從軍任官記載	趙金鰲、董樹林、許晴光、梁源宏、王倬伍、李醒民		郝尚文、張騰雲、段常毅、張　祿	孫又生、張雲岫、張承祚、張世琨、李長純、韓啓文、王子祥、馮聚伍、魏錫鈞、王宗海、李佩珊、劉佛海、李恩潭、吳書賢。	丁　元、王政猷、王浩謙、鄧佩脩、寧天雄、伍光中、劉芹餘、劉超倫、何輔成、冷天梅、吳道藩、應　武、張　達、張亦鵬、張扶農、李　忠、李仰文、李暉亞、楊　甦、陳靖瀾、陳醒亞、金　聲、高志伊、黃仁溥、彭煥祺、謝　斌、詹劍青、廖思駟。	52	75
團旅級		雲繼先（中共）			蔣公敏	2	12.5
師級				陳恭澍		1	0.46
軍級以上	王應尊					1	12.5
合計	7	1	4	15	29	56	100

部分知名學員簡介：（4 名）

王應尊（1907 － ？）曾用名王久、久悟、九五，山西陽高人。廣州黃埔中央軍事政治學校第五期步兵科、南京中央陸軍軍官學校高等教育班

第八期畢業。1926年3月入黃埔軍校入伍生隊受訓，1926年11月入廣州黃埔中央軍事政治學校第五期步兵科學習，1927年8月畢業。隨部參加北伐戰爭，1927年8月隨部參加龍潭戰役。歷任國民革命軍第一軍第二十二師第一團排長，縮編後的陸軍第一師第二旅第四團連長，1931年任陸軍第一師獨立第十二旅步兵營營長等職。1935年6月17日敘任陸軍步兵少校。1935年任陸軍第一師第二旅第三團團附，1936年任陸軍第一軍司令部副官處處長，後任陸軍第一軍（軍長胡宗南）第一師（師長李鐵軍）第一旅（旅長李正先）第三團團長，隨部參加對紅一方面軍和紅四方面軍的「圍剿」作戰。抗日戰爭爆發後，任第十七軍團第一軍第一師（師長李鐵軍）第一旅（旅長劉超寰）第一團團長，率部參加淞滬會戰，在楊行、劉行一線與日軍激戰月餘。戰後任陸軍第一師第一旅副旅長，1938年任西安綏靖主任公署西北遊擊幹部訓練班第二期學員總隊總隊長，中央陸軍軍官學校第七分校（西安分校）學員總隊大隊長。1939年12月任第一軍第一旅旅長，率部駐防陝西潼關地區。1940年7月被國民政府軍事委員會銓敘廳頒令敘任陸軍步兵上校。後任陸軍第一九一師副師長兼政治部主任，軍事委員會西北遊擊幹部訓練班特別黨部執行委員、學員總隊副總隊長、總隊長等職。後任陸軍第十六軍第二十八師（師長李夢筆）副師長，1942年4月21日接李夢筆任陸軍第九十軍（軍長李文）第二十八師師長，率部參加豫西會戰、鄂北會戰。抗日戰爭勝利後，1945年10月獲頒忠勤勳章。1946年5月獲頒勝利勳章。1946年7月接謝輔三任整編第二十九軍（軍長劉戡）整編第二十七師師長，統轄整編第三十一旅（旅長劉釗銘、李紀雲、張漢初）、整編第四十七旅（旅長李奇亨、李達），率部在西北與人民解放軍作戰。兼任延安警備司令部司令官。1947年12月恢復軍編制後，任西安綏靖主任公署第五兵團（司令官李文、裴昌會）陸軍第二十七軍軍長。1948年3月整編第二十九軍在陝北被人民解放軍全殲，率餘部撤往西安。其間發表為國防部中將銜附員，後任西安綏靖主任公署幹部訓練團第二學員總隊總隊長，第五兵團司令（李文兼）部少將高

級參謀。1949 年 12 月 27 日在四川起義，[531] 後入中國人民解放軍西南軍政大學高級軍官研究班學習，1951 年任中國人民解放軍西南軍區司令部高級參謀室高級參謀，中國人民解放軍西北步兵學校軍事教員等職。轉業地方工作後，加入民革成都地方組織，1979 年 10 月當選為民革中央第五屆候補中央委員，1983 年 12 月當選為民革中央第六屆中央委員，1988 年11 月當選為民革第七屆中央監察委員會委員，曾任民革四川省委會常務委員、副主任委員，1983 年 6 月當選為第六屆全國政協委員，四川省政協常委，兼任成都市黃埔軍校同學會理事，四川省黃埔軍校同學會（會長郭汝瑰）第一副會長等職。

雲繼先

雲繼先（1902 － 1933）內蒙古土默特人。蒙古族。歸綏土默特學堂、北京蒙藏學校、廣州黃埔中央軍事政治學校第五期步兵科畢業。與雲耀先（黃埔一期生）系內蒙古土默特學堂校友。後入北京蒙藏學校學習，其間加入中共，受中共委派南下廣東，投考黃埔軍校。1926 年 3 月入黃埔軍校入伍生隊受訓，1926 年 11 月入廣州黃埔中央軍事政治學校第五期步兵科學習，1927 年 8 月畢業。隨部參加東征和北伐戰爭，德王守衛部隊的連長、副營長，百靈廟起義中，其部隊被傅作義部繳械，其在此次戰役中犧牲。

陳恭澍（1907 － ？）原籍河北寧河人，生於北平。廣州黃埔中央軍事政治學校警政科肄業，[532] 南京中央陸軍軍官學校特別研究班畢業。1926年春南下廣州，考入第五期入伍生第一團（團長王文翰）第三營（營長李靖難）第十一連（連長盧浚泉）受訓，其間與陶鑄同隊受訓並熟識，[533]

[531] 中國人民解放軍歷史資料叢書編審委員會：「中國人民解放軍歷史資料叢書」，解放軍出版社 1996 年 1 月《解放戰爭時期國民黨軍起義投誠－川黔滇康藏地區》第 810 頁。
[532] 湖南省檔案館校編、湖南人民出版社《黃埔軍校同學錄》無載；現據：陳恭澍著：中國友誼出版公司 2010 年 11 月《軍統第一殺手回憶錄》第一　二集，華文出版社2012 年 5 月《親歷軍統－軍統第一殺手回憶錄》第三　四集記載。
[533] 陳恭澍著：華文出版社 2012 年 5 月《親歷軍統－軍統第一殺手回憶錄》第四集第

受訓地點在廣州沙河。升入學員總隊後遷移黃埔校本部，編入第一總隊第一大隊（大隊長帥崇興）第二中隊（中隊長惠濟）第三區隊（區隊長王登梯）學習，其間再次與陶鑄同隊。黃埔軍校肄業後，以失散同學流連輾轉於武漢、開封、南京、上海等地，其間結識戴笠，參加以黃埔學生組織「革命軍人同志會」，1931 年 2 月經介紹入南京中央陸軍軍官學校特別研究班（班主任鄧悌）學習，學員主要為 100 多名黃埔失散同學，1931 年 3 月經蔣中正特許批準，與韓浚、陳烈、黃雍、俞墉、吳乃憲、徐會之、劉季文、張炎元、曹勖、鄭嗣康、韓繼文、夏大康、謝闕成等十四人準予恢復黨籍與學籍。[534] 後加入「三民主義力行社」。1932 年春加入中華民族復興社，參加該社特務處情報收集工作，先任特務處天津站站長，1935 年 10 月任特務處北平站站長。抗日戰爭爆發後，任軍事委員會調查統計局本部第三處代理處長，後奉派華北日軍佔領區開闢情報、除奸工作，歷任軍事委員會調查統計局華北區區長，兼任灤榆遊擊總指揮（王天木）部副總指揮。參與策劃組織 200 多起秘密行動，其中參與刺殺張敬堯、吉鴻昌、石友三、汪精衛、傅筱庵、王克敏等。1939 年 8 月 1 日奉派華東開展對日軍、汪偽政權情報工作，任軍事委員會調查統計局上海區區長，組建有區本部一處兩址外，分為 22 個交通聯絡站、電訊台 4 座、行動八大隊、情報組 5 個等 50 多個單位，另有直屬工作線路數十條，經常保持員額 1000 人左右，還配備有各式秘密通信、爆破器材及武器彈藥倉庫。1941 年 10 月 30 日因組織被日軍破獲，被捕入獄關押在上海，再被汪偽特工總部組織保釋並起用。抗日戰爭勝利後，因案逮捕入獄。1946 年 3 月戴笠遇難後獲釋，參與「勵志班」與特種部隊人員選拔與訓練事宜，後任國防部人民服務總隊（總隊長劉培初）第一大隊大隊長，1947 年任華北綏靖總隊第一大隊上校銜大隊長，國防部保密局北平直屬組組長。1949 年 1 月隨鄭介民返

---

69 頁記載。

[534] 陳恭澍著：中國出版公司 2010 年 11 月《軍統第一殺手回憶錄－親歷軍統初建時期工作記錄》第一集第 5 頁記載。

回南京，1949 年 2 月任浙江青年救國團（團長胡軌）第二總隊（總隊長劉培初）副總隊長，隊伍後在福建潰散。1949 年 9 月到臺灣，1950 年奉派香港從事情報與策反事宜，後應召返回臺北情報局本部。1957 年 10 月任國防部情報局（局長張炎元）第二處處長，1960 年 1 月晉升陸軍少將。1969 年 10 月退休，參與軍人之友社聯誼活動。著有《軍統第一殺手回憶錄》第一集《親歷軍統初建時期工作記錄》、第二集《親歷軍統抗戰前期工作記錄》（中國友誼出版公司 2010 年 11 月印行）、《親歷軍統－軍統第一殺手回憶錄》第三、四集（華文出版社 2012 年 5 月印行）等。

蔣公敏（1907 －？）籍貫缺載。廣州黃埔中央軍事政治學校第五期工兵科畢業。1926 年 3 月入黃埔軍校入伍生隊受訓，1926 年 11 月入廣州黃埔中央軍事政治學校第五期工兵科學習，1927 年 8 月畢業。隨部參加北伐戰爭，歷任國民革命軍第一軍司令部工兵營排長，第一軍第二十一師工兵連連長，中央教導師步兵營副營長等職。1931 年任陸軍第五軍第八十七師（師長張治中兼）第二五九旅（旅長孫元良）第五一七團（團長張世希）第二營營長，參加 1932 年「「一‧二八」」淞滬抗戰。後任陸軍第八十七師補充團副團長。1935 年 5 月 31 日敘任陸軍工兵中校。抗日戰爭爆發後，任陸軍第八十七師第二五九旅第五一七團團長、副旅長，率部參加抗日戰事。1939 年 11 月被國民政府軍事委員會銓敘廳頒令敘任陸軍工兵上校。

另有察哈爾：張效良；熱河：蘇振武；新加坡華僑：丘中植等三人，缺載簡介情況。

部分學員照片：24 名

王子祥　　馮聚伍　　張祿　　張雲岫　　張世琨　　張承祚　　張效良

郝尚文

段常毅

梁源宏

魏錫鈞

王國鈞

牛國茂

史忠信

邊萬選

張旭

張宇泊

王政猷

錢保琛

曹萬道

梅師柏

徐志堅

符顯彪

趙金鼇

照片從缺：劉建熹、宋正蒼、梁源宏、金聲、李仰文、範悟民

根據上述簡介反映，王應尊是胡宗南部隊知名將領，雲繼先入學黃埔軍校前已加入中共，後在抗日戰場為國捐軀。

十六、韓國、朝鮮、越南入學第五期生情況簡述

表 39　韓國、朝鮮、越南國籍學員數量比例一覽表

職級	韓國	朝鮮	越南	人數	占 %
肄業或尚未見從軍任官記載	張　翼、金浩元、申　嶽。	安維才、樸始昌、張　興。	黎國望、劉啓明。	8	
合計	3	3	2	8	100

從上表可見，韓國、朝鮮、越南作為中國的近鄰，延續了前四期入學黃埔軍校的趨勢，仍有個別外國學員以私人身份（區別於國家委派）前往中國學習軍事，其中韓國、朝鮮此時皆為日本國佔領附屬地區，現今的國

號在當時僅為地名稱謂。

有照片的朝鮮籍學員：

張興

參與中華人民共和國政務、 中共黨務活動及著述情況

中華人民共和國成立後，部分第五期生參與了國家或地方政務活動。他們多任職於各級政協、人大或參事室、文史研究館以及黃埔軍校同學會等。

第一節　參加中華人民共和國成立後 黨的歷次重要會議及任職情況

中華人民共和國成立後，有四名在革命戰爭年代即歷任高級職務的第五期生，曾出席中共重要會議及擔任中共中央委員會、中央顧問委員會重要領導職務。

表 40　參加中共重要會議及任職情況一覽表（按姓氏筆劃為序）

序	姓名	屆別	當選年月
1	許光達	中共第八屆中央委員	1956.9
2	張宗遜	中共第八屆中央候補委員	1956.9
		中共第十屆中央委員	1973.5
		中共第十五次全國代表大會第一次會議特邀代表	1997.9

3	宋時輪	中共第八屆中央候補委員	1956.9
		中共第十屆中央候補委員	1973.5
		中共第十一屆中央委員	1977.8
		中共第十二屆中央顧問委員會委員、常委	1982.9
		中共第十二屆四中全會再度當選為中共中央顧問委員會常委	1985.9
4	陶　鑄	中共第八屆中央委員	1956.9
		中共八屆十一中全會當選為中央政治局委員、常務委員、中共中央書記處常務書記	1966.5

　　上表所列均系中共及中國人民解放軍著名人物，在國內出版的許多名人辭典或傳記，都能找到他們的詳細情況和生平業績。

第二節　任職全國政協、全國人大、國防委員會情況綜述

　　中華人民共和國成立後，部分第五期生參與了國家或地方政務活動，有些在居住地擔負參政議政職務，生活有了基本保障。下表僅列國家級任職。

表 41　當選全國政協委員、全國人大常委、國防委員會委員一覽表（按姓氏筆劃為序）

序	姓名	屆別	年月
1	王應尊	第六屆全國政協委員	1983.6
2	許光達	第一屆國防委員會委員	1954.9
		第二屆國防委員會委員	1959.4
		第三屆國防委員會委員	1965.1
3	劉立青	第五屆全國政協委員	1978.2
4	張宗遜	第一屆國防委員會委員	1954.9
		第二屆國防委員會委員	1959.4
		第三屆國防委員會委員	1965.1
		第六屆全國政協委員	1983.6
5	楊至成	第一屆國防委員會委員	1954.9
		第二屆國防委員會委員	1959.4
		第三屆全國人大常委會委員，	1965.1
6	宋時輪	第一屆國防委員會委員	1954.9
		第二屆國防委員會委員	1959.4
		第三屆國防委員會委員	1965.1

7	陳克非	第三屆全國政協委員	1959.4
		第四屆全國政協委員	1964.12
8	陳修和	參加第一屆政協全體會議	1949.9
9	鄭庭笈	第六屆全國政協委員	1983.6
		第七屆全國政協委員	1988.4
10	郭汝瑰	第四屆全國政協委員	1964.12
		第五屆全國政協委員	1978.2
		第六屆全國政協委員	1983.6
		第七屆全國政協委員	1988.4
11	譚希林	第四屆全國政協委員	1964.12
12	廖運周	作為華東解放區代表出席全國人民政治協商會議第一屆全體會議	1949.9
		第五屆全國政協委員	1978.2
		第六屆全國政協委員	1983.6
		第七屆全國政協委員	1988.4

　　從上表所列有 12 名第五期生，中華人民共和國後，擔任了黨和國家領導職務，有些還當選為歷屆全國政協委員或全國人大常委等。

第三節　被確定為中國人民解放軍軍事家及被授予高級將領情況綜述

　　1989 年 11 月經中華人民共和國中央軍事委員會確定的三十六名中國人民解放軍軍事家行列中，黃埔軍校第五期生僅有許光達一名。他是作為中國人民革命戰爭史上著名的將領，同時也是以國家名義命名的「軍事家」。

一、第五期生被確定為中國人民解放軍軍事家的情況綜述

表 42　被確定為中國人民解放軍軍事家之軍旅經歷及軍事論著一覽表

姓名	主要軍旅經歷	軍事理論著述
許光達	17 歲入伍，18 歲任國民革命軍第四軍直屬炮兵營排長。參加南昌起義部隊，任中共壽縣縣委軍事委員。21 歲任紅軍第六軍第二縱隊政委、紅軍第六軍參謀長，22 歲任紅六軍第十七師師長。1936 年秋轉入莫斯科東方勞動者共產主義大學軍事訓練班，專學火炮和車輛駕駛技術，並任訓練班副主任。29 歲任中國人民抗日軍政大學訓練部部長，30 歲任延安抗日軍政大學教育長。32 歲任中共中央軍委總參謀部參謀部部長。33 歲任國民革命軍第八路軍第一二〇師獨立第二旅旅長。37 歲任晉綏野戰軍司令部代理參謀長，39 歲任西北野戰軍第三縱隊司令員。40 歲任中國人民解放軍第一野戰軍第三軍軍長。41 歲任中國人民解放軍第一野戰軍第二兵團司令員、中國人民解放軍裝甲兵司令員，46 歲被授予中國人民解放軍大將軍銜。50 歲任中華人民共和國國防部副部長。1988 年被中華人民共和國中央軍事委員會確定為中國人民解放軍軍事家。逝世後追悼大會的悼詞稱譽：「無產階級革命家、軍事家，中國人民解放軍裝甲兵創建人之一。」	發表《抗大最近的動向》、《抗大在國防教育上的貢獻》、《戰術發展的基本因素》、《論新戰術》、《陸軍的發展趨向與裝甲兵的運用》等文章。主要著作收入 1985 年解放軍出版社出版《許光達論裝甲兵建設》。

　　高級將領之榮譽至尊，系名列官方認定的「軍事家」行列。中華人民共和國成立後，在三十六名中國人民解放軍軍事家當中，有十六名曾在黃埔軍校任職或學習，在這十六人當中，第五期生佔有一名。

二、第五期生被授予中國人民解放軍將領的情況綜述

　　1955 年 9 月起，中國人民解放軍施行軍銜制度。部分第五期生被授予中國人民解放軍將領。

表 43　被授予中國人民解放軍將領一覽表

序	姓名	授予軍銜	授銜時軍職	備註
1	許光達	大將	中國人民解放軍裝甲兵司令員	1955.9.27
2	張宗遜	上將	中國人民解放軍副總參謀長、訓練總監部副部長	1955.9.27
3	宋時輪	上將	中國人民解放軍總高級步兵學校校長兼政委	1955.9.27
4	楊至成	上將	中國人民解放軍武裝力量監察部副部長	1955.9.27
5	譚希林	中將	中國人民解放軍訓練總監部副部長	1955.9
6	廖運周	少將	中國人民解放軍瀋陽高級炮兵學校校長	1955.9

第四節　參與各省、市、自治區黃埔軍校同學會活動情況簡述

　　黃埔軍校同學會於 1984 年 6 月 16 日在北京成立，會議通過了《黃埔軍校同學會章程》，選舉出第一屆理事會成員。徐向前、侯鏡如、李默庵、李運昌、林上元先後任會長。黃埔軍校同學會創辦會刊《黃埔》。1987 年後，全國各省、市、自治區相繼成立黃埔軍校同學會，發展會員四萬多名。

　　第五期生任黃埔軍校同學會理事會理事的有：廖運周、張第東等。

　　參與各省、市、自治區黃埔軍校同學會籌備組建活動的第五期生，主要有：廖運周、王應尊、張第東、嚴映皋、邱行湘、張維鵬、鄭全山、周藩、葉島、陳希孔、王載揚等。

第五節　第五期生中華人民共和國成立後編著撰文情況

　　1959 年 4 月 29 日，當時擔任全國政協主席的周恩來總理在政協 60 歲以上老人茶話會上指出：「戊戌以來是中國社會變動極大的時期，有關這個時期的歷史資料要從各個方面記載下來。」他殷切期望經歷了晚清、北洋、民國和新中國時期的老人都將自己的知識和經驗留下來，作為對社會的貢獻。繼全國政協文史資料研究委員會成立之後，各地於同年底相繼成立了文史資料研究委員會。居住於大陸並擔任公職的一部分第五期生，有了撰寫的刊載回憶文章的機遇。為了較為全面的展現他們在這一時期的回憶錄撰文，將收集到的第五期生撰文輯錄如下：

表 44　1949 年 10 月後編著書目撰文一覽表

作　者	編著翻譯圖書或篇名	刊載書目或出版機構
王應尊	《胡宗南消滅非嫡系軍隊的一些情況》	中國文史出版社《文史資料存稿選編－軍事派系》下冊
王應尊	《蔣介石軍隊大舉進攻陝甘寧邊區的回憶》	中國文史出版社《文史資料存稿選編－軍事派系》下冊
王應尊	《軍事委員會「西北遊擊幹部訓練班」的回憶》	中國文史出版社《文史資料存稿選編－軍事派系》下冊
王應尊	《胡宗南集團「鐵血反共救國團」紀略》	中國文史出版社《文史資料存稿選編－軍事派系》下冊
王應尊	《第一師參加松潘戰鬥簡記》	中國文史出版社《原國民黨將領的回憶－圍追堵截紅軍長征親歷記》上冊
王應尊	《胡宗南部重返西北參加山城堡戰鬥》	中國文史出版社《原國民黨將領的回憶－圍追堵截紅軍長征親歷記》上冊
王應尊	《胡宗南部「追剿」紅軍概況》	《四川文史資料選輯》
王應尊	《胡宗南集團１９４６年發動晉南戰役紀要》	《四川文史資料選輯》
王應尊	《李文第五兵團在川西投降紀略》	中國文史出版社《文史資料選輯》第五十輯
王應尊	《整編第二十九軍瓦子街戰役就殲記》	中國文史出版社《原國民黨將領的回憶－解放戰爭中的西北戰場》
王應尊	《血濺楊行、劉行記》	《原國民黨將領抗日戰爭親歷記－八一三淞滬抗戰》
劉鎮湘	《第六十四軍碾莊圩覆沒紀要》	中國文史出版社《原國民黨將領抗日戰爭親歷記－淮海戰役親歷記》
劉鎮湘	《整編第六十四師進攻魯中南的經過》	中國文史出版社《文史資料存稿選編－全面內戰》上冊
劉鎮湘	《湖南抗戰回憶記》	湖南人民出版社《湖南文史資料選輯》
許光達	《許光達論裝甲兵建設》	解放軍出版社
嚴　翊	《記田頌堯第二十九軍堵擊紅四方面軍的情況》	中國文史出版社《文史資料存稿選編－十年內戰》
嚴　翊	《第一二四師的掙紮和潰滅》	中國文史出版社《原國民黨將領回憶記－淮海戰役親歷記》
嚴　翊	《淮海戰役點滴材料》	江蘇人民出版社《江蘇文史資料選輯》
嚴映皋	《與蘊藻浜陣地共存亡》	中國文史出版社《原國民黨將領抗日戰爭親歷記－八一三淞滬抗戰》
宋時輪	《毛澤東軍事思想的形成及其發展》	解放軍出版社
張宗遜	《張宗遜回憶錄》	解放軍出版社
張第東	《回憶第六十軍起義前後》	雲南人民出版社《雲南文史資料選輯》

張第東	《長春起義前後》	中國文史出版社《原國民黨將領回憶記－遼沈戰役親歷記》
張維鵬	《長春起義前後》	中國文史出版社《原國民黨將領回憶記－遼沈戰役親歷記》
李　穆	《四川軍閥混戰紀要》、	中國文史出版社《文史資料存稿選編－十年內戰》
李　穆	《九狼山戰鬥》	中國文史資料出版社《原國民黨將領抗日戰爭親歷記－武漢會戰》
李　穆	《襄河冬季攻勢和棗宜會戰》	中國文史資料出版社《原國民黨將領抗日戰爭親歷記－武漢會戰》
李　穆	《民國時期兵役制度在四川西充》	四川人民出版社《四川文史資料選輯》
李　穆	《大洪山兩次戰鬥和濱湖戰役》	四川人民出版社《四川文史資料選輯》
李　穆	《第二十九集團軍出川抗日史料》	四川人民出版社《四川文史資料選輯》
李　穆	《第四十四軍被殲紀實》	中國文史出版社《原國民黨將領回憶記－淮海戰役親歷記》
李日基	《胡宗南軍事集團的發展和衰敗》	中國文史出版社《文史資料存稿選編－軍事派系》下冊
李日基	《胡宗南部封鎖、進攻和退出陝甘寧邊區的回憶》	中國文史出版社《文史資料存稿選編－軍事派系》下冊
李日基	《胡宗南部在毛兒蓋被殲記》	中國文史出版社《文史資料選輯》第六十二輯
李日基	《羅王戰鬥》、	中國文史出版社《原國民黨將領抗日戰爭親歷記－中原抗戰》
李日基	《中原抗戰的片斷回憶》	四川人民出版社《河南文史資料選輯》
李日基	《第七十六軍永豐戰役被殲經過》	四川人民出版社《河南文史資料選輯》
李日基	《第七十八師血戰蘊藻　》	中國文史出版社《原國民黨將領抗日戰爭親歷記－八一三淞滬抗戰》
李日基	《第七十六軍第三次被殲記》	中國文史出版社《原國民黨將領的回憶－解放戰爭中的西北戰場》
李日基	《回憶中正鐵血團》	中國文史出版社《文史資料選輯》第一四五輯
李薑萱	《江陰突圍和南京撤退》、	中國文史出版社《原國民黨將領的回憶－南京保衛戰》
李薑萱	《淮海戰役片斷回憶》	中國文史出版社《原國民黨將領的回憶－淮海戰役親歷記》
李薑萱	《蔣軍進佔威海衛的戰事回憶》	四川人民出版社《山東文史資料選輯》
李薑萱	《憶松山攻堅戰》、	中國文史出版社《文史資料存稿選編－抗日戰爭》下冊
李薑萱	《第八軍在魯見聞》、	中國文史出版社《文史資料存稿選編－全面內戰》上冊

李薑萱	《整編第八師在濰縣和臨朐戰役中的情況》、	中國文史出版社《文史資料存稿選編－全面內戰》上冊
李薑萱	《整編第八師第一六六旅進攻膠東解放區的回憶》、	中國文史出版社《文史資料存稿選編－全面內戰》中冊
李薑萱	《青島國民黨軍作戰檢討會的情況》	中國文史出版社《文史資料存稿選編－全面內戰》中冊
李薑萱	《國民黨第九軍在遼寧錦西行動概要》	中國文史出版社《文史資料存稿選編－全面內戰》中冊
楊至成	《艱苦轉戰》	解放軍出版社《星火燎原》
楊熙宇	《1941 年在福州附近的抗戰》	中國文史出版社《文史資料存稿選編－抗日戰爭》下冊
楊熙宇	《守衛光華門外機場的戰鬥》	中國文史出版社《原國民黨將領抗日戰爭親歷記－南京保衛戰》
楊熙宇	《對〈淮海戰役蔣軍被殲概述〉的訂正》	中國文史出版社《文史資料選輯》第三十四輯
陳 華	《第九十軍第六十一師在秦嶺左側的防禦和撤退川西》	中國文史出版社《文史資料存稿選編－全面內戰》下冊
陳 華	《陸大將官班乙級第二期的回憶》	中國文史出版社《文史資料存稿選編－軍事機構》上冊
陳 華	《第五十八團在小白水的戰鬥》	中國文史出版社《原國民黨將領抗日戰爭親歷記－晉綏抗戰》
陳 華	《第九十軍第六十一師參加扶郿戰役紀實》	中國文史出版社《原國民黨將領解放戰爭中的西北戰場親歷記》
陳 華	《對李振〈起義前的幾點回憶〉的訂正》	中國文史出版社《文史資料選輯》第三十四輯
陳克非	《我從鄂西潰退入川到起義的經過》	中國文史出版社《文史資料選輯》第二十三輯、中國人民解放軍歷史資料叢書編審委員會：「中國人民解放軍歷史資料叢書」，解放軍出版社 1996 年 1 月《解放戰爭時期國民黨軍起義投誠－川黔滇康藏地區》第 599 頁
陳克非	《關於〈我在西南的掙紮和被殲滅經過〉的一點說明》	中國文史出版社《文史資料選輯》第五十五輯
陳克非	《光榮的抉擇》	四川人民出版社《四川文史資料選輯》
陳希孔	《學員生活點滴》	文史資料出版社 1984 年 5 月《第一次國共合作時期的黃埔軍校》
周 藩	《龍陵痛殲日寇親歷記》	雲南人民出版社《雲南文史資料選輯》
周 藩	《李彌化裝潛逃概述》	雲南人民出版社《雲南文史資料選輯》
黃劍夫	《第十六軍 1946 年進攻犯來附近的經過》	中國文史出版社《文史資料存稿選編－全面內戰》上冊
黃劍夫	《第十六軍雄縣眢崗、板家窩村戰鬥經過》	中國文史出版社《文史資料存稿選編－全面內戰》上冊

黃劍夫	《我對胡宗南瞭解的片斷》	中國文史出版社《文史資料存稿選編－軍事派系》下冊
黃劍夫	《我在荊沙一帶同紅六軍作戰的經過》	中國文史出版社《圍剿邊區革命根據地親歷記》
黃劍夫	《我所經歷的靈寶戰役》、	中國文史出版社《原國民黨將領抗日戰爭親歷記－中原抗戰》
黃劍夫	《從康莊突圍到北平接受和平改編》	中國文史出版社《原國民黨將領的回憶－平津戰役親歷記》
肖　烈	《國民革命軍總司令部密查組概況》	中國文史出版社《文史資料存稿選編－軍事機構》上冊
肖　烈	《確保敘瀘與宜賓起義》	四川人民出版社《四川文史資料選輯》
肖　烈	《宜賓起義之回顧》	中國人民解放軍歷史資料叢書編審委員會：「中國人民解放軍歷史資料叢書」，解放軍出版社 1996 年 1 月《解放戰爭時期國民黨軍起義投誠－川黔滇康藏地區》第 561 頁
肖　烈	《從重慶潰退到什邡起義》	四川人民出版社《四川文史資料選輯》

　　由於資料收集有限，第五期生於 1949 年前出版的書籍文章，以及 1949 年遷移臺灣或旅居海外的第五期生所撰書刊文章，未能收錄於此，只能暫付闕如。

第十章

在臺灣、港澳及海外情況綜述

　　遷移臺灣的第五期生，據史料反映其實是一小部分，另有一部分滯留香港或旅居海外。無論他們身何處方，只要有史跡資訊留存，都會引起史家關注。

第一節　參加臺灣黨政活動綜述

　　1949 年上半年以後，部分第五期生遷移臺灣。據史載，只是個別人續任軍政當局官員。

表 45　任中國國民黨中央委員會、中央評議委員會委員一覽表

序	姓名	屆次	當選年月
1	彭孟緝	中國國民黨第七屆中央委員	1952.10
		中國國民黨第八屆中央委員	1957.10
		中國國民黨第八屆三至五中全會中央常務委員	1960.9 起
		中國國民黨第九屆一至三中全會中央常務委員	1963.11 起
		中國國民黨第十屆中央委員	1969.3
		中國國民黨第十一屆中央委員	1976.11
		中國國民黨第十二屆中央委員	1981.3
		中國國民黨第十三屆中央評議委員會主席團主席	1988.7
		中國國民黨第十四屆中央評議委員	1993.8
2	戴仲玉	中國國民黨第十屆中央候補委員	1969.4
		中國國民黨第十一屆中央評議委員會委員	1976.11
		中國國民黨第十二屆中央評議委員會委員	1981.4

表 46　任國民大會代表、立法院立法委員一覽表

序	姓名	屆次	年月
1	干國勳	續任國民大會代表	1951 年
2	陳介生	續任立法院立法委員	1949 年
3	喻耀離	遞補國民大會代表	1950 年
4	戴仲玉	被推選為國民大會第一屆第三、四、五各次會議主席委員及黨團工作召集人。1976 年仍為臺灣「立法院」立法委員	1951 年起

第二節　參與黃埔軍校六十周年紀念活動綜述

1984 年 6 月黃埔軍校成立六十周年之際，在臺灣的第五期生彭孟緝、喻耀離、何德用等參加了紀念活動，與會組織者以「黃埔建國文集編纂委員會主編」名義，出版紀念刊《黃埔軍魂》。由臺灣《傳記文學》編輯部專門組織編寫部分第五期生傳記，刊載「臺灣官方」認可的各時期「英雄」姓名表。該書以「行政院新聞局登記證局版台業字二五四三號」出版發行，是臺灣當局官方出版物。

表 47　臺灣當局開列的第五期生「英雄姓名表」

戰役與事由	各歷史時期或事件第五期生「英雄」姓名表	人	%
北伐戰爭殉國英雄姓名表	王崇義、陳史園、邱覺世、劉墾歐、唐生亮、張亮基、石湘（濱）、丁　偉、黃醒（醴）潮、陳建中、譚　醒、馮俠英、李維民、向化（旭）、金　斌、甘射侯、孫家楣、劉耕余、曹思讓、楊　衡、杜丙炎、胡文祥、蔡北樞、黃翁（翕）雍、包　容、李蔚升（昇）、許化龍、李秉升（陞）、李人達、喻　如、易守毅、鄭志超、胡昭恕、徐登杕、黃欒（弈）基、闞憲焜、羅濟南、陳　正、段彥暉、李覺漁、蕭　欽、傅作梅、曾　鄩、糜　勇、林康宗、吳劍鳴、華國中、王天蔚、邱組民、楊傲霜、鄧松林	50	32.26
討逆平亂殉國英雄姓名表	張嚴翼、龔仲漢、韋允修、劉國鼎、白嗣俊、劉善祥、劉雋毅、周永公、陶制平、孔　健、王新民、唐績熙、石毓華、霍仲如、唐身修、楊金鐸、夏繼禹、周歧嶷、張勝武、辛　修、李國讓、胡子翔、雲茂曦、張維箕、蔣慕文、劉　浩、譚　天、彭明沃、黃漢人、李生鑑、傅守直、王　超、謝源順、彭友新、羅拔群、吳基業、唐俊明、何泗楊、真綱鳴、雷震宇、彭樹勳、成維藩、劉　彬、龔芳含、王心敏、李琢如、王玉嶺、葛夔中、史文彬、王醒儂、高　銘、田澤生	52	33.55

剿匪戰役殉國英雄姓名表	黃淩雲、王英潛（譜）、羅覺民、鍾蜀武、官建百、楊德彰、王　植、賀永祥、胡漢昌、鄒聲洪、嚴則林、羅敬之、劉　翼、李會春、汪鐵中、劉有球、姚隆棠、盧耀峻、周監唐、桂　植、鍾　哲、寧醒民、文太炎、張道政、蔣聯興、陳永南、李國憲、潘國鈞、向　化、林益范、熊光華、彭　彬	32	20.65
抗日戰役殉國英雄姓名表	梁希賢、楊　生、呂旂蒙、陳文杞、謝家珣、楊家騮、劉眉生、田文采（耕之）、柳樹人、黃　紅、朱耀章、劉振武、馮克定、馬　驄、萬　羽、駱朝宗、古　錚、鍾太初	18	11.61
戡亂戰役殉國英雄姓名表	蔡仁傑、劉孟廉、羅達時	3	1.93
累計		155	100

為了原始記載歷史資料，上述與政治關聯緊密的事件稱謂均保持原貌。

第三節　參與組織臺灣第五期學員聯誼會和「中華黃埔四海同心會」活動簡況

1977 年秋，在臺灣與海外部分黃埔軍校第五期學員發起紀念畢業五十周年聯誼活動，自發成立在台黃埔軍校第五期學員聯誼會，組成畢業五十周年特刊編纂委員會，編纂並出版印行《黃埔陸軍軍官學校第五期畢業五十周年紀念特刊》。

第五期生彭孟緝（時任總統府戰略顧問委員會陸軍一級上將委員，中國國民黨第十一屆中央執行委員）在其間發揮了推進作用，第五期生干國勳、徐中齊、喻耀離、何德用、梁潤燊等曾任聯誼會幹事。其後歷年舉行了一系列相關紀念和聯誼活動，對聯絡海外黃埔學生及其後人，抵制「台獨」勢力氾濫起到了積極作用。

1991 年 1 月 1 日，由在臺灣的黃埔軍校第一期生鄧文儀、劉璠、袁樸、劉詠堯、丁德隆及第五期生彭孟緝等，率領 130 餘名黃埔早期生將領發起成立「中華黃埔四海同心會」。該會宗旨是：「要以中華黃埔莊嚴鮮明的旗幟，反台獨，救中國，四海同心，正大光明的堅定立場，反暴力，

救同胞，促使政府早日達成自由、民主、均富、和平統一中國的時代使命」。首任名譽會長為第一期生鄧文儀，會長為第一期生劉璠。

第五期生彭孟緝等參與了該會的發起籌備事宜，參與活動的第五期生還有聶松溪等。

第十一章

黃埔軍校第五期軍事將領綜述

　　黃埔軍校自創辦到第五期生畢業，經歷了三年多光景，政治、軍事情形發生了極大變革。黃埔軍校作為演練兵家的絕好陣地，作為政黨表現彼此軍事能量的良好場所，使國共兩大政黨在政治、軍事方面別開生面受益匪淺。第五期生入伍之際即發生「整理黨務案」，預示著國共兩黨即將分庭抗禮，北伐誓師後的兩黨軍事人才，為了各自的政治訴求勉強走到一起，面對共同的敵人－北方軍閥而殊死鏖戰。到了 1927 年「四一二」、「七一五」，中國國民黨從「容共」合作到「分共」、「清黨」，再到國共兩黨「黨爭」、「政爭」乃至兩軍對壘、兵戎相向而割據分治，經歷了現代政黨政治發展史上最令國人痛心的一頁！

　　延續前四期生研究，第五期生學員數量較多，但是影響較大之著（知）名學員只占少數。第五期生比較前四期在將帥成才方面是無法比擬的。關於第五期生在軍事、政治及至歷史與現實諸方面，究竟有過那些值得評述的作用和影響呢？

　　在中國國民黨方面，據不完全統計絕大多數第五期生均統領或隨所在部隊參與了北伐戰爭、抗日戰爭期間的主要會戰和戰役，第五期生中不乏驍勇善戰之抗日功勳卓越者。李鴻是第五期生最為著名的抗日將領，歷經「一二八」淞滬抗戰、「八一三」淞滬會戰，在遠征印緬抗戰諸役中打出中國軍隊強悍軍威，被英美盟軍稱譽「常勝將軍」、「東方蒙哥馬利」。鄭庭笈先後參加忻口會戰、武漢會戰、昆侖關戰役、遠征印緬抗戰諸役，三

負重傷近乎身亡，遂立字型大小「重生」，是戰功卓著傳頌一時的抗日名將。出自「抗日鋼軍」第七十四軍的抗日將領有蔡仁傑、勞冠英、陳傳鈞等，率部在抗戰後期的湘鄂贛抗日主戰場立下功勳。知名的抗日殉國將領有呂旃蒙、黃永淮、梁希賢等，率部戰至彈盡援絕生命最後一刻，表現了中國軍人面對強敵倭寇血戰到底英雄氣慨。炮兵出身的彭孟緝是第五期生到臺灣後唯一仍任軍方上層的高級將領。郭汝瑰是第五期生中具備初、中、高級完整軍校學歷且造詣頗深的軍事教育理論家和抗日將領。部分學員曾參與對紅軍及根據地「圍剿」戰事及與人民解放軍作戰。

在中共方面，參與三大起義及各地工農武裝鬥爭的第五期生僅占少數，後來成為人民軍隊著名將領及軍政要員也不多。在八年抗日戰爭中，由於統領部隊裝備、彈藥及軍械、軍需補給薄弱諸緣由，致使本身軍力較為弱勢，在對日軍正面戰場交鋒有突出戰果的部隊不多。在後來比較有名的將領當中，許光達是第五期生中最出眾的兵種將領，他在軍隊的突出表現亦主要為中華人民共和國成立後之裝甲兵創建與發展。記述評價其：「在裝甲兵建設中，強調政治工作與技術工作相結合，軍事訓練與實戰需要相結合，根據裝甲兵的特點，強調掌握技術的重要意義，帶頭系統學習和掌握坦克技術，並在裝甲兵部隊積極實行經由院校培養幹部的制度，重視軍事學術研究，對裝甲兵部隊的革命化、現代化、正規化建設起到了重要作用」。[1]1988 年他以人民解放軍大將身份，被中華人民共和國中央軍事委員會確定為中國人民解放軍軍事家，是第五期生唯一獲此殊榮的高級將領。中國人民解放軍上將宋時輪、張宗遜、楊至成，以及中將譚希林，同為中共方面著名將領，在革命戰爭年代為軍隊建設作出過各自不同的貢獻。陶鑄是第五期生在中共高層地位最高者，晚年曾任國務院副總理、中共中央政治局常委及書記處常務書記，他在革命戰爭年代突出表現在人民軍隊政治工作方面。

---

[1]　中國大百科全書出版社 2007 年 7 月出版的《中國大百科全書－軍事》第 779 頁記載。

　　由是觀之，第五期生軍事將領群體總體比較第四期成名者，著名者明顯少之，後來人總比先驅者略遜風騷。但是第五期生部分將領，依舊延續了前四期生在國民革命軍中的軍事優勢，繼續不同程度地影響了軍隊建設乃至戰爭進程，在國家軍事歷史上曾發揮應有作用和影響。黃埔出身軍事將領所處北伐風雲、抗戰烽火、國共合作，進步與倒退、革命與反革命交織一體的歷史時期，使他們成為引領軍事歷史潮頭的「精英群體」。比較第四期生的黃埔軍校第五期生將領群體，固然由於他們自身的規模與能量諸多因素制約，沒能獨立形成強勢軍事領導集團，第五期生群體只能作為龐大的黃埔嫡系軍事將領集團之一小部分，在現代軍事歷史某一個側面彰顯風采。他們是以前四期生為主導的「軍事領導集團」當中的一部分「軍事精英」，這一點是毫無疑問的。

　　軍事與將領是緊密連接的對子，綜觀二十世紀二十年代至四十年代末期民國歷史，彪炳「黃埔」軍事與現代戰爭更是密不可分。「黃埔」軍事與現代戰爭造就了「黃埔」嫡系將領和國民革命軍中央軍，政黨與軍事的結合，先後為執政黨之中國國民黨和中國共產黨造就了國民革命軍和人民解放軍，第五期生部分知著名將領，繼續承襲了前四期生的軍事優勢。政黨政治與黃埔軍校教育的結合，鍛造成就了國共兩黨風格迥異的軍事統帥及軍隊指揮階層。黃埔出身軍事將領在其中的作用影響，無論其孰是孰非，歸結到歷史學、政治學、軍事學及人文範疇，應當到了結論或總攬的時候了。歷史複歸的路子是漫長曲折的，但當政治、政黨與軍事、軍隊到了科學昌明坦蕩相處的年代，前世的軍事統帥與將領對於國家及民族的功德優劣，終將會有整理論及時刻。時光軌跡驟然駛向 2014 年，大陸改革開放三十餘年後，終將歷史學的車輪載入了政治開明人文進步的時代，所有這些成果及其學術進步得益於當今盛世昌明，更為重要的是：今日之中華民族比較歷史上任何時代，都更為接近實現中華民族偉大復興之宏偉目標，海峽兩岸共圓「中華夢」之呼聲此起彼伏洶湧澎湃，兩岸政治、軍事前景變得更為現實期盼，海峽兩岸與全球華人之血緣紐帶任何力量都切割

不斷，兩岸同屬一個中國的事實任何力量也無法改變，歷史學術在其中彰顯推波助瀾功效，亦是任何人都無法否認。「兄弟齊心，其利斷金」，以民族主義與血脈相連兄弟情誼，比較歷史上任何時候都能為兩岸搭起超越政治與意識形態界限之中華民族橋樑。

　　綜觀歷史與現實，第五期生連同前四期軍事將領，如今絕大多數已作古，即使健在也已耄耋高年。一代代新人茁壯成長，成為民族與國家事業承上啟下後繼有人。歷史學術其中重要功能就是追溯與複歸原始，國共兩黨早期黃埔將領群體共同譜寫的現代中國軍事歷史，無疑是中華民族乃至國家值得傳頌和記取的寶貴軍事遺產，忘記自己民族與國家的過往歷史，等於「數典忘祖」！其後果及罪責「罄竹難書」！要告誡後人知史懂史述史記史，要知道面對外來入侵，黃埔將領群體是中華民族和國家意義的武裝力量及軍事棟樑，他們曾為中華民族及國家興盛乃至救亡圖存生死攸關而「前仆後繼」、「拋頭顱灑熱血」，他們曾是中華民族與國家軍事成長歷程的先驅者、開拓者和奠基者！要認清他們曾在國民革命、北伐戰爭、抗日戰爭及其軍事、政治、外交、社會諸多方面留存各自不同的軌跡、印痕與風采。世界上任何民族與國家的軍事歷史都有一個功德榮辱褒貶揚棄的過程。記住歷史是為了放眼未來善待明天！

　　綜上所述，黃埔軍校無疑是中華民族現代軍事（軍校）歷史人文瑰寶，是國共兩黨第一次合作時期政治、軍事發展的共同財富和發源地，從黃埔軍校走出來的國共兩黨「軍事精英」及其武裝力量，是海峽兩岸國民革命、北伐戰爭、抗日戰爭艱苦歲月的命運共同體，源自黃埔軍校的軍事、政治、社會、人文文化，同時又是海峽兩岸的鏈結紐帶和橋樑。中華民族文明文化傳承的另一部分，在海峽東岸的寶島臺灣，黃埔軍校存史檔案資料何嘗不是海峽兩岸共同財富！黃埔軍校研究涉及國共合作、軍事發展、社會政治生活以及眾多著名歷史人物，可說是一部濃縮的二十世紀中國革命史，黃埔軍校研究同時極具中華民族現代軍事歷史底蘊。

後　記

　　接著前四期的話題，延續第五期生之敘述，為的就是：將近乎斷檔的黃埔軍事將領群體史實鏈結起來，載入學界史話與民間記憶。無論其功效如何？終歸是有人做了！能夠有幸充當這段中華民族軍事成長史跡及其將領傳記照片的圖文記錄者，漸成一家之言傳聞於學界與讀者群，實系筆者此生夢寐以求莫大幸事。希望藉此拋磚引玉，縱使學界與熱心讀者更多地加入「黃埔」熱議行列中，為延續這一中華民族軍事遺產瑰寶而增添光熱。

　　第五期有 2418 學員，筆者搜尋史料為本書撰寫了 547 篇人物小傳，收錄有 870 人歷史照片。比較第四期生在資料信息量有過之而無不及。已有論者斷言：黃埔軍校除了傳頌於世的軍事風采與將帥軼事外，在時下公眾關注視野中，屬於一個漸行漸遠的歷史話題。但是從黃埔軍校走出來之影響現代中國的兩支軍隊，卻是現代中國軍事發展史論述乃至永久話題。隨著海峽兩岸不斷升溫的文化交流和史學互動，鏈結後的軍事歷史與人文資訊，賦於當前黃埔軍校研究新的源泉與使命，是一個令人深思與睿永的命題。

　　2011 年 12 月筆者有幸作為廣東社會科學學術交流團學者，赴臺灣進行學術交流活動，收效頗豐感慨良多。其中走訪了臺灣大學、中央研究院近代史所、中華文化學院、國父紀念堂、中國國民黨黨史館、中華民國國史館、國民革命軍戰史館以及中正紀念堂等，看到有關黃埔軍校方面存史資料比較豐富，頗引人關注，說明海峽兩岸學界在這方面有著十分廣闊的合作與拓展的空間。

　　值此結稿之際，再次衷心感謝關注與支持黃埔軍校研究的所有學者與讀者！衷心感謝黃埔軍校歷史文物收藏大家單補生先生為本書提供了 147 個學員歷史照片。

謹將本書奉獻黃埔軍校建校九十周年紀念！

陳予歡　於廣州

2014 年 3 月 3 日

滄海橫流：黃埔五期風雲錄

讀歷史47　史地傳記類　PC0385

滄海橫流
——黃埔五期風雲錄

作　　者 / 陳予歡
責任編輯 / 黃大奎
圖文排版 / 楊家齊
封面設計 / 秦禎翊

發 行 人 / 宋政坤
法律顧問 / 毛國樑　律師
出版發行 / 秀威資訊科技股份有限公司
　　　　　114台北市內湖區瑞光路76巷65號1樓
　　　　　電話：+886-2-2796-3638　傳真：+886-2-2796-1377
　　　　　http://www.showwe.com.tw
劃撥帳號 / 19563868　戶名：秀威資訊科技股份有限公司
　　　　　讀者服務信箱：service@showwe.com.tw
展售門市 / 國家書店（松江門市）
　　　　　104台北市中山區松江路209號1樓
　　　　　電話：+886-2-2518-0207　傳真：+886-2-2518-0778
網路訂購 / 秀威網路書店：http://www.bodbooks.com.tw
　　　　　國家網路書店：http://www.govbooks.com.tw

2014年8月　BOD一版
定價：600元

國家圖書館出版品預行編目

滄海橫流：黃埔五期風雲錄 / 陳予歡著. -- 一版. -- 臺北
市：秀威資訊科技, 2014.08
　　面；　　公分. -- (讀歷史 ; PC0385)
BOD版
ISBN 978-986-326-258-9 (平裝)

1. 黃埔軍校　2. 歷史

596.71　　　　　　　　　　　　　　　103008660

讀者回函卡

感謝您購買本書，為提升服務品質，請填妥以下資料，將讀者回函卡直接寄回或傳真本公司，收到您的寶貴意見後，我們會收藏記錄及檢討，謝謝！如您需要了解本公司最新出版書目、購書優惠或企劃活動，歡迎您上網查詢或下載相關資料：http:// www.showwe.com.tw

您購買的書名：＿＿＿＿＿＿＿＿＿＿＿＿＿＿＿＿＿＿＿＿＿＿＿

出生日期：＿＿＿＿＿年＿＿＿＿＿月＿＿＿＿＿日

學歷：□高中 (含) 以下　　□大專　　□研究所 (含) 以上

職業：□製造業　□金融業　□資訊業　□軍警　□傳播業　□自由業
　　　□服務業　□公務員　□教職　　□學生　□家管　　□其它＿＿＿

購書地點：□網路書店　□實體書店　□書展　□郵購　□贈閱　□其他

您從何得知本書的消息？

　　□網路書店　□實體書店　□網路搜尋　□電子報　□書訊　□雜誌

　　□傳播媒體　□親友推薦　□網站推薦　□部落格　□其他＿＿＿＿＿

您對本書的評價：（請填代號　1.非常滿意　2.滿意　3.尚可　4.再改進）

　　封面設計＿＿＿　版面編排＿＿＿　內容＿＿＿　文／譯筆＿＿＿　價格＿＿＿

讀完書後您覺得：

　　□很有收穫　□有收穫　□收穫不多　□沒收穫

對我們的建議：＿＿＿＿＿＿＿＿＿＿＿＿＿＿＿＿＿＿＿＿＿＿＿

＿＿＿＿＿＿＿＿＿＿＿＿＿＿＿＿＿＿＿＿＿＿＿＿＿＿＿＿＿＿＿

＿＿＿＿＿＿＿＿＿＿＿＿＿＿＿＿＿＿＿＿＿＿＿＿＿＿＿＿＿＿＿

＿＿＿＿＿＿＿＿＿＿＿＿＿＿＿＿＿＿＿＿＿＿＿＿＿＿＿＿＿＿＿

11466
台北市內湖區瑞光路 76 巷 65 號 1 樓

秀威資訊科技股份有限公司　　　收

BOD 數位出版事業部

....

（請沿線對折寄回，謝謝！）

姓　　名：＿＿＿＿＿＿＿＿＿＿　年齡：＿＿＿＿　性別：□女　□男

郵遞區號：□□□□□

地　　址：＿＿＿＿＿＿＿＿＿＿＿＿＿＿＿＿＿＿＿＿＿＿＿

聯絡電話：(日) ＿＿＿＿＿＿＿＿＿＿　(夜) ＿＿＿＿＿＿＿＿＿＿＿

E-mail：＿＿＿＿＿＿＿＿＿＿＿＿＿＿＿＿＿＿＿＿＿＿＿